科学出版社“十三五 高等教育本科规划教材

线性代数

（第三版）

赵云河 主编

科学出版社

北京

内 容 简 介

本书根据教育部教学指导委员会制定的线性代数课程教学基本要求，结合作者的教学经验并借鉴国内外同类优秀教材的长处编写而成. 全书内容包括：行列式、矩阵、线性方程组、矩阵的特征值、二次型、线性空间与线性变换及一定的线性代数应用案例. 除第 7 章外，各章的每节后均配有习题，每章后配有总习题，并在每章末尾通过二维码形式呈现本书相应章节的习题解答和考研真题解析. 在编写中力求内容循序渐进、逻辑清晰、重点突出、通俗易懂，便于学生的理解、学习和教师的教学.

本书可作为高等学校理工类和经济管理类各专业线性代数课程的教材或教学参考书.

图书在版编目(CIP)数据

线性代数/赵云河主编. —3 版. —北京：科学出版社，2022. 1
科学出版社"十三五"普通高等教育本科规划教材
ISBN 978-7-03-070696-6

Ⅰ. ①线… Ⅱ. ①赵… Ⅲ. ①线性代数-高等学校-教材 Ⅳ. ①O151. 2

中国版本图书馆 CIP 数据核字(2021)第 240400 号

责任编辑：王　静　贾晓瑞 / 责任校对：杨聪敏
责任印制：赵　博 / 封面设计：蓝正设计

科 学 出 版 社 出版
北京东黄城根北街 16 号
邮政编码：100717
http://www.sciencep.com
保定市中画美凯印刷有限公司印刷
科学出版社发行　各地新华书店经销
*
2011 年 6 月第　一　版　开本：720×1000　1/16
2017 年 1 月第　二　版　印张：17　1/4
2022 年 1 月第　三　版　字数：348 000
2024 年 8 月第二十一次印刷

定价：45.00 元

(如有印装质量问题，我社负责调换)

第三版前言

本书第二版出版至今已将近5年．在这段时间里，我们不断地与使用本教材的老师和同学交流、探讨教材建设方面的相关问题，收获颇丰．为使这本教材更适合教与学，特别是更加适合自主学习的需要，我们在自己教学实践的同时，多方征求了同行和学生的宝贵意见与建议，对第二版教材作了修改和完善．主要体现在以下几个方面：

1．对第二版中不易理解的地方作了适当的修改．

2．调整和补充了一部分章节的习题，使其与相应的内容之间搭配更加合理．

3．在不影响全书的完整性和系统性的基础上，本着方便教师的教和学生的学，特别是满足学生自主学习的需求，在每章末尾通过二维码形式呈现本书相应章节的习题解答和考研真题解析．考研真题选自历年研究生入学考试的试题，有助于学有余力的学生自主学习和核心素养的提高．

4．订正了第二版中的疏漏及印刷排版中的错误．

全书由赵云河主编，王林主审，纳静、杨莉、王刚为副主编．参与修订工作的老师还有马招丽、陈贻娟、朱云、王云秋、马磊、宗琮、杜荣川、马嘉芸、傅文玥、曹志娟．本次修订得到了学校各级领导、科学出版社编辑和许多任课老师、同学的关心与支持，在此表示感谢．希望通过这次修订，使教材的质量能进一步提高，并衷心地希望继续得到广大教师和学生的支持与帮助，使我们的教和学锦上添花．

作　者

2022年1月

第二版前言

本书根据教育部高等学校数学与统计学教学指导委员会制定的线性代数课程教学基本要求，并参考了《全国硕士研究生入学统一考试数学考试大纲》的要求编写而成的. 经过 5 年多的使用，效果良好. 现结合教学实践中积累的一些经验，并吸取使用本教材的同行们所提出的宝贵意见，对全书作了修改和完善. 主要体现在以下几个方面：

1. 考虑到学生的学习理解和教师的讲解引入及衔接的方便，对部分内容的顺序作了适当调整. 比如二、三阶行列式、二次型标准形和规范形等内容的呈现顺序作了调整和充实.

2. 对第一版中文字描述或定理证明方式不易理解的地方作了适当的修改和补充.

3. 改写了第 5 章二次型的 5.2 节和 5.3 节的内容，增加了部分常用有定性判定的性质、定理及证明，使之叙述更为顺畅，结构更加合理.

4. 对部分章节的例题和习题进行了调整和补充.

5. 对第一版印刷和排版中的错误和不规范的地方进行了修正.

这次修订工作主要由赵云河和王刚老师负责，参与修订工作的老师还有纳静、马招丽、王云秋、马磊、杨莉、马嘉芸、陈贻娟、宗琮、杜荣川、朱云、傅文玥. 本次修订得到了学校、学院领导的关心、支持，更得到了许多任课老师、同学及科学出版社编辑的帮助，在此表示感谢. 我们由衷地希望今后一如既往地得到广大老师和同学的支持和帮助，使我们的教和学更上一层楼.

作　者

2017 年 1 月

第一版前言

线性代数是理工类和经济管理类等有关专业的一门重要基础课，它不仅是学习其他数学课程的基础，也是自然科学、工程技术和经济管理等各领域应用广泛的数学工具.

本书是根据教育部高等学校数学与统计学教学指导委员会制定的线性代数课程教学基本要求，参考了最新颁布的《全国硕士研究生入学统一考试数学考试大纲》的要求，结合作者长期从事线性代数教学的经验和体会，并注意借鉴和吸收国内外优秀教材的优点，为适应不断变化的学生生源和各专业对线性代数的不同要求而编写的. 为保证教材的教学适用性，在编写过程中，对教材的体系、内容的安排及例题和习题的选择作了合理的配置. 在本书中，我们着重注意了如下几个问题：

(1) 作为一门数学基础课教材，本书注意保持数学学科本身的科学性和系统性. 在引入概念时尽可能采用学生易于接受的方式叙述，对部分冗长、繁琐的推理则略去，突出有关理论、方法的应用，注重线性代数有关概念在实际应用方面的介绍.

(2) 注重例题和习题的合理搭配及习题的难易梯度，满足不同学习目标学生的需求. 书中每节后均配有习题，每章后的总习题均分为(A)，(B)两组，其中(A)组为常规的解答题和证明题，(B)组为选择题和填空题，这样安排便于学生加强对基本概念和基本运算的理解和学习.

本书共 7 章，主要内容包括行列式、矩阵、线性方程组、矩阵的特征值、二次型、线性空间与线性变换，以及一定的线性代数应用案例. 对数学要求较高的理工类专业，原则上可讲授本书的前 6 章内容；对经济管理类专业，可讲授本书的前 5 章内容. 第 7 章为线性代数的四个应用案例，以窥见线性代数应用的广泛性，供教学中选用.

本书由赵云河主编，王林教授主审. 参加本书编写的有王刚(第 1 章)、马嘉芸(第 2 章)、赵云河(第 3 章、第 7 章)、陈贻娟(第 4 章)、王云秋(第 5 章)、马磊(第 6 章)，全书由赵云河统稿.

在本书的编写过程中，参考了众多的国内外教材，并得到云南财经大学统计与数学学院的领导及同事的支持和协助，科学出版社也给予了大力支持，使得本书得以顺利出版. 在此一并表示衷心的感谢.

由于作者水平所限，书中难免有不妥之处，恳请读者批评指正，以期不断完善.

作　者

2011 年 5 月

目　录

第三版前言

第二版前言

第一版前言

第1章　行列式 …… 1

1.1　二阶与三阶行列式 …… 1

1.1.1　二阶行列式 …… 1

1.1.2　三阶行列式 …… 3

习题 1.1 …… 4

1.2　n 阶行列式 …… 5

1.2.1　排列与逆序 …… 5

1.2.2　n 阶行列式的定义 …… 6

习题 1.2 …… 10

1.3　行列式的性质 …… 10

习题 1.3 …… 18

1.4　行列式按行(列)展开 …… 19

1.4.1　行列式按一行(列)展开 …… 20

1.4.2　行列式按某 k 行(列)展开 …… 25

习题 1.4 …… 27

1.5　克拉默法则 …… 28

习题 1.5 …… 31

总习题 1 …… 32

第2章　矩阵 …… 37

2.1　矩阵的概念及运算 …… 37

2.1.1　矩阵的定义 …… 37

2.1.2　一些特殊的矩阵 …… 39

2.1.3　矩阵的运算 …… 40

习题 2.1 …… 49

2.2　可逆矩阵 …… 50

2.2.1　可逆矩阵的定义 …… 50

2.2.2　可逆矩阵的性质 …… 53

习题 2.2 …… 54

2.3 分块矩阵…… 55
2.3.1 分块矩阵的概念 …… 55
2.3.2 分块矩阵的运算 …… 57
2.3.3 一些特殊分块矩阵的运算…… 59
习题 2.3 …… 60
2.4 初等变换与初等矩阵…… 61
2.4.1 矩阵的初等变换 …… 61
2.4.2 初等矩阵…… 63
2.4.3 初等变换法求逆矩阵 …… 67
习题 2.4 …… 71
2.5 矩阵的秩…… 72
2.5.1 矩阵秩的概念 …… 72
2.5.2 矩阵秩的性质 …… 74
习题 2.5 …… 75
总习题 2 …… 76
第 3 章 线性方程组 …… 82
3.1 消元法…… 82
3.1.1 线性方程组的消元解法 …… 83
3.1.2 线性方程组有解的判别定理…… 90
习题 3.1 …… 93
3.2 向量与向量组的线性组合…… 94
3.2.1 向量及其线性运算 …… 94
3.2.2 向量组的线性组合 …… 98
3.2.3 向量组等价 …… 100
习题 3.2 …… 101
3.3 向量组的线性相关性 …… 102
3.3.1 向量组的线性相关性概念 …… 102
3.3.2 向量组线性相关性的有关定理 …… 106
习题 3.3 …… 109
3.4 向量组的秩 …… 109
3.4.1 向量组的极大线性无关组 …… 109
3.4.2 向量组的秩与矩阵秩的关系 …… 111
习题 3.4 …… 114
3.5 线性方程组解的结构 …… 115
3.5.1 齐次线性方程组解的结构 …… 115
3.5.2 非齐次线性方程组解的结构 …… 122
习题 3.5 …… 125

总习题 3 …… 126
第 4 章　矩阵的特征值 …… 133
4.1　向量的内积、长度与正交 …… 133
4.1.1　向量的内积、长度及其性质 …… 133
4.1.2　正交向量组 …… 135
4.1.3　正交矩阵、正交变换 …… 137
习题 4.1 …… 139
4.2　方阵的特征值与特征向量 …… 139
4.2.1　特征值与特征向量 …… 140
4.2.2　特征值与特征向量的性质 …… 142
习题 4.2 …… 145
4.3　相似矩阵 …… 146
4.3.1　相似矩阵的概念 …… 146
4.3.2　相似矩阵的性质 …… 147
4.3.3　矩阵与对角矩阵相似的条件 …… 148
4.3.4　矩阵对角化的步骤 …… 150
习题 4.3 …… 153
4.4　实对称矩阵的对角化 …… 153
习题 4.4 …… 158
总习题 4 …… 159
第 5 章　二次型 …… 162
5.1　二次型的基本概念 …… 162
习题 5.1 …… 165
5.2　化二次型为标准形 …… 165
5.2.1　二次型的标准形 …… 165
5.2.2　二次型的规范形 …… 171
习题 5.2 …… 173
5.3　正定二次型 …… 173
5.3.1　正定二次型和正定矩阵 …… 173
5.3.2　二次型的有定性 …… 176
习题 5.3 …… 178
总习题 5 …… 178
第 6 章　线性空间与线性变换 …… 182
6.1　线性空间的定义与性质 …… 182
6.1.1　线性空间的定义 …… 182
6.1.2　线性空间的性质 …… 185
6.1.3　线性子空间 …… 185

习题 6.1 …… 187
6.2　线性空间的基、维数与坐标 …… 187
6.2.1　线性空间的基与维数 …… 187
6.2.2　线性空间的基与坐标 …… 188
习题 6.2 …… 195
6.3　基变换与坐标变换 …… 196
6.3.1　基变换公式 …… 196
6.3.2　坐标变换公式 …… 197
习题 6.3 …… 205
6.4　线性变换 …… 205
6.4.1　线性变换的定义 …… 205
6.4.2　线性变换的性质 …… 209
6.4.3　线性变换的值域与核 …… 210
习题 6.4 …… 211
6.5　线性变换的矩阵表示 …… 212
6.5.1　线性变换的矩阵 …… 212
6.5.2　线性变换与矩阵的关系 …… 218
习题 6.5 …… 222
总习题 6 …… 223
第 7 章　应用案例 …… 228
7.1　投入产出模型 …… 228
7.1.1　模型的构建 …… 228
7.1.2　模型的求解和应用 …… 230
7.2　森林管理模型 …… 231
7.2.1　模型的构建 …… 231
7.2.2　模型的求解和应用 …… 233
7.3　汽车保险模型 …… 234
7.3.1　模型的构建 …… 234
7.3.2　模型的求解和应用 …… 236
7.4　满意度测量模型 …… 237
7.4.1　模型的构建 …… 238
7.4.2　模型的求解 …… 239
7.4.3　模型的应用 …… 240
参考文献 …… 241
部分习题答案 …… 242

第 1 章　行　列　式

科学研究、工程技术和经济活动中有许多问题可归结为线性方程组，行列式正是在研究线性方程组的过程中产生的. 行列式实质是由一些数值排成的数表按一定的规则计算得到的一个数，这个数及其构成行列式的数表的重要信息，是研究线性代数的重要工具，它在自然科学、社会科学的许多领域里都有广泛的应用，特别在本课程中，它是研究线性方程组、矩阵及向量线性相关性的一种重要工具.

本章主要讨论行列式的概念、性质及计算方法，并介绍用行列式解一类特殊线性方程组的克拉默(Cramer)法则.

1.1　二阶与三阶行列式

1.1.1　二阶行列式

用消元法解二元线性方程组

$$\begin{cases} a_{11}x_1+a_{12}x_2=b_1, & (1.1.1)\\ a_{21}x_1+a_{22}x_2=b_2. & (1.1.2)\end{cases}$$

(1.1.1)$\times a_{22}-$(1.1.2)$\times a_{12}$得

$$(a_{11}a_{22}-a_{12}a_{21})\times x_1=b_1a_{22}-a_{12}b_2. \tag{1.1.3}$$

同理，(1.1.2)$\times a_{11}-$(1.1.1)$\times a_{21}$得

$$(a_{11}a_{22}-a_{12}a_{21})\times x_2=a_{11}b_2-b_1a_{21}. \tag{1.1.4}$$

当 $a_{11}a_{22}-a_{12}a_{21}\neq 0$ 时，二元线性方程组有唯一解

$$x_1=\frac{b_1a_{22}-b_2a_{12}}{a_{11}a_{22}-a_{12}a_{21}},\quad x_2=\frac{a_{11}b_2-b_1a_{21}}{a_{11}a_{22}-a_{12}a_{21}}. \tag{1.1.5}$$

为便于记忆，引入下面概念.

定义 1.1　记号 $\begin{vmatrix} a_{11} & a_{12}\\ a_{21} & a_{22}\end{vmatrix}$ 表示代数和 $a_{11}a_{22}-a_{12}a_{21}$，称为**二阶行列式**. 记为

$$\begin{vmatrix} a_{11} & a_{12}\\ a_{21} & a_{22}\end{vmatrix}=a_{11}a_{22}-a_{12}a_{21},$$

其中数 $a_{ij}(i,j=1,2)$称为行列式的**元素**. 横排叫作**行**，竖排叫作**列**. 元素 a_{ij} 的第一个下标 i 叫作**行标**，表明该元素位于第 i 行；第二个下标 j 叫作**列标**，表明该元素位于第 j 列. a_{ij} 表明该元素是位于第 i 行与第 j 列交叉点上的元素.

由定义 1.1 可知，二阶行列式是由 2^2 个元素按一定的规律运算所得到的一个数，这个规律性在行列式的记号中称为“**对角线法则**”，如图 1-1 所示. 把 a_{11}，a_{22} 的连线称为二阶行列式的**主对角线**，把 a_{12}，a_{21} 的连线称为**次对角线**（或**副对角线**），这样二阶行列式的值就等于主对角线上两元素的乘积减去次对角线上两元素的乘积.

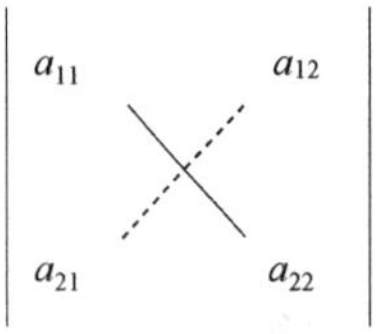

图 1-1

有了二阶行列式的定义，二元线性方程组解（1.1.5）中的分母、分子表达式可分别记为

$$D=\begin{vmatrix} a_{11} & a_{12} \\ a_{21} & a_{22} \end{vmatrix}=a_{11}a_{22}-a_{12}a_{21},$$

$$D_1=\begin{vmatrix} b_1 & a_{12} \\ b_2 & a_{22} \end{vmatrix}=b_1a_{22}-a_{12}b_2,\quad D_2=\begin{vmatrix} a_{11} & b_1 \\ a_{21} & b_2 \end{vmatrix}=a_{11}b_2-b_1a_{21},$$

其中 D 称为二元线性方程组的**系数行列式**，$D_j\,(j=1,2)$ 又称为二元线性方程组的常数项行列式，其构成是系数行列式 D 中的第 j 列元素用方程组中的常数项 $\begin{pmatrix} b_1 \\ b_2 \end{pmatrix}$ 去代替. 则（1.1.3），（1.1.4）可写成

$$\begin{cases} Dx_1=D_1, \\ Dx_2=D_2. \end{cases}$$

于是，我们就有如下结论：对于二元线性方程组，当其系数行列式 $D\neq 0$ 时，方程组有唯一解，且 $x_j=\dfrac{D_j}{D}\,(j=1,2)$，即

$$x_1=\frac{D_1}{D}=\frac{\begin{vmatrix} b_1 & a_{12} \\ b_2 & a_{22} \end{vmatrix}}{\begin{vmatrix} a_{11} & a_{12} \\ a_{21} & a_{22} \end{vmatrix}},\quad x_2=\frac{D_2}{D}=\frac{\begin{vmatrix} a_{11} & b_1 \\ a_{21} & b_2 \end{vmatrix}}{\begin{vmatrix} a_{11} & a_{12} \\ a_{21} & a_{22} \end{vmatrix}}.$$

例 1　解方程组 $\begin{cases} x_1-x_2=1, \\ x_1+3x_2=2. \end{cases}$

解　因为

$$D=\begin{vmatrix} 1 & -1 \\ 1 & 3 \end{vmatrix}=1\times 3-(-1)\times 1=4\neq 0,$$

$$D_1=\begin{vmatrix} 1 & -1 \\ 2 & 3 \end{vmatrix}=1\times 3-(-1)\times 2=5,\quad D_2=\begin{vmatrix} 1 & 1 \\ 1 & 2 \end{vmatrix}=1\times 2-1\times 1=1,$$

故方程组有唯一解

$$x_1=\frac{D_1}{D}=\frac{5}{4},\quad x_2=\frac{D_2}{D}=\frac{1}{4}.$$

1.1.2 三阶行列式

用消元法解三元线性方程组

$$\begin{cases} a_{11}x_1+a_{12}x_2+a_{13}x_3=b_1, \\ a_{21}x_1+a_{22}x_2+a_{23}x_3=b_2, \\ a_{31}x_1+a_{32}x_2+a_{33}x_3=b_3. \end{cases} \tag{1.1.6}$$

类似于二元线性方程组的讨论，有当

$$a_{11}a_{22}a_{33}+a_{12}a_{23}a_{31}+a_{13}a_{21}a_{32}-a_{13}a_{22}a_{31}-a_{12}a_{21}a_{33}-a_{11}a_{23}a_{32}\neq 0$$

时，三元线性方程组有唯一解

$$x_1=\frac{b_1a_{22}a_{33}+a_{12}a_{23}b_3+a_{13}b_2a_{32}-a_{13}a_{22}b_3-a_{12}b_2a_{33}-b_1a_{23}a_{32}}{a_{11}a_{22}a_{33}+a_{12}a_{23}a_{31}+a_{13}a_{21}a_{32}-a_{13}a_{22}a_{31}-a_{12}a_{21}a_{33}-a_{11}a_{23}a_{32}},$$

$$x_2=\frac{a_{11}b_2a_{33}+b_1a_{23}a_{31}+a_{13}a_{21}b_3-a_{13}b_2a_{31}-b_1a_{21}a_{33}-a_{11}a_{23}b_3}{a_{11}a_{22}a_{33}+a_{12}a_{23}a_{31}+a_{13}a_{21}a_{32}-a_{13}a_{22}a_{31}-a_{12}a_{21}a_{33}-a_{11}a_{23}a_{32}},$$

$$x_3=\frac{a_{11}a_{22}b_3+a_{12}b_2a_{31}+b_1a_{21}a_{32}-b_1a_{22}a_{31}-a_{12}a_{21}b_3-a_{11}b_2a_{32}}{a_{11}a_{22}a_{33}+a_{12}a_{23}a_{31}+a_{13}a_{21}a_{32}-a_{13}a_{22}a_{31}-a_{12}a_{21}a_{33}-a_{11}a_{23}a_{32}}.$$

为了便于记忆，引入下面概念.

定义 1.2 记号 $\begin{vmatrix} a_{11} & a_{12} & a_{13} \\ a_{21} & a_{22} & a_{23} \\ a_{31} & a_{32} & a_{33} \end{vmatrix}$ 表示代数和

$$a_{11}a_{22}a_{33}+a_{12}a_{23}a_{31}+a_{13}a_{21}a_{32}-a_{13}a_{22}a_{31}-a_{12}a_{21}a_{33}-a_{11}a_{23}a_{32},$$

称为**三阶行列式**，即

$$\begin{vmatrix} a_{11} & a_{12} & a_{13} \\ a_{21} & a_{22} & a_{23} \\ a_{31} & a_{32} & a_{33} \end{vmatrix}=a_{11}a_{22}a_{33}+a_{12}a_{23}a_{31}+a_{13}a_{21}a_{32}-a_{13}a_{22}a_{31}-a_{12}a_{21}a_{33}-a_{11}a_{23}a_{32}.$$

由定义 1.2 可知，三阶行列式的展开式共有 6 项，每一项均为来自不同行、不同列的三个元素之积再冠以正负号，其运算规律可用如图 1-2 所示的“**对角线法则**”来表述.

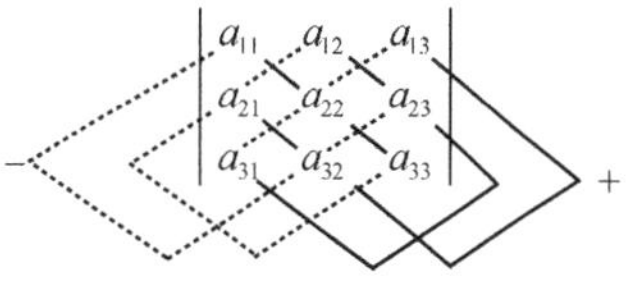

图 1-2

例 2 计算三阶行列式 $\begin{vmatrix} 1 & 0 & 2 \\ 1 & 1 & 2 \\ 2 & 0 & 3 \end{vmatrix}$.

解 $\begin{vmatrix} 1 & 0 & 2 \\ 1 & 1 & 2 \\ 2 & 0 & 3 \end{vmatrix}=1\times1\times3+0\times2\times2+2\times1\times0-2\times1\times2-0\times1\times3-1\times2\times0$

$=3+0+0-4-0-0=-1.$

例3　解方程 $\begin{vmatrix} x & 3 & 4 \\ -1 & x & 0 \\ 0 & x & 1 \end{vmatrix}=0.$

解　$\begin{vmatrix} x & 3 & 4 \\ -1 & x & 0 \\ 0 & x & 1 \end{vmatrix}=x^2-4x+3=(x-1)(x-3)=0.$

于是解得 $x=1$ 或 $x=3$.

根据三阶行列式的定义,可以把三元线性方程组的解用三阶行列式来表示. 首先

$$D=\begin{vmatrix} a_{11} & a_{12} & a_{13} \\ a_{21} & a_{22} & a_{23} \\ a_{31} & a_{32} & a_{33} \end{vmatrix}$$

就是三元线性方程组(1.2.1)的系数行列式. x_1,x_2,x_3 的分子分别用 D_1,D_2,D_3 来表示,即

$$D_1=\begin{vmatrix} b_1 & a_{12} & a_{13} \\ b_2 & a_{22} & a_{23} \\ b_3 & a_{32} & a_{33} \end{vmatrix},\quad D_2=\begin{vmatrix} a_{11} & b_1 & a_{13} \\ a_{21} & b_2 & a_{23} \\ a_{31} & b_3 & a_{33} \end{vmatrix},\quad D_3=\begin{vmatrix} a_{11} & a_{12} & b_1 \\ a_{21} & a_{22} & b_2 \\ a_{31} & a_{32} & b_3 \end{vmatrix}.$$

于是,对于三元线性方程组(1.2.1),当其系数行列式 $D\neq 0$ 时,方程组(1.2.1)有唯一解,解为

$$x_j=\frac{D_j}{D}\quad (j=1,2,3),$$

其中 $D_j(j=1,2,3)$是把 D 的第 j 列换成常数项 b_1,b_2,b_3 所得的行列式.

例4　解三元线性方程组 $\begin{cases} -x_1+2x_2-x_3=2, \\ 2x_1+x_2-3x_3=1, \\ x_1-x_2+x_3=0. \end{cases}$

解　因为 $D=\begin{vmatrix} -1 & 2 & -1 \\ 2 & 1 & -3 \\ 1 & -1 & 1 \end{vmatrix}=-5\neq 0$,故方程组有唯一解. 又

$$D_1=\begin{vmatrix} 2 & 2 & -1 \\ 1 & 1 & -3 \\ 0 & -1 & 1 \end{vmatrix}=-5,\quad D_2=\begin{vmatrix} -1 & 2 & -1 \\ 2 & 1 & -3 \\ 1 & 0 & 1 \end{vmatrix}=-10,\quad D_3=\begin{vmatrix} -1 & 2 & 2 \\ 2 & 1 & 1 \\ 1 & -1 & 0 \end{vmatrix}=-5.$$

于是所求方程组的解为

$$x_1=\frac{D_1}{D}=1,\quad x_2=\frac{D_2}{D}=2,\quad x_3=\frac{D_3}{D}=1.$$

习　题　1.1

1. 计算下列二阶行列式:

(1) $\begin{vmatrix} 1 & 2 \\ 3 & 4 \end{vmatrix}$；(2) $\begin{vmatrix} \sin x & 1 \\ 1 & \cos x \end{vmatrix}$；(3) $\begin{vmatrix} a & b \\ b & a \end{vmatrix}$；(4) $\begin{vmatrix} x-1 & 1 \\ 1 & x+1 \end{vmatrix}$.

2. 计算下列三阶行列式：

(1) $\begin{vmatrix} 1 & 2 & 3 \\ 3 & 1 & 2 \\ 2 & 3 & 1 \end{vmatrix}$；　(2) $\begin{vmatrix} 0 & a & 0 \\ b & 0 & c \\ 0 & d & 0 \end{vmatrix}$；

(3) $\begin{vmatrix} 1 & 1 & 1 \\ a & b & c \\ a^2 & b^2 & c^2 \end{vmatrix}$；(4) $\begin{vmatrix} x & y & x+y \\ y & x+y & x \\ x+y & x & y \end{vmatrix}$.

3. 当 k 取何值时，$\begin{vmatrix} k & 3 & 4 \\ -1 & k & 0 \\ 0 & k & 1 \end{vmatrix}=0$？

4. 行列式 $\begin{vmatrix} a & 1 & 1 \\ 0 & -1 & 0 \\ 4 & a & a \end{vmatrix}>0$ 的充分必要条件是什么？

5. 解方程 $\begin{vmatrix} 3 & 1 & 1 \\ x & 1 & 0 \\ x^2 & 3 & 1 \end{vmatrix}=0$.

6. 证明下列等式：$\begin{vmatrix} a_1 & b_1 & c_1 \\ a_2 & b_2 & c_2 \\ a_3 & b_3 & c_3 \end{vmatrix}=a_1\begin{vmatrix} b_2 & c_2 \\ b_3 & c_3 \end{vmatrix}-b_1\begin{vmatrix} a_2 & c_2 \\ a_3 & c_3 \end{vmatrix}+c_1\begin{vmatrix} a_2 & b_2 \\ a_3 & b_3 \end{vmatrix}$.

1.2　n 阶行列式

利用二阶和三阶行列式，使二元和三元线性方程组的公式便于记忆和使用，人们自然想到把二阶和三阶行列式推广到 n 阶行列式，并利用 n 阶行列式来讨论线性方程组的解，使它的解有便于记忆的简捷形式. 为了得到 n 阶行列式的概念，我们先来学习排列和逆序的有关知识.

1.2.1　排列与逆序

定义 1.3　由 n 个不同的数码 $1,2,\cdots,n$ 组成的一个有确定顺序而无重复数码的排列称为一个 n **级排列**，简称为**排列**，一般记为 $i_1i_2\cdots i_n$.

例如，1234 和 4231 均为 4 级排列，342561 是一个 6 级排列.

注　n 级排列总共有 $n!$ 种不同排法，并且称 n 级排列中按自然数大小顺序的排列，即 $123\cdots n$ 为 n 级的**标准排列**或称为**自然排列**.

定义 1.4　在一个 n 级排列 $i_1\cdots i_s\cdots i_t\cdots i_n$ 中，如果 $i_s>i_t$（即一个较大的数排在一个较小数前面），则称这两个数构成了一个**逆序**（或反序）. 一个 n 级排列中逆序的总数称为该排列的**逆序数**(或反序数),记为 $N(i_1i_2\cdots i_n)$.

由定义 1.4 知求逆序数的方法:先考察 i_1 与后面的 $n-1$ 个数 $i_2\cdots i_n$ 构成的逆序个数,记为 t_1;再考察 i_2 与后面的 $n-2$ 个数 $i_3\cdots i_n$ 构成的逆序个数,记为 t_2;以此类推,最后考察 i_{n-1} 与数 i_n 构成的逆序个数,记为 t_{n-1},而 i_n 后已没数,故 $t_n=0$,则

$$N(i_1i_2\cdots i_n)=t_1+t_2+\cdots+t_{n-1}+t_n=\sum_{i=1}^{n}t_i.$$

例 1 计算排列 32514 的逆序数.

解 将数码 3 与后面的 4 个数码比较,构成 2 个逆序,即 $t_1=2$;

将数码 2 与后面的 3 个数码比较,构成 1 个逆序,即 $t_2=1$;

将数码 5 与后面的 2 个数码比较,构成 2 个逆序,即 $t_3=2$;

数码 1 与数码 4 不构成逆序,即 $t_4=0$.

所以所求排列的逆序数为

$$N(32514)=t_1+t_2+t_3+t_4=2+1+2+0=5.$$

注 $N(12\cdots n)=0$,即标准排列的逆序数为 0.

定义 1.5 逆序数为奇数的排列称为**奇排列**,逆序数为偶数的排列称为**偶排列**.

规定:标准排列 $123\cdots n$ 为偶排列.

注 在 n 级排列的所有 $n!$ 种不同的排列中,奇偶排列各占一半.

例如,3 级排列总共有 $3!=6$ 种不同排法,其中 123,231,312 为偶排列;而 213,321,132 为奇排列.

例 2 求排列 $n(n-1)\cdots321$ 的逆序数,并讨论其奇偶性.

解
$$\begin{aligned}N(n(n-1)\cdots321)&=t_1+t_2+\cdots+t_{n-1}\\&=(n-1)+(n-2)+\cdots+2+1\\&=\frac{n(n-1)}{2}.\end{aligned}$$

易见,当 $n=4k,4k+1(k\in\mathbf{N})$时,该排列为偶排列;当 $n=4k+2,4k+3(k\in\mathbf{N})$时,该排列为奇排列.

定义 1.6 在一个 n 级排列 $i_1\cdots i_s\cdots i_t\cdots i_n$ 中,如果交换数码 i_s 与 i_t 的位置,其他数码位置不变,得到一个新的 n 级排列,称为对排列施行了一次**对换**,记为对换(i_s,i_t),即

$$i_1\cdots i_s\cdots i_t\cdots i_n\xrightarrow{(i_s,i_t)}i_1\cdots i_t\cdots i_s\cdots i_n.$$

例如,$35241\xrightarrow{(2,4)}35421$.其中 35241 为奇排列,35421 为偶排列.关于对换有如下性质:对一个排列施行一次对换后其奇偶性改变.

1.2.2 *n* 阶行列式的定义

排列的有关结论能帮助我们将二、三阶行列式推广到 n 阶行列式.

观察三阶行列式：

$$\begin{vmatrix} a_{11} & a_{12} & a_{13} \\ a_{21} & a_{22} & a_{23} \\ a_{31} & a_{32} & a_{33} \end{vmatrix} = a_{11}a_{22}a_{33} + a_{12}a_{23}a_{31} + a_{13}a_{21}a_{32} - a_{13}a_{22}a_{31} - a_{12}a_{21}a_{33} - a_{11}a_{23}a_{32},$$

易见：

(1) 三阶行列式共由 6(3!=6)项之和构成，这对应于 3 级排列共有 3! 种不同的排法.

(2) 每一项均是取自不同行、不同列的三个元素的乘积 $a_{1j_1}a_{2j_2}a_{3j_3}$，其中 $j_1j_2j_3$ 为 3 级排列.

(3) 每一项前面的符号，当行标是标准排列时，如果列标 $j_1j_2j_3$ 是偶排列时前面带“+”号，是奇排列时前面带“−”号.

故三阶行列式可定义为

$$\begin{vmatrix} a_{11} & a_{12} & a_{13} \\ a_{21} & a_{22} & a_{23} \\ a_{31} & a_{32} & a_{33} \end{vmatrix} = \sum_{j_1j_2j_3} (-1)^{N(j_1j_2j_3)} a_{1j_1}a_{2j_2}a_{3j_3},$$

其中“$\sum\limits_{j_1j_2j_3}$”表示对所有 3 级排列 $j_1j_2j_3$ 求和.

为此，我们将行列式定义推广到 n 阶情形.

定义 1.7 由 n^2 个元素 $a_{ij}(i,j=1,2,\cdots,n)$组成的记号

$$\begin{vmatrix} a_{11} & a_{12} & \cdots & a_{1n} \\ a_{21} & a_{22} & \cdots & a_{2n} \\ \vdots & \vdots & & \vdots \\ a_{n1} & a_{n2} & \cdots & a_{nn} \end{vmatrix}$$

称为 ***n* 阶行列式**. 规定其为所有取自不同行、不同列的 n 个元素乘积 $a_{1j_1}a_{2j_2}\cdots a_{nj_n}$ 的代数和. 每一项的符号为：当该项各元素的行标按标准排列后，若对应的列标排列为偶排列则取正号，是奇排列则取负号，即

$$\begin{vmatrix} a_{11} & a_{12} & \cdots & a_{1n} \\ a_{21} & a_{22} & \cdots & a_{2n} \\ \vdots & \vdots & & \vdots \\ a_{n1} & a_{n2} & \cdots & a_{nn} \end{vmatrix} = \sum_{j_1j_2\cdots j_n} (-1)^{N(j_1j_2\cdots j_n)} a_{1j_1}a_{2j_2}\cdots a_{nj_n},$$

其中“$\sum\limits_{j_1j_2\cdots j_n}$”表示对所有 n 级排列 $j_1j_2\cdots j_n$ 求和，且称 $(-1)^{N(j_1j_2\cdots j_n)}a_{1j_1}a_{2j_2}\cdots a_{nj_n}$ 为一般项. 行列式有时又记为 $\det(a_{ij})$ 或 $|a_{ij}|$.

注 (1) 由于 n 级排列总共有 $n!$ 项，因此行列式展开式中有 $n!$ 项之和；

(2) 行列式中每一项是来自不同行、不同列的 n 个元素之积；

(3) 行列式每一项的符号在行标是标准排列时依赖列标排列的奇偶性.

当 $n=2,3$ 时，此定义得到的二阶、三阶行列式与用对角线法则所得到的结果一致；当 $n=1$ 时，一阶行列式 $|a_{11}|=a_{11}$.

对四阶行列式

$$D=\begin{vmatrix} a_{11} & a_{12} & a_{13} & a_{14} \\ a_{21} & a_{22} & a_{23} & a_{24} \\ a_{31} & a_{32} & a_{33} & a_{34} \\ a_{41} & a_{42} & a_{43} & a_{44} \end{vmatrix},$$

其展开式共有 $4!=24$ 项之和. $a_{11}a_{22}a_{33}a_{44}$ 是 24 项中的一项，这是由于项中的元素是取自不同行、不同列的四个元素乘积，列标排列为 1234，项前面符号带正号；$a_{11}a_{23}a_{32}a_{44}$ 也是其展开式中的项，列标排列为 1324，是奇排列，所以项前面带负号；而 $a_{11}a_{21}a_{33}a_{44}$ 虽然是四阶行列式中的四个元素之积，但它不是展开式中的项，原因是元素 a_{11}，a_{21} 来自同一列.

例 3　用行列式定义计算行列式 $D=\begin{vmatrix} 0 & 0 & 0 & 1 \\ 0 & 0 & 2 & 0 \\ 0 & 3 & 0 & 0 \\ 4 & 0 & 0 & 0 \end{vmatrix}$.

解　四阶行列式 D 的一般项是 $(-1)^{N(j_1j_2j_3j_4)}a_{1j_1}a_{2j_2}a_{3j_3}a_{4j_4}$，先考察不为零的项. 要 $a_{1j_1}\neq 0$，只有 $j_1=4$；同理可得 $j_2=3$，$j_3=2$，$j_4=1$. 即行列式中不为零的项只有

$$(-1)^{N(4321)}a_{14}a_{23}a_{32}a_{41}=(-1)^{N(4321)}1\cdot 2\cdot 3\cdot 4=24,$$

故 $D=24$.

一般地，有如下结果：

$$\begin{vmatrix} 0 & \cdots & 0 & a_{1n} \\ 0 & \cdots & a_{2,n-1} & 0 \\ \vdots & & \vdots & \vdots \\ a_{n1} & \cdots & 0 & 0 \end{vmatrix}=(-1)^{N(n(n-1)\cdots 321)}a_{1n}a_{2,n-1}\cdots a_{n1}$$

$$=(-1)^{\frac{n(n-1)}{2}}a_{1n}a_{2,n-1}\cdots a_{n1}.$$

例 4　称形如 $D=\begin{vmatrix} a_{11} & 0 & \cdots & 0 \\ a_{21} & a_{22} & \cdots & 0 \\ \vdots & \vdots & & \vdots \\ a_{n1} & a_{n2} & \cdots & a_{nn} \end{vmatrix}$（满足 $a_{ij}=0(j>i)$）为下三角形行列式. 用定义计算 D.

解 行列式 D 的展开式的一般项为 $(-1)^{N(j_1j_2\cdots j_n)}a_{1j_1}a_{2j_2}\cdots a_{nj_n}$，先考察不为零的项. 要 $a_{1j_1}\neq 0$，只有 $j_1=1$；要 $a_{2j_2}\neq 0$，需 $j_2=1$ 或 2，而第 1 列元素已被 j_1 选取，故只能取 2；同理可得 $j_3=3,\cdots,j_n=n$. 所以不为零的项只有 $(-1)^{N(12\cdots n)}a_{11}a_{22}\cdots a_{nn}=a_{11}a_{22}\cdots a_{nn}$.

故下三角形行列式

$$\begin{vmatrix} a_{11} & 0 & \cdots & 0 \\ a_{21} & a_{22} & \cdots & 0 \\ \vdots & \vdots & & \vdots \\ a_{n1} & a_{n2} & \cdots & a_{nn} \end{vmatrix} = a_{11}a_{22}\cdots a_{nn}.$$

同理，上三角形行列式

$$\begin{vmatrix} a_{11} & a_{12} & \cdots & a_{1n} \\ 0 & a_{22} & \cdots & a_{2n} \\ \vdots & \vdots & & \vdots \\ 0 & 0 & \cdots & a_{nn} \end{vmatrix} = a_{11}a_{22}\cdots a_{nn}.$$

对角行列式

$$\begin{vmatrix} a_{11} & 0 & \cdots & 0 \\ 0 & a_{22} & \cdots & 0 \\ \vdots & \vdots & & \vdots \\ 0 & 0 & \cdots & a_{nn} \end{vmatrix} = a_{11}a_{22}\cdots a_{nn}.$$

n 阶行列式定义中决定各项符号的规则还可由下面的结论来代替.

定理 1.1 n 阶行列式 $D=|a_{ij}|$ 的一般项可以表示为

$$(-1)^{N(i_1i_2\cdots i_n)+N(j_1j_2\cdots j_n)}a_{i_1j_1}a_{i_2j_2}\cdots a_{i_nj_n}, \tag{1.2.1}$$

其中 $i_1i_2\cdots i_n$ 与 $j_1j_2\cdots j_n$ 均为 n 级排列.

证明 由于 $i_1i_2\cdots i_n$ 与 $j_1j_2\cdots j_n$ 均为 n 级排列，因此式(1.2.1)中的 n 个元素是取自 D 的不同行、不同列.

如果交换式(1.2.1)中两个元素 $a_{i_sj_s}$ 与 $a_{i_tj_t}$，则其行标排列由 $i_1\cdots i_s\cdots i_t\cdots i_n$ 换为 $i_1\cdots i_t\cdots i_s\cdots i_n$，由对换的性质知其逆序数奇偶性改变；列标排列由 $j_1\cdots j_s\cdots j_t\cdots j_n$ 换为 $j_1\cdots j_t\cdots j_s\cdots j_n$，其逆序数奇偶性亦改变. 但对换后两下标排列的逆序数之和的奇偶性则不变，即

$$\begin{aligned} &(-1)^{N(i_1\cdots i_s\cdots i_t\cdots i_n)+N(j_1\cdots j_s\cdots j_t\cdots j_n)} \\ =&(-1)^{N(i_1\cdots i_t\cdots i_s\cdots i_n)+N(j_1\cdots j_t\cdots j_s\cdots j_n)}, \end{aligned}$$

所以对换式(1.2.1)中的元素位置，其符号不变. 这样，我们总可以经过有限次对换式(1.2.1)中元素的位置，使其行标变成标准排列，其相应的列标变成另一个 n 级排列，设为 $k_1k_2\cdots k_n$，则

$$\begin{aligned}&(-1)^{N(i_1i_2\cdots i_n)+N(j_1j_2\cdots j_n)}a_{i_1j_1}a_{i_2j_2}\cdots a_{i_nj_n}\\=&(-1)^{N(12\cdots n)+N(k_1k_2\cdots k_n)}a_{1k_1}a_{2k_2}\cdots a_{nk_n}\\=&(-1)^{N(k_1k_2\cdots k_n)}a_{1k_1}a_{2k_2}\cdots a_{nk_n}.\end{aligned}$$

推论　n 阶行列式 $D=|a_{ij}|$ 的一般项也可以表示为

$$(-1)^{N(i_1i_2\cdots i_n)}a_{i_1 1}a_{i_2 2}\cdots a_{i_n n},$$

其中 $i_1i_2\cdots i_n$ 为 n 级排列.

例 5　判断 $a_{55}a_{42}a_{33}a_{24}a_{11}$ 是不是五阶行列式 $D=|a_{ij}|$ 中的项？若是则该项前面应带什么符号？

解　因为 $a_{55}a_{42}a_{33}a_{24}a_{11}$ 的 5 个元素是取自 D 的不同行、不同列的，满足行列式定义的要求，所以 $a_{55}a_{42}a_{33}a_{24}a_{11}$ 是五阶行列式 $D=|a_{ij}|$ 中的项.

又因为 $N(54321)+N(52341)=10+7=17$，所以此项前面应带负号.

习　题　1.2

1. 求下列排列的逆序数：

(1) 41253；(2) 3712456；(3) $13\cdots(2n-1)24\cdots(2n)$.

2. 在六阶行列式 $|a_{ij}|$ 中，下列各元素连乘积前面应冠以什么符号？

(1) $a_{15}a_{23}a_{32}a_{44}a_{51}a_{66}$；(2) $a_{21}a_{53}a_{16}a_{42}a_{65}a_{34}$；(3) $a_{61}a_{52}a_{43}a_{34}a_{25}a_{16}$.

3. 写出四阶行列式 $D=|a_{ij}|(i,j=1,2,3,4)$ 中含有因子 $a_{11}a_{23}$ 的项.

4. 选择 k,l，使 $a_{13}a_{2k}a_{34}a_{42}a_{5l}$ 成为五阶行列式 $|a_{ij}|$ 中带有负号的项.

5. 设 n 阶行列式中有某行元素为 0，证明该行列式为 0.

6. 用行列式的定义证明

$$\begin{vmatrix}a_{11}&a_{12}&a_{13}&a_{14}&a_{15}\\a_{21}&a_{22}&a_{23}&a_{24}&a_{25}\\a_{31}&a_{32}&0&0&0\\a_{41}&a_{42}&0&0&0\\a_{51}&a_{52}&0&0&0\end{vmatrix}=0.$$

7. 用行列式的定义计算下列行列式：

(1) $\begin{vmatrix}0&0&\cdots&0&1\\0&0&\cdots&2&0\\\vdots&\vdots&&\vdots&\vdots\\0&n-1&\cdots&0&0\\n&0&\cdots&0&0\end{vmatrix}$；(2) $\begin{vmatrix}0&0&1&0\\0&1&0&0\\0&0&0&1\\1&0&0&0\end{vmatrix}$.

1.3　行列式的性质

由行列式的定义可知，对于低阶行列式以及零元素较多的行列式，用定义计算是较方便的. 但当 n 较大时,应用行列式定义计算是很繁琐且困难的. 因此有必要研究行列式的性质,以便利用行列式的性质简化行列式的计算.

定义 1.8 将行列式 $D=|a_{ij}|$ 的行与列互换后得到的行列式称为 D 的**转置行列式**,记为 D^{T},即如果

$$D=\begin{vmatrix} a_{11} & a_{12} & \cdots & a_{1n} \\ a_{21} & a_{22} & \cdots & a_{2n} \\ \vdots & \vdots & & \vdots \\ a_{n1} & a_{n2} & \cdots & a_{nn} \end{vmatrix},$$

则

$$D^{\mathrm{T}}=\begin{vmatrix} a_{11} & a_{21} & \cdots & a_{n1} \\ a_{12} & a_{22} & \cdots & a_{n2} \\ \vdots & \vdots & & \vdots \\ a_{1n} & a_{2n} & \cdots & a_{nn} \end{vmatrix}.$$

性质 1 行列式 D 与它的转置行列式 D^{T} 相等,即 $D=D^{\mathrm{T}}$.

证明 若记 n 阶行列式 $D=|a_{ij}|$, $D^{\mathrm{T}}=|b_{ij}|$,显然 $b_{ij}=a_{ji}(i,j=1,2,\cdots,n)$. 由行列式定义

$$\begin{aligned} D^{\mathrm{T}} &= \sum_{j_1 j_2 \cdots j_n}(-1)^{N(j_1 j_2 \cdots j_n)} b_{1j_1} b_{2j_2} \cdots b_{nj_n} \\ &= \sum_{j_1 j_2 \cdots j_n}(-1)^{N(j_1 j_2 \cdots j_n)} a_{j_1 1} a_{j_2 2} \cdots a_{j_n n} \\ &= D. \end{aligned}$$

由性质 1 可知,行列式的行与列的地位是对称的,因而凡对行成立的性质对列也同样成立.

性质 2 交换行列式的两行(列),行列式的值变号.

证明 设 n 阶行列式

$$D=\begin{vmatrix} a_{11} & a_{12} & \cdots & a_{1n} \\ \vdots & \vdots & & \vdots \\ a_{i1} & a_{i2} & \cdots & a_{in} \\ \vdots & \vdots & & \vdots \\ a_{s1} & a_{s2} & \cdots & a_{sn} \\ \vdots & \vdots & & \vdots \\ a_{n1} & a_{n2} & \cdots & a_{nn} \end{vmatrix} \begin{matrix} \\ \\ i\text{ 行} \\ \\ s\text{ 行} \\ \\ \\ \end{matrix} \quad (i \neq s).$$

交换第 i 行与第 s 行的对应元素，得行列式

$$D_1=\begin{vmatrix} a_{11} & a_{12} & \cdots & a_{1n} \\ \vdots & \vdots & & \vdots \\ a_{s1} & a_{s2} & \cdots & a_{sn} \\ \vdots & \vdots & & \vdots \\ a_{i1} & a_{i2} & \cdots & a_{in} \\ \vdots & \vdots & & \vdots \\ a_{n1} & a_{n2} & \cdots & a_{nn} \end{vmatrix}\begin{matrix} \\ \\ s\text{行} \\ \\ i\text{行} \\ \\ \\ \end{matrix},$$

记 D 的一般项中 n 个元素的乘积为

$$a_{1j_1}a_{2j_2}\cdots a_{nj_n},$$

它是 D 的不同行、不同列的元素，因而也是 D_1 中不同行、不同列的元素，所以也是 D_1 中的项. 由于 D_1 是 D 交换第 i 行与第 s 行所得的，而元素的列并没有改变，所以它在 D 中的符号为

$$(-1)^{N(1\cdots i\cdots s\cdots n)+N(j_1\cdots j_i\cdots j_s\cdots j_n)},$$

而在 D_1 中的符号为

$$(-1)^{N(1\cdots s\cdots i\cdots n)+N(j_1\cdots j_i\cdots j_s\cdots j_n)}.$$

由对换的性质知，排列 $1\cdots i\cdots s\cdots n$ 与排列 $1\cdots s\cdots i\cdots n$ 的奇偶性相反，故

$$(-1)^{N(1\cdots i\cdots s\cdots n)+N(j_1\cdots j_i\cdots j_s\cdots j_n)}=-(-1)^{N(1\cdots s\cdots i\cdots n)+N(j_1\cdots j_i\cdots j_s\cdots j_n)},$$

因而 D_1 中的每一项都是 D 的相应项的相反数，所以 $D_1=-D$.

注 交换 i,j 两行(列)记为 $r_i\leftrightarrow r_j(c_i\leftrightarrow c_j)$.

推论 若行列式中有两行(列)对应元素相同，则此行列式的值为零.

性质3 用数 k 乘行列式的某一行(列)，等于用数 k 乘此行列式，即如果 $D=|a_{ij}|$，则

$$D_1=\begin{vmatrix} a_{11} & a_{12} & \cdots & a_{1n} \\ \vdots & \vdots & & \vdots \\ ka_{i1} & ka_{i2} & \cdots & ka_{in} \\ \vdots & \vdots & & \vdots \\ a_{n1} & a_{n2} & \cdots & a_{nn} \end{vmatrix}=k\begin{vmatrix} a_{11} & a_{12} & \cdots & a_{1n} \\ \vdots & \vdots & & \vdots \\ a_{i1} & a_{i2} & \cdots & a_{in} \\ \vdots & \vdots & & \vdots \\ a_{n1} & a_{n2} & \cdots & a_{nn} \end{vmatrix}=kD.$$

证明

$$\begin{aligned} D_1&=\sum_{j_1j_2\cdots j_n}(-1)^{N(j_1j_2\cdots j_n)}a_{1j_1}\cdots(ka_{ij_i})\cdots a_{nj_n} \\ &=k\sum_{j_1j_2\cdots j_n}(-1)^{N(j_1j_2\cdots j_n)}a_{1j_1}\cdots a_{ij_i}\cdots a_{nj_n} \\ &=kD. \end{aligned}$$

注 第 i 行(列)乘以数 k,记为 $r_i\times k(c_i\times k)$.

推论 1 如果行列式某行(列)所有元素有公因子,则公因子可以提到行列式符号外面.

推论 2 如果行列式有两行(列)的对应元素成比例,则行列式的值为零.

性质 4 如果将行列式中的某一行(列)的每一个元素都写成两个数的和,则此行列式可以写成两个行列式的和,这两个行列式分别以这两个数为所在行(列)对应位置的元素,其他位置的元素与原行列式相同,即

$$D=\begin{vmatrix} a_{11} & a_{12} & \cdots & a_{1n} \\ \vdots & \vdots & & \vdots \\ b_{i1}+c_{i1} & b_{i2}+c_{i2} & \cdots & b_{in}+c_{in} \\ \vdots & \vdots & & \vdots \\ a_{n1} & a_{n2} & \cdots & a_{nn} \end{vmatrix}$$

$$=\begin{vmatrix} a_{11} & a_{12} & \cdots & a_{1n} \\ \vdots & \vdots & & \vdots \\ b_{i1} & b_{i2} & \cdots & b_{in} \\ \vdots & \vdots & & \vdots \\ a_{n1} & a_{n2} & \cdots & a_{nn} \end{vmatrix}+\begin{vmatrix} a_{11} & a_{12} & \cdots & a_{1n} \\ \vdots & \vdots & & \vdots \\ c_{i1} & c_{i2} & \cdots & c_{in} \\ \vdots & \vdots & & \vdots \\ a_{n1} & a_{n2} & \cdots & a_{nn} \end{vmatrix}$$

$$=D_1+D_2.$$

证明

$$D=\sum_{j_1j_2\cdots j_n}(-1)^{N(j_1j_2\cdots j_n)}a_{1j_1}\cdots(b_{ij_i}+c_{ij_i})\cdots a_{nj_n}$$

$$=\sum_{j_1j_2\cdots j_n}(-1)^{N(j_1j_2\cdots j_n)}a_{1j_1}\cdots b_{ij_i}\cdots a_{nj_n}+\sum_{j_1j_2\cdots j_n}(-1)^{N(j_1j_2\cdots j_n)}a_{1j_1}\cdots c_{ij_i}\cdots a_{nj_n}$$

$$=D_1+D_2.$$

注 性质 4 可以推广到有限个数和的情形.

性质 5 将行列式的某一行(列)的所有元素都乘以 k 后加到另一行(列)对应元素上,行列式的值不变.

例如,以数 k 乘行列式 D 的第 s 行各元素后加到第 i 行的对应元素上,则有

$$D=\begin{vmatrix} a_{11} & a_{12} & \cdots & a_{1n} \\ \vdots & \vdots & & \vdots \\ a_{i1} & a_{i2} & \cdots & a_{in} \\ \vdots & \vdots & & \vdots \\ a_{s1} & a_{s2} & \cdots & a_{sn} \\ \vdots & \vdots & & \vdots \\ a_{n1} & a_{n2} & \cdots & a_{nn} \end{vmatrix}=\begin{vmatrix} a_{11} & a_{12} & \cdots & a_{1n} \\ \vdots & \vdots & & \vdots \\ a_{i1}+ka_{s1} & a_{i2}+ka_{s2} & \cdots & a_{in}+ka_{sn} \\ \vdots & \vdots & & \vdots \\ a_{s1} & a_{s2} & \cdots & a_{sn} \\ \vdots & \vdots & & \vdots \\ a_{n1} & a_{n2} & \cdots & a_{nn} \end{vmatrix}\quad(i\neq s).$$

注 以数 k 乘第 s 行加到第 i 行上，记作 r_i+kr_s；以数 k 乘第 s 列加到第 i 列上，记为 c_i+kc_s.

利用行列式的性质计算行列式，可以使计算简化.

例 1 计算行列式 $D=\begin{vmatrix} 3 & 4 & 6 \\ -2 & 2 & -4 \\ 4 & -7 & 8 \end{vmatrix}$.

解 因为行列式 D 的第一列与第三列对应元素成比例，根据性质 3 推论 2，得

$$D=\begin{vmatrix} 3 & 4 & 6 \\ -2 & 2 & -4 \\ 4 & -7 & 8 \end{vmatrix}=0.$$

例 2 形如 $D=\begin{vmatrix} 0 & a_{12} & a_{13} & \cdots & a_{1n} \\ -a_{12} & 0 & a_{23} & \cdots & a_{2n} \\ -a_{13} & -a_{23} & 0 & \cdots & a_{3n} \\ \vdots & \vdots & \vdots & & \vdots \\ -a_{1n} & -a_{2n} & -a_{3n} & \cdots & 0 \end{vmatrix}$ 的行列式称为**反对称行列式**，其特点是元素 $a_{ij}=-a_{ji}(i\neq j)$，$a_{ij}=0(i=j)$. 证明奇数阶反对称行列式的值为零.

证明 根据行列式性质 1 及性质 3 推论 1，有

$$D=D^{\mathrm{T}}=\begin{vmatrix} 0 & -a_{12} & -a_{13} & \cdots & -a_{1n} \\ a_{12} & 0 & -a_{23} & \cdots & -a_{2n} \\ a_{13} & a_{23} & 0 & \cdots & -a_{3n} \\ \vdots & \vdots & \vdots & & \vdots \\ a_{1n} & a_{2n} & a_{3n} & \cdots & 0 \end{vmatrix}$$

$$=(-1)^n\begin{vmatrix} 0 & a_{12} & a_{13} & \cdots & a_{1n} \\ -a_{12} & 0 & a_{23} & \cdots & a_{2n} \\ -a_{13} & -a_{23} & 0 & \cdots & a_{3n} \\ \vdots & \vdots & \vdots & & \vdots \\ -a_{1n} & -a_{2n} & -a_{3n} & \cdots & 0 \end{vmatrix}$$

$$=(-1)^nD.$$

当 n 为奇数时，有 $D=-D$，即 $D=0$.

例 3 设 $\begin{vmatrix} a_{11} & a_{12} & a_{13} \\ a_{21} & a_{22} & a_{23} \\ a_{31} & a_{32} & a_{33} \end{vmatrix}=1$，求 $\begin{vmatrix} 10a_{11} & -5a_{12} & -5a_{13} \\ -6a_{21} & 3a_{22} & 3a_{23} \\ -2a_{31} & a_{32} & a_{33} \end{vmatrix}$.

解 $\begin{vmatrix} 10a_{11} & -5a_{12} & -5a_{13} \\ -6a_{21} & 3a_{22} & 3a_{23} \\ -2a_{31} & a_{32} & a_{33} \end{vmatrix} = (-5)\times 3 \begin{vmatrix} -2a_{11} & a_{12} & a_{13} \\ -2a_{21} & a_{22} & a_{23} \\ -2a_{31} & a_{32} & a_{33} \end{vmatrix}$

$$= (-5)\times 3\times(-2)\begin{vmatrix} a_{11} & a_{12} & a_{13} \\ a_{21} & a_{22} & a_{23} \\ a_{31} & a_{32} & a_{33} \end{vmatrix}$$

$$= (-5)\times 3\times(-2)\times 1 = 30.$$

计算行列式时，常用行列式的性质，将其化为三角形行列式来计算. 例如，化一般行列式为上三角形行列式的步骤是：

如果第一列第一个元素为 0，先将第一行(列)与其他行(列)交换，使第一列第一个元素 $a_{11}\neq 0$；然后把第一行分别乘以适当的数加到其他各行，使第一列除第一个元素 a_{11} 外其余元素全为 0；再用同样的方法处理除去第一行和第一列后余下的 $n-1$ 阶行列式；依次做下去，直至使其成为上三角形行列式，这时主对角线上元素的乘积就是行列式的值.

例 4 计算行列式 $D=\begin{vmatrix} 0 & -1 & -1 & 2 \\ 1 & -1 & 0 & 2 \\ -1 & 2 & -1 & 0 \\ 2 & 1 & 1 & 0 \end{vmatrix}$.

解 $D \xlongequal{r_1\leftrightarrow r_2} -\begin{vmatrix} 1 & -1 & 0 & 2 \\ 0 & -1 & -1 & 2 \\ -1 & 2 & -1 & 0 \\ 2 & 1 & 1 & 0 \end{vmatrix} \xlongequal[r_4+(-2)r_1]{r_3+r_1} -\begin{vmatrix} 1 & -1 & 0 & 2 \\ 0 & -1 & -1 & 2 \\ 0 & 1 & -1 & 2 \\ 0 & 3 & 1 & -4 \end{vmatrix}$

$$\xlongequal[r_3+r_2]{r_4+3r_2} -\begin{vmatrix} 1 & -1 & 0 & 2 \\ 0 & -1 & -1 & 2 \\ 0 & 0 & -2 & 4 \\ 0 & 0 & -2 & 2 \end{vmatrix} \xlongequal{r_4-r_3} -\begin{vmatrix} 1 & -1 & 0 & 2 \\ 0 & -1 & -1 & 2 \\ 0 & 0 & -2 & 4 \\ 0 & 0 & 0 & -2 \end{vmatrix} = 4.$$

例 5 计算行列式 $D=\begin{vmatrix} 4 & 1 & 1 & 1 \\ 1 & 4 & 1 & 1 \\ 1 & 1 & 4 & 1 \\ 1 & 1 & 1 & 4 \end{vmatrix}$.

解 注意到行列式中各行元素之和相同这个特点，故把第 2，3，4 列加到第 1 列上，则

$$D \xlongequal[j=2,3,4]{c_1+c_j} \begin{vmatrix} 7 & 1 & 1 & 1 \\ 7 & 4 & 1 & 1 \\ 7 & 1 & 4 & 1 \\ 7 & 1 & 1 & 4 \end{vmatrix} = 7\begin{vmatrix} 1 & 1 & 1 & 1 \\ 1 & 4 & 1 & 1 \\ 1 & 1 & 4 & 1 \\ 1 & 1 & 1 & 4 \end{vmatrix}$$

$$\xlongequal[i=2,3,4]{r_i-r_1} 7\begin{vmatrix} 1 & 1 & 1 & 1 \\ 0 & 3 & 0 & 0 \\ 0 & 0 & 3 & 0 \\ 0 & 0 & 0 & 3 \end{vmatrix} = 189.$$

注 依照上述方法可得到更一般的结果：

$$D_n = \begin{vmatrix} a & b & b & \cdots & b \\ b & a & b & \cdots & b \\ b & b & a & \cdots & b \\ \vdots & \vdots & \vdots & & \vdots \\ b & b & b & \cdots & a \end{vmatrix} = [a+(n-1)b](a-b)^{n-1}.$$

例 6 计算行列式 $D=\begin{vmatrix} x & a_1 & a_2 & a_3 \\ b_1 & 1 & 0 & 0 \\ b_2 & 0 & 2 & 0 \\ b_3 & 0 & 0 & 3 \end{vmatrix}$.

解 将行列式 D 的第 2,3,4 列分别乘以 $-b_1, -\frac{1}{2}b_2, -\frac{1}{3}b_3$ 后加到第 1 列上，得

$$D=\begin{vmatrix} x-a_1b_1-\frac{1}{2}a_2b_2-\frac{1}{3}a_3b_3 & a_1 & a_2 & a_3 \\ 0 & 1 & 0 & 0 \\ 0 & 0 & 2 & 0 \\ 0 & 0 & 0 & 3 \end{vmatrix}$$

$$=6\left(x-a_1b_1-\frac{1}{2}a_2b_2-\frac{1}{3}a_3b_3\right).$$

例 7 计算行列式 $D=\begin{vmatrix} a & b & c & d \\ a & a+b & a+b+c & a+b+c+d \\ a & 2a+b & 3a+2b+c & 4a+3b+2c+d \\ a & 3a+b & 6a+3b+c & 10a+6b+3c+d \end{vmatrix}$.

解

$$D\xlongequal[i=2,3,4]{r_i-r_1}\begin{vmatrix} a & b & c & d \\ 0 & a & a+b & a+b+c \\ 0 & 2a & 3a+2b & 4a+3b+2c \\ 0 & 3a & 6a+3b & 10a+6b+3c \end{vmatrix}$$

$$\xlongequal[r_4-3r_2]{r_3-2r_2}\begin{vmatrix} a & b & c & d \\ 0 & a & a+b & a+b+c \\ 0 & 0 & a & 2a+b \\ 0 & 0 & 3a & 7a+3b \end{vmatrix}$$

$$\xlongequal{r_4-3r_3}\begin{vmatrix} a & b & c & d \\ 0 & a & a+b & a+b+c \\ 0 & 0 & a & 2a+b \\ 0 & 0 & 0 & a \end{vmatrix}=a^4.$$

例 8 设

$$D=\begin{vmatrix} a_{11} & \cdots & a_{1k} & 0 & \cdots & 0 \\ \vdots & & \vdots & \vdots & & \vdots \\ a_{k1} & \cdots & a_{kk} & 0 & \cdots & 0 \\ c_{11} & \cdots & c_{1k} & b_{11} & \cdots & b_{1n} \\ \vdots & & \vdots & \vdots & & \vdots \\ c_{n1} & \cdots & c_{nk} & b_{n1} & \cdots & b_{nn} \end{vmatrix},$$

$$D_1=\begin{vmatrix} a_{11} & \cdots & a_{1k} \\ \vdots & & \vdots \\ a_{k1} & \cdots & a_{kk} \end{vmatrix},\quad D_2=\begin{vmatrix} b_{11} & \cdots & b_{1n} \\ \vdots & & \vdots \\ b_{n1} & \cdots & b_{nn} \end{vmatrix},$$

证明 $D=D_1D_2$.

证明 对 D_1 作运算 r_i+kr_j，把 D_1 化为下三角形行列式，设为

$$D_1=\begin{vmatrix} p_{11} & & 0 \\ \vdots & \ddots & \\ p_{k1} & \cdots & p_{kk} \end{vmatrix}=p_{11}\cdots p_{kk}.$$

对 D_2 作运算 c_i+kc_j，把 D_2 化为下三角形行列式，设为

$$D_2=\begin{vmatrix} q_{11} & \cdots & 0 \\ \vdots & & \vdots \\ q_{n1} & \cdots & q_{nn} \end{vmatrix}=q_{11}\cdots q_{nn},$$

这样，对 D 的前 k 行作运算 r_i+kr_j，再对后 n 列作运算 c_i+kc_j，就把 D 化为下三角形行列式

$$D=\begin{vmatrix} p_{11} & & & & & \\ \vdots & \ddots & & & 0 & \\ p_{k1} & \cdots & p_{kk} & & & \\ c_{11} & \cdots & c_{1k} & q_{11} & & \\ \vdots & & \vdots & \vdots & \ddots & \\ c_{n1} & \cdots & c_{nk} & q_{n1} & \cdots & q_{nn} \end{vmatrix},$$

故

$$D=p_{11}\cdots p_{kk}q_{11}\cdots q_{nn}=D_1D_2.$$

习　题　1.3

1. 用行列式的性质计算下列行列式：

(1) $\begin{vmatrix} 1 & 2 & 3 \\ 0 & 1 & 2 \\ 1 & 1 & 1 \end{vmatrix}$；　(2) $\begin{vmatrix} 1 & 2 & 3 \\ 2 & 3 & 4 \\ 3 & 4 & 5 \end{vmatrix}$；

(3) $\begin{vmatrix} 1 & 1 & 1 & 1 \\ 1 & -1 & 1 & 1 \\ 1 & 1 & -1 & 1 \\ 1 & 1 & 1 & -1 \end{vmatrix}$；　(4) $\begin{vmatrix} 1 & 0 & a & 0 \\ 2 & 0 & 0 & -1 \\ a & 1 & 0 & 0 \\ 0 & 0 & 1 & 2 \end{vmatrix}$.

2. 用行列式的性质证明下列等式：

(1) $\begin{vmatrix} a_1+kb_1 & b_1+c_1 & c_1 \\ a_2+kb_2 & b_2+c_2 & c_2 \\ a_3+kb_3 & b_3+c_3 & c_3 \end{vmatrix}=\begin{vmatrix} a_1 & b_1 & c_1 \\ a_2 & b_2 & c_2 \\ a_3 & b_3 & c_3 \end{vmatrix}$；

(2) $\begin{vmatrix} -ab & ac & ae \\ bd & -cd & de \\ bf & cf & -ef \end{vmatrix}=4abcdef$；

(3) $\begin{vmatrix} 1+x & 1 & 1 & 1 \\ 1 & 1+x & 1 & 1 \\ 1 & 1 & 1+y & 1 \\ 1 & 1 & 1 & 1+y \end{vmatrix}=x^2y^2+2xy^2+2x^2y$.

3. 将下列行列式化为上三角形行列式，并求其值：

(1) $\begin{vmatrix} 1 & 1 & 1 & 1 \\ 1 & 2 & 3 & 4 \\ 1 & 3 & 6 & 10 \\ 1 & 4 & 10 & 20 \end{vmatrix}$；　(2) $\begin{vmatrix} 2 & -5 & 3 & 1 \\ 1 & 3 & -1 & 3 \\ 0 & 1 & 1 & -5 \\ -1 & -4 & 2 & -3 \end{vmatrix}$；　(3) $\begin{vmatrix} 2 & -5 & 1 & 2 \\ -3 & 7 & -1 & 4 \\ 5 & -9 & 2 & 7 \\ 4 & -6 & 1 & 2 \end{vmatrix}$.

4. 计算下列行列式：

(1) $\begin{vmatrix} a & b & \cdots & b \\ b & a & \cdots & b \\ \vdots & \vdots & & \vdots \\ b & b & \cdots & a \end{vmatrix}_{n\times n}$； (2) $\begin{vmatrix} 1 & 2 & 3 & \cdots & n-1 & n \\ -1 & 0 & 3 & \cdots & n-1 & n \\ -1 & -2 & 0 & \cdots & n-1 & n \\ \vdots & \vdots & \vdots & & \vdots & \vdots \\ -1 & -2 & -3 & \cdots & 0 & n \\ -1 & -2 & -3 & \cdots & -(n-1) & 0 \end{vmatrix}$；

(3) $\begin{vmatrix} 1 & a_1 & a_2 & \cdots & a_n \\ 1 & a_1+b_1 & a_2 & \cdots & a_n \\ 1 & a_1 & a_2+b_2 & \cdots & a_n \\ \vdots & \vdots & \vdots & & \vdots \\ 1 & a_1 & a_2 & \cdots & a_n+b_n \end{vmatrix}$；

(4) $\begin{vmatrix} a_0 & 1 & 1 & \cdots & 1 \\ 1 & a_1 & 0 & \cdots & 0 \\ 1 & 0 & a_2 & \cdots & 0 \\ \vdots & \vdots & \vdots & & \vdots \\ 1 & 0 & 0 & \cdots & a_n \end{vmatrix}$ $(a_i\neq 0, i=1,2,\cdots,n)$.

5. 解下列方程：

(1) $\begin{vmatrix} 1 & 1 & 2 & 3 \\ 1 & 2-x^2 & 2 & 3 \\ 2 & 3 & 1 & 5 \\ 2 & 3 & 1 & 9-x^2 \end{vmatrix}=0$；

(2) $\begin{vmatrix} 0 & 1 & x & 1 \\ 1 & 0 & 1 & x \\ x & 1 & 0 & 1 \\ 1 & x & 1 & 0 \end{vmatrix}=0$；

(3) $\begin{vmatrix} 1 & 1 & 1 & \cdots & 1 & 1 \\ 1 & 1-x & 1 & \cdots & 1 & 1 \\ 1 & 1 & 2-x & \cdots & 1 & 1 \\ \vdots & \vdots & \vdots & & \vdots & \vdots \\ 1 & 1 & 1 & \cdots & (n-2)-x & 1 \\ 1 & 1 & 1 & \cdots & 1 & (n-1)-x \end{vmatrix}=0$.

6. 已知 255,459,527 都能被 17 整除. 不求行列式的值，证明 $\begin{vmatrix} 2 & 4 & 5 \\ 5 & 5 & 2 \\ 5 & 9 & 7 \end{vmatrix}$ 能被 17 整除.

1.4 行列式按行(列)展开

观察三阶行列式定义

$$\begin{vmatrix} a_{11} & a_{12} & a_{13} \\ a_{21} & a_{22} & a_{23} \\ a_{31} & a_{32} & a_{33} \end{vmatrix}$$

$$= a_{11}a_{22}a_{33} + a_{12}a_{23}a_{31} + a_{13}a_{21}a_{32} - a_{11}a_{23}a_{32} - a_{12}a_{21}a_{33} - a_{13}a_{22}a_{31} \tag{1.4.1}$$

$$= a_{11}(a_{22}a_{33} - a_{23}a_{32}) + a_{12}(a_{23}a_{31} - a_{21}a_{33}) + a_{13}(a_{21}a_{32} - a_{22}a_{31})$$

$$= a_{11}\begin{vmatrix} a_{22} & a_{23} \\ a_{32} & a_{33} \end{vmatrix} - a_{12}\begin{vmatrix} a_{21} & a_{23} \\ a_{31} & a_{33} \end{vmatrix} + a_{13}\begin{vmatrix} a_{21} & a_{22} \\ a_{31} & a_{32} \end{vmatrix}. \tag{1.4.2}$$

从中可以发现,三阶行列式可按第 1 行“展开”,对式(1.4.1)进行适当的重新组合,可以将三阶行列式降成低一阶的行列式计算. 那么 n 阶行列式是否也可用阶数较低的行列式来表示和计算呢? 为此我们引入下列概念.

1.4.1 行列式按一行(列)展开

定义 1.9 在 n 阶行列式 $D=|a_{ij}|$ 中,去掉元素 a_{ij} 所在的第 i 行和第 j 列后,余下的 $n-1$ 阶行列式,称为 D 中元素 a_{ij} 的**余子式**,记为 M_{ij}. 称 $A_{ij}=(-1)^{i+j}M_{ij}$ 为元素 a_{ij} 的**代数余子式**.

例如,在四阶行列式

$$D=\begin{vmatrix} a_{11} & a_{12} & a_{13} & a_{14} \\ a_{21} & a_{22} & a_{23} & a_{24} \\ a_{31} & a_{32} & a_{33} & a_{34} \\ a_{41} & a_{42} & a_{43} & a_{44} \end{vmatrix}$$

中,元素 a_{23} 的余子式和代数余子式分别为

$$M_{23}=\begin{vmatrix} a_{11} & a_{12} & a_{14} \\ a_{31} & a_{32} & a_{34} \\ a_{41} & a_{42} & a_{44} \end{vmatrix}, \quad A_{23}=(-1)^{2+3}M_{23}=-M_{23}.$$

显然,式(1.4.2)可以写成

$$\begin{vmatrix} a_{11} & a_{12} & a_{13} \\ a_{21} & a_{22} & a_{23} \\ a_{31} & a_{32} & a_{33} \end{vmatrix} = a_{11}M_{11} - a_{12}M_{12} + a_{13}M_{13}$$

$$= a_{11}A_{11} + a_{12}A_{12} + a_{13}A_{13}, \tag{1.4.3}$$

也就是三阶行列式等于其第一行元素与其所对应的代数余子式乘积之和. 能否将此结论推广到 n 阶行列式? 为此先证明引理.

引理 一个 n 阶行列式 D,若其中第 i 行所有元素除 a_{ij} 外都为零,则 $D=a_{ij}A_{ij}$.

证明 (1) 设 a_{ij} 位于 D 的第一行第一列,即

$$D=\begin{vmatrix} a_{11} & 0 & \cdots & 0 \\ a_{21} & a_{22} & \cdots & a_{2n} \\ \vdots & \vdots & & \vdots \\ a_{n1} & a_{n2} & \cdots & a_{nn} \end{vmatrix}.$$

由 1.3 节例 8 知

$$D=a_{11}M_{11}=a_{11}(-1)^{1+1}M_{11}=a_{11}A_{11}.$$

(2) 再证一般情形,设

$$D(i,j)=\begin{vmatrix} a_{11} & \cdots & a_{1j} & \cdots & a_{1n} \\ \vdots & & \vdots & & \vdots \\ 0 & \cdots & a_{ij} & \cdots & 0 \\ \vdots & & \vdots & & \vdots \\ a_{n1} & \cdots & a_{nj} & \cdots & a_{nn} \end{vmatrix},$$

$D(i,j)$中第 i 行除 a_{ij} 外其余元素都是零. 把 $D(i,j)$的第 i 行依次与第 $i-1,\cdots,2,1$ 各行交换后换到第一行,再把第 j 列依次与第 $j-1,\cdots,2,1$ 各列交换后换到第一列,则共经过 $i+j-2$ 次交换后,把 a_{ij} 交换到 $D(i,j)$的左上角,此时元素 a_{ij} 的余子式仍为 a_{ij} 在原 $D(i,j)$中的余子式 M_{ij}. 再利用(1)的结果,则有

$$D(i,j)=(-1)^{i+j-2}a_{ij}M_{ij}=(-1)^{i+j}a_{ij}M_{ij}=a_{ij}A_{ij}.$$

由此引理得到.

定理 1.2 行列式 $D=|a_{ij}|$等于它的任一行(列)的各元素与其对应的代数余子式乘积之和,即

$$D=a_{i1}A_{i1}+a_{i2}A_{i2}+\cdots+a_{in}A_{in},\quad i=1,2,\cdots,n,$$

或

$$D=a_{1j}A_{1j}+a_{2j}A_{2j}+\cdots+a_{nj}A_{nj},\quad j=1,2,\cdots,n.$$

证明

$$D=\begin{vmatrix} a_{11} & \cdots & a_{12} & \cdots & a_{1n} \\ \vdots & & \vdots & & \vdots \\ a_{i1}+0+\cdots+0 & \cdots & 0+a_{i2}+0+\cdots+0 & \cdots & 0+\cdots+0+a_{in} \\ \vdots & & \vdots & & \vdots \\ a_{n1} & \cdots & a_{n2} & \cdots & a_{nn} \end{vmatrix}$$

$$=\begin{vmatrix} a_{11} & a_{12} & \cdots & a_{1n} \\ \vdots & \vdots & & \vdots \\ a_{i1} & 0 & \cdots & 0 \\ \vdots & \vdots & & \vdots \\ a_{n1} & a_{n2} & \cdots & a_{nn} \end{vmatrix} + \begin{vmatrix} a_{11} & a_{12} & \cdots & a_{1n} \\ \vdots & \vdots & & \vdots \\ 0 & a_{i2} & \cdots & 0 \\ \vdots & \vdots & & \vdots \\ a_{n1} & a_{n2} & \cdots & a_{nn} \end{vmatrix} + \cdots + \begin{vmatrix} a_{11} & a_{12} & \cdots & a_{1n} \\ \vdots & \vdots & & \vdots \\ 0 & 0 & \cdots & a_{in} \\ \vdots & \vdots & & \vdots \\ a_{n1} & a_{n2} & \cdots & a_{nn} \end{vmatrix}$$

$$=a_{i1}A_{i1}+a_{i2}A_{i2}+\cdots+a_{in}A_{in}.$$

这一结果对任意 $i=1,2,\cdots,n$ 均成立.

同理可得 D 按列展开的公式

$$D=a_{1j}A_{1j}+a_{2j}A_{2j}+\cdots+a_{nj}A_{nj},\quad j=1,2,\cdots,n.$$

定理 1.3　行列式某一行(列)的元素与另一行(列)的对应元素的代数余子式乘积之和等于零,即

$$a_{i1}A_{s1}+a_{i2}A_{s2}+\cdots+a_{in}A_{sn}=0,\quad i\neq s,$$

或

$$a_{1j}A_{1t}+a_{2j}A_{2t}+\cdots+a_{nj}A_{nt}=0,\quad j\neq t.$$

证明　将行列式 $D=|a_{ij}|$ 的第 s 行的元素换成第 i 行的元素,再按第 s 行展开,有

$$0=\begin{vmatrix} a_{11} & a_{12} & \cdots & a_{1n} \\ \vdots & \vdots & & \vdots \\ a_{i1} & a_{i2} & \cdots & a_{in} \\ \vdots & \vdots & & \vdots \\ a_{i1} & a_{i2} & \cdots & a_{in} \\ \vdots & \vdots & & \vdots \\ a_{n1} & a_{n2} & & a_{nn} \end{vmatrix}\begin{matrix} \\ \\ i\text{ 行} \\ \\ s\text{ 行} \\ \\ \\ \end{matrix}$$

$$=a_{i1}A_{s1}+a_{i2}A_{s2}+\cdots+a_{in}A_{sn},\quad i\neq s.$$

同理可得

$$a_{1j}A_{1t}+a_{2j}A_{2t}+\cdots+a_{nj}A_{nt}=0,\quad j\neq t.$$

综上所述,对 $D=|a_{ij}|$ 可得关于代数余子式的性质

$$a_{i1}A_{s1}+a_{i2}A_{s2}+\cdots+a_{in}A_{sn}=\begin{cases} D, & i=s, \\ 0, & i\neq s, \end{cases}$$

或

$$a_{1j}A_{1t}+a_{2j}A_{2t}+\cdots+a_{nj}A_{nt}=\begin{cases} D, & j=t, \\ 0, & j\neq t. \end{cases}$$

例 1　分别按第一行与第三列展开行列式 $D=\begin{vmatrix} 1 & 0 & -2 \\ 1 & 1 & 3 \\ -2 & 3 & 1 \end{vmatrix}$.

解　(1) 按第一行展开.

$$D=1\times(-1)^{1+1}\begin{vmatrix}1&3\\3&1\end{vmatrix}+0\times(-1)^{1+2}\begin{vmatrix}1&3\\-2&1\end{vmatrix}+(-2)\times(-1)^{1+3}\begin{vmatrix}1&1\\-2&3\end{vmatrix}$$
$$=1\times(-8)+0+(-2)\times5=-18.$$

(2) 按第三列展开.

$$D=(-2)\times(-1)^{1+3}\begin{vmatrix}1&1\\-2&3\end{vmatrix}+3\times(-1)^{2+3}\begin{vmatrix}1&0\\-2&3\end{vmatrix}+1\times(-1)^{3+3}\begin{vmatrix}1&0\\1&1\end{vmatrix}$$
$$=(-2)\times5+3\times(-3)+1\times1=-18.$$

由例 1 我们可以看出,按第一行展开计算比按第三列展开计算要简单,这是因为行列式第一行里的零元素相对要多. 为此,在计算行列式时,可以先用行列式的性质将行列式中某一行(列)化为仅含有一个非零元,再按此行(列)展开,变为低一阶的行列式,如此继续下去,直到化为三阶或二阶行列式.

例 2 计算行列式 $D=\begin{vmatrix}3&1&-1&2\\-5&1&3&-4\\2&0&1&-1\\1&-5&3&-3\end{vmatrix}$.

解 由于 D 中第三行有一个零元素,并且非零元素中有 1,所以利用行列式的性质,把该行除元素"1"外其余的非零元素全化为 0,然后按第三行展开.

$$D\xlongequal[c_4+c_3]{c_1+(-2)c_3}\begin{vmatrix}5&1&-1&1\\-11&1&3&-1\\0&0&1&0\\-5&-5&3&0\end{vmatrix}=(-1)^{3+3}\begin{vmatrix}5&1&1\\-11&1&-1\\-5&-5&0\end{vmatrix}$$
$$\xlongequal{r_1+r_2}\begin{vmatrix}5&1&1\\-6&2&0\\-5&-5&0\end{vmatrix}=(-1)^{1+3}\begin{vmatrix}-6&2\\-5&-5\end{vmatrix}=40.$$

例 3 讨论当 k 为何值时,$D=\begin{vmatrix}1&1&0&0\\1&k&1&0\\0&0&k&2\\0&0&2&k\end{vmatrix}\neq0$.

解 $D\xlongequal{r_2-r_1}\begin{vmatrix}1&1&0&0\\0&k-1&1&0\\0&0&k&2\\0&0&2&k\end{vmatrix}=\begin{vmatrix}k-1&1&0\\0&k&2\\0&2&k\end{vmatrix}=(k-1)(k^2-4)$,

所以,当 $k\neq1$ 且 $k\neq\pm2$ 时,$D\neq0$.

例 4　求证 $\begin{vmatrix} 1 & 2 & 3 & 4 & \cdots & n \\ 1 & 1 & 2 & 3 & \cdots & n-1 \\ 1 & x & 1 & 2 & \cdots & n-2 \\ 1 & x & x & 1 & \cdots & n-3 \\ \vdots & \vdots & \vdots & \vdots & & \vdots \\ 1 & x & x & x & \cdots & 2 \\ 1 & x & x & x & \cdots & 1 \end{vmatrix} = (-1)^{n+1}x^{n-2}$.

证明

$$\begin{vmatrix} 1 & 2 & 3 & 4 & \cdots & n \\ 1 & 1 & 2 & 3 & \cdots & n-1 \\ 1 & x & 1 & 2 & \cdots & n-2 \\ 1 & x & x & 1 & \cdots & n-3 \\ \vdots & \vdots & \vdots & \vdots & & \vdots \\ 1 & x & x & x & \cdots & 2 \\ 1 & x & x & x & \cdots & 1 \end{vmatrix}$$

$$\xlongequal[i=2,\cdots,n]{r_{i-1}-r_i} \begin{vmatrix} 0 & 1 & 1 & 1 & \cdots & 1 & 1 \\ 0 & 1-x & 1 & 1 & \cdots & 1 & 1 \\ 0 & 0 & 1-x & 1 & \cdots & 1 & 1 \\ 0 & 0 & 0 & 1-x & \cdots & 1 & 1 \\ \vdots & \vdots & \vdots & \vdots & & \vdots & \vdots \\ 0 & 0 & 0 & 0 & \cdots & 1-x & 1 \\ 1 & x & x & x & \cdots & x & 1 \end{vmatrix}$$

$$\xlongequal{按第一列展开} (-1)^{n+1} \begin{vmatrix} 1 & 1 & 1 & \cdots & 1 & 1 \\ 1-x & 1 & 1 & \cdots & 1 & 1 \\ 0 & 1-x & 1 & \cdots & 1 & 1 \\ 0 & 0 & 1-x & \cdots & 1 & 1 \\ \vdots & \vdots & \vdots & & \vdots & \vdots \\ 0 & 0 & 0 & \cdots & 1-x & 1 \end{vmatrix}$$

$$\xlongequal[i=2,\cdots,n-1]{r_{i-1}-r_i} (-1)^{n+1} \begin{vmatrix} x & 0 & 0 & \cdots & 0 & 0 \\ 1-x & x & 0 & \cdots & 0 & 0 \\ 0 & 1-x & x & \cdots & 0 & 0 \\ 0 & 0 & 1-x & \cdots & 0 & 0 \\ \vdots & \vdots & \vdots & & \vdots & \vdots \\ 0 & 0 & 0 & \cdots & 1-x & 1 \end{vmatrix} = (-1)^{n+1}x^{n-2}.$$

例 5　证明范德蒙德(Vandermonde)行列式

$$D_n=\begin{vmatrix}1&1&\cdots&1\\x_1&x_2&\cdots&x_n\\x_1^2&x_2^2&\cdots&x_n^2\\\vdots&\vdots&&\vdots\\x_1^{n-1}&x_2^{n-1}&\cdots&x_n^{n-1}\end{vmatrix}=\prod_{1\leqslant j<i\leqslant n}(x_i-x_j),$$

其中记号“$\prod$”表示连乘号.

证明 用数学归纳法证明. 当 $n=2$ 时,

$$D_2=\begin{vmatrix}1&1\\x_1&x_2\end{vmatrix}=x_2-x_1=\prod_{1\leqslant j<i\leqslant 2}(x_i-x_j),$$

结论成立.

假设结论对于 $n-1$ 阶范德蒙德行列式成立,要证结论对 n 阶范德蒙德行列式也成立. 为此,设法把 D_n 降阶:从第 n 行开始,后一行减去前一行的 x_1 倍,有

$$D_n=\begin{vmatrix}1&1&1&\cdots&1\\0&x_2-x_1&x_3-x_1&\cdots&x_n-x_1\\0&x_2(x_2-x_1)&x_3(x_3-x_1)&\cdots&x_n(x_n-x_1)\\\vdots&\vdots&\vdots&&\vdots\\0&x_2^{n-2}(x_2-x_1)&x_3^{n-2}(x_3-x_1)&\cdots&x_n^{n-2}(x_n-x_1)\end{vmatrix},$$

按第 1 列展开,并把每列的公因子(x_i-x_1)提出,就得到

$$D_n=(x_2-x_1)(x_3-x_1)\cdots(x_n-x_1)\begin{vmatrix}1&1&\cdots&1\\x_2&x_3&\cdots&x_n\\\vdots&\vdots&&\vdots\\x_2^{n-2}&x_3^{n-2}&\cdots&x_n^{n-2}\end{vmatrix},$$

上式右端的行列式是 $n-1$ 阶范德蒙德行列式,按归纳假设,它等于所有(x_i-x_j)因子的乘积,其中 $n\geqslant i>j\geqslant 2$,故

$$\begin{aligned}D_n&=(x_2-x_1)(x_3-x_1)\cdots(x_n-x_1)\prod_{2\leqslant j<i\leqslant n}(x_i-x_j)\\&=\prod_{1\leqslant j<i\leqslant n}(x_i-x_j).\end{aligned}$$

1.4.2 行列式按某 k 行(列)展开

定义 1.10 在 n 阶行列式 $D=|a_{ij}|$ 中,任意选定 k 行 k 列$(1\leqslant k\leqslant n)$,位于这些行和列交叉点上的 k^2 个元素按原来顺序组成的一个 k 阶行列式 M,称为 D 的一个 k **阶子式**.

在 D 中划去这 k 行、k 列后,余下的元素按原来的顺序组成的一个 $n-k$ 阶行列式 N,称为 k **阶子式** M 的**余子式**.

在M的余子式N前添加符号$(-1)^{i_1+i_2+\cdots+i_k+j_1+j_2+\cdots+j_k}$后，所得的$n-k$阶行列式$B$，称为$k$阶子式$M$的**代数余子式**，即

$$B=(-1)^{i_1+i_2+\cdots+i_k+j_1+j_2+\cdots+j_k}N,$$

其中$i_1,i_2,\cdots,i_k$为k阶子式M在D中的**行标**，$j_1,j_2,\cdots,j_k$为M在D中的**列标**.

例如，四阶行列式

$$D=\begin{vmatrix}1&0&3&1\\1&3&-1&-3\\0&1&1&0\\-1&-4&2&5\end{vmatrix}.$$

若选定第一、三行，第二、三列，则D的一个二阶子式为

$$M=\begin{vmatrix}0&3\\1&1\end{vmatrix},$$

其对应的余子式和代数余子式分别为

$$N=\begin{vmatrix}1&-3\\-1&5\end{vmatrix},\quad B=(-1)^{(1+3)+(2+3)}\begin{vmatrix}1&-3\\-1&5\end{vmatrix}=-\begin{vmatrix}1&-3\\-1&5\end{vmatrix}.$$

行列式的k阶子式与其代数余子式之间有类似行列式按行(列)展开的性质.

定理 1.4(拉普拉斯(Laplace)定理)　在n阶行列式D中，任意取定k行(列)$(1\leqslant k\leqslant n-1)$，由这$k$行(列)组成所有$k$阶子式与它们的代数余子式的乘积之和等于行列式$D$.

证明略.

例 6　用拉普拉斯定理求行列式$\begin{vmatrix}2&3&0&0\\1&2&3&0\\0&1&2&3\\0&0&1&2\end{vmatrix}$的值.

解　按第一行和第二行展开

$$\begin{vmatrix}2&3&0&0\\1&2&3&0\\0&1&2&3\\0&0&1&2\end{vmatrix}=\begin{vmatrix}2&3\\1&2\end{vmatrix}\times(-1)^{1+2+1+2}\begin{vmatrix}2&3\\1&2\end{vmatrix}+\begin{vmatrix}2&0\\1&3\end{vmatrix}\times(-1)^{1+2+1+3}\begin{vmatrix}1&3\\0&2\end{vmatrix}$$

$$+\begin{vmatrix}3&0\\2&3\end{vmatrix}\times(-1)^{1+2+2+3}\begin{vmatrix}0&3\\0&2\end{vmatrix}$$

$$=1-12+0=-11.$$

习　题　1.4

1. 求行列式 $\begin{vmatrix} -3 & 0 & 4 \\ 5 & 0 & 3 \\ x & y & 1 \end{vmatrix}$ 中元素 x 和 y 的代数余子式.

2. 已知四阶行列式 D 中第 3 列元素依次为 $-1,2,1,1$，且相应的余子式依次为 $2,5,3,0$，求 D.

3. 按第三行展开下列行列式，并计算其值：

(1) $\begin{vmatrix} 5 & -2 & 8 & -3 \\ -3 & -1 & 2 & 4 \\ 0 & 2 & 3 & 0 \\ 1 & 0 & 5 & -2 \end{vmatrix}$；　(2) $\begin{vmatrix} 1 & 0 & -1 & -1 \\ 0 & -1 & -1 & 1 \\ a_1 & a_2 & a_3 & a_4 \\ 1 & -1 & 1 & 0 \end{vmatrix}$.

4. 设 $D=\begin{vmatrix} 1 & 2 & -1 & 6 \\ 2 & 2 & 5 & 4 \\ 0 & 2 & 2 & -5 \\ 4 & 2 & 1 & 2 \end{vmatrix}$，求：

(1) $A_{12}+A_{22}+A_{32}+A_{42}$；

(2) $A_{13}+A_{23}+A_{33}+A_{43}$；

(3) $M_{11}+M_{12}+M_{13}+M_{14}$.

其中 A_{ij} 是元素 a_{ij} 的代数余子式，M_{ij} 是元素 a_{ij} 的余子式.

5. 计算下列行列式：

(1) $\begin{vmatrix} a & b & 0 & \cdots & 0 & 0 \\ 0 & a & b & \cdots & 0 & 0 \\ \vdots & \vdots & \vdots & & \vdots & \vdots \\ 0 & 0 & 0 & \cdots & a & b \\ b & 0 & 0 & \cdots & 0 & a \end{vmatrix}_{n\times n}$；　(2) $\begin{vmatrix} 1 & 2 & -1 & 0 \\ -1 & 4 & 5 & -1 \\ 2 & 3 & 1 & 3 \\ 3 & 1 & -2 & 0 \end{vmatrix}$；

(3) $\begin{vmatrix} 1 & 2 & 3 & 4 & \cdots & n \\ 1 & 1 & 2 & 3 & \cdots & n-1 \\ 1 & x & 1 & 2 & \cdots & n-2 \\ 1 & x & x & 1 & \cdots & n-3 \\ \vdots & \vdots & \vdots & \vdots & & \vdots \\ 1 & x & x & x & \cdots & 2 \\ 1 & x & x & x & \cdots & 1 \end{vmatrix}$.

6. 求实数 x,y 的值，使其满足 $\begin{vmatrix} 1+x & 1 & 1 & 1 \\ 1 & 1-x & 1 & 1 \\ 1 & 1 & 1+y & 1 \\ 1 & 1 & 1 & 1-y \end{vmatrix}=0$.

1.5　克拉默法则

我们知道,对于二元线性方程组

$$\begin{cases}a_{11}x_1+a_{12}x_2=b_1,\\a_{21}x_1+a_{22}x_2=b_2,\end{cases}$$

当 $D\neq 0$ 时,方程组有唯一解

$$x_j=\frac{D_j}{D},\quad j=1,2,$$

其中 $D=\begin{vmatrix}a_{11}&a_{12}\\a_{21}&a_{22}\end{vmatrix}$ 称为系数行列式,$D_j(j=1,2)$是用常数项 b_1,b_2 替换 D 中第 j 列元素所成的行列式.

对于三元线性方程组

$$\begin{cases}a_{11}x_1+a_{12}x_2+a_{13}x_3=b_1,\\a_{21}x_1+a_{22}x_2+a_{23}x_3=b_2,\\a_{31}x_1+a_{32}x_2+a_{33}x_3=b_3,\end{cases}$$

有类似于二元线性方程组的结论,即当其系数行列式 $D\neq 0$ 时,方程组有唯一解

$$x_j=\frac{D_j}{D},\quad j=1,2,3.$$

对于 n 个方程的 n 元线性方程组,也有类似结论.

定理 1.5(克拉默(Cramer)法则)　如果 n 个方程的 n 元线性方程组

$$\begin{cases}a_{11}x_1+a_{12}x_2+\cdots+a_{1n}x_n=b_1,\\a_{21}x_1+a_{22}x_2+\cdots+a_{2n}x_n=b_2,\\\quad\cdots\cdots\\a_{n1}x_1+a_{n2}x_2+\cdots+a_{nn}x_n=b_n\end{cases}\tag{1.5.1}$$

的系数行列式为

$$D=\begin{vmatrix}a_{11}&a_{12}&\cdots&a_{1n}\\a_{21}&a_{22}&\cdots&a_{2n}\\\vdots&\vdots&&\vdots\\a_{n1}&a_{n2}&\cdots&a_{nn}\end{vmatrix}\neq 0,$$

则线性方程组(1.5.1)有唯一解

$$x_j=\frac{D_j}{D},\quad j=1,2,\cdots,n,\tag{1.5.2}$$

其中 $D_j(j=1,2,\cdots,n)$是用常数项 $b_1,b_2,\cdots,b_n$ 替换 D 中第 j 列元素 $a_{1j},a_{2j},\cdots,$

a_{nj} 所成的行列式.

证明 以行列式 D 的第 j ($j=1,2,\cdots,n$)列元素的代数余子式 $A_{1j},A_{2j},\cdots,A_{nj}$ 分别乘方程组(1.5.1)的第1,第2,…,第 n 个方程,然后相加,得

$$\begin{aligned}&(a_{11}A_{1j}+a_{21}A_{2j}+\cdots+a_{n1}A_{nj})x_1\\&+\cdots+(a_{1j}A_{1j}+a_{2j}A_{2j}+\cdots+a_{nj}A_{nj})x_j\\&+\cdots+(a_{1n}A_{1j}+a_{2n}A_{2j}+\cdots+a_{nn}A_{nj})x_n\\=&\,b_1A_{1j}+b_2A_{2j}+\cdots+b_nA_{nj}.\end{aligned}$$

由1.4节的结论,有

$$Dx_j=D_j,\quad j=1,2,\cdots,n. \tag{1.5.3}$$

如果方程组(1.5.1)有解,其解必满足(1.5.3),而当 $D\neq 0$ 时,方程组(1.5.3)只有形如式(1.5.2)的解

$$x_j=\frac{D_j}{D},\quad j=1,2,\cdots,n.$$

另一方面,将式(1.5.2)代入方程组(1.5.1),容易验证它满足方程组(1.5.1),所以式(1.5.2)是方程组(1.5.1)的解.

综上所述,可以得到:

当方程组(1.5.1)的系数行列式 $D\neq 0$ 时,有且仅有唯一解

$$x_j=\frac{D_j}{D},\quad j=1,2,\cdots,n.$$

例 1 解线性方程组 $\begin{cases}x_1+x_2+x_3+x_4=5,\\x_1+2x_2-x_3+x_4=-2,\\2x_1+3x_2-x_3-5x_4=-2,\\3x_1+x_2+2x_3+3x_4=4.\end{cases}$

解 因为

$$D=\begin{vmatrix}1&1&1&1\\1&2&-1&1\\2&3&-1&-5\\3&1&2&3\end{vmatrix}=-35\neq 0,$$

所以方程组有唯一解. 又

$$D_1=\begin{vmatrix}5&1&1&1\\-2&2&-1&1\\-2&3&-1&-5\\4&1&2&3\end{vmatrix}=105,\quad D_2=\begin{vmatrix}1&5&1&1\\1&-2&-1&1\\2&-2&-1&-5\\3&4&2&3\end{vmatrix}=-105,$$

$$D_3=\begin{vmatrix}1&1&5&1\\1&2&-2&1\\2&3&-2&-5\\3&1&4&3\end{vmatrix}=-175,\quad D_4=\begin{vmatrix}1&1&1&5\\1&2&-1&-2\\2&3&-1&-2\\3&1&2&4\end{vmatrix}=0,$$

于是得

$$x_1=-3,\quad x_2=3,\quad x_3=5,\quad x_4=0.$$

如果线性方程组(1.5.1)的常数项均为0,即

$$\begin{cases}a_{11}x_1+a_{12}x_2+\cdots+a_{1n}x_n=0,\\a_{21}x_1+a_{22}x_2+\cdots+a_{2n}x_n=0,\\\qquad\cdots\cdots\\a_{n1}x_1+a_{n2}x_2+\cdots+a_{nn}x_n=0,\end{cases}\tag{1.5.4}$$

则称方程组为齐次线性方程组.

显然,齐次线性方程组(1.5.4)一定有零解 $x_j=0(j=1,2,\cdots,n)$. 若方程组(1.5.4)的一个解 $x_1,x_2,\cdots,x_n$ 不全为零,则称它为(1.5.4)的一个非零解. 对于齐次线性方程组除零解外是否还有非零解,可由以下定理判定.

定理 1.6　如果齐次线性方程组(1.5.4)的系数行列式 $D\neq0$,则它仅有零解.

因为齐次线性方程组的 $D_j(j=1,2,\cdots,n)$ 中有一列元素为0,故 $D_j=0$,所以 $x_j=\frac{D_j}{D}(j=1,2,\cdots,n)$.

由此可以得到:如果齐次线性方程组(1.5.4)有非零解,则它的系数行列式 $D=0$. 在以后的内容中还将进一步证明:如果齐次线性方程组的系数行列式 $D=0$,则方程组(1.5.4)有非零解.

例 2　判定齐次线性方程组

$$\begin{cases}x_1+x_2+2x_3+3x_4=0,\\x_1+2x_2+3x_3-x_4=0,\\3x_1-x_2-x_3-2x_4=0,\\2x_1+3x_2-x_3-x_4=0\end{cases}$$

是否仅有零解?

解　因为

$$D=\begin{vmatrix}1&1&2&3\\1&2&3&-1\\3&-1&-1&-2\\2&3&-1&-1\end{vmatrix}=-153\neq0,$$

所以方程组仅有零解.

例 3 当 λ 取何值时，齐次线性方程组

$$\begin{cases}\lambda x_1+x_2+x_3+x_4=0,\\ x_1+\lambda x_2+x_3+x_4=0,\\ x_1+x_2+\lambda x_3+x_4=0,\\ x_1+x_2+x_3+\lambda x_4=0\end{cases}$$

有非零解？

解 要方程组有非零解，须

$$D=\begin{vmatrix}\lambda & 1 & 1 & 1\\ 1 & \lambda & 1 & 1\\ 1 & 1 & \lambda & 1\\ 1 & 1 & 1 & \lambda\end{vmatrix}=0,$$

即

$$D=(\lambda+3)(\lambda-1)^3=0.$$

故当 $\lambda=-3$ 或 $\lambda=1$ 时，齐次线性方程组有非零解.

习 题 1.5

1. 用克拉默法则解下列线性方程组：

(1) $\begin{cases}2x_1+3x_2=1,\\ 3x_1+7x_2=2;\end{cases}$

(2) $\begin{cases}3x_1-4x_2+2x_3=1,\\ 5x_1-2x_2+7x_3=22,\\ 2x_1-5x_2+4x_3=4;\end{cases}$

(3) $\begin{cases}2x_1+x_2-5x_3+x_4=8,\\ x_1-3x_2-6x_4=9,\\ 2x_2-x_3+2x_4=-5,\\ x_1+4x_2-7x_3+6x_4=0.\end{cases}$

2. 判断下列齐次线性方程组是否有非零解：

(1) $\begin{cases}x_1+2x_2+3x_3=0,\\ 2x_1+3x_2+4x_3=0,\\ 3x_1+4x_2+5x_3=0;\end{cases}$

(2) $\begin{cases}2x_1-2x_2+x_4=0,\\ 2x_1+3x_2+x_3-3x_4=0,\\ 3x_1+4x_2-x_3+2x_4=0,\\ x_1+3x_2+x_3-x_4=0.\end{cases}$

3. 若齐次线性方程组$\begin{cases}\lambda x_1+x_2+x_3=0,\\ x_1+\lambda x_2+x_3=0,\\ x_1+x_2+\lambda x_3=0\end{cases}$有非零解，则$\lambda$应取何值？

4. 当k为何值时，齐次线性方程组$\begin{cases}kx_1+x_3=0,\\ 2x_1+kx_2+x_3=0,\\ kx_1-2x_2+x_3=0\end{cases}$仅有零解？

总习题1

(A)

1. 用行列式定义计算$D=\begin{vmatrix}0&0&\cdots&0&1&0\\0&0&\cdots&2&0&0\\\vdots&\vdots&&\vdots&\vdots&\vdots\\n-1&0&\cdots&0&0&0\\0&0&\cdots&0&0&n\end{vmatrix}$.

2. 计算下列行列式：

(1) $D_n=\begin{vmatrix}3&1&1&\cdots&1\\1&3&1&\cdots&1\\1&1&3&\cdots&1\\\vdots&\vdots&\vdots&&\vdots\\1&1&1&\cdots&3\end{vmatrix}$； (2) $D_{n+1}=\begin{vmatrix}x&a_1&a_2&a_3&\cdots&a_n\\a_1&x&a_2&a_3&\cdots&a_n\\a_1&a_2&x&a_3&\cdots&a_n\\\vdots&\vdots&\vdots&\vdots&&\vdots\\a_1&a_2&a_3&a_4&\cdots&x\end{vmatrix}$.

3. 利用行列式的性质证明：

(1) $\begin{vmatrix}a^2&(a+1)^2&(a+2)^2&(a+3)^2\\b^2&(b+1)^2&(b+2)^2&(b+3)^2\\c^2&(c+1)^2&(c+2)^2&(c+3)^2\\d^2&(d+1)^2&(d+2)^2&(d+3)^2\end{vmatrix}=0$；

(2) $\begin{vmatrix}a^2&ab&b^2\\2a&a+b&2b\\1&1&1\end{vmatrix}=(a-b)^3$.

4. 已知行列式$f(x)=\begin{vmatrix}x&x&1&0\\1&x&2&3\\2&3&x&2\\1&1&2&x\end{vmatrix}$，求$D$中$x^3$的系数.

5. 计算下列行列式：

(1) $\begin{vmatrix} a & b & c & d \\ b & a & d & c \\ c & d & a & b \\ d & c & b & a \end{vmatrix}$；(2) $\begin{vmatrix} a & 1 & 0 & 0 \\ -1 & b & 1 & 0 \\ 0 & -1 & c & 1 \\ 0 & 0 & -1 & d \end{vmatrix}$；(3) $\begin{vmatrix} 1 & 2 & 3 & \cdots & n \\ 2 & 3 & 4 & \cdots & 1 \\ 3 & 4 & 5 & \cdots & 2 \\ \vdots & \vdots & \vdots & & \vdots \\ n & 1 & 2 & \cdots & n-1 \end{vmatrix}$.

6. 计算下列行列式：

(1) $D_n=\begin{vmatrix} 5 & 3 & 0 & \cdots & 0 & 0 \\ 2 & 5 & 3 & \cdots & 0 & 0 \\ 0 & 2 & 5 & \cdots & 0 & 0 \\ \vdots & \vdots & \vdots & & \vdots & \vdots \\ 0 & 0 & 0 & \cdots & 5 & 3 \\ 0 & 0 & 0 & \cdots & 2 & 5 \end{vmatrix}$；

(2) $D_n=\begin{vmatrix} \cos\alpha & 1 & 0 & \cdots & 0 & 0 \\ 1 & 2\cos\alpha & 1 & \cdots & 0 & 0 \\ 0 & 1 & 2\cos\alpha & \cdots & 0 & 0 \\ \vdots & \vdots & \vdots & & \vdots & \vdots \\ 0 & 0 & 0 & \cdots & 2\cos\alpha & 1 \\ 0 & 0 & 0 & \cdots & 1 & 2\cos\alpha \end{vmatrix}$.

7. 若 $a_1a_2a_3\cdots a_n\neq0$，证明

$$\begin{vmatrix} 1+a_1 & 1 & 1 & \cdots & 1 & 1 \\ 1 & 1+a_2 & 1 & \cdots & 1 & 1 \\ 1 & 1 & 1+a_3 & \cdots & 1 & 1 \\ \vdots & \vdots & \vdots & & \vdots & \vdots \\ 1 & 1 & 1 & \cdots & 1 & 1+a_n \end{vmatrix}=a_1a_2a_3\cdots a_n\left(1+\sum_{i=1}^{n}\frac{1}{a_i}\right).$$

8. 设四阶行列式 $D_4=\begin{vmatrix} -2 & 3 & 9 & 5 \\ 1 & 4 & 6 & 8 \\ 2 & 1 & 0 & 3 \\ 5 & 6 & -4 & 3 \end{vmatrix}$，试求 $2A_{41}+A_{42}+3A_{44}$，其中 A_{4j} 为元素 a_{4j} ($j=1,2,4$)的代数余子式.

9. 已知四阶行列式 $D_4=\begin{vmatrix} 1 & 2 & 3 & 4 \\ 3 & 3 & 4 & 4 \\ 1 & 5 & 6 & 7 \\ 1 & 1 & 2 & 2 \end{vmatrix}=-6$，试求 $A_{41}+A_{42}$ 与 $A_{43}+A_{44}$，其中 A_{4j} ($j=1,2,3,4$)是 D_4 中第四行第 j 个元素的代数余子式.

10. 用克拉默法则解线性方程组

$$\begin{cases} x_1-x_2+x_3+2x_4=1, \\ x_1+x_2-2x_3+x_4=1, \\ x_1+x_2+x_4=2, \\ x_1+x_3-x_4=1. \end{cases}$$

11. 设 $f(x)=\begin{vmatrix} 1 & 1 & 1 & \cdots & 1 & 1 \\ 1 & 2 & 3 & \cdots & n & x \\ 1 & 4 & 9 & \cdots & n^2 & x^2 \\ \vdots & \vdots & \vdots & & \vdots & \vdots \\ 1 & 2^n & 3^n & \cdots & n^n & x^n \end{vmatrix}$，求导函数 $f'(x)$ 的零点个数及其所在区间.

12. 设 $f(x)=c_0+c_1x+c_2x^2+\cdots+c_nx^n$，用克拉默法则证明：如果 $f(x)$ 有 $n+1$ 个互不相同的根，则 $f(x)$ 是零多项式.

(B)

一、单项选择题

1. 行列式 $\begin{vmatrix} \lambda-1 & 2 \\ 2 & \lambda-1 \end{vmatrix}\neq 0$ 的充分必要条件是(　　).

(A) $\lambda\neq -1$；　(B) $\lambda\neq 3$；　(C) $\lambda\neq -1$ 且 $\lambda\neq 3$；　(D) $\lambda\neq -1$ 或 $\lambda\neq 3$.

2. 若行列式 $\begin{vmatrix} 1 & 2 & 5 \\ 1 & 3 & -2 \\ 2 & 5 & a \end{vmatrix}=0$，则 $a=$(　　).

(A) 2；　(B) -2；　(C) -3；　(D) 3.

3. 若行列式 $\begin{vmatrix} x_1 & x_2 & x_3 \\ c & a & b \\ b & c & a \end{vmatrix}=a^3+b^3+c^3-3abc$，则 x_1,x_2,x_3 的值依次分别为(　　).

(A) c,a,b；　(B) b,c,a；　(C) a,b,c；　(D) b,a,c.

4. 下列选项中为五级偶排列的是(　　).

(A) 12435；　(B) 54321；　(C) 32514；　(D) 54231.

5. 四元素乘积 $a_{i1}a_{24}a_{43}a_{k2}$ 是四阶行列式 $|a_{ij}|(i,j=1,2,3,4)$ 中的一项，i,k 的取值及该项前应冠以的符号，有下列四种可能情况：

(1) $i=3,k=1$，前面冠以正号；　(2) $i=3,k=1$，前面冠以负号；

(3) $i=1,k=3$，前面冠以正号；　(4) $i=1,k=3$，前面冠以负号.

选项正确的是(　　).

(A) (1),(3)正确；　(B) (1),(4)正确；

(C) (2),(3)正确；　(D) (2),(4)正确.

6. 下列选项中是五阶行列式 $|a_{ij}|(i,j=1,2,3,4,5)$ 中的一项的是(　　).

(A) $a_{12}a_{31}a_{23}a_{45}a_{34}$；　(B) $-a_{31}a_{22}a_{43}a_{14}a_{55}$；

(C) $-a_{13}a_{21}a_{34}a_{42}a_{51}$；　(D) $a_{12}a_{21}a_{55}a_{43}a_{34}$.

7. 下列选项中不属于五阶行列式 $|a_{ij}|(i,j=1,2,3,4,5)$ 中的一项的是(　　).

(A) $a_{11}a_{23}a_{32}a_{45}a_{54}$；　(B) $-a_{51}a_{12}a_{43}a_{34}a_{25}$；

(C) $-a_{13}a_{52}a_{34}a_{21}a_{45}$；　(D) $a_{55}a_{44}a_{33}a_{22}a_{11}$.

8. 若三阶行列式 $\begin{vmatrix} a_1 & a_2 & a_3 \\ 2b_1-a_1 & 2b_2-a_2 & 2b_3-a_3 \\ c_1 & c_2 & c_3 \end{vmatrix}=6$,则行列式 $\begin{vmatrix} a_1 & a_2 & a_3 \\ b_1 & b_2 & b_3 \\ c_1 & c_2 & c_3 \end{vmatrix}=$(　　).

(A) 3；　(B) −3；　(C) 6；　(D) −6.

9. 设 $\begin{vmatrix} 0 & 0 & 0 & 1 \\ 0 & 0 & a & 0 \\ 0 & 2 & 0 & 0 \\ 1 & 0 & 0 & a \end{vmatrix}=-1$,则 $a=$(　　).

(A) $-\frac{1}{2}$；　(B) $\frac{1}{2}$；　(C) −1；　(D) 1.

10. n 阶行列式 $\begin{vmatrix} 1 & 1 & 1 & \cdots & 1 \\ 1 & 0 & 1 & \cdots & 1 \\ 1 & 1 & 0 & \cdots & 1 \\ \vdots & \vdots & \vdots & & \vdots \\ 1 & 1 & 1 & \cdots & 0 \end{vmatrix}=$(　　).

(A) 1；　(B) −1；　(C) $(-1)^{n-1}$；　(D) $(-1)^n$.

11. 设 $\boldsymbol{A}_j$ 表示四阶行列式 $|a_{ij}|(i,j=1,2,3,4)$ 的第 j 列 $(j=1,2,3,4)$,已知 $|a_{ij}|=-2$,那么 $|\boldsymbol{A}_3-2\boldsymbol{A}_1,3\boldsymbol{A}_2,\boldsymbol{A}_1,-\boldsymbol{A}_4|=$(　　).

(A) 3；　(B) 6；　(C) −6；　(D) −2.

12. $f(x)=\begin{vmatrix} 1 & -1 & 1 & x-1 \\ 1 & -1 & x+1 & -1 \\ 1 & x-1 & 1 & -1 \\ x+1 & -1 & 1 & -1 \end{vmatrix}$,则 $f(x)=0$ 有(　　).

(A) 四个不同的根；　(B) 三个不同的根(其中有一个二重根)；
(C) 两个不同的二重根；　(D) 一个四重根.

13. 如果线性方程组 $\begin{cases} 2x+ky=c_1, \\ kx+2y=c_2 \end{cases}$ (c_1,c_2 为不等于零的常数)有唯一解,则 k 必须满足(　　).

(A) $k=0$；　(B) $k=-2$ 或 $k=2$；
(C) $k\neq-2$ 或 $k\neq2$；　(D) $k\neq-2$ 且 $k\neq2$.

14. 若齐次线性方程组 $\begin{cases} 2x_1-x_2+x_3=0, \\ x_1+kx_2-x_3=0, \\ kx_1+x_2+x_3=0 \end{cases}$ 有非零解,则 k 必须满足(　　).

(A) $k=4$；　(B) $k=-1$；
(C) $k\neq-1$ 且 $k\neq4$；　(D) $k=-1$ 或 $k=4$.

二、填空题

1. $N(21543687)=$________,所以排列 21543687 是________排列.

2. 当 $i=$________,$j=$________时,排列 $1i25j4897$ 是奇排列.

3. 四阶行列式 $D=|a_{ij}|$ 中带负号且包含因子 $a_{23}\cdot a_{31}$ 的项为________.

4. 如果 n 阶行列式中等于零的元素个数大于 n^2-n，那么此行列式的值为________.

5. 在 n 阶行列式 $D=|a_{ij}|$ 中，如果 $a_{ij}=-a_{ji}\ (i,j=1,2,\cdots,n)$，且 n 为奇数，则 $D=$________.

6. $f(x)=\begin{vmatrix} 2x & x & -1 \\ -1 & -x & 1 \\ 3 & 2 & -x \end{vmatrix}$ 中 x^3 的系数为________.

7. 设 $D=\begin{vmatrix} a_{11} & a_{12} & \cdots & a_{1n} \\ a_{21} & a_{22} & \cdots & a_{2n} \\ \vdots & \vdots & & \vdots \\ a_{n1} & a_{n2} & \cdots & a_{nn} \end{vmatrix}=M$，且 $D_1=\begin{vmatrix} a_{21} & a_{22} & \cdots & a_{2n} \\ a_{31} & a_{32} & \cdots & a_{3n} \\ \vdots & \vdots & & \vdots \\ a_{n1} & a_{n2} & \cdots & a_{nn} \\ a_{11} & a_{12} & \cdots & a_{1n} \end{vmatrix}$，则 $D_1=$________.

8. 在四阶行列式 $D=\begin{vmatrix} a_{11} & a_{12} & a_{13} & a_{14} \\ a_{21} & a_{22} & a_{23} & a_{24} \\ a_{31} & a_{32} & a_{33} & a_{34} \\ a_{41} & a_{42} & a_{43} & a_{44} \end{vmatrix}$ 中元素 a_{31} 的余子式 $M_{31}=$________，元素 a_{23} 的代数余子式 $A_{23}=$________.

9. 设 A_{ij} 是 n 阶行列式 $|a_{ij}|$ 中元素 a_{ij} 的代数余子式，则 $a_{i1}A_{j1}+a_{i2}A_{j2}+\cdots+a_{in}A_{jn}=$________$(i\neq j)$.

10. 当 $\lambda=$________时，$\begin{cases} \lambda x_1+(2\lambda-1)x_2=0, \\ x_1+\lambda x_2=0 \end{cases}$ 有非零解.

习题解答 1

考研真题解析 1

第 2 章　矩　　阵

矩阵是线性代数的一个重要的基本概念，是线性代数研究的主要对象，也是数学很多分支研究及应用的重要工具，它贯穿于线性代数的各个部分，广泛应用于自然科学的各个分支及工程技术、经济管理等许多领域.

本章主要介绍矩阵的概念、性质和运算.

2.1　矩阵的概念及运算

2.1.1　矩阵的定义

矩阵和行列式一样，是从研究线性方程组的问题引出来的. 只不过行列式是从特殊的线性方程组(即未知量个数与方程个数相同，而且只有唯一解)引出的，而矩阵则是从一般的线性方程组引出的. 所以，矩阵的应用更为广泛.

设线性方程组

$$\begin{cases} a_{11}x_1+a_{12}x_2+\cdots+a_{1n}x_n=b_1, \\ a_{21}x_1+a_{22}x_2+\cdots+a_{2n}x_n=b_2, \\ \qquad\qquad\cdots\cdots \\ a_{m1}x_1+a_{m2}x_2+\cdots+a_{mn}x_n=b_m, \end{cases} \tag{2.1.1}$$

把这个方程组的未知量的系数及常数项按其在式(2.1.1)中原有的相对位置排成一个 m 行 $n+1$ 列的矩形数表：

$$\begin{matrix} a_{11} & a_{12} & \cdots & a_{1n} & b_1 \\ a_{21} & a_{22} & \cdots & a_{2n} & b_2 \\ \vdots & \vdots & & \vdots & \vdots \\ a_{m1} & a_{m2} & \cdots & a_{mn} & b_m \end{matrix}$$

这个矩形数表决定着给定方程组是否有解等问题.

实际问题中，比如，某公司生产四种产品 A，B，C，D，第一季度的销量分别如表 2-1所示(单位：件).

表 2-1　产品销量

月份 \ 产品	A	B	C	D
一月	300	250	220	180
二月	320	230	200	200
三月	310	280	210	220

为了研究方便起见，在数学中常把表中的说明部分去掉，表中的数据按原来的位置、次序排成一个矩形数表：

$$\begin{matrix} 300 & 250 & 220 & 180 \\ 320 & 230 & 200 & 200 \\ 310 & 280 & 210 & 220 \end{matrix}$$

这个矩形数表描述了这个公司各种产品一季度各月的销售等情况.

以上这些矩形数表就是我们将定义的矩阵.

定义 2.1 $m\times n$ 个数 $a_{ij}(i=1,2,\cdots,m;j=1,2,\cdots,n)$ 排成 m 行 n 列的数表

$$\begin{matrix} a_{11} & a_{12} & \cdots & a_{1n} \\ a_{21} & a_{22} & \cdots & a_{2n} \\ \vdots & \vdots & & \vdots \\ a_{m1} & a_{m2} & \cdots & a_{mn} \end{matrix}$$

称为 m 行 n 列矩阵，简称 $m\times n$ 矩阵，为表示它是一个整体，总是加上一个括弧，并用大写字母表示它，记为

$$\boldsymbol{A}=\begin{pmatrix} a_{11} & a_{12} & \cdots & a_{1n} \\ a_{21} & a_{22} & \cdots & a_{2n} \\ \vdots & \vdots & & \vdots \\ a_{m1} & a_{m2} & \cdots & a_{mn} \end{pmatrix}, \tag{2.1.2}$$

简记为 $\boldsymbol{A}=\boldsymbol{A}_{m\times n}=(a_{ij})_{m\times n}$ 或 $\boldsymbol{A}=(a_{ij})$，其中 a_{ij} 是矩阵 $\boldsymbol{A}$ 的第 i 行第 j 列的元素. 元素属于实数集的矩阵称为**实矩阵**；元素属于复数集的矩阵称为**复矩阵**. 本书中的矩阵除特别说明外，都指实矩阵.

值得注意的是，矩阵与行列式在形式上有些类似，但在意义上完全不同，一个行列式是一个数，而矩阵是 m 行 n 列的数表. 除此之外，它们还有很多不同，在后面的学习中再进行比较.

若两矩阵的行数、列数分别相等，则称它们为**同型矩阵**：

设 $\boldsymbol{A}$ 和 $\boldsymbol{B}$ 为两个 $m\times n$ 矩阵

$$\boldsymbol{A}=\begin{pmatrix} a_{11} & a_{12} & \cdots & a_{1n} \\ a_{21} & a_{22} & \cdots & a_{2n} \\ \vdots & \vdots & & \vdots \\ a_{m1} & a_{m2} & \cdots & a_{mn} \end{pmatrix},\quad \boldsymbol{B}=\begin{pmatrix} b_{11} & b_{12} & \cdots & b_{1n} \\ b_{21} & b_{22} & \cdots & b_{2n} \\ \vdots & \vdots & & \vdots \\ b_{m1} & b_{m2} & \cdots & b_{mn} \end{pmatrix},$$

则 $\boldsymbol{A}$ 和 $\boldsymbol{B}$ 为同型矩阵.

若两同型矩阵 $\boldsymbol{A}$ 和 $\boldsymbol{B}$ 的对应元素相等，则称 $\boldsymbol{A}$ 和 $\boldsymbol{B}$ 为**相等矩阵**，即

$$\boldsymbol{A}=\boldsymbol{B}\Leftrightarrow a_{ij}=b_{ij},\quad i=1,2,\cdots,m;\ j=1,2,\cdots,n.$$

2.1.2 一些特殊的矩阵

(1) 零矩阵. 所有元素都为零的矩阵,记为 $\boldsymbol{O}$.

(2) 行矩阵(行向量). 只有一行的矩阵,记为 $\boldsymbol{A}=(a_1,a_2,\cdots,a_n)$.

(3) 列矩阵(列向量). 只有一列的矩阵,记为 $\boldsymbol{A}=\begin{pmatrix} a_1 \\ a_2 \\ \vdots \\ a_m \end{pmatrix}$.

(4) n 阶方阵. 行数和列数相等的矩阵,记为

$$\boldsymbol{A}_n=\begin{pmatrix} a_{11} & a_{12} & \cdots & a_{1n} \\ a_{21} & a_{22} & \cdots & a_{2n} \\ \vdots & \vdots & & \vdots \\ a_{n1} & a_{n2} & \cdots & a_{nn} \end{pmatrix}.$$

(5) 对角矩阵. 除主对角线上的元素以外,其余元素都为 0 的方阵,记为

$$\boldsymbol{\Lambda}=\operatorname{diag}(a_1,a_2,\cdots,a_n)=\begin{pmatrix} a_1 & 0 & \cdots & 0 \\ 0 & a_2 & \cdots & 0 \\ \vdots & \vdots & & \vdots \\ 0 & 0 & \cdots & a_n \end{pmatrix}.$$

(6) 数量矩阵. 主对角线上元素相同的对角矩阵,记为

$$\begin{pmatrix} k & 0 & \cdots & 0 \\ 0 & k & \cdots & 0 \\ \vdots & \vdots & & \vdots \\ 0 & 0 & \cdots & k \end{pmatrix}.$$

(7) 单位矩阵. 主对角线上元素都为 1 的数量矩阵,记为

$$\boldsymbol{E}_n=\begin{pmatrix} 1 & 0 & \cdots & 0 \\ 0 & 1 & \cdots & 0 \\ \vdots & \vdots & & \vdots \\ 0 & 0 & \cdots & 1 \end{pmatrix}.$$

(8) 上(下)三角矩阵. 主对角线下(上)方元素皆为 0 的方阵,记为

$$\boldsymbol{A}=\begin{pmatrix} a_{11} & a_{12} & \cdots & a_{1n} \\ 0 & a_{22} & \cdots & a_{2n} \\ \vdots & \vdots & & \vdots \\ 0 & 0 & \cdots & a_{nn} \end{pmatrix},\quad \boldsymbol{B}=\begin{pmatrix} b_{11} & 0 & \cdots & 0 \\ b_{21} & b_{22} & \cdots & 0 \\ \vdots & \vdots & & \vdots \\ b_{n1} & b_{n2} & \cdots & b_{nn} \end{pmatrix}.$$

(9) 对称矩阵. n 阶矩阵 $\boldsymbol{A}=(a_{ij})$ 的所有元素满足 $a_{ij}=a_{ji}(i,j=1,2,\cdots,n)$,

则称 $\boldsymbol{A}$ 为 n 阶对称矩阵. 例如

$$\boldsymbol{A}=\begin{pmatrix}2 & 0 & 3\\ 0 & -1 & -2\\ 3 & -2 & 4\end{pmatrix}$$

为三阶对称矩阵.

(10) 反对称矩阵. n 阶矩阵 $\boldsymbol{A}=(a_{ij})$ 的所有元素满足 $a_{ij}=-a_{ji}(i,j=1,2,\cdots,n)$,则称 $\boldsymbol{A}$ 为 n 阶反对称矩阵. 由于反对称矩阵的主对角线上的元素 a_{ii} 也满足 $a_{ij}=-a_{ji}(i,j=1,2,\cdots,n)$,故 $a_{ii}=0(i=1,2,\cdots,n)$. 例如

$$\boldsymbol{A}=\begin{pmatrix}0 & 1 & -3\\ -1 & 0 & -2\\ 3 & 2 & 0\end{pmatrix}$$

就是一个三阶反对称矩阵.

2.1.3 矩阵的运算

1. 矩阵的加法

定义 2.2 设有两个 $m\times n$ 矩阵 $\boldsymbol{A}=(a_{ij})$,$\boldsymbol{B}=(b_{ij})$,那么称 $\boldsymbol{A}+\boldsymbol{B}$ 为矩阵 $\boldsymbol{A}$ 与 $\boldsymbol{B}$ 的和,规定为

$$\boldsymbol{A}+\boldsymbol{B}=\begin{pmatrix}a_{11}+b_{11} & a_{12}+b_{12} & \cdots & a_{1n}+b_{1n}\\ a_{21}+b_{21} & a_{22}+b_{22} & \cdots & a_{2n}+b_{2n}\\ \vdots & \vdots & & \vdots\\ a_{m1}+b_{m1} & a_{m2}+b_{m2} & \cdots & a_{mn}+b_{mn}\end{pmatrix}=(a_{ij}+b_{ij}).$$

应该注意到,只有两个同型矩阵才能进行加法运算.

矩阵的加法满足下列运算律(设 $\boldsymbol{A},\boldsymbol{B},\boldsymbol{C}$ 都是 $m\times n$ 矩阵):

(1) $\boldsymbol{A}+\boldsymbol{B}=\boldsymbol{B}+\boldsymbol{A}$;

(2) $(\boldsymbol{A}+\boldsymbol{B})+\boldsymbol{C}=\boldsymbol{A}+(\boldsymbol{B}+\boldsymbol{C})$;

(3) $\boldsymbol{A}+\boldsymbol{O}=\boldsymbol{A}$,其中 $\boldsymbol{O}$ 为 $m\times n$ 矩阵;

(4) 设 $\boldsymbol{A}=(a_{ij})_{m\times n}$,记

$$-\boldsymbol{A}=(-a_{ij})_{m\times n}=\begin{pmatrix}-a_{11} & -a_{12} & \cdots & -a_{1n}\\ -a_{21} & -a_{22} & \cdots & -a_{2n}\\ \vdots & \vdots & & \vdots\\ -a_{m1} & -a_{m2} & \cdots & -a_{mn}\end{pmatrix}$$

为 $\boldsymbol{A}$ 的负矩阵,显然

$$\boldsymbol{A}+(-\boldsymbol{A})=\boldsymbol{O}.$$

由此得矩阵的减法为

$$A-B=A+(-B).$$

例 1　设矩阵

$$A=\begin{pmatrix}1&0&1\\-1&0&2\end{pmatrix},\quad B=\begin{pmatrix}-2&1&0\\1&1&2\end{pmatrix},$$

求 $A+B$.

解　$A+B=\begin{pmatrix}1&0&1\\-1&0&2\end{pmatrix}+\begin{pmatrix}-2&1&0\\1&1&2\end{pmatrix}=\begin{pmatrix}1-2&0+1&1+0\\-1+1&0+1&2+2\end{pmatrix}$

$$=\begin{pmatrix}-1&1&1\\0&1&4\end{pmatrix}.$$

例 2　设 4 名学生三门功课期中、期末考试的成绩为矩阵 A,B,具体数据如下：

$$A=\begin{pmatrix}90&86&95\\78&80&70\\92&93&96\\66&74&75\end{pmatrix},\quad B=\begin{pmatrix}94&90&97\\83&85&76\\98&95&97\\60&70&72\end{pmatrix},$$

求每个学生各门课程期中、期末考试的总成绩.

解　$A+B=\begin{pmatrix}90&86&95\\78&80&70\\92&93&96\\66&74&75\end{pmatrix}+\begin{pmatrix}94&90&97\\83&85&76\\98&95&97\\60&70&72\end{pmatrix}=\begin{pmatrix}184&176&192\\161&165&146\\190&188&193\\126&144&147\end{pmatrix}.$

2. 矩阵的数乘

定义 2.3　数 k 与矩阵 $A=(a_{ij})_{m\times n}$的每个元素相乘得到的矩阵

$$\begin{pmatrix}ka_{11}&ka_{12}&\cdots&ka_{1n}\\ka_{21}&ka_{22}&\cdots&ka_{2n}\\\vdots&\vdots&&\vdots\\ka_{m1}&ka_{m2}&\cdots&ka_{mn}\end{pmatrix}$$

称为数 k 与矩阵 A 的乘积,即数 k 与矩阵 A 的**数乘**,记为 $kA=(ka_{ij})_{m\times n}$.

数 k 与矩阵 A 的乘积有下列运算法则(A,B 均为 $m\times n$ 矩阵,$k,l\in F$)：

(1) $k(A+B)=kA+kB$；

(2) $(k+l)A=kA+lA$；

(3) $k(lA)=(kl)A$.

例 3　继前例 2 的数据的基础上,再设该四名学生的各门课程平时成绩为

$$C=\begin{pmatrix}90&80&90\\80&80&70\\90&90&100\\70&80&80\end{pmatrix},$$

如果各门课程的总成绩中，平时成绩、期中成绩和期末成绩分别占 10%，20%和70%，则他们总成绩矩阵为

$$D=0.1C+0.2B+0.7A=\begin{pmatrix}90.8&86.2&94.9\\79.2&81&71.2\\93&93.1&96.6\\65.2&73.8&74.9\end{pmatrix}.$$

3. 矩阵的乘法

定义 2.4　设矩阵 $\boldsymbol{A}=(a_{ij})_{m\times s}$，$\boldsymbol{B}=(b_{ij})_{s\times n}$，则矩阵 $\boldsymbol{A}$ 与 $\boldsymbol{B}$ 的乘积矩阵 $\boldsymbol{C}=(c_{ij})_{m\times n}$，其中

$$c_{ij}=a_{i1}b_{1j}+a_{i2}b_{2j}+\cdots+a_{is}b_{sj}=\sum_{k=1}^{s}a_{ik}b_{kj}\quad(i=1,2,\cdots,m;j=1,2,\cdots,n),$$

记为

$$\boldsymbol{C}=\boldsymbol{AB}.$$

上述定义中需要注意的是：

(1) 只有矩阵 $\boldsymbol{A}$ 的列数与矩阵 $\boldsymbol{B}$ 的行数相同时，矩阵 $\boldsymbol{A}$ 与矩阵 $\boldsymbol{B}$ 才能相乘；

(2) 乘积 $\boldsymbol{C}=(c_{ij})_{m\times n}$ 的第 i 行第 j 列的元素 c_{ij} 等于矩阵 $\boldsymbol{A}$ 的第 i 行的每一个元素与矩阵 $\boldsymbol{B}$ 第 j 列的对应元素的乘积之和，即

$$\text{第}\,i\,\text{行}\begin{pmatrix}a_{11}&a_{12}&\cdots&a_{1s}\\\vdots&\vdots&&\vdots\\\boxed{a_{i1}\quad a_{i2}\quad\cdots\quad a_{is}}\\\vdots&\vdots&&\vdots\\a_{m1}&a_{m2}&\cdots&a_{ms}\end{pmatrix}\begin{pmatrix}b_{11}&\cdots&\boxed{b_{1j}}&\cdots&b_{1n}\\b_{21}&\cdots&\boxed{b_{2j}}&\cdots&b_{2n}\\\vdots&&\boxed{\vdots}&&\vdots\\b_{s1}&\cdots&\boxed{b_{sj}}&\cdots&b_{sn}\end{pmatrix}$$

第 j 列

$$=\begin{pmatrix}c_{11}&\cdots&c_{1j}&\cdots&c_{1n}\\\vdots&&\vdots&&\vdots\\c_{i1}&\cdots&\boxed{c_{ij}}&\cdots&c_{in}\\\vdots&&\vdots&&\vdots\\c_{m1}&\cdots&c_{mj}&\cdots&c_{mn}\end{pmatrix}\text{第}\,i\,\text{行}$$

第 j 列

(3) 乘积矩阵 $\boldsymbol{C}$ 的行数等于矩阵 $\boldsymbol{A}$ 的行数，列数等于矩阵 $\boldsymbol{B}$ 的列数.

例 4 求矩阵 $\boldsymbol{A}=\begin{pmatrix}1&0&-3\\2&1&0\\5&0&4\end{pmatrix}$ 与 $\boldsymbol{B}=\begin{pmatrix}4&1\\-1&1\\2&0\end{pmatrix}$ 的乘积 $\boldsymbol{AB}$.

解 矩阵 $\boldsymbol{A},\boldsymbol{B}$ 具备相乘的条件,由定义有

$$\begin{aligned}\boldsymbol{AB}&=\begin{pmatrix}1&0&-3\\2&1&0\\5&0&4\end{pmatrix}\begin{pmatrix}4&1\\-1&1\\2&0\end{pmatrix}\\&=\begin{pmatrix}1\times4+0\times(-1)+(-3)\times2&1\times1+0\times1+(-3)\times0\\2\times4+1\times(-1)+0\times2&2\times1+1\times1+0\times0\\5\times4+0\times(-1)+4\times2&5\times1+0\times1+4\times0\end{pmatrix}\\&=\begin{pmatrix}-2&1\\7&3\\28&5\end{pmatrix}.\end{aligned}$$

例 5 设

$$\boldsymbol{A}=(a_1,a_2,\cdots,a_n),\quad \boldsymbol{B}=\begin{pmatrix}b_1\\b_2\\\vdots\\b_n\end{pmatrix},$$

求 $\boldsymbol{AB}$ 与 $\boldsymbol{BA}$.

解

$$\boldsymbol{AB}=(a_1,a_2,\cdots,a_n)\begin{pmatrix}b_1\\b_2\\\vdots\\b_n\end{pmatrix}=a_1b_1+a_2b_2+\cdots+a_nb_n=\sum_{i=1}^{n}a_ib_i.$$

$$\boldsymbol{BA}=\begin{pmatrix}b_1\\b_2\\\vdots\\b_n\end{pmatrix}(a_1,a_2,\cdots,a_n)=\begin{pmatrix}b_1a_1&b_1a_2&\cdots&b_1a_n\\b_2a_1&b_2a_2&\cdots&b_2a_n\\\vdots&\vdots&&\vdots\\b_na_1&b_na_2&\cdots&b_na_n\end{pmatrix}.$$

由此看出 $\boldsymbol{AB}\neq\boldsymbol{BA}$.

例 6 已知矩阵

$$\boldsymbol{A}=\begin{pmatrix}-2&4\\1&-2\end{pmatrix},\quad \boldsymbol{B}=\begin{pmatrix}2&4\\-3&-6\end{pmatrix},$$

求 $\boldsymbol{AB}$ 与 $\boldsymbol{BA}$.

解 由定义得

$$\boldsymbol{AB}=\begin{pmatrix}-2 & 4\\ 1 & -2\end{pmatrix}\begin{pmatrix}2 & 4\\ -3 & -6\end{pmatrix}=\begin{pmatrix}-16 & -32\\ 8 & 16\end{pmatrix},$$

$$\boldsymbol{BA}=\begin{pmatrix}2 & 4\\ -3 & -6\end{pmatrix}\begin{pmatrix}-2 & 4\\ 1 & -2\end{pmatrix}=\begin{pmatrix}0 & 0\\ 0 & 0\end{pmatrix}.$$

由此看出 $\boldsymbol{AB}\neq\boldsymbol{BA}$，且 $\boldsymbol{A}\neq\boldsymbol{O}$，$\boldsymbol{B}\neq\boldsymbol{O}$，而 $\boldsymbol{AB}=\boldsymbol{O}$.

从上面的例子中，我们得出矩阵乘法的运算律与数的乘法的运算律的区别表现在以下几个方面：

(1) 矩阵的乘法一般不满足交换律，即 $\boldsymbol{AB}\neq\boldsymbol{BA}$；但是，若 $\boldsymbol{AB}=\boldsymbol{BA}$，则称矩阵 $\boldsymbol{A}$ 与矩阵 $\boldsymbol{B}$ **可交换**.

(2) 两个非零矩阵的乘积可能是零矩阵，即不能从 $\boldsymbol{AB}=\boldsymbol{O}$，得出 $\boldsymbol{A}=\boldsymbol{O}$ 或 $\boldsymbol{B}=\boldsymbol{O}$.

(3) 矩阵的乘法一般不满足消去律. 即 $\boldsymbol{AB}=\boldsymbol{AC}$，$\boldsymbol{A}\neq\boldsymbol{O}$，不能得到 $\boldsymbol{B}=\boldsymbol{C}$. 例如

$$\boldsymbol{A}=\begin{pmatrix}1 & 2\\ 2 & 4\end{pmatrix},\quad \boldsymbol{B}=\begin{pmatrix}-1 & 3\\ -2 & 1\end{pmatrix},\quad \boldsymbol{C}=\begin{pmatrix}-7 & 1\\ 1 & 2\end{pmatrix},$$

有

$$\boldsymbol{AB}=\boldsymbol{AC}=\begin{pmatrix}-5 & 5\\ -10 & 10\end{pmatrix},$$

而 $\boldsymbol{A}\neq\boldsymbol{O}$，$\boldsymbol{B}\neq\boldsymbol{C}$.

矩阵的乘法与数的乘法也有相同或相似的运算律：

(1) 结合律 $(\boldsymbol{AB})\boldsymbol{C}=\boldsymbol{A}(\boldsymbol{BC})$；

(2) 分配律 $\boldsymbol{A}(\boldsymbol{B}+\boldsymbol{C})=\boldsymbol{AB}+\boldsymbol{AC}$，$(\boldsymbol{B}+\boldsymbol{C})\boldsymbol{A}=\boldsymbol{BA}+\boldsymbol{CA}$；

(3) $k(\boldsymbol{AB})=(k\boldsymbol{A})\boldsymbol{B}=\boldsymbol{A}(k\boldsymbol{B})$；

(4) 设 $\boldsymbol{A}$ 是 $m\times k$ 矩阵，则

$$\boldsymbol{E}_m\boldsymbol{A}=\boldsymbol{A},\quad \boldsymbol{AE}_k=\boldsymbol{A},$$

即单位矩阵 $\boldsymbol{E}$ 是矩阵乘法的单位元，它相当于数的乘法中的数 1.

例 7 设矩阵

$$\boldsymbol{A}=\begin{pmatrix}1 & 0\\ 2 & 1\end{pmatrix},$$

若存在矩阵 $\boldsymbol{B}$ 满足 $\boldsymbol{AB}=\boldsymbol{BA}$，试求所有与 $\boldsymbol{A}$ 可交换的矩阵.

解 由条件可知，与 $\boldsymbol{A}$ 可交换的矩阵必为二阶方阵，故设

$$\boldsymbol{X}=\begin{pmatrix}x_{11} & x_{12}\\ x_{21} & x_{22}\end{pmatrix}$$

为与 $\boldsymbol{A}$ 可交换的矩阵，由于

$$AX=\begin{pmatrix}1&0\\2&1\end{pmatrix}\begin{pmatrix}x_{11}&x_{12}\\x_{21}&x_{22}\end{pmatrix}=\begin{pmatrix}x_{11}&x_{12}\\2x_{11}+x_{21}&2x_{12}+x_{22}\end{pmatrix},$$

$$XA=\begin{pmatrix}x_{11}&x_{12}\\x_{21}&x_{22}\end{pmatrix}\begin{pmatrix}1&0\\2&1\end{pmatrix}=\begin{pmatrix}x_{11}+2x_{12}&x_{12}\\x_{21}+2x_{22}&x_{22}\end{pmatrix},$$

则由 $AX=XA$ 可推出 $x_{12}=0, x_{11}=x_{22}$，且 x_{11}, x_{21} 可取任意值，即

$$X=\begin{pmatrix}x_{11}&0\\x_{21}&x_{11}\end{pmatrix}.$$

4. 矩阵的方幂

定义 2.5 设 A 为 n 阶方阵，对于正整数 m，有

$$A^m=\underbrace{AA\cdots A}_{m},$$

称 A^m 为矩阵 A 的方幂.

规定

$$A^0=E.$$

容易验证

$$A^k\cdot A^l=A^{k+l},\quad (A^k)^l=A^{kl},$$

其中 k,l 为正整数.

一般地，$(AB)^k\neq A^kB^k$；当 $AB=BA$ 时，

$$(AB)^k=A^kB^k.$$

设 x 的 m 次多项式

$$f(x)=a_0x^m+a_1x^{m-1}+\cdots+a_{m-1}x+a_m,$$

则定义

$$f(A)=a_0A^m+a_1A^{m-1}+\cdots+a_{m-1}A+a_mE$$

为 n 阶方阵 A 的 m 次多项式.

例 8 求下列矩阵的幂：

(1) $\begin{pmatrix}1&0\\1&1\end{pmatrix}^n$；　　(2) $\begin{pmatrix}1&-1&-1&-1\\-1&1&-1&-1\\-1&-1&1&-1\\-1&-1&-1&1\end{pmatrix}^n$.

解 (1) $\begin{pmatrix}1&0\\1&1\end{pmatrix}^2=\begin{pmatrix}1&0\\1&1\end{pmatrix}\begin{pmatrix}1&0\\1&1\end{pmatrix}=\begin{pmatrix}1&0\\2&1\end{pmatrix}$,

$$\begin{pmatrix}1&0\\1&1\end{pmatrix}^3=\begin{pmatrix}1&0\\1&1\end{pmatrix}^2\begin{pmatrix}1&0\\1&1\end{pmatrix}=\begin{pmatrix}1&0\\2&1\end{pmatrix}\begin{pmatrix}1&0\\1&1\end{pmatrix}=\begin{pmatrix}1&0\\3&1\end{pmatrix},$$

……

$$\begin{pmatrix}1&0\\1&1\end{pmatrix}^n=\begin{pmatrix}1&0\\n&1\end{pmatrix}.$$

这个结果可用数学归纳法验证.

(2) 令

$$\boldsymbol{A}=\begin{pmatrix}1&-1&-1&-1\\-1&1&-1&-1\\-1&-1&1&-1\\-1&-1&-1&1\end{pmatrix},$$

$$\begin{pmatrix}1&-1&-1&-1\\-1&1&-1&-1\\-1&-1&1&-1\\-1&-1&-1&1\end{pmatrix}^2=\begin{pmatrix}1&-1&-1&-1\\-1&1&-1&-1\\-1&-1&1&-1\\-1&-1&-1&1\end{pmatrix}\begin{pmatrix}1&-1&-1&-1\\-1&1&-1&-1\\-1&-1&1&-1\\-1&-1&-1&1\end{pmatrix}$$

$$=\begin{pmatrix}4&0&0&0\\0&4&0&0\\0&0&4&0\\0&0&0&4\end{pmatrix}=4\boldsymbol{E},$$

$$\begin{pmatrix}1&-1&-1&-1\\-1&1&-1&-1\\-1&-1&1&-1\\-1&-1&-1&1\end{pmatrix}^3=\begin{pmatrix}1&-1&-1&-1\\-1&1&-1&-1\\-1&-1&1&-1\\-1&-1&-1&1\end{pmatrix}^2\begin{pmatrix}1&-1&-1&-1\\-1&1&-1&-1\\-1&-1&1&-1\\-1&-1&-1&1\end{pmatrix}$$

$$=4\boldsymbol{E}\begin{pmatrix}1&-1&-1&-1\\-1&1&-1&-1\\-1&-1&1&-1\\-1&-1&-1&1\end{pmatrix}=4\boldsymbol{A},$$

$$\begin{pmatrix}1&-1&-1&-1\\-1&1&-1&-1\\-1&-1&1&-1\\-1&-1&-1&1\end{pmatrix}^4=\begin{pmatrix}1&-1&-1&-1\\-1&1&-1&-1\\-1&-1&1&-1\\-1&-1&-1&1\end{pmatrix}^3\begin{pmatrix}1&-1&-1&-1\\-1&1&-1&-1\\-1&-1&1&-1\\-1&-1&-1&1\end{pmatrix}$$

$$=4\begin{pmatrix}1&-1&-1&-1\\-1&1&-1&-1\\-1&-1&1&-1\\-1&-1&-1&1\end{pmatrix}^2=16\boldsymbol{E},$$

$$\begin{pmatrix}1&-1&-1&-1\\-1&1&-1&-1\\-1&-1&1&-1\\-1&-1&-1&1\end{pmatrix}^5=\begin{pmatrix}1&-1&-1&-1\\-1&1&-1&-1\\-1&-1&1&-1\\-1&-1&-1&1\end{pmatrix}^4\begin{pmatrix}1&-1&-1&-1\\-1&1&-1&-1\\-1&-1&1&-1\\-1&-1&-1&1\end{pmatrix}$$

$$=16\boldsymbol{E}\begin{pmatrix}1&-1&-1&-1\\-1&1&-1&-1\\-1&-1&1&-1\\-1&-1&-1&1\end{pmatrix}=16\boldsymbol{A},$$

……

则

$$\begin{pmatrix}1&-1&-1&-1\\-1&1&-1&-1\\-1&-1&1&-1\\-1&-1&-1&1\end{pmatrix}^n=\begin{cases}2^n\boldsymbol{E}, & n\text{ 是偶数},\\ 2^{n-1}\boldsymbol{A}, & n\text{ 是奇数}.\end{cases}$$

5. 矩阵的转置

定义 2.6 把矩阵 $\boldsymbol{A}$ 的行换成同序号的列得到的新矩阵，称为 $\boldsymbol{A}$ 的转置矩阵，记为 $\boldsymbol{A}^{\mathrm{T}}$.

比如

$$\boldsymbol{A}=\begin{pmatrix}1&2&0\\3&-1&1\end{pmatrix}$$

的转置矩阵为

$$\boldsymbol{A}^{\mathrm{T}}=\begin{pmatrix}1&3\\2&-1\\0&1\end{pmatrix}.$$

矩阵的转置也是一种运算，满足下述运算规律：

(1) $(\boldsymbol{A}^{\mathrm{T}})^{\mathrm{T}}=\boldsymbol{A}$;

(2) $(\boldsymbol{A}+\boldsymbol{B})^{\mathrm{T}}=\boldsymbol{A}^{\mathrm{T}}+\boldsymbol{B}^{\mathrm{T}}$;

(3) $(\lambda\boldsymbol{A})^{\mathrm{T}}=\lambda\boldsymbol{A}^{\mathrm{T}}$;

(4) $(\boldsymbol{AB})^{\mathrm{T}}=\boldsymbol{B}^{\mathrm{T}}\boldsymbol{A}^{\mathrm{T}}$.

证明 前三式证明较容易，只证明第(4)式. 设 $\boldsymbol{A}=(a_{ij})_{m\times s}$，$\boldsymbol{B}=(b_{ij})_{s\times n}$，则 $\boldsymbol{AB}$ 为 $m\times n$ 矩阵，故 $(\boldsymbol{AB})^{\mathrm{T}}$ 为 $n\times m$ 矩阵. 另一方面，由于 $\boldsymbol{B}^{\mathrm{T}}$ 为 $n\times s$ 矩阵，$\boldsymbol{A}^{\mathrm{T}}$ 为 $s\times m$ 矩阵，从而，$\boldsymbol{B}^{\mathrm{T}}\boldsymbol{A}^{\mathrm{T}}$ 为 $n\times m$ 矩阵. 这表明 $(\boldsymbol{AB})^{\mathrm{T}}$ 与 $\boldsymbol{B}^{\mathrm{T}}\boldsymbol{A}^{\mathrm{T}}$ 为同型矩阵. 下面再证明它们的对应元素相同.

设 $(\boldsymbol{AB})^{\mathrm{T}}$ 的第 j 行第 i 列的元为 d_{ji}. 由 $(\boldsymbol{AB})^{\mathrm{T}}$ 与 $\boldsymbol{AB}$ 的关系知，d_{ji} 即为 $\boldsymbol{AB}$ 的第 i 行第 j 列的元，从而

$$d_{ji}=a_{i1}b_{1j}+a_{i2}b_{2j}+\cdots+a_{is}b_{sj}.$$

另一方面,设$\boldsymbol{B}^{\mathrm{T}}\boldsymbol{A}^{\mathrm{T}}$的第$j$行第$i$列的元为$c_{ji}$,故$c_{ji}$为$\boldsymbol{B}^{\mathrm{T}}$的第$j$行的元与$\boldsymbol{A}^{\mathrm{T}}$的第$i$列对应元的乘积之和,也就是$\boldsymbol{B}$的第$j$行的元与$\boldsymbol{A}$的第$i$列对应元的乘积之和,即

$$\begin{aligned}c_{ji}&=b_{1j}a_{i1}+b_{2j}a_{i2}+\cdots+b_{sj}a_{is}\\&=a_{i1}b_{1j}+a_{i2}b_{2j}+\cdots+a_{is}b_{sj}\\&=d_{ji}.\end{aligned}$$

说明$(\boldsymbol{AB})^{\mathrm{T}}$与$\boldsymbol{B}^{\mathrm{T}}\boldsymbol{A}^{\mathrm{T}}$的所有对应元都相等,因此有

$$(\boldsymbol{AB})^{\mathrm{T}}=\boldsymbol{B}^{\mathrm{T}}\boldsymbol{A}^{\mathrm{T}}.$$

上述运算法则中的(2),(4)还可推广到有限个矩阵相乘的情况,即

$$(\boldsymbol{A}_1+\boldsymbol{A}_2+\cdots+\boldsymbol{A}_k)^{\mathrm{T}}=\boldsymbol{A}_1^{\mathrm{T}}+\boldsymbol{A}_2^{\mathrm{T}}+\cdots+\boldsymbol{A}_k^{\mathrm{T}},$$

$$(\boldsymbol{A}_1\boldsymbol{A}_2\cdots\boldsymbol{A}_t)^{\mathrm{T}}=\boldsymbol{A}_t^{\mathrm{T}}\cdots\boldsymbol{A}_2^{\mathrm{T}}\boldsymbol{A}_1^{\mathrm{T}}.$$

在矩阵转置概念的基础上,还可以对前一节所给的两个特殊矩阵:对称阵和反对称阵补充定义.

定义 2.7　设$\boldsymbol{A}$为n阶方阵,若$\boldsymbol{A}^{\mathrm{T}}=\boldsymbol{A}$,则称$\boldsymbol{A}$为对称矩阵;若$\boldsymbol{A}^{\mathrm{T}}=-\boldsymbol{A}$,则称$\boldsymbol{A}$为反对称矩阵.

例 9　任何一个n阶方阵都可以表示成一个对称矩阵与反对称矩阵之和.

证明　任一n阶方阵$\boldsymbol{A}$可表示为

$$\boldsymbol{A}=\frac{\boldsymbol{A}+\boldsymbol{A}^{\mathrm{T}}}{2}+\frac{\boldsymbol{A}-\boldsymbol{A}^{\mathrm{T}}}{2},$$

由于

$$\left(\frac{\boldsymbol{A}+\boldsymbol{A}^{\mathrm{T}}}{2}\right)^{\mathrm{T}}=\frac{\boldsymbol{A}^{\mathrm{T}}+(\boldsymbol{A}^{\mathrm{T}})^{\mathrm{T}}}{2}=\frac{\boldsymbol{A}+\boldsymbol{A}^{\mathrm{T}}}{2},$$

$$\left(\frac{\boldsymbol{A}-\boldsymbol{A}^{\mathrm{T}}}{2}\right)^{\mathrm{T}}=\frac{\boldsymbol{A}^{\mathrm{T}}-(\boldsymbol{A}^{\mathrm{T}})^{\mathrm{T}}}{2}=-\frac{\boldsymbol{A}-\boldsymbol{A}^{\mathrm{T}}}{2},$$

因此$\frac{\boldsymbol{A}+\boldsymbol{A}^{\mathrm{T}}}{2}$为对称阵,$\frac{\boldsymbol{A}-\boldsymbol{A}^{\mathrm{T}}}{2}$为反对称阵,此命题得证.

6. 矩阵的行列式

定义 2.8　由n阶方阵$\boldsymbol{A}$的元素所构成的行列式(各元素的位置不变),称为方阵$\boldsymbol{A}$的行列式,记为$|\boldsymbol{A}|$或$\det\boldsymbol{A}$.

矩阵的行列式除满足第1章所述性质外,还有如下运算规律(设$\boldsymbol{A},\boldsymbol{B}$为$n$阶方阵,$\lambda$是数):

(1) $|\boldsymbol{A}^{\mathrm{T}}|=|\boldsymbol{A}|$;

(2) $|\lambda\boldsymbol{A}|=\lambda^n|\boldsymbol{A}|$;

(3) $|\boldsymbol{AB}|=|\boldsymbol{A}||\boldsymbol{B}|$;

(4) 对于 n 阶方阵 $\boldsymbol{A},\boldsymbol{B}$,一般来说 $\boldsymbol{AB}\neq\boldsymbol{BA}$,但总有 $|\boldsymbol{AB}|=|\boldsymbol{BA}|$.

习 题 2.1

1. 判断下列命题或等式是否正确:

(1) 若 $\boldsymbol{A}^2=\boldsymbol{E}$,则 $\boldsymbol{A}=\boldsymbol{E}$ 或 $\boldsymbol{A}=-\boldsymbol{E}$;

(2) $\boldsymbol{A}^2-\boldsymbol{B}^2=(\boldsymbol{A}-\boldsymbol{B})(\boldsymbol{A}+\boldsymbol{B})$;

(3) 设 $\boldsymbol{A}$ 为对称矩阵,则对任意正整数 m,$\boldsymbol{A}^m$ 也是对称矩阵.

2. 填空:

(1) 设 $\boldsymbol{A}$ 是一个三阶矩阵,则 $(x_1,x_2,x_3)\boldsymbol{A}\begin{pmatrix}y_1\\y_2\\y_3\end{pmatrix}$ 是________行________列矩阵;

(2) 设 $\boldsymbol{A},\boldsymbol{B}$ 为 n 阶对称矩阵,若 $\boldsymbol{AB}$ 也是对称矩阵,则 $\boldsymbol{A},\boldsymbol{B}$ 满足________.

3. 设 $\boldsymbol{A}$ 是一个 $m\times n$ 矩阵,证明 $\boldsymbol{A}^{\mathrm{T}}\boldsymbol{A}$ 与 $\boldsymbol{A}\boldsymbol{A}^{\mathrm{T}}$ 都是对称矩阵.

4. 设 $\boldsymbol{A}=\begin{pmatrix}2&1\\-4&-2\end{pmatrix}$,$\boldsymbol{B}=\begin{pmatrix}3&-1\\-6&2\end{pmatrix}$,求 $\boldsymbol{A}-\boldsymbol{B},\boldsymbol{AB},\boldsymbol{BA},\boldsymbol{A}^2$.

5. 计算:

(1) $\begin{pmatrix}1&2\\5&3\end{pmatrix}\begin{pmatrix}-2&0\\1&-1\end{pmatrix}$;

(2) $\begin{pmatrix}3&-2&1\\1&-1&2\end{pmatrix}\begin{pmatrix}-1&5\\-2&4\\3&-1\end{pmatrix}$;

(3) $(1,2,3)\begin{pmatrix}1\\2\\3\end{pmatrix}$;

(4) $(1,-1,2)\begin{pmatrix}-1&2&0\\0&1&1\\3&0&-1\end{pmatrix}\begin{pmatrix}2\\-1\\-2\end{pmatrix}$;

(5) $\begin{pmatrix}1\\2\\3\end{pmatrix}(1,2,3)$;

(6) $\begin{pmatrix}3&1&2&-1\\0&3&1&0\end{pmatrix}\begin{pmatrix}1&0&5\\0&2&0\\1&0&1\\0&3&0\end{pmatrix}\begin{pmatrix}-1&0\\1&5\\0&2\end{pmatrix}$.

6. 用矩阵 $\boldsymbol{A}=\begin{pmatrix}1&1\\0&3\end{pmatrix}$,$\boldsymbol{B}=\begin{pmatrix}1&0\\2&1\end{pmatrix}$,验证 $(\boldsymbol{AB})^{\mathrm{T}}=\boldsymbol{B}^{\mathrm{T}}\boldsymbol{A}^{\mathrm{T}}$.

7. 已知 $\boldsymbol{A}=(a_{ij})$ 为 n 阶矩阵,写出:

(1) $\boldsymbol{A}\boldsymbol{A}^{\mathrm{T}}$ 的第 k 行第 l 列的元素;

(2) $\boldsymbol{A}^{\mathrm{T}}\boldsymbol{A}$ 的第 k 行第 l 列的元素.

8. 已知 $\boldsymbol{A}=\begin{pmatrix}2&3\\1&4\end{pmatrix}$,$\boldsymbol{B}=\begin{pmatrix}0&1\\1&0\end{pmatrix}$,求 $\boldsymbol{B}^{10}\boldsymbol{A}\boldsymbol{B}^{11}$.

9. 设 $\boldsymbol{A},\boldsymbol{B}$ 为 n 阶方阵,证明 $(\boldsymbol{A}+\boldsymbol{B})^2=\boldsymbol{A}^2+2\boldsymbol{AB}+\boldsymbol{B}^2$ 的充要条件是 $\boldsymbol{AB}=\boldsymbol{BA}$.

10. 已知 $\boldsymbol{A}$ 为三阶矩阵,且 $|\boldsymbol{A}|=\dfrac{1}{4}$,求 $|(2\boldsymbol{A})^3|$.

2.2 可逆矩阵

2.2.1 可逆矩阵的定义

在数集中有加法、减法、乘法、除法等运算. 对于矩阵，我们定义了加法、减法、数乘和乘法等运算. 那么，矩阵是否有类似除法的运算，若有，它的含义是什么呢？

在数运算中，有

$$aa^{-1}=a^{-1}a=1.$$

当 $a\neq 0$ 时，

$$a^{-1}=\frac{1}{a}.$$

在矩阵乘法中，单位矩阵 $\boldsymbol{E}$ 相当于数的乘法运算中的1. 那么，人们很自然地想到，对于一个矩阵 $\boldsymbol{A}$，是否能找到一个与 a^{-1} 地位相似的矩阵记为 $\boldsymbol{A}^{-1}$，使 $\boldsymbol{A}\boldsymbol{A}^{-1}=\boldsymbol{A}^{-1}\boldsymbol{A}=\boldsymbol{E}$ 成立？这对某些矩阵是可以办到的，比如

$$\boldsymbol{A}=\begin{pmatrix}1&2\\0&1\end{pmatrix},\quad \boldsymbol{B}=\begin{pmatrix}1&-2\\0&1\end{pmatrix},$$

有

$$\boldsymbol{AB}=\begin{pmatrix}1&2\\0&1\end{pmatrix}\begin{pmatrix}1&-2\\0&1\end{pmatrix}=\begin{pmatrix}1&0\\0&1\end{pmatrix}=\boldsymbol{E},$$

$$\boldsymbol{BA}=\begin{pmatrix}1&-2\\0&1\end{pmatrix}\begin{pmatrix}1&2\\0&1\end{pmatrix}=\begin{pmatrix}1&0\\0&1\end{pmatrix}=\boldsymbol{E}.$$

下面我们给出一般定义：

定义 2.9　设 $\boldsymbol{A}$ 为 n 阶方阵，若存在 n 阶方阵 $\boldsymbol{B}$ 使得

$$\boldsymbol{AB}=\boldsymbol{BA}=\boldsymbol{E},\tag{2.2.1}$$

则称 $\boldsymbol{B}$ 为 $\boldsymbol{A}$ 的逆矩阵，并称 $\boldsymbol{A}$ 为**可逆矩阵**.

由定义可看出：

(1) $\boldsymbol{A}$ 与 $\boldsymbol{B}$ 可交换；

(2) 如果一个矩阵不是方阵，则它一定不可逆；

(3) 若 $\boldsymbol{A}$ 可逆，则 $\boldsymbol{A}$ 的逆矩阵是唯一的. 这是由于若假定 $\boldsymbol{B},\boldsymbol{C}$ 都是 $\boldsymbol{A}$ 的逆矩阵，由定义知

$$\boldsymbol{AB}=\boldsymbol{BA}=\boldsymbol{E},\quad \boldsymbol{AC}=\boldsymbol{CA}=\boldsymbol{E},$$

则

$$\boldsymbol{B}=\boldsymbol{EB}=(\boldsymbol{CA})\boldsymbol{B}=\boldsymbol{C}(\boldsymbol{AB})=\boldsymbol{CE}=\boldsymbol{C}.$$

由 $\boldsymbol{A}$ 的逆矩阵的唯一性，可记 $\boldsymbol{A}$ 的逆矩阵 $\boldsymbol{B}=\boldsymbol{A}^{-1}$，则

$$\boldsymbol{AA}^{-1}=\boldsymbol{A}^{-1}\boldsymbol{A}=\boldsymbol{E}.\tag{2.2.2}$$

若 $\boldsymbol{A}$ 可逆，由 $\boldsymbol{A}\boldsymbol{A}^{-1}=\boldsymbol{E}$，两边取行列式有

$$|\boldsymbol{A}||\boldsymbol{A}^{-1}|=|\boldsymbol{E}|=1.$$

从而，可逆矩阵 $\boldsymbol{A}$ 的行列式 $|\boldsymbol{A}|\neq 0$（$|\boldsymbol{A}|\neq 0$ 的矩阵也称为非奇异矩阵）. 反之若 $|\boldsymbol{A}|\neq 0$，是否可得出 $\boldsymbol{A}$ 可逆？若 $\boldsymbol{A}$ 可逆又如何求 $\boldsymbol{A}$ 的逆？为解决这些问题我们先介绍矩阵 $\boldsymbol{A}$ 的伴随矩阵的概念.

定义 2.10 设 n 阶方阵

$$\boldsymbol{A}=\begin{pmatrix} a_{11} & a_{12} & \cdots & a_{1n} \\ a_{21} & a_{22} & \cdots & a_{2n} \\ \vdots & \vdots & & \vdots \\ a_{n1} & a_{n2} & \cdots & a_{nn} \end{pmatrix},$$

由 $\boldsymbol{A}$ 的行列式 $|\boldsymbol{A}|$ 中的元素 a_{ij} 的代数余子式 A_{ij} 构成的如下的 n 阶方阵

$$\boldsymbol{A}^*=\begin{pmatrix} A_{11} & A_{21} & \cdots & A_{n1} \\ A_{12} & A_{22} & \cdots & A_{n2} \\ \vdots & \vdots & & \vdots \\ A_{1n} & A_{2n} & \cdots & A_{nn} \end{pmatrix} \tag{2.2.3}$$

称为矩阵 $\boldsymbol{A}$ 的**伴随矩阵**. 它是 $\boldsymbol{A}$ 的每一个元素换成其对应的代数余子式，然后转置得到的矩阵.

定理 2.1 n 阶方阵 $\boldsymbol{A}$ 可逆的充要条件是 $|\boldsymbol{A}|\neq 0$，且

$$\boldsymbol{A}^{-1}=\frac{\boldsymbol{A}^*}{|\boldsymbol{A}|}, \tag{2.2.4}$$

其中 $\boldsymbol{A}^*$ 是(2.2.3)所示的 $\boldsymbol{A}$ 的伴随矩阵.

证明 必要性前面已说明了，现证明充分性，由第 1 章行列式的性质知

$$\sum_{t=1}^{n} a_{it}A_{jt}=\begin{cases} |\boldsymbol{A}|, & i=j, \\ 0, & i\neq j, \end{cases}$$

则

$$\boldsymbol{A}\boldsymbol{A}^*=\begin{pmatrix} a_{11} & a_{12} & \cdots & a_{1n} \\ a_{21} & a_{22} & \cdots & a_{2n} \\ \vdots & \vdots & & \vdots \\ a_{n1} & a_{n2} & \cdots & a_{nn} \end{pmatrix}\begin{pmatrix} A_{11} & A_{21} & \cdots & A_{n1} \\ A_{12} & A_{22} & \cdots & A_{n2} \\ \vdots & \vdots & & \vdots \\ A_{1n} & A_{2n} & \cdots & A_{nn} \end{pmatrix}$$

$$=\begin{pmatrix} |\boldsymbol{A}| & & & \\ & |\boldsymbol{A}| & & \\ & & \ddots & \\ & & & |\boldsymbol{A}| \end{pmatrix}=|\boldsymbol{A}|\begin{pmatrix} 1 & & & \\ & 1 & & \\ & & \ddots & \\ & & & 1 \end{pmatrix}=|\boldsymbol{A}|\boldsymbol{E}.$$

由 $|\boldsymbol{A}|\neq 0$，得 $\boldsymbol{A}\left(\dfrac{\boldsymbol{A}^*}{|\boldsymbol{A}|}\right)=\boldsymbol{E}$，同理可得 $\left(\dfrac{\boldsymbol{A}^*}{|\boldsymbol{A}|}\right)\boldsymbol{A}=\boldsymbol{E}$，定理得证.

推论 设 $\boldsymbol{A},\boldsymbol{B}$ 均为 n 阶方阵，并且满足 $\boldsymbol{AB}=\boldsymbol{E}$，则 $\boldsymbol{A},\boldsymbol{B}$ 都可逆，且 $\boldsymbol{A}^{-1}=\boldsymbol{B}$，$\boldsymbol{B}^{-1}=\boldsymbol{A}$.

证明 由 $\boldsymbol{AB}=\boldsymbol{E}$，可得 $|\boldsymbol{AB}|=|\boldsymbol{A}||\boldsymbol{B}|=1$，因此 $|\boldsymbol{A}|\neq 0$，$|\boldsymbol{B}|\neq 0$，则 $\boldsymbol{A}$ 可逆，$\boldsymbol{B}$ 也可逆，在 $\boldsymbol{AB}=\boldsymbol{E}$ 的两边左乘 $\boldsymbol{A}^{-1}$ 得

$$\boldsymbol{B}=\boldsymbol{A}^{-1},$$

在 $\boldsymbol{AB}=\boldsymbol{E}$ 的两边右乘 $\boldsymbol{B}^{-1}$ 得

$$\boldsymbol{A}=\boldsymbol{B}^{-1}.$$

显然，利用这个推论来判断 $\boldsymbol{B}$ 是否为 $\boldsymbol{A}$ 的逆矩阵，比利用定义要简单.

例 1 下列矩阵是否可逆，若可逆，求出其逆矩阵

$$\boldsymbol{A}=\begin{pmatrix}1 & 3\\ 2 & 4\end{pmatrix},\quad \boldsymbol{B}=\begin{pmatrix}1 & 2 & 3\\ 2 & 1 & 2\\ 1 & 3 & 3\end{pmatrix},\quad \boldsymbol{C}=\begin{pmatrix}2 & 3 & -1\\ -1 & -3 & 5\\ 1 & 0 & 4\end{pmatrix}.$$

解 因为 $|\boldsymbol{A}|=-2\neq 0$，故 $\boldsymbol{A}$ 可逆. $\boldsymbol{A}$ 中各元素的代数余子式为

$$A_{11}=4,\quad A_{21}=-3,\quad A_{12}=-2,\quad A_{22}=1,$$

所以

$$\boldsymbol{A}^{-1}=\frac{1}{|\boldsymbol{A}|}\boldsymbol{A}^{*}=-\frac{1}{2}\begin{pmatrix}4 & -3\\ -2 & 1\end{pmatrix}.$$

因为 $|\boldsymbol{B}|=4\neq 0$，故 $\boldsymbol{B}$ 可逆. $\boldsymbol{B}$ 中各元素的代数余子式为

$$\begin{aligned}&B_{11}=-3,\quad B_{21}=3,\quad B_{31}=1,\\ &B_{12}=-4,\quad B_{22}=0,\quad B_{32}=4,\\ &B_{13}=5,\quad B_{23}=-1,\quad B_{33}=-3,\end{aligned}$$

所以

$$\boldsymbol{B}^{-1}=\frac{1}{|\boldsymbol{B}|}\boldsymbol{B}^{*}=\frac{1}{4}\begin{pmatrix}-3 & 3 & 1\\ -4 & 0 & 4\\ 5 & -1 & -3\end{pmatrix}.$$

而 $|\boldsymbol{C}|=0$，故 $\boldsymbol{C}$ 不可逆.

例 2 设方阵 $\boldsymbol{A}$ 满足等式

$$\boldsymbol{A}^2-3\boldsymbol{A}-10\boldsymbol{E}=\boldsymbol{O}.$$

证明：$\boldsymbol{A}$ 和 $\boldsymbol{A}-4\boldsymbol{E}$ 都可逆，并求它们的逆矩阵.

证明 由 $\boldsymbol{A}^2-3\boldsymbol{A}-10\boldsymbol{E}=\boldsymbol{O}$，得

$$\boldsymbol{A}(\boldsymbol{A}-3\boldsymbol{E})=10\boldsymbol{E},$$

即

$$\boldsymbol{A}\left(\frac{1}{10}(\boldsymbol{A}-3\boldsymbol{E})\right)=\boldsymbol{E},$$

所以 $\boldsymbol{A}$ 可逆，且

$$A^{-1}=\frac{1}{10}(A-3E).$$

再由 $A^2-3A-10E=O$,得

$$(A+E)(A-4E)=6E,$$

$$\left(\frac{1}{6}(A+E)\right)(A-4E)=E,$$

所以 $A-4E$ 可逆,且

$$(A-4E)^{-1}=\frac{1}{6}(A+E).$$

2.2.2 可逆矩阵的性质

可逆矩阵满足以下性质:

(1) $(A^{-1})^{-1}=A$;

(2) $(A^{-1})^{\mathrm{T}}=(A^{\mathrm{T}})^{-1}$;

(3) $(kA)^{-1}=\frac{1}{k}A^{-1}$($k$ 为非零常数);

(4) $|A^{-1}|=\frac{1}{|A|}=|A|^{-1}$;

(5) $(AB)^{-1}=B^{-1}A^{-1}$,其中 A,B 都是可逆矩阵.

证明 这里仅证明(5)式,由

$$B^{-1}A^{-1}(AB)=B^{-1}(A^{-1}A)B=B^{-1}EB=B^{-1}B=E,$$

因而

$$(AB)^{-1}=B^{-1}A^{-1}.$$

性质(5)还可推广到有限个可逆矩阵乘积的情形

$$(A_1A_2\cdots A_{k-1}A_k)^{-1}=A_k^{-1}A_{k-1}^{-1}\cdots A_2^{-1}A_1^{-1}.$$

例 3 设 A,B 满足关系式 $AB=2B+A$,且

$$A=\begin{pmatrix}3&0&1\\1&1&0\\0&1&4\end{pmatrix},$$

求 B.

解 由 $AB=2B+A$,有 $(A-2E)B=A$. 因

$$|A-2E|=\begin{vmatrix}1&0&1\\1&-1&0\\0&1&2\end{vmatrix}=-1\neq 0,$$

故 $A-2E$ 可逆,且

$$(A-2E)^{-1}=\begin{pmatrix}2&-1&-1\\2&-2&-1\\-1&1&1\end{pmatrix},$$

得

$$B=(A-2E)^{-1}A=\begin{pmatrix}2&-1&-1\\2&-2&-1\\-1&1&1\end{pmatrix}\begin{pmatrix}3&0&1\\1&1&0\\0&1&4\end{pmatrix}$$

$$=\begin{pmatrix}5&-2&-2\\4&-3&-2\\-2&2&3\end{pmatrix}.$$

习 题 2.2

1. 判断下列命题是否正确：

(1) 可逆的对称矩阵的逆矩阵仍是对称矩阵；

(2) 设 $\boldsymbol{A},\boldsymbol{B},\boldsymbol{C}$ 为 n 阶方阵，若 $\boldsymbol{ABC}=\boldsymbol{E}$，则 $\boldsymbol{C}^{-1}=\boldsymbol{B}^{-1}\boldsymbol{A}^{-1}$；

(3) 设 $\boldsymbol{A},\boldsymbol{B}$ 为 n 阶方阵，若 $\boldsymbol{A}+\boldsymbol{B}$ 与 $\boldsymbol{A}-\boldsymbol{B}$ 均可逆，则 $\boldsymbol{A},\boldsymbol{B}$ 一定可逆.

2. 填空：

(1) 设 $\boldsymbol{A},\boldsymbol{B},\boldsymbol{C}$ 为 n 阶方阵，若 $\boldsymbol{AB}=\boldsymbol{AC}$，则当________时，$\boldsymbol{B}=\boldsymbol{C}$；

(2) 设 $\boldsymbol{A},\boldsymbol{B}$ 是两个 n 阶可逆方阵，k 为常数，下列矩阵 $k\boldsymbol{A},\boldsymbol{AB},\boldsymbol{A}+\boldsymbol{B},\boldsymbol{A}^{\mathrm{T}}\boldsymbol{B},\boldsymbol{A}^{*}\boldsymbol{B}^{*}$ 中一定可逆的有________；

(3) 若 $\boldsymbol{AA}^{*}=\boldsymbol{A}^{*}\boldsymbol{A}=|\boldsymbol{A}|\boldsymbol{E}$，且 $|\boldsymbol{A}|\neq 0$，则 $\boldsymbol{A}^{-1}=$________，$(\boldsymbol{A}^{*})^{-1}=$________.

3. 判断下列矩阵是否可逆，若可逆，求其逆矩阵：

(1) $\begin{pmatrix}a&b\\c&d\end{pmatrix}$，其中 a,b,c,d 满足 $ad-bc=1$；

(2) $\begin{pmatrix}1&2&2\\2&1&-2\\2&-2&1\end{pmatrix}$；

(3) $\begin{pmatrix}a_1&&\\&a_2&\\&&a_3\end{pmatrix}$，$a_i\neq 0,i=1,2,3$.

4. 设方阵 $\boldsymbol{B}$ 满足 $\boldsymbol{B}^2=\boldsymbol{B}$(这种条件下的 $\boldsymbol{B}$ 称为幂等矩阵)，$\boldsymbol{A}=\boldsymbol{E}+\boldsymbol{B}$，证明 $\boldsymbol{A}$ 可逆，并求 $\boldsymbol{A}^{-1}$.

5. 设 $\boldsymbol{A}$ 为三阶矩阵，$|\boldsymbol{A}|=\dfrac{1}{2}$，求 $|(2\boldsymbol{A})^{-1}-5\boldsymbol{A}^{*}|$.

6. 求满足下列各等式的矩阵 $\boldsymbol{X}$：

(1) $\begin{pmatrix}1&-5\\-1&4\end{pmatrix}\boldsymbol{X}=\begin{pmatrix}3&2\\1&4\end{pmatrix}$；

(2) $\begin{pmatrix}1&-1&1\\1&1&0\\2&1&1\end{pmatrix}\boldsymbol{X}\begin{pmatrix}1&-1&1\\1&1&0\\3&2&1\end{pmatrix}=\begin{pmatrix}4&2&3\\0&-1&5\\2&1&1\end{pmatrix}$.

7. 设三阶矩阵 $\boldsymbol{A},\boldsymbol{B}$ 满足关系 $\boldsymbol{A}^{-1}\boldsymbol{BA}=6\boldsymbol{A}+\boldsymbol{BA}$，且 $\boldsymbol{A}=\mathrm{diag}\left(\dfrac{1}{2},\dfrac{1}{4},\dfrac{1}{7}\right)$，求矩阵 $\boldsymbol{B}$.

2.3 分块矩阵

在理论研究及一些实际问题中，经常遇到阶数很高或结构特殊的矩阵. 为了便于计算和分析，下面介绍矩阵运算的一种有用技巧——矩阵的分块.

2.3.1 分块矩阵的概念

设 $\boldsymbol{A}$ 是一个 4×3 矩阵，用纵线和横线可以把它分成四块：

$$\boldsymbol{A}=\left(\begin{array}{c:cc} a_{11} & a_{12} & a_{13} \\ a_{21} & a_{22} & a_{23} \\ \hdashline a_{31} & a_{32} & a_{33} \\ a_{41} & a_{42} & a_{43} \end{array}\right).$$

如果记

$$\boldsymbol{A}_{11}=\begin{pmatrix} a_{11} \\ a_{21} \end{pmatrix},\quad \boldsymbol{A}_{12}=\begin{pmatrix} a_{12} & a_{13} \\ a_{22} & a_{23} \end{pmatrix},$$

$$\boldsymbol{A}_{21}=\begin{pmatrix} a_{31} \\ a_{41} \end{pmatrix},\quad \boldsymbol{A}_{22}=\begin{pmatrix} a_{32} & a_{33} \\ a_{42} & a_{43} \end{pmatrix},$$

就可以把 $\boldsymbol{A}$ 看成由上面 4 个小矩阵所组成，记为

$$\boldsymbol{A}=\begin{pmatrix} \boldsymbol{A}_{11} & \boldsymbol{A}_{12} \\ \boldsymbol{A}_{21} & \boldsymbol{A}_{22} \end{pmatrix}.$$

并称它为 $\boldsymbol{A}$ 的一个 2×2 分块矩阵，其中的每一个小矩阵称为 $\boldsymbol{A}$ 的一个子块或子矩阵.

一般地，对于一个 $m\times n$ 矩阵 $\boldsymbol{A}$，如果在行的方向分成 s 块，在列的方向分成 t 块，就得到 $\boldsymbol{A}$ 的一个 $s\times t$ **分块矩阵**，记为

$$\boldsymbol{A}=(\boldsymbol{A}_{kl})_{s\times t},$$

其中 $\boldsymbol{A}_{kl}(k=1,2,\cdots,s;l=1,2,\cdots,t)$ 称为 $\boldsymbol{A}$ 的**子块**(**子矩阵**).

常用的分块方法，除上面的 2×2 分块，还有以下几种形式：

(1) 按行分块，设 $\boldsymbol{A}=(a_{ij})_{m\times n}$ 按行分块

$$\boldsymbol{A}=\begin{pmatrix} \boldsymbol{\alpha}_1 \\ \boldsymbol{\alpha}_2 \\ \vdots \\ \boldsymbol{\alpha}_m \end{pmatrix},$$

其中 $\boldsymbol{\alpha}_i=(a_{i1},a_{i2},\cdots,a_{in}),i=1,2,\cdots,m.$

(2) 按列分块，设 $\boldsymbol{A}=(a_{ij})_{m\times n}$ 按列分块

$$\boldsymbol{A}=(\boldsymbol{\beta}_1\quad \boldsymbol{\beta}_2\quad \cdots\quad \boldsymbol{\beta}_n),$$

其中 $\boldsymbol{\beta}_j=(a_{1j},a_{2j},\cdots,a_{mj})^{\mathrm{T}},j=1,2,\cdots,n.$

(3) 对角块矩阵，当 n 阶矩阵 $\boldsymbol{A}=(a_{ij})$ 中非零元素都集中在主对角线附近，有时可将 $\boldsymbol{A}$ 分块成下面的**对角块矩阵**(又称**准对角矩阵**)：

$$\boldsymbol{A}=\begin{pmatrix}\boldsymbol{A}_1 & \boldsymbol{O} & \cdots & \boldsymbol{O}\\ \boldsymbol{O} & \boldsymbol{A}_2 & \cdots & \boldsymbol{O}\\ \vdots & \vdots & & \vdots\\ \boldsymbol{O} & \boldsymbol{O} & \cdots & \boldsymbol{A}_s\end{pmatrix},$$

其中 $\boldsymbol{A}_1,\boldsymbol{A}_2\cdots,\boldsymbol{A}_s$ 均为方阵，其余子块均为零矩阵. 比如

$$\boldsymbol{A}=\left(\begin{array}{cc:ccc:c}1 & 2 & 0 & 0 & 0 & 0\\ 0 & 4 & 0 & 0 & 0 & 0\\ \hdashline 0 & 0 & 0 & 1 & -1 & 0\\ 0 & 0 & 2 & 5 & 8 & 0\\ 0 & 0 & 0 & 3 & -2 & 0\\ \hdashline 0 & 0 & 0 & 0 & 0 & 9\end{array}\right)=\begin{pmatrix}\boldsymbol{A}_1 & & \\ & \boldsymbol{A}_2 & \\ & & \boldsymbol{A}_3\end{pmatrix},$$

其中

$$\boldsymbol{A}_1=\begin{pmatrix}1 & 2\\ 0 & 4\end{pmatrix},\quad \boldsymbol{A}_2=\begin{pmatrix}0 & 1 & -1\\ 2 & 5 & 8\\ 0 & 3 & -2\end{pmatrix},\quad \boldsymbol{A}_3=(9).$$

(4) 准下(上)三角形分块，形如

$$\boldsymbol{A}=\begin{pmatrix}\boldsymbol{A}_{11} & \boldsymbol{O} & \cdots & \boldsymbol{O}\\ \boldsymbol{A}_{21} & \boldsymbol{A}_{22} & \cdots & \boldsymbol{O}\\ \vdots & \vdots & & \vdots\\ \boldsymbol{A}_{s1} & \boldsymbol{A}_{s2} & \cdots & \boldsymbol{A}_{ss}\end{pmatrix}$$

称为**准下三角形分块**，其中 $\boldsymbol{A}_{ii}$ 是 r_i 阶方阵 $\left(\sum\limits_{i=1}^{s}r_i=n\right)$，形如

$$\boldsymbol{A}=\begin{pmatrix}\boldsymbol{A}_{11} & \boldsymbol{A}_{12} & \cdots & \boldsymbol{A}_{1s}\\ \boldsymbol{O} & \boldsymbol{A}_{22} & \cdots & \boldsymbol{A}_{2s}\\ \vdots & \vdots & & \vdots\\ \boldsymbol{O} & \boldsymbol{O} & \cdots & \boldsymbol{A}_{ss}\end{pmatrix}$$

称为**准上三角形分块**，其中 $\boldsymbol{A}_{ii}$ 是 r_i 阶方阵 $\left(\sum\limits_{i=1}^{s}r_i=n\right)$.

2.3.2 分块矩阵的运算

1. 分块矩阵的加法

设 $\boldsymbol{A},\boldsymbol{B}$ 均为 $m\times n$ 矩阵,用相同分法把 $\boldsymbol{A}$ 与 $\boldsymbol{B}$ 分块为

$$\boldsymbol{A}=\begin{pmatrix}\boldsymbol{A}_{11} & \boldsymbol{A}_{12} & \cdots & \boldsymbol{A}_{1s}\\ \boldsymbol{A}_{21} & \boldsymbol{A}_{22} & \cdots & \boldsymbol{A}_{2s}\\ \vdots & \vdots & & \vdots\\ \boldsymbol{A}_{r1} & \boldsymbol{A}_{r2} & \cdots & \boldsymbol{A}_{rs}\end{pmatrix},\quad \boldsymbol{B}=\begin{pmatrix}\boldsymbol{B}_{11} & \boldsymbol{B}_{12} & \cdots & \boldsymbol{B}_{1s}\\ \boldsymbol{B}_{21} & \boldsymbol{B}_{22} & \cdots & \boldsymbol{B}_{2s}\\ \vdots & \vdots & & \vdots\\ \boldsymbol{B}_{r1} & \boldsymbol{B}_{r2} & \cdots & \boldsymbol{B}_{rs}\end{pmatrix},$$

其中每一个 $\boldsymbol{A}_{ij}$ 与 $\boldsymbol{B}_{ij}$ 是同型子块矩阵,则

$$\boldsymbol{A}+\boldsymbol{B}=\begin{pmatrix}\boldsymbol{A}_{11}+\boldsymbol{B}_{11} & \boldsymbol{A}_{12}+\boldsymbol{B}_{12} & \cdots & \boldsymbol{A}_{1s}+\boldsymbol{B}_{1s}\\ \boldsymbol{A}_{21}+\boldsymbol{B}_{21} & \boldsymbol{A}_{22}+\boldsymbol{B}_{22} & \cdots & \boldsymbol{A}_{2s}+\boldsymbol{B}_{2s}\\ \vdots & \vdots & & \vdots\\ \boldsymbol{A}_{r1}+\boldsymbol{B}_{r1} & \boldsymbol{A}_{r2}+\boldsymbol{B}_{r2} & \cdots & \boldsymbol{A}_{rs}+\boldsymbol{B}_{rs}\end{pmatrix}.$$

2. 分块矩阵的数乘

$$k\boldsymbol{A}=\begin{pmatrix}k\boldsymbol{A}_{11} & k\boldsymbol{A}_{12} & \cdots & k\boldsymbol{A}_{1s}\\ k\boldsymbol{A}_{21} & k\boldsymbol{A}_{22} & \cdots & k\boldsymbol{A}_{2s}\\ \vdots & \vdots & & \vdots\\ k\boldsymbol{A}_{r1} & k\boldsymbol{A}_{r2} & \cdots & k\boldsymbol{A}_{rs}\end{pmatrix}.$$

3. 分块矩阵的转置

$$\boldsymbol{A}^{\mathrm{T}}=\begin{pmatrix}\boldsymbol{A}_{11}^{\mathrm{T}} & \boldsymbol{A}_{21}^{\mathrm{T}} & \cdots & \boldsymbol{A}_{r1}^{\mathrm{T}}\\ \boldsymbol{A}_{12}^{\mathrm{T}} & \boldsymbol{A}_{22}^{\mathrm{T}} & \cdots & \boldsymbol{A}_{r2}^{\mathrm{T}}\\ \vdots & \vdots & & \vdots\\ \boldsymbol{A}_{1s}^{\mathrm{T}} & \boldsymbol{A}_{2s}^{\mathrm{T}} & \cdots & \boldsymbol{A}_{rs}^{\mathrm{T}}\end{pmatrix},$$

即转置一个分块矩阵时,在分块矩阵中除了将行列互换外,还要对每一个子矩阵作转置. 比如

$$\boldsymbol{A}=\begin{pmatrix}1 & 0 & 2 & 1 & 1\\ 0 & 1 & 4 & 5 & 2\\ 1 & 4 & 3 & 5 & 6\end{pmatrix}=\begin{pmatrix}\boldsymbol{A}_{11} & \boldsymbol{A}_{12} & \boldsymbol{A}_{13}\\ \boldsymbol{A}_{21} & \boldsymbol{A}_{22} & \boldsymbol{A}_{23}\end{pmatrix},$$

其中

$$\boldsymbol{A}_{11}=\begin{pmatrix}1&0\\0&1\end{pmatrix},\quad \boldsymbol{A}_{12}=\begin{pmatrix}2&1\\4&5\end{pmatrix},\quad \boldsymbol{A}_{13}=\begin{pmatrix}1\\2\end{pmatrix},$$

$$\boldsymbol{A}_{21}=(1\quad 4),\quad \boldsymbol{A}_{22}=(3\quad 5),\quad \boldsymbol{A}_{23}=(6),$$

则

$$\boldsymbol{A}^{\mathrm{T}}=\begin{pmatrix}\boldsymbol{A}_{11}^{\mathrm{T}}&\boldsymbol{A}_{21}^{\mathrm{T}}\\\boldsymbol{A}_{12}^{\mathrm{T}}&\boldsymbol{A}_{22}^{\mathrm{T}}\\\boldsymbol{A}_{13}^{\mathrm{T}}&\boldsymbol{A}_{23}^{\mathrm{T}}\end{pmatrix}=\begin{pmatrix}1&0&1\\0&1&4\\2&4&3\\1&5&5\\1&2&6\end{pmatrix}.$$

4. 分块矩阵的乘法

设$\boldsymbol{A}$为$m\times k$矩阵，$\boldsymbol{B}$为$k\times n$矩阵，对$\boldsymbol{A},\boldsymbol{B}$作分块，使得$\boldsymbol{A}$的列分法与$\boldsymbol{B}$的行分法一致，即

$$\boldsymbol{A}=\begin{pmatrix}\boldsymbol{A}_{11}&\boldsymbol{A}_{12}&\cdots&\boldsymbol{A}_{1s}\\\boldsymbol{A}_{21}&\boldsymbol{A}_{22}&\cdots&\boldsymbol{A}_{2s}\\\vdots&\vdots&&\vdots\\\boldsymbol{A}_{r1}&\boldsymbol{A}_{r2}&\cdots&\boldsymbol{A}_{rs}\end{pmatrix}\begin{matrix}\}m_1\\\}m_2\\\\\}m_r\end{matrix},\quad \boldsymbol{B}=\begin{pmatrix}\boldsymbol{B}_{11}&\boldsymbol{B}_{12}&\cdots&\boldsymbol{B}_{1p}\\\boldsymbol{B}_{21}&\boldsymbol{B}_{22}&\cdots&\boldsymbol{B}_{2p}\\\vdots&\vdots&&\vdots\\\boldsymbol{B}_{s1}&\boldsymbol{B}_{s2}&\cdots&\boldsymbol{B}_{sp}\end{pmatrix}\begin{matrix}\}k_1\\\}k_2\\\\\}k_s\end{matrix},$$

其中子块$\boldsymbol{A}_{ij}$为$m_i\times k_t$的，$\boldsymbol{B}_{ij}$为$k_t\times n_j$的，$\sum_{i=1}^{r}m_i=m,\sum_{t=1}^{s}k_t=k,\sum_{j=1}^{p}n_j=n$，则

$$\boldsymbol{AB}=\begin{pmatrix}\boldsymbol{C}_{11}&\boldsymbol{C}_{12}&\cdots&\boldsymbol{C}_{1p}\\\boldsymbol{C}_{21}&\boldsymbol{C}_{22}&\cdots&\boldsymbol{C}_{2p}\\\vdots&\vdots&&\vdots\\\boldsymbol{C}_{r1}&\boldsymbol{C}_{r2}&\cdots&\boldsymbol{C}_{rp}\end{pmatrix},$$

其中$\boldsymbol{C}_{ij}=\sum_{t=1}^{s}\boldsymbol{A}_{it}\boldsymbol{B}_{tj}$是$m_i\times n_j$子矩阵. 这与普通矩阵乘法规则在形式上是相同的.

例 1　设矩阵$\boldsymbol{A}_{3\times 4}$与$\boldsymbol{B}_{4\times 3}$分块为

$$\boldsymbol{A}=\begin{pmatrix}1&0&-2&0\\0&1&0&-2\\0&0&5&3\end{pmatrix}=\begin{pmatrix}\boldsymbol{E}_2&-2\boldsymbol{E}_2\\\boldsymbol{O}&\boldsymbol{A}_{22}\end{pmatrix},$$

$$\boldsymbol{B}=\begin{pmatrix}3&0&-2\\1&2&0\\0&1&0\\0&0&1\end{pmatrix}=\begin{pmatrix}\boldsymbol{B}_{11}&\boldsymbol{B}_{12}\\\boldsymbol{O}&\boldsymbol{E}_2\end{pmatrix},$$

则

$$AB=\begin{pmatrix}E_2 & -2E_2\\ O & A_{22}\end{pmatrix}\begin{pmatrix}B_{11} & B_{12}\\ O & E_2\end{pmatrix}=\begin{pmatrix}B_{11} & B_{12}-2E_2\\ O & A_{22}\end{pmatrix},$$

其中

$$B_{11}=\begin{pmatrix}3\\1\end{pmatrix},\quad B_{12}-2E_2=\begin{pmatrix}0 & -2\\ 2 & 0\end{pmatrix}-2\begin{pmatrix}1 & 0\\ 0 & 1\end{pmatrix}=\begin{pmatrix}-2 & -2\\ 2 & -2\end{pmatrix},\quad A_{22}=(5\quad 3),$$

故

$$AB=\begin{pmatrix}3 & -2 & -2\\ 1 & 2 & -2\\ 0 & 5 & 3\end{pmatrix}.$$

2.3.3 一些特殊分块矩阵的运算

（1）设 A,B 为同阶准对角分块矩阵

$$A=\begin{pmatrix}A_1 & & & \\ & A_2 & & \\ & & \ddots & \\ & & & A_s\end{pmatrix},\quad B=\begin{pmatrix}B_1 & & & \\ & B_2 & & \\ & & \ddots & \\ & & & B_s\end{pmatrix},$$

其中 $A_i,B_i(i=1,2,\cdots,s)$ 为同阶子矩阵，则

① $|A|=|A_1||A_2|\cdots|A_s|$；

② 当 $|A|\neq 0$, $|A_i|\neq 0(i=1,2,\cdots,s)$时，

$$A^{-1}=\begin{pmatrix}A_1^{-1} & & & \\ & A_2^{-1} & & \\ & & \ddots & \\ & & & A_s^{-1}\end{pmatrix};$$

③ $AB=\begin{pmatrix}A_1B_1 & & & \\ & A_2B_2 & & \\ & & \ddots & \\ & & & A_sB_s\end{pmatrix}$.

（2）设 $A=\begin{pmatrix}A_{11} & A_{12}\\ O & A_{22}\end{pmatrix}$，其中 $|A_{11}|\neq 0$, $|A_{22}|\neq 0$，则

$$A^{-1}=\begin{pmatrix}A_{11}^{-1} & -A_{11}^{-1}A_{12}A_{22}^{-1}\\ O & A_{22}^{-1}\end{pmatrix}.$$

(3) 设 $\boldsymbol{A}=\begin{pmatrix}\boldsymbol{A}_{11} & \boldsymbol{O}\\ \boldsymbol{A}_{21} & \boldsymbol{A}_{22}\end{pmatrix}$，其中 $|\boldsymbol{A}_{11}|\neq 0$，$|\boldsymbol{A}_{22}|\neq 0$，则

$$\boldsymbol{A}^{-1}=\begin{pmatrix}\boldsymbol{A}_{11}^{-1} & \boldsymbol{O}\\ -\boldsymbol{A}_{22}^{-1}\boldsymbol{A}_{21}\boldsymbol{A}_{11}^{-1} & \boldsymbol{A}_{22}^{-1}\end{pmatrix}.$$

例 2　设

$$\boldsymbol{A}=\begin{pmatrix}1 & 2 & 0 & 0 & 0\\ 2 & 5 & 0 & 0 & 0\\ 0 & 0 & -2 & 1 & 0\\ 0 & 0 & 0 & -2 & 1\\ 0 & 0 & 0 & 0 & -2\end{pmatrix},$$

求 $\boldsymbol{A}^{-1}$.

解　根据矩阵 $\boldsymbol{A}$ 的特点可将其作如下分块：

$$\boldsymbol{A}=\begin{pmatrix}\boldsymbol{A}_{11} & \boldsymbol{O}\\ \boldsymbol{O} & \boldsymbol{A}_{22}\end{pmatrix},$$

其中 $\boldsymbol{A}_{11}=\begin{pmatrix}1 & 2\\ 2 & 5\end{pmatrix}$，$\boldsymbol{A}_{22}=\begin{pmatrix}-2 & 1 & 0\\ 0 & -2 & 1\\ 0 & 0 & -2\end{pmatrix}$，且 $|\boldsymbol{A}_{11}|\neq 0$，$|\boldsymbol{A}_{22}|\neq 0$. 计算

$$\boldsymbol{A}_{11}^{-1}=\begin{pmatrix}5 & -2\\ -2 & 1\end{pmatrix},\quad \boldsymbol{A}_{22}^{-1}=-\frac{1}{8}\begin{pmatrix}4 & 2 & 1\\ 0 & 4 & 2\\ 0 & 0 & 4\end{pmatrix},$$

则

$$\boldsymbol{A}^{-1}=\begin{pmatrix}\boldsymbol{A}_{11}^{-1} & \boldsymbol{O}\\ \boldsymbol{O} & \boldsymbol{A}_{22}^{-1}\end{pmatrix}=\begin{pmatrix}5 & -2 & 0 & 0 & 0\\ -2 & 1 & 0 & 0 & 0\\ 0 & 0 & -\frac{1}{2} & -\frac{1}{4} & -\frac{1}{8}\\ 0 & 0 & 0 & -\frac{1}{2} & -\frac{1}{4}\\ 0 & 0 & 0 & 0 & -\frac{1}{2}\end{pmatrix}.$$

习　题　2.3

1. 设 $\boldsymbol{A}$ 为三阶矩阵，且 $|\boldsymbol{A}|=-2$，若将 $\boldsymbol{A}$ 按列分块为 $\boldsymbol{A}=(\boldsymbol{A}_1,\boldsymbol{A}_2,\boldsymbol{A}_3)$，其中 $\boldsymbol{A}_j$ 为 $\boldsymbol{A}$ 的第 j 列 $(j=1,2,3)$，求下列行列式：

(1) $|\boldsymbol{A}_1, 2\boldsymbol{A}_3, \boldsymbol{A}_2|$;

(2) $|\boldsymbol{A}_3 - 2\boldsymbol{A}_1, 3\boldsymbol{A}_2, \boldsymbol{A}_1|$.

2. 利用分块矩阵求下列矩阵的逆：

(1) 设 $\boldsymbol{A},\boldsymbol{B}$ 都可逆，求 $\begin{pmatrix} \boldsymbol{O} & \boldsymbol{A} \\ \boldsymbol{B} & \boldsymbol{O} \end{pmatrix}$ 的逆；

(2) $\boldsymbol{A}=\begin{pmatrix} 0 & a_1 & 0 & \cdots & 0 \\ 0 & 0 & a_2 & \cdots & 0 \\ \vdots & \vdots & \vdots & & \vdots \\ 0 & 0 & 0 & \cdots & a_{n-1} \\ a_n & 0 & 0 & \cdots & 0 \end{pmatrix}, a_i \neq 0, i=1,2,\cdots,n$;

(3) $\begin{pmatrix} 5 & 2 & 0 & 0 \\ 2 & 1 & 0 & 0 \\ 0 & 0 & 8 & 3 \\ 0 & 0 & 5 & 2 \end{pmatrix}$;　　(4) $\begin{pmatrix} 1 & 0 & 0 & 0 \\ 1 & 2 & 0 & 0 \\ 2 & 1 & 3 & 0 \\ 1 & 2 & 1 & 4 \end{pmatrix}$.

3. 利用分块矩阵计算：

(1) $\begin{pmatrix} 1 & 2 & 1 & 0 \\ 0 & 1 & 0 & 1 \\ 0 & 0 & 2 & 1 \\ 0 & 0 & 0 & 3 \end{pmatrix}\begin{pmatrix} 1 & 0 & 3 & 1 \\ 0 & 1 & 2 & -1 \\ 0 & 0 & -2 & 3 \\ 0 & 0 & 0 & -3 \end{pmatrix}$;

(2) $\begin{pmatrix} 1 & 2 & 1 & 0 \\ 0 & 1 & 0 & 1 \\ 0 & 0 & 2 & 1 \\ 0 & 0 & 0 & 3 \end{pmatrix}+\begin{pmatrix} 1 & 0 & 3 & 1 \\ 0 & 1 & 2 & -1 \\ 0 & 0 & -2 & 3 \\ 0 & 0 & 0 & -3 \end{pmatrix}$.

4. 设 $\boldsymbol{A}=\begin{pmatrix} 3 & 4 & 0 & 0 \\ 4 & -3 & 0 & 0 \\ 0 & 0 & 2 & 0 \\ 0 & 0 & 2 & 2 \end{pmatrix}$，求 $|\boldsymbol{A}^8|$.

2.4 初等变换与初等矩阵

矩阵的初等变换是处理矩阵问题的一种基本方法，它在化简矩阵、解线性方程组、求矩阵的逆和求矩阵的秩等诸多领域中发挥着重要的作用.

2.4.1 矩阵的初等变换

定义 2.11 矩阵的行(列)初等变换是指对一个矩阵施行以下三种变换：

(1) 互换矩阵的第 i 行(列)与第 j 行(列)的位置；

(2) 用一个非零常数 k 乘矩阵的第 i 行(列)；

(3) 将矩阵第 j 行(列)元素的 k 倍加到第 i 行(列)上.

矩阵的行初等变换与列初等变换统称为矩阵的**初等变换**.

定义 2.12 满足下列两个条件的矩阵称为**行阶梯形矩阵**(简称为**阶梯形**).

(1) 若有零行(元素全为 0 的行),则零行位于矩阵的最下面;

(2) 各非零行的首非零元(从左至右的第一个不为零的元素)前面零的个数逐行增加.

在行阶梯形矩阵的基础上用行初等变换可进一步把矩阵化为**简化的阶梯形矩阵**(也称为**行最简形矩阵**,或简称为**最简形**),其特点是:在行阶梯形矩阵的基础上,非零行的首非零元为 1,且这些首非零元所在列的其他元素全为 0.

例如

$$\begin{pmatrix} 1 & 2 & 1 & 2 \\ 0 & 3 & 1 & 4 \\ 0 & 0 & 1 & 1 \\ 0 & 0 & 0 & 0 \end{pmatrix}, \quad \begin{pmatrix} 1 & 2 & 1 & 3 & 1 \\ 0 & 0 & 2 & 1 & 2 \\ 0 & 0 & 0 & 5 & 3 \\ 0 & 0 & 0 & 0 & 0 \\ 0 & 0 & 0 & 0 & 0 \end{pmatrix}, \quad \begin{pmatrix} 1 & 3 & 0 & -1 & 0 \\ 0 & 0 & 1 & 1 & 0 \\ 0 & 0 & 0 & 0 & 1 \\ 0 & 0 & 0 & 0 & 0 \end{pmatrix}$$

都是行阶梯形矩阵,而第三个矩阵为简化的阶梯形矩阵.

对简化的阶梯形矩阵再施以列初等变换,可变成一种形状更简单的矩阵,称为矩阵的**标准形**. 例如

$$\boldsymbol{D} = \begin{pmatrix} 1 & 0 & 0 & 0 & 0 \\ 0 & 1 & 0 & 0 & 0 \\ 0 & 0 & 1 & 0 & 0 \\ 0 & 0 & 0 & 0 & 0 \end{pmatrix},$$

其特点是:矩阵 $\boldsymbol{D}$ 的左上角是一个单位矩阵,其余元素全为 0. 矩阵标准形的基本形式为

$$\begin{pmatrix} \boldsymbol{E}_r & \boldsymbol{O} \\ \boldsymbol{O} & \boldsymbol{O} \end{pmatrix}_{m\times n}. \tag{2.4.1}$$

此标准形由 m,n,r 三个数完全确定,其中 r 就是行阶梯形中非零行的行数.

在随后的内容中我们可以看到,任何一个矩阵总可以经过行初等变换化成行阶梯形矩阵及简化的阶梯形矩阵,进一步再经过列初等变换化为标准形.

例 1 设

$$\boldsymbol{A} = \begin{pmatrix} 1 & -1 & -1 & 1 & 0 \\ 0 & 1 & 2 & -4 & 1 \\ 2 & -2 & -4 & 6 & -1 \\ 3 & -3 & -5 & 7 & -1 \end{pmatrix}.$$

(1) 用行初等变换把 $\boldsymbol{A}$ 化为阶梯形矩阵,进一步化为简化的阶梯形矩阵;

(2) 再用列初等变换将其化为标准形.

解 (1) $\boldsymbol{A}=\begin{pmatrix}1&-1&-1&1&0\\0&1&2&-4&1\\2&-2&-4&6&-1\\3&-3&-5&7&-1\end{pmatrix}\xrightarrow[r_4+(-3)r_1]{r_3+(-2)r_1}\begin{pmatrix}1&-1&-1&1&0\\0&1&2&-4&1\\0&0&-2&4&-1\\0&0&-2&4&-1\end{pmatrix}$

$$\xrightarrow[r_4+(-1)r_3]{r_2+r_3}\begin{pmatrix}1&-1&-1&1&0\\0&1&0&0&0\\0&0&-2&4&-1\\0&0&0&0&0\end{pmatrix}\text{(阶梯形)}$$

$$\xrightarrow{\left(-\frac{1}{2}\right)r_3}\begin{pmatrix}1&-1&-1&1&0\\0&1&0&0&0\\0&0&1&-2&\frac{1}{2}\\0&0&0&0&0\end{pmatrix}$$

$$\xrightarrow[r_1+r_3]{r_1+r_2}\begin{pmatrix}1&0&0&-1&\frac{1}{2}\\0&1&0&0&0\\0&0&1&-2&\frac{1}{2}\\0&0&0&0&0\end{pmatrix}\text{(简化的阶梯形)}.$$

(2) $\begin{pmatrix}1&0&0&-1&\frac{1}{2}\\0&1&0&0&0\\0&0&1&-2&\frac{1}{2}\\0&0&0&0&0\end{pmatrix}\xrightarrow[c_5-\frac{1}{2}c_3]{c_5-\frac{1}{2}c_1}\begin{pmatrix}1&0&0&-1&0\\0&1&0&0&0\\0&0&1&-2&0\\0&0&0&0&0\end{pmatrix}$

$$\xrightarrow[c_4+2c_3]{c_4+c_1}\begin{pmatrix}1&0&0&0&0\\0&1&0&0&0\\0&0&1&0&0\\0&0&0&0&0\end{pmatrix}\text{(标准形)}.$$

2.4.2 初等矩阵

为了便于陈述用初等变换处理矩阵的问题,我们将通过分块矩阵的乘法建立矩阵的初等变换与矩阵乘法的联系. 为此引入:

定义 2.13 对单位矩阵 $\boldsymbol{E}$ 施行一次行(或列)的初等变换得到的矩阵,称为**初等矩阵**.

（1）交换 $\boldsymbol{E}$ 的第 i 行与第 j 行，得到的初等矩阵记为 $\boldsymbol{R}_{ij}$；交换 $\boldsymbol{E}$ 的第 i 列与第 j 列，得到的初等矩阵记为 $\boldsymbol{C}_{ij}$，有

$$
\boldsymbol{R}_{ij}=\boldsymbol{C}_{ij}=\begin{pmatrix}
1 &&&&&&&& \\
& \ddots &&&&&&& \\
&& 1 &&&&&& \\
&&& 0 && 1 &&& \\
&&&& \ddots &&&& \\
&&& 1 && 0 &&& \\
&&&&&& 1 && \\
&&&&&&& \ddots & \\
&&&&&&&& 1
\end{pmatrix}\begin{matrix} \\ \\ \\ i\text{行} \\ \\ j\text{行} \\ \\ \\ \\ \end{matrix}.
$$

$$
\qquad\qquad i\text{列}\qquad j\text{列}
$$

（2）用一个非零常数 k 乘 $\boldsymbol{E}$ 的第 i 行，得到的初等矩阵记为 $\boldsymbol{R}_{i(k)}$；用一个非零常数 k 乘 $\boldsymbol{E}$ 的第 i 列，得到的初等矩阵记为 $\boldsymbol{C}_{i(k)}$，有

$$
\boldsymbol{R}_{i(k)}=\boldsymbol{C}_{i(k)}=\begin{pmatrix}
1 &&&&&&&& \\
& \ddots &&&&&&& \\
&& 1 &&&&&& \\
&&& 1 &&&&& \\
&&&& k &&&& \\
&&&&& 1 &&& \\
&&&&&& 1 && \\
&&&&&&& \ddots & \\
&&&&&&&& 1
\end{pmatrix}\begin{matrix} \\ \\ \\ \\ i\text{行} \\ \\ \\ \\ \\ \end{matrix}.
$$

$$
\qquad j\text{列}
$$

（3）将矩阵的第 j 行的 k 倍加到第 i 行上，得到的初等矩阵记为 $\boldsymbol{R}_{i+j(k)}$；将矩阵的第 i 列的 k 倍加到第 j 列上，得到的初等矩阵记为 $\boldsymbol{C}_{j+i(k)}$，有

$$
\boldsymbol{R}_{i+j(k)}=\boldsymbol{C}_{j+i(k)}=\begin{pmatrix}
1 &&&&&&&& \\
& \ddots &&&&&&& \\
&& 1 &&&&&& \\
&&& 1 && k &&& \\
&&&& \ddots &&&& \\
&&&&& 1 &&& \\
&&&&&& 1 && \\
&&&&&&& \ddots & \\
&&&&&&&& 1
\end{pmatrix}\begin{matrix} \\ \\ \\ i\text{行} \\ \\ j\text{行} \\ \\ \\ \\ \end{matrix}.
$$

$$
\qquad\qquad i\text{列}\qquad j\text{列}
$$

以上三种初等矩阵分别称为初等对换矩阵、初等倍乘矩阵和初等倍加矩阵.

由行列式的性质知道，上面的几个初等矩阵的行列式皆不为零，因此初等矩阵都是可逆的，其逆矩阵

$$\boldsymbol{R}_{ij}^{-1}=\boldsymbol{R}_{ij},\quad \boldsymbol{R}_{i(k)}^{-1}=\boldsymbol{R}_{i\left(\frac{1}{k}\right)},\quad \boldsymbol{R}_{i+j(k)}^{-1}=\boldsymbol{R}_{i+j(-k)},$$

$$\boldsymbol{C}_{ij}^{-1}=\boldsymbol{C}_{ij},\quad \boldsymbol{C}_{i(k)}^{-1}=\boldsymbol{C}_{i\left(\frac{1}{k}\right)},\quad \boldsymbol{C}_{i+j(k)}^{-1}=\boldsymbol{C}_{i+j(-k)}.$$

可以直接验证：初等矩阵的逆矩阵也是初等矩阵；初等矩阵的转置矩阵仍是初等矩阵.

定理 2.2 设 $\boldsymbol{A}=(a_{ij})$是 $m\times n$ 矩阵，则

(1) 对 $\boldsymbol{A}$ 进行一次行初等变换，相当于用一个 m 阶的相应的初等矩阵左乘 $\boldsymbol{A}$；

(2) 对 $\boldsymbol{A}$ 进行一次列初等变换，相当于用一个 n 阶的相应的初等矩阵右乘 $\boldsymbol{A}$.

***证明** 只就行初等变换证明. 设 $\boldsymbol{A}$ 是一个 $m\times n$ 矩阵，$\boldsymbol{B}=(b_{ij})$是一个任意的 m 阶方阵，将 $\boldsymbol{A}$ 按行分块有

$$\boldsymbol{A}=\begin{pmatrix}\boldsymbol{A}_1\\ \boldsymbol{A}_2\\ \vdots\\ \boldsymbol{A}_m\end{pmatrix}.$$

于是

$$\boldsymbol{BA}=\begin{pmatrix}b_{11} & b_{12} & \cdots & b_{1m}\\ b_{21} & b_{22} & \cdots & b_{2m}\\ \vdots & \vdots & & \vdots\\ b_{m1} & b_{m2} & \cdots & b_{mm}\end{pmatrix}\begin{pmatrix}\boldsymbol{A}_1\\ \boldsymbol{A}_2\\ \vdots\\ \boldsymbol{A}_m\end{pmatrix}=\begin{pmatrix}b_{11}\boldsymbol{A}_1+b_{12}\boldsymbol{A}_2+\cdots+b_{1m}\boldsymbol{A}_m\\ b_{21}\boldsymbol{A}_1+b_{22}\boldsymbol{A}_2+\cdots+b_{2m}\boldsymbol{A}_m\\ \vdots\\ b_{m1}\boldsymbol{A}_1+b_{m2}\boldsymbol{A}_2+\cdots+b_{mm}\boldsymbol{A}_m\end{pmatrix}.$$

因 $\boldsymbol{B}$ 任意，令 $\boldsymbol{B}=\boldsymbol{R}_{ij}$，便有

$$\boldsymbol{R}_{ij}\boldsymbol{A}=\begin{pmatrix}\boldsymbol{A}_1\\ \vdots\\ \boldsymbol{A}_j\\ \vdots\\ \boldsymbol{A}_i\\ \vdots\\ \boldsymbol{A}_m\end{pmatrix}\begin{matrix}\\ \\ i\text{ 行}\\ \\ j\text{ 行}\\ \\ \\ \end{matrix},$$

这说明对 $\boldsymbol{A}$ 施行一次 i,j 两行的对换，其结果恰等于 $\boldsymbol{R}_{ij}\boldsymbol{A}$.

又令 $\boldsymbol{B}=\boldsymbol{R}_{i(k)}$，则有

$$\boldsymbol{R}_{i(k)}\boldsymbol{A}=\begin{pmatrix}\boldsymbol{A}_1\\ \vdots\\ k\boldsymbol{A}_i\\ \vdots\\ \boldsymbol{A}_m\end{pmatrix}\begin{matrix}\\ \\ i\text{ 行},\\ \\ \\ \end{matrix}$$

这说明用一个非零的常数 k 乘 $\boldsymbol{A}$ 的第 i 行，其结果恰等于 $\boldsymbol{R}_{i(k)}\boldsymbol{A}$.

再令 $\boldsymbol{B}=\boldsymbol{R}_{i+j(k)}$，同样有

$$\boldsymbol{R}_{i+j(k)}\boldsymbol{A}=\begin{pmatrix}\boldsymbol{A}_1\\ \vdots\\ \boldsymbol{A}_i+k\boldsymbol{A}_j\\ \vdots\\ \boldsymbol{A}_j\\ \vdots\\ \boldsymbol{A}_m\end{pmatrix}\begin{matrix}\\ \\ i\text{ 行}\\ \\ j\text{ 行}\\ \\ \\ \end{matrix},$$

这说明把 $\boldsymbol{A}$ 的第 j 行的 k 倍加到第 i 行，其结果恰等于 $\boldsymbol{R}_{i+j(k)}\boldsymbol{A}$.

例 2　设

$$\boldsymbol{A}=\begin{pmatrix}1&2&3\\4&5&6\end{pmatrix},$$

分别将 $\boldsymbol{A}$ 的第一、第二行互换和将 $\boldsymbol{A}$ 的第一列的(-2)倍加到第二列，然后用对应的初等矩阵和矩阵乘法将这两种变换表示出来.

解
$$\boldsymbol{A}=\begin{pmatrix}1&2&3\\4&5&6\end{pmatrix}\xrightarrow{r_1\leftrightarrow r_2}\begin{pmatrix}4&5&6\\1&2&3\end{pmatrix},$$

而第一、第二行互换的二阶初等矩阵为

$$\boldsymbol{R}_{12}=\begin{pmatrix}0&1\\1&0\end{pmatrix},$$

左乘 $\boldsymbol{A}$

$$\boldsymbol{R}_{12}\boldsymbol{A}=\begin{pmatrix}0&1\\1&0\end{pmatrix}\begin{pmatrix}1&2&3\\4&5&6\end{pmatrix}=\begin{pmatrix}4&5&6\\1&2&3\end{pmatrix},$$

$$\boldsymbol{A}=\begin{pmatrix}1&2&3\\4&5&6\end{pmatrix}\xrightarrow{c_2+(-2)c_1}\begin{pmatrix}1&0&3\\4&-3&6\end{pmatrix}.$$

而第一列的 -2 倍加到第二列上的三阶初等矩阵为

$$\boldsymbol{C}_{2+1(-2)}=\begin{pmatrix}1&-2&0\\0&1&0\\0&0&1\end{pmatrix},$$

右乘 $\boldsymbol{A}$

$$\boldsymbol{A}\boldsymbol{C}_{2+1(-2)}=\begin{pmatrix}1&2&3\\4&5&6\end{pmatrix}\begin{pmatrix}1&-2&0\\0&1&0\\0&0&1\end{pmatrix}=\begin{pmatrix}1&0&3\\4&-3&6\end{pmatrix}.$$

2.4.3 初等变换法求逆矩阵

1. 矩阵的等价标准形

定义 2.14 若矩阵 $\boldsymbol{A}$ 经过有限次行(列)初等变换可化为 $\boldsymbol{B}$,则称 $\boldsymbol{A}$ 与 $\boldsymbol{B}$ **行(列)等价**. 若矩阵 $\boldsymbol{A}$ 经过有限次初等变换可化为 $\boldsymbol{B}$,则称 $\boldsymbol{A}$ 与 $\boldsymbol{B}$ **等价**.

定理 2.3 任意矩阵 $\boldsymbol{A}$ 都与一个形如

$$\begin{pmatrix}\boldsymbol{E}_r&\boldsymbol{O}\\\boldsymbol{O}&\boldsymbol{O}\end{pmatrix}$$

的矩阵等价. 这个矩阵称为矩阵 $\boldsymbol{A}$ 的**等价标准形**. 比如

$$\boldsymbol{A}=\begin{pmatrix}1&-1&2&1\\1&1&-1&0\\2&0&1&1\end{pmatrix}\xrightarrow[r_3+(-2)r_1]{r_2+(-1)r_1}\begin{pmatrix}1&-1&2&1\\0&2&-3&-1\\0&2&-3&-1\end{pmatrix}$$

$$\xrightarrow{r_2+(-1)r_3}\begin{pmatrix}1&-1&2&1\\0&2&-3&-1\\0&0&0&0\end{pmatrix}\text{(阶梯形)}$$

$$\xrightarrow{\left(\frac{1}{2}\right)r_2}\begin{pmatrix}1&-1&2&1\\0&1&-\frac{3}{2}&-\frac{1}{2}\\0&0&0&0\end{pmatrix}\xrightarrow{r_1+r_2}\begin{pmatrix}1&0&\frac{1}{2}&\frac{1}{2}\\0&1&-\frac{3}{2}&-\frac{1}{2}\\0&0&0&0\end{pmatrix}\text{(简化阶梯形)}$$

$$\xrightarrow[c_4+\left(-\frac{1}{2}\right)c_1]{c_3+\left(-\frac{1}{2}\right)c_1}\begin{pmatrix}1&0&0&0\\0&1&-\frac{3}{2}&-\frac{1}{2}\\0&0&0&0\end{pmatrix}\xrightarrow[c_4+\left(\frac{1}{2}\right)c_2]{c_3+\left(\frac{3}{2}\right)c_2}\begin{pmatrix}1&0&0&0\\0&1&0&0\\0&0&0&0\end{pmatrix}\text{(等价标准形)}$$

$$=\begin{pmatrix}\boldsymbol{E}_2&\boldsymbol{O}\\\boldsymbol{O}&\boldsymbol{O}\end{pmatrix}.$$

由定理 2.2 和定理 2.3 得

推论 1 对于任意 $m\times n$ 矩阵 $\boldsymbol{A}$,存在 m 阶初等矩阵 $\boldsymbol{P}_1,\boldsymbol{P}_2,\cdots,\boldsymbol{P}_s$ 和 n 阶初等矩阵 $\boldsymbol{Q}_1,\boldsymbol{Q}_2,\cdots,\boldsymbol{Q}_t$,使得

$$\boldsymbol{P}_s\cdots\boldsymbol{P}_2\boldsymbol{P}_1\boldsymbol{A}\boldsymbol{Q}_1\boldsymbol{Q}_2\cdots\boldsymbol{Q}_t=\begin{pmatrix}\boldsymbol{E}_r&\boldsymbol{O}\\\boldsymbol{O}&\boldsymbol{O}\end{pmatrix}.$$

令 $\boldsymbol{P}=\boldsymbol{P}_s\cdots\boldsymbol{P}_2\boldsymbol{P}_1$, $\boldsymbol{Q}=\boldsymbol{Q}_1\boldsymbol{Q}_2\cdots\boldsymbol{Q}_t$,由于初等矩阵是可逆矩阵,而可逆矩阵的乘积

仍为可逆矩阵,因此 $\boldsymbol{P},\boldsymbol{Q}$ 为可逆矩阵,从而有

推论 2　对于任意 $m\times n$ 矩阵 $\boldsymbol{A}$,存在 m 阶可逆矩阵 $\boldsymbol{P}$ 和 n 阶可逆矩阵 $\boldsymbol{Q}$,使得

$$\boldsymbol{PAQ}=\begin{pmatrix}\boldsymbol{E}_r & \boldsymbol{O}\\ \boldsymbol{O} & \boldsymbol{O}\end{pmatrix}.$$

当 $\boldsymbol{A}$ 为 n 阶可逆矩阵时,由定理 2.1 知,$\boldsymbol{A}$ 可逆的充分必要条件是 $|\boldsymbol{A}|\neq 0$. 又由定理 2.3 的推论 2 知,存在 n 阶可逆矩阵 $\boldsymbol{P},\boldsymbol{Q}$,使得 $\boldsymbol{PAQ}=\begin{pmatrix}\boldsymbol{E}_r & \boldsymbol{O}\\ \boldsymbol{O} & \boldsymbol{O}\end{pmatrix}$,从而

$$|\boldsymbol{PAQ}|=|\boldsymbol{P}||\boldsymbol{A}||\boldsymbol{Q}|\neq 0,$$

由此推出

$$\begin{vmatrix}\boldsymbol{E}_r & \boldsymbol{O}\\ \boldsymbol{O} & \boldsymbol{O}\end{vmatrix}\neq 0.$$

于是 $r=n$. 则

推论 3　n 阶矩阵 $\boldsymbol{A}$ 可逆的充分必要条件是 $\boldsymbol{A}$ 的等价标准形为 $\boldsymbol{E}_n$.

由推论 1 和推论 3 又可得到

推论 4　n 阶矩阵 $\boldsymbol{A}$ 可逆的充分必要条件是 $\boldsymbol{A}$ 可以表示为有限个初等矩阵的乘积.

2. *初等变换法求逆矩阵*

设 $\boldsymbol{A}$ 为 n 阶可逆矩阵,则 $\boldsymbol{A}^{-1}$ 也是 n 阶可逆矩阵. 因此由定理 2.3 的推论 4,$\boldsymbol{A}^{-1}$ 可表示为有限多个初等矩阵的乘积,设存在 n 阶初等矩阵 $\boldsymbol{G}_1,\boldsymbol{G}_2,\cdots,\boldsymbol{G}_k$,使

$$\boldsymbol{A}^{-1}=\boldsymbol{G}_1\boldsymbol{G}_2\cdots\boldsymbol{G}_k, \tag{2.4.2}$$

上式可写为

$$\boldsymbol{A}^{-1}=\boldsymbol{G}_1\boldsymbol{G}_2\cdots\boldsymbol{G}_k\boldsymbol{E}. \tag{2.4.3}$$

用 $\boldsymbol{A}$ 右乘式(2.4.2)的两边,得

$$\boldsymbol{A}^{-1}\boldsymbol{A}=\boldsymbol{G}_1\boldsymbol{G}_2\cdots\boldsymbol{G}_k\boldsymbol{A},$$

即

$$\boldsymbol{E}=\boldsymbol{G}_1\boldsymbol{G}_2\cdots\boldsymbol{G}_k\boldsymbol{A}. \tag{2.4.4}$$

比较式(2.4.3)和式(2.4.4)可以看出:当对矩阵 $\boldsymbol{A}$ 进行有限次行初等变换,将 $\boldsymbol{A}$ 化为单位矩阵 $\boldsymbol{E}$ 时,对单位矩阵 $\boldsymbol{E}$ 进行与 $\boldsymbol{A}$ 相同的行初等变换,就可以将 $\boldsymbol{E}$ 化为 $\boldsymbol{A}^{-1}$.

于是,可以采用下列形式求 $\boldsymbol{A}^{-1}$:

(1) 将 $\boldsymbol{A}$ 与 $\boldsymbol{E}$ 并排放在一起,组成一个 $n\times 2n$ 矩阵 $(\boldsymbol{A}\,\vdots\,\boldsymbol{E})$;

(2) 对矩阵 $(\boldsymbol{A}\,\vdots\,\boldsymbol{E})$ 作一系列行初等变换,将其左半部分化为单位矩阵 $\boldsymbol{E}$,而右半部分就是 $\boldsymbol{A}^{-1}$,即

$$(\boldsymbol{A} \mid \boldsymbol{E}) \xrightarrow{\text{行初等变换}} (\boldsymbol{E} \mid \boldsymbol{A}^{-1}).$$

例 3 设

$$\boldsymbol{A}=\begin{pmatrix} 0 & 2 & -1 \\ 1 & 1 & 2 \\ -1 & -1 & -1 \end{pmatrix},$$

求 $\boldsymbol{A}^{-1}$.

解

$$(\boldsymbol{A} \mid \boldsymbol{E})=\left(\begin{array}{ccc|ccc} 0 & 2 & -1 & 1 & 0 & 0 \\ 1 & 1 & 2 & 0 & 1 & 0 \\ -1 & -1 & -1 & 0 & 0 & 1 \end{array}\right) \xrightarrow{r_1 \leftrightarrow r_2} \left(\begin{array}{ccc|ccc} 1 & 1 & 2 & 0 & 1 & 0 \\ 0 & 2 & -1 & 1 & 0 & 0 \\ -1 & -1 & -1 & 0 & 0 & 1 \end{array}\right)$$

$$\xrightarrow{r_3+r_1} \left(\begin{array}{ccc|ccc} 1 & 1 & 2 & 0 & 1 & 0 \\ 0 & 2 & -1 & 1 & 0 & 0 \\ 0 & 0 & 1 & 0 & 1 & 1 \end{array}\right) \xrightarrow{r_1+\left(-\frac{1}{2}\right) r_2} \left(\begin{array}{ccc|ccc} 1 & 0 & \frac{5}{2} & -\frac{1}{2} & 1 & 0 \\ 0 & 2 & -1 & 1 & 0 & 0 \\ 0 & 0 & 1 & 0 & 1 & 1 \end{array}\right)$$

$$\xrightarrow{r_1+\left(-\frac{5}{2}\right) r_3} \left(\begin{array}{ccc|ccc} 1 & 0 & 0 & -\frac{1}{2} & -\frac{3}{2} & -\frac{5}{2} \\ 0 & 2 & -1 & 1 & 0 & 0 \\ 0 & 0 & 1 & 0 & 1 & 1 \end{array}\right)$$

$$\xrightarrow{r_2+r_3} \left(\begin{array}{ccc|ccc} 1 & 0 & 0 & -\frac{1}{2} & -\frac{3}{2} & -\frac{5}{2} \\ 0 & 2 & 0 & 1 & 1 & 1 \\ 0 & 0 & 1 & 0 & 1 & 1 \end{array}\right)$$

$$\xrightarrow{r_2 \times\left(\frac{1}{2}\right)} \left(\begin{array}{ccc|ccc} 1 & 0 & 0 & -\frac{1}{2} & -\frac{3}{2} & -\frac{5}{2} \\ 0 & 1 & 0 & \frac{1}{2} & \frac{1}{2} & \frac{1}{2} \\ 0 & 0 & 1 & 0 & 1 & 1 \end{array}\right)=(\boldsymbol{E} \mid \boldsymbol{A}^{-1}),$$

所以

$$\boldsymbol{A}^{-1}=\begin{pmatrix} -\frac{1}{2} & -\frac{3}{2} & -\frac{5}{2} \\ \frac{1}{2} & \frac{1}{2} & \frac{1}{2} \\ 0 & 1 & 1 \end{pmatrix}.$$

行初等变换求逆矩阵的计算形式,还可用于求解形如

$$\boldsymbol{A X}=\boldsymbol{B} \tag{2.4.5}$$

的矩阵方程,其中 $\boldsymbol{A}$ 为已知的 n 阶可逆阵,$\boldsymbol{B}$ 为已知的 $n \times m$ 矩阵,$\boldsymbol{X}$ 为未知的 $n \times$

m 矩阵.

由于 $\boldsymbol{A}$ 可逆,将方程(2.4.5)两边同时左乘 $\boldsymbol{A}^{-1}$,得

$$\boldsymbol{X}=\boldsymbol{A}^{-1}\boldsymbol{B}. \tag{2.4.6}$$

另一方面,由于 $\boldsymbol{A}$ 可逆,故存在初等矩阵 $\boldsymbol{P}_1,\boldsymbol{P}_2,\cdots,\boldsymbol{P}_s$,使

$$\boldsymbol{P}_s\cdots\boldsymbol{P}_2\boldsymbol{P}_1\boldsymbol{A}=\boldsymbol{E},$$

上式两边同时右乘 $\boldsymbol{A}^{-1}$,得

$$\boldsymbol{P}_s\cdots\boldsymbol{P}_2\boldsymbol{P}_1\boldsymbol{E}=\boldsymbol{A}^{-1},$$

代入式(2.4.6)得到

$$\boldsymbol{X}=\boldsymbol{A}^{-1}\boldsymbol{B}=\boldsymbol{P}_s\cdots\boldsymbol{P}_2\boldsymbol{P}_1\boldsymbol{E}\boldsymbol{B}=\boldsymbol{P}_s\cdots\boldsymbol{P}_2\boldsymbol{P}_1\boldsymbol{B},$$

比较

$$\boldsymbol{E}=\boldsymbol{P}_s\cdots\boldsymbol{P}_2\boldsymbol{P}_1\boldsymbol{A}\quad 与\quad \boldsymbol{X}=\boldsymbol{P}_s\cdots\boldsymbol{P}_2\boldsymbol{P}_1\boldsymbol{B}.$$

说明当对 $\boldsymbol{A}$ 进行一系列行初等变换将 $\boldsymbol{A}$ 化为单位矩阵 $\boldsymbol{E}$ 时,对 $\boldsymbol{B}$ 进行同样的行初等变换,得到的矩阵就是 $\boldsymbol{X}$,即

$$(\boldsymbol{A}\mid\boldsymbol{B})\xrightarrow{\text{行初等变换}}(\boldsymbol{E}\mid\underbrace{\boldsymbol{A}^{-1}\boldsymbol{B}}_{\displaystyle\downarrow\atop\displaystyle\boldsymbol{X}}).$$

当然,也可以先求出 $\boldsymbol{A}^{-1}$,再通过矩阵乘法求出 $\boldsymbol{X}=\boldsymbol{A}^{-1}\boldsymbol{B}$.

例 4　求解矩阵方程 $\boldsymbol{AX}=\boldsymbol{A}+2\boldsymbol{X}$,其中

$$\boldsymbol{A}=\begin{pmatrix}4&2&3\\1&1&0\\-1&2&3\end{pmatrix}.$$

解　由 $\boldsymbol{AX}=\boldsymbol{A}+2\boldsymbol{X}$ 可得

$$(\boldsymbol{A}-2\boldsymbol{E})\boldsymbol{X}=\boldsymbol{A},$$

由于

$$\boldsymbol{A}-2\boldsymbol{E}=\begin{pmatrix}4&2&3\\1&1&0\\-1&2&3\end{pmatrix}-2\begin{pmatrix}1&0&0\\0&1&0\\0&0&1\end{pmatrix}=\begin{pmatrix}2&2&3\\1&-1&0\\-1&2&1\end{pmatrix},$$

又

$$|\boldsymbol{A}-2\boldsymbol{E}|=\begin{vmatrix}2&2&3\\1&-1&0\\-1&2&1\end{vmatrix}=-1\neq 0,$$

故 $\boldsymbol{A}-2\boldsymbol{E}$ 可逆,从而

$$\boldsymbol{X}=(\boldsymbol{A}-2\boldsymbol{E})^{-1}\boldsymbol{A}.$$

下面用行初等变换法求 $\boldsymbol{X}$：

$$(\boldsymbol{A}-2\boldsymbol{E}\,\vdots\,\boldsymbol{A})=\left(\begin{array}{ccc:ccc}2&2&3&4&2&3\\1&-1&0&1&1&0\\-1&2&1&-1&2&3\end{array}\right)\to\left(\begin{array}{ccc:ccc}1&-1&0&1&1&0\\2&2&3&4&2&3\\-1&2&1&-1&2&3\end{array}\right)$$

$$\to\left(\begin{array}{ccc:ccc}1&-1&0&1&1&0\\0&4&3&2&0&3\\0&1&1&0&3&3\end{array}\right)\to\left(\begin{array}{ccc:ccc}1&-1&0&1&1&0\\0&1&1&0&3&3\\0&0&-1&2&-12&-9\end{array}\right)$$

$$\to\left(\begin{array}{ccc:ccc}1&-1&0&1&1&0\\0&1&0&0&-9&-6\\0&0&-1&2&-12&-9\end{array}\right)\to\left(\begin{array}{ccc:ccc}1&0&0&3&-8&-6\\0&1&0&2&-9&-6\\0&0&1&-2&12&9\end{array}\right),$$

由此得

$$\boldsymbol{X}=(\boldsymbol{A}-2\boldsymbol{E})^{-1}\boldsymbol{A}=\begin{pmatrix}3&-8&-6\\2&-9&-6\\-2&12&9\end{pmatrix}.$$

习 题 2.4

1. 判断下列命题是否正确：

(1) 初等矩阵的乘积仍是初等矩阵；

(2) 单位矩阵是初等矩阵；

(3) 初等矩阵的转置还是初等矩阵；

(4) 初等矩阵的伴随矩阵还是初等矩阵；

(5) 可逆矩阵只经过列初等变换便可化为单位矩阵.

2. 单项选择题：

(1) 设矩阵 $\boldsymbol{A}=\begin{pmatrix}a_{11}&a_{12}&a_{13}\\a_{21}&a_{22}&a_{23}\\a_{31}&a_{32}&a_{33}\end{pmatrix}$，$\boldsymbol{B}=\begin{pmatrix}a_{21}&a_{22}&a_{23}\\a_{11}&a_{12}&a_{13}\\a_{31}+a_{11}&a_{32}+a_{12}&a_{33}+a_{13}\end{pmatrix}$，$\boldsymbol{P}_1=\begin{pmatrix}0&1&0\\1&0&0\\0&0&1\end{pmatrix}$，

$\boldsymbol{P}_2=\begin{pmatrix}1&0&0\\0&1&0\\1&0&1\end{pmatrix}$，则必有(　　).

(A) $\boldsymbol{AP}_1\boldsymbol{P}_2=\boldsymbol{B}$；　(B) $\boldsymbol{AP}_2\boldsymbol{P}_1=\boldsymbol{B}$；　(C) $\boldsymbol{P}_1\boldsymbol{P}_2\boldsymbol{A}=\boldsymbol{B}$；　(D) $\boldsymbol{P}_2\boldsymbol{P}_1\boldsymbol{A}=\boldsymbol{B}$.

(2) 设 $\boldsymbol{A},\boldsymbol{B}$ 均为 n 阶矩阵，$\boldsymbol{A}$ 与 $\boldsymbol{B}$ 等价，则下列命题中错误的是(　　).

(A) 若 $|\boldsymbol{A}|>0$，则 $|\boldsymbol{B}|>0$；　(B) 若 $|\boldsymbol{A}|\neq 0$，则 $\boldsymbol{B}$ 也可逆；

(C) 若 $\boldsymbol{A}$ 与 $\boldsymbol{E}$ 等价，则 $\boldsymbol{B}$ 与 $\boldsymbol{E}$ 也等价；　(D) 存在可逆矩阵 $\boldsymbol{P},\boldsymbol{Q}$，使得 $\boldsymbol{PAQ}=\boldsymbol{B}$.

3. 把下列矩阵化为等价标准形 $\begin{pmatrix}\boldsymbol{E}_r&\boldsymbol{O}\\\boldsymbol{O}&\boldsymbol{O}\end{pmatrix}$：

(1) $\begin{pmatrix} 1 & -1 & 2 \\ 3 & 2 & 1 \\ 1 & -2 & 0 \end{pmatrix}$； (2) $\begin{pmatrix} 2 & 3 & 1 & -3 & -7 \\ 1 & 2 & 0 & -2 & -4 \\ 3 & -2 & 8 & 3 & 0 \\ 2 & -3 & 7 & 4 & 3 \end{pmatrix}$.

4. 用初等变换法求下列矩阵的逆矩阵：

(1) $\begin{pmatrix} 2 & 2 & 3 \\ 1 & -1 & 0 \\ -1 & 2 & 1 \end{pmatrix}$； (2) $\begin{pmatrix} 5 & 2 & 0 & 0 \\ 2 & 1 & 0 & 0 \\ 0 & 0 & 1 & -2 \\ 0 & 0 & 1 & 1 \end{pmatrix}$.

5. 设 $\boldsymbol{A}=\begin{pmatrix} 4 & 1 & -2 \\ 2 & 2 & 1 \\ 3 & 1 & -1 \end{pmatrix}$，$\boldsymbol{B}=\begin{pmatrix} 1 & -3 \\ 2 & 2 \\ 3 & -1 \end{pmatrix}$，求 $\boldsymbol{X}$ 使 $\boldsymbol{AX}=\boldsymbol{B}$.

2.5 矩阵的秩

矩阵的秩是矩阵的一个重要的数值特征，是反映矩阵本质属性的一个不变量. 它在线性方程组等问题的研究中起着非常重要的作用.

2.5.1 矩阵秩的概念

定义 2.15 在 $m\times n$ 矩阵 $\boldsymbol{A}$ 中，任意取定 k 行 k 列（$1\leqslant k\leqslant \min(m,n)$），位于这些行和列交叉处的 k^2 个元素按原来的顺序构成的一个 k 阶行列式称作 $\boldsymbol{A}$ 的一个 **k 阶子式**.

例如

$$\boldsymbol{A}=\begin{pmatrix} 1 & 2 & 2 & 1 \\ 3 & 2 & -3 & 2 \\ 0 & 4 & 1 & 5 \end{pmatrix},$$

在 $\boldsymbol{A}$ 中抽取 1,2,3 行和第 1,2,4 列，它们相交处的元素构成 $\boldsymbol{A}$ 的一个三阶子式

$$\begin{vmatrix} 1 & 2 & 1 \\ 3 & 2 & 2 \\ 0 & 4 & 5 \end{vmatrix},$$

在 $\boldsymbol{A}$ 中抽取 2,3 行和第 1,4 列，它们相交处的元素构成 $\boldsymbol{A}$ 的一个二阶子式

$$\begin{vmatrix} 3 & 2 \\ 0 & 5 \end{vmatrix}.$$

一般来说，$m\times n$ 矩阵 $\boldsymbol{A}$ 中共有 $\mathrm{C}_m^k\mathrm{C}_n^k$ 个 k 阶子式.

定义 2.16 如果 $m\times n$ 矩阵

$$\boldsymbol{A}=\begin{pmatrix}a_{11}&a_{12}&\cdots&a_{1n}\\a_{21}&a_{22}&\cdots&a_{2n}\\\vdots&\vdots&&\vdots\\a_{m1}&a_{m2}&\cdots&a_{mn}\end{pmatrix}$$

至少存在一个 k 阶子式不为零,而所有的 $k+1$ 阶子式全为零,则称 $\boldsymbol{A}$ 的秩为 k,记为 $r(\boldsymbol{A})=k$.

显然,矩阵 $\boldsymbol{A}$ 中不等于零的子式的最大阶数即为矩阵 $\boldsymbol{A}$ 的秩,且 $r(\boldsymbol{A})\leqslant\min(m,n)$.

例如

$$\boldsymbol{B}=\begin{pmatrix}1&3&-9&3\\1&4&-12&7\\-1&0&0&9\end{pmatrix},$$

在 $\boldsymbol{B}$ 中最大阶子式为三阶,共有 4 个:

$$\begin{vmatrix}1&3&-9\\1&4&-12\\-1&0&0\end{vmatrix}=0,\quad\begin{vmatrix}1&3&3\\1&4&7\\-1&0&9\end{vmatrix}=0,$$

$$\begin{vmatrix}1&-9&3\\1&-12&7\\-1&0&9\end{vmatrix}=0,\quad\begin{vmatrix}3&-9&3\\4&-12&7\\0&0&9\end{vmatrix}=0,$$

即 $\boldsymbol{B}$ 的所有三阶子式皆为零,而 $\boldsymbol{B}$ 有一个二阶子式 $\begin{vmatrix}1&3\\1&4\end{vmatrix}\neq0$,故 $r(\boldsymbol{B})=2$.

但是,对于一般的 $m\times n$ 矩阵,利用定义 2.16 确定它的秩不是一件容易的事. 而对于形如

$$\boldsymbol{A}=\begin{pmatrix}1&2&1&3&4\\0&2&5&1&2\\0&0&0&1&1\\0&0&0&0&0\end{pmatrix}$$

的阶梯形矩阵,很容易看出它的四阶子式均为零,有一个三阶子式

$$\begin{vmatrix}1&2&3\\0&2&1\\0&0&1\end{vmatrix}=2\neq0,$$

故 $r(\boldsymbol{A})=3$.

上面例题可以看出,阶梯形矩阵容易求秩,其秩就是它非零行的行数. 而由 2.4 节的内容可知:任意一个 $m\times n$ 矩阵,均可以经过一系列行初等变换化为阶梯

形矩阵,我们还可以证明

定理 2.4 初等变换不改变矩阵的秩.

由此,任意 $m\times n$ 矩阵的秩都可以由初等变换至阶梯形矩阵来求出.

例 1 设

$$\boldsymbol{A}=\begin{pmatrix}1&0&2&1&0\\7&1&14&7&1\\0&5&1&4&6\\2&1&1&-10&-2\end{pmatrix},$$

求 $r(\boldsymbol{A})$.

解 $$\boldsymbol{A}=\begin{pmatrix}1&0&2&1&0\\7&1&14&7&1\\0&5&1&4&6\\2&1&1&-10&-2\end{pmatrix}\to\begin{pmatrix}1&0&2&1&0\\0&1&0&0&1\\0&5&1&4&6\\0&1&-3&-12&-2\end{pmatrix}$$

$$\to\begin{pmatrix}1&0&2&1&0\\0&1&0&0&1\\0&0&1&4&1\\0&0&-3&-12&-3\end{pmatrix}\to\begin{pmatrix}1&0&2&1&0\\0&1&0&0&1\\0&0&1&4&1\\0&0&0&0&0\end{pmatrix},$$

故 $r(\boldsymbol{A})=3$.

2.5.2 矩阵秩的性质

矩阵的秩具有如下性质:

(1) 若 $\boldsymbol{A}$ 为 $m\times n$ 矩阵,则 $r(\boldsymbol{A})\leqslant\min(m,n)$,即矩阵 $\boldsymbol{A}$ 的秩既不超过其行数,又不超过其列数.

(2) $r(\boldsymbol{A})=r(\boldsymbol{A}^{\mathrm{T}})$,$r(k\boldsymbol{A})=r(\boldsymbol{A})(k\neq0)$.

(3) n 阶矩阵 $\boldsymbol{A}$ 的秩 $r(\boldsymbol{A})=n$,当且仅当 $\boldsymbol{A}$ 为可逆矩阵.

当 $r(\boldsymbol{A})=\min(m,n)$ 时,称矩阵 $\boldsymbol{A}$ 为满秩矩阵,否则称为降秩矩阵.

(4) 若 $\boldsymbol{A}$ 为 $m\times n$ 矩阵,$\boldsymbol{P}$,$\boldsymbol{Q}$ 分别是 m 阶可逆矩阵和 n 阶可逆矩阵,则

$$r(\boldsymbol{PA})=r(\boldsymbol{AQ})=r(\boldsymbol{PAQ})=r(\boldsymbol{A}).$$

(5) 设 $\boldsymbol{A}$,$\boldsymbol{B}$ 分别为 $m\times n$ 和 $n\times k$ 矩阵,则

$$r(\boldsymbol{AB})\leqslant\min(r(\boldsymbol{A}),r(\boldsymbol{B})).\tag{2.5.1}$$

(6) 设 $\boldsymbol{A}$,$\boldsymbol{B}$ 分别为 $m\times n$ 和 $n\times k$ 矩阵,则

$$r(\boldsymbol{AB})\geqslant r(\boldsymbol{A})+r(\boldsymbol{B})-n.\tag{2.5.2}$$

特别地,若 $\boldsymbol{AB}=\boldsymbol{O}$,则

$$r(\boldsymbol{A})+r(\boldsymbol{B})\leqslant n.\tag{2.5.3}$$

(7) 设 $\boldsymbol{A}$,$\boldsymbol{B}$ 均为 $m\times n$ 矩阵,则

$$r(\boldsymbol{A}+\boldsymbol{B})\leqslant r(\boldsymbol{A})+r(\boldsymbol{B}).\tag{2.5.4}$$

例 2 设 $\boldsymbol{A}$ 为 n 阶幂等阵，即 $\boldsymbol{A}^2=\boldsymbol{A}$，证明

$$r(\boldsymbol{A})+r(\boldsymbol{E}-\boldsymbol{A})=n.$$

证明 由 $\boldsymbol{A}^2=\boldsymbol{A}$，有

$$\boldsymbol{A}(\boldsymbol{E}-\boldsymbol{A})=\boldsymbol{O}.$$

由式(2.5.3)，有

$$r(\boldsymbol{A})+r(\boldsymbol{E}-\boldsymbol{A})\leqslant n.$$

另一方面，由式(2.5.4)，有

$$n=r(\boldsymbol{E})=r(\boldsymbol{A}+(\boldsymbol{E}-\boldsymbol{A}))\leqslant r(\boldsymbol{A})+r(\boldsymbol{E}-\boldsymbol{A}),$$

故

$$r(\boldsymbol{A})+r(\boldsymbol{E}-\boldsymbol{A})=n.$$

习 题 2.5

1. 判断下列命题是否正确：

(1) 设 $\boldsymbol{A}$ 为 n 阶方阵，则 $r(\boldsymbol{AB})=r(\boldsymbol{BA})$；

(2) 若 $\boldsymbol{A}$ 的所有 r 阶子式都为零，则 $\boldsymbol{A}$ 的所有 $r+1$ 阶子式也都为零；

(3) 凡是秩相等的同阶矩阵一定是等价的矩阵.

2. 设矩阵 $\boldsymbol{A}=\begin{pmatrix}1&-5&6&-2\\2&-1&3&-2\\-1&-4&3&0\end{pmatrix}$，试计算 $\boldsymbol{A}$ 的全部三阶子式，并求 $r(\boldsymbol{A})$.

3. 求下列矩阵的秩：

(1) $\begin{pmatrix}1&0&0&2&2\\5&7&6&8&3\\4&0&0&8&4\\7&1&0&1&0\end{pmatrix}$； (2) $\begin{pmatrix}4&-1&3&-2\\3&-1&4&-2\\3&-2&2&-4\\0&1&2&2\end{pmatrix}$；

(3) $\begin{pmatrix}2&4&1&0\\1&0&3&1\\-1&5&-3&1\\0&1&0&2\end{pmatrix}$； (4) $\begin{pmatrix}1&0&0&1&4\\0&1&0&2&5\\0&0&1&3&6\\1&2&3&14&32\\4&5&6&32&77\end{pmatrix}$.

4. 已知矩阵 $\boldsymbol{A}=\begin{pmatrix}1&1&1\\1&2&1\\2&3&\lambda+1\end{pmatrix}$ 的秩 $r(\boldsymbol{A})=2$，求 λ.

5. 设 $\boldsymbol{A}$ 为 n 阶非奇异矩阵，$\boldsymbol{B}$ 为 $n\times m$ 矩阵，试证：$\boldsymbol{A}$ 与 $\boldsymbol{B}$ 之积的秩等于 $\boldsymbol{B}$ 的秩，即 $r(\boldsymbol{AB})=r(\boldsymbol{B})$.

总习题 2

(A)

1. 已知

$$\boldsymbol{A}=\begin{pmatrix}1&0&3\\2&1&-1\end{pmatrix},\quad \boldsymbol{B}=\begin{pmatrix}-1&1&4\\3&-2&1\\0&0&2\end{pmatrix},\quad \boldsymbol{C}=\begin{pmatrix}2&4&7\\1&3&1\end{pmatrix},$$

求 $3\boldsymbol{AB}-\boldsymbol{C}$.

2. 设矩阵 $\boldsymbol{X}$ 满足 $\boldsymbol{X}-2\boldsymbol{A}=\boldsymbol{B}-\boldsymbol{X}$,其中

$$\boldsymbol{A}=\begin{pmatrix}2&-1\\-1&2\end{pmatrix},\quad \boldsymbol{B}=\begin{pmatrix}0&-2\\-2&0\end{pmatrix},$$

求 $\boldsymbol{X}$.

3. 计算下列矩阵的乘积：

(1) $(1,0,2)\begin{pmatrix}6\\7\\8\end{pmatrix}$;　(2) $\begin{pmatrix}6\\7\\8\end{pmatrix}(1,0,2)$;　(3) $\begin{pmatrix}\lambda_1&&\\&\lambda_2&\\&&\lambda_3\end{pmatrix}\begin{pmatrix}a_{11}&a_{12}\\a_{21}&a_{22}\\a_{31}&a_{32}\end{pmatrix}$;

(4) $\begin{pmatrix}5&2&-3&-3\\7&-2&4&1\\-1&0&1&0\\-1&-2&0&1\end{pmatrix}\begin{pmatrix}1\\1\\1\\1\end{pmatrix}$;　(5) $(1,-1,2)\begin{pmatrix}-1&2&2\\0&1&1\\3&0&-1\end{pmatrix}\begin{pmatrix}2\\-1\\-2\end{pmatrix}$.

4. 求所有与 $\boldsymbol{A}$ 可交换的矩阵：

(1) $\boldsymbol{A}=\begin{pmatrix}1&1\\0&1\end{pmatrix}$;　(2) $\boldsymbol{A}=\begin{pmatrix}1&1&0\\0&1&1\\0&0&1\end{pmatrix}$.

5. 求下列矩阵的幂：

(1) $\begin{pmatrix}1&3\\0&1\end{pmatrix}^n$;　(2) $\begin{pmatrix}\lambda&1&0\\&\lambda&1\\&&\lambda\end{pmatrix}^n$.

6. 设 $\boldsymbol{A},\boldsymbol{B}$ 为同阶方阵,且满足 $\boldsymbol{A}=\frac{1}{2}(\boldsymbol{B}+\boldsymbol{E})$,求证:$\boldsymbol{A}^2=\boldsymbol{A}$ 的充分必要条件是 $\boldsymbol{B}^2=\boldsymbol{E}$.

7. (1) 如果 $f(x)=x^2-5x+3$,$\boldsymbol{A}=\begin{pmatrix}2&1\\-3&3\end{pmatrix}$,求 $f(\boldsymbol{A})$;

(2) 如果 $f(x)=x^2-x+1$,$\boldsymbol{A}=\begin{pmatrix}2&1&1\\3&1&2\\1&-1&0\end{pmatrix}$,求 $f(\boldsymbol{A})$.

8. 判断下列矩阵是否可逆，若可逆，利用伴随矩阵求其逆矩阵：

(1) $\begin{pmatrix}1 & 2\\3 & 5\end{pmatrix}$； (2) $\begin{pmatrix}2 & 2 & 3\\1 & -1 & 0\\-1 & 2 & 1\end{pmatrix}$；

(3) $\begin{pmatrix}1 & -3\\-2 & 6\end{pmatrix}$； (4) $\begin{pmatrix}1 & 0 & 0\\1 & 2 & 0\\1 & 2 & 3\end{pmatrix}$.

9. (1) 设 $\boldsymbol{A}$ 为 n 阶方阵，$|\boldsymbol{A}|=2$，求 $\left|\left(\frac{1}{2}\boldsymbol{A}\right)^{-1}-3\boldsymbol{A}^*\right|$；

(2) 已知 $\boldsymbol{A}=\begin{pmatrix}1 & 5 & 4\\0 & 2 & 4\\1 & 3 & 1\end{pmatrix}$，求 $(\boldsymbol{A}^*)^{-1}$.

10. 求满足下列各等式的矩阵 $\boldsymbol{X}$：

(1) $\begin{pmatrix}2 & 5\\1 & 3\end{pmatrix}\boldsymbol{X}=\begin{pmatrix}4 & -6\\2 & 1\end{pmatrix}$； (2) $\begin{pmatrix}2 & 3 & -1\\1 & 2 & 0\\-1 & 2 & -2\end{pmatrix}\boldsymbol{X}=\begin{pmatrix}2 & 1\\-1 & 0\\3 & 1\end{pmatrix}$.

11. 已知 $\boldsymbol{A}$ 为 n 阶方阵，满足 $\boldsymbol{A}^2-3\boldsymbol{A}-2\boldsymbol{E}=\boldsymbol{O}$，证明：$\boldsymbol{A}$ 和 $\boldsymbol{A}-4\boldsymbol{E}$ 可逆，并求它们的逆矩阵.

12. 设 $\boldsymbol{A},\boldsymbol{B},\boldsymbol{C}$ 为 n 阶方阵，其中 $\boldsymbol{C}$ 为可逆矩阵，且满足 $\boldsymbol{C}^{-1}\boldsymbol{A}\boldsymbol{C}=\boldsymbol{B}$，求证：对任意正整数 m，有 $\boldsymbol{C}^{-1}\boldsymbol{A}^m\boldsymbol{C}=\boldsymbol{B}^m$.

13. 利用分块矩阵的乘法，计算 $\boldsymbol{AB}$.

(1)
$$\boldsymbol{A}=\begin{pmatrix}\boldsymbol{E}_2 & \boldsymbol{O}\\\boldsymbol{A}_{21} & \boldsymbol{A}_{22}\end{pmatrix},\quad \boldsymbol{B}=\begin{pmatrix}\boldsymbol{B}_{11} & \boldsymbol{B}_{12}\\\boldsymbol{E}_2 & \boldsymbol{B}_{22}\end{pmatrix},$$

其中

$$\boldsymbol{A}_{21}=\begin{pmatrix}2 & 0\\-1 & 1\end{pmatrix},\quad \boldsymbol{A}_{22}=\begin{pmatrix}1 & 1\\0 & 1\end{pmatrix},\quad \boldsymbol{B}_{11}=\begin{pmatrix}3 & -2\\-2 & 1\end{pmatrix},\quad \boldsymbol{B}_{12}=\begin{pmatrix}5\\3\end{pmatrix},\quad \boldsymbol{B}_{22}=\begin{pmatrix}-2\\1\end{pmatrix};$$

(2)
$$\boldsymbol{A}=\begin{pmatrix}\boldsymbol{A}_1\\\boldsymbol{A}_2\\\boldsymbol{A}_3\end{pmatrix},\quad \boldsymbol{B}=(\boldsymbol{B}_1\quad \boldsymbol{B}_2\quad \boldsymbol{B}_3),$$

其中

$$\boldsymbol{A}_1=(-2,-1,2),\quad \boldsymbol{A}_2=(2,-2,1),\quad \boldsymbol{A}_3=(1,2,2),$$
$$\boldsymbol{B}_1=(-2,-1,2)^{\mathrm{T}},\quad \boldsymbol{B}_2=(2,-2,1)^{\mathrm{T}},\quad \boldsymbol{B}_3=(1,2,2)^{\mathrm{T}}.$$

14. 求下列分块矩阵的逆矩阵：

(1) $\boldsymbol{A}=\begin{pmatrix}\boldsymbol{A}_{11} & \boldsymbol{O}\\\boldsymbol{O} & \boldsymbol{A}_{22}\end{pmatrix}$，其中 $\boldsymbol{A}_{11}=\begin{pmatrix}2 & 1\\1 & 1\end{pmatrix}$，$\boldsymbol{A}_{22}=\begin{pmatrix}2 & 5\\1 & 3\end{pmatrix}$；

(2) $\boldsymbol{A}=\begin{pmatrix}\boldsymbol{A}_{11} & \boldsymbol{A}_{12}\\\boldsymbol{O} & \boldsymbol{A}_{22}\end{pmatrix}$，其中 $\boldsymbol{A}_{11}=\begin{pmatrix}1 & -1 & 2\\-2 & -1 & -2\\4 & 3 & 3\end{pmatrix}$，$\boldsymbol{A}_{12}=\begin{pmatrix}-1\\1\\1\end{pmatrix}$，$\boldsymbol{A}_{22}=2$；

(3) $\boldsymbol{A}=\begin{pmatrix}\boldsymbol{O} & \boldsymbol{A}_{12}\\\boldsymbol{A}_{21} & \boldsymbol{O}\end{pmatrix}$，其中 $\boldsymbol{A}_{12}=\begin{pmatrix}1 & 1\\2 & 1\end{pmatrix}$，$\boldsymbol{A}_{21}=\begin{pmatrix}1 & 3\\2 & 5\end{pmatrix}$.

15. 用初等变换法求下列矩阵的逆矩阵：

(1) $\begin{pmatrix} 1 & 0 & 0 & 0 \\ 2 & 1 & 0 & 0 \\ 3 & 2 & 1 & 0 \\ 4 & 3 & 2 & 1 \end{pmatrix}$；　　(2) $\begin{pmatrix} 3 & -3 & 4 \\ 2 & -3 & 4 \\ 0 & -1 & 1 \end{pmatrix}$；

(3) $\begin{pmatrix} 1 & 1 & 1 & 1 \\ 1 & 1 & 1 & 0 \\ 1 & 1 & 0 & 0 \\ 1 & 0 & 0 & 0 \end{pmatrix}$；　　(4) $\begin{pmatrix} 3 & -2 & 0 & -1 \\ 0 & 2 & 2 & 1 \\ 1 & -2 & -3 & -2 \\ 0 & 1 & 2 & 1 \end{pmatrix}$.

16. 试用初等变换法求解矩阵方程 $\boldsymbol{AX}+\boldsymbol{B}=\boldsymbol{X}$，其中

$$\boldsymbol{A}=\begin{pmatrix} 0 & 1 & 0 \\ -1 & 1 & 1 \\ -1 & 0 & -1 \end{pmatrix},\quad \boldsymbol{B}=\begin{pmatrix} 1 & -1 \\ 2 & 0 \\ 5 & -3 \end{pmatrix}.$$

17. 求下列矩阵的秩：

(1) $\begin{pmatrix} 2 & 1 & -1 & 1 & 1 \\ 1 & 2 & 1 & -1 & 2 \\ 1 & 1 & 2 & 1 & 3 \end{pmatrix}$；　　(2) $\begin{pmatrix} 1 & 2 & 3 & 3 & 7 \\ 3 & 2 & 1 & 1 & -3 \\ 0 & 1 & 2 & 2 & 6 \\ 5 & 4 & 3 & 3 & -1 \end{pmatrix}$；

(3) $\begin{pmatrix} 1 & 1 & 1 & 1 & 1 & 1 \\ 3 & 2 & 1 & 0 & -3 & 6 \\ 0 & 1 & 2 & 3 & 6 & -3 \\ 5 & 4 & 3 & 2 & 6 & 1 \end{pmatrix}$.

18. 设 $\boldsymbol{A}$ 是三阶可逆矩阵，将 $\boldsymbol{A}$ 的第一行与第三行互换后所得到的矩阵记为 $\boldsymbol{B}$. 证明：$\boldsymbol{B}$ 可逆，并求 $\boldsymbol{AB}^{-1}$.

(B)

一、单项选择题

1. 设 $\boldsymbol{A},\boldsymbol{B}$ 均为 n 阶方阵，满足等式 $\boldsymbol{AB}=\boldsymbol{O}$，则必有(　　).

(A) $\boldsymbol{A}=\boldsymbol{O}$ 或 $\boldsymbol{B}=\boldsymbol{O}$；　　(B) $\boldsymbol{A}+\boldsymbol{B}=\boldsymbol{O}$；

(C) $|\boldsymbol{A}|=0$ 或 $|\boldsymbol{B}|=0$；　　(D) $|\boldsymbol{A}|+|\boldsymbol{B}|=0$.

2. 设 $\boldsymbol{A},\boldsymbol{B}$ 均为 n 阶方阵，则必有(　　).

(A) $|\boldsymbol{A}+\boldsymbol{B}|=|\boldsymbol{A}|+|\boldsymbol{B}|$；　　(B) $\boldsymbol{AB}=\boldsymbol{BA}$；

(C) $|\boldsymbol{AB}|=|\boldsymbol{BA}|$；　　(D) $(\boldsymbol{A}+\boldsymbol{B})^{-1}=\boldsymbol{A}^{-1}+\boldsymbol{B}^{-1}$.

3. 设 $\boldsymbol{A},\boldsymbol{B},\boldsymbol{C}$ 均为 n 阶方阵，且 $\boldsymbol{ABC}=\boldsymbol{E}$，则(　　).

(A) $\boldsymbol{CAB}=\boldsymbol{E}$；　(B) $\boldsymbol{BAC}=\boldsymbol{E}$；　(C) $\boldsymbol{ACB}=\boldsymbol{E}$；　(D) $\boldsymbol{CBA}=\boldsymbol{E}$.

4. 设 $\boldsymbol{A},\boldsymbol{B}$ 均为 n 阶对称矩阵，则下列结论不正确的是(　　).

(A) $\boldsymbol{A}+\boldsymbol{B}$ 对称；　　(B) $\boldsymbol{A}^m+\boldsymbol{B}^m$ 对称(m 为正整数)；

(C) $\boldsymbol{AB}$ 对称； (D) $\boldsymbol{AB}+\boldsymbol{BA}$ 对称.

5. 矩阵 $\boldsymbol{A}=\begin{pmatrix}\cos\theta & -\sin\theta\\ \sin\theta & \cos\theta\end{pmatrix}$ 的伴随矩阵是(　　).

(A) $\begin{pmatrix}\cos\theta & \sin\theta\\ -\sin\theta & \cos\theta\end{pmatrix}$； (B) $\begin{pmatrix}\cos\theta & -\sin\theta\\ \sin\theta & \cos\theta\end{pmatrix}$；

(C) $\begin{pmatrix}\cos\theta & -\sin\theta\\ \sin\theta & -\cos\theta\end{pmatrix}$； (D) $\begin{pmatrix}-\cos\theta & \sin\theta\\ -\sin\theta & \cos\theta\end{pmatrix}$.

6. 下列结论正确的是(　　).

(A) 两个 n 阶初等矩阵之和仍是初等矩阵；

(B) 初等矩阵的转置仍是初等矩阵；

(C) 初等矩阵的行列式等于 1；

(D) 两个 n 阶初等矩阵之积仍是初等矩阵.

7. 设 $\boldsymbol{A},\boldsymbol{B}$ 均为 n 阶方阵，且 $\boldsymbol{AB}$ 不可逆，则(　　).

(A) $\boldsymbol{A},\boldsymbol{B}$ 都不可逆；

(B) $\boldsymbol{A},\boldsymbol{B}$ 都可逆；

(C) $\boldsymbol{A},\boldsymbol{B}$ 中至少有一个可逆；

(D) $\boldsymbol{A},\boldsymbol{B}$ 中至少有一个不可逆.

8. 下列结论不正确的是(　　).

(A) n 阶方阵 $\boldsymbol{A}$ 可逆的充要条件是 $|\boldsymbol{A}|\neq 0$；

(B) n 阶方阵 $\boldsymbol{A}$ 可逆的充要条件是存在可逆矩阵 $\boldsymbol{P}$，使得 $\boldsymbol{PA}=\boldsymbol{E}$；

(C) n 阶方阵 $\boldsymbol{A}$ 可逆的充要条件是 $\boldsymbol{A}$ 可表示为一系列初等矩阵之积；

(D) n 阶方阵 $\boldsymbol{A}$ 可逆的充要条件是 $\boldsymbol{A}$ 可表示为一系列初等矩阵之和.

9. 设 $\boldsymbol{A}$ 为 n 阶可逆矩阵，$\boldsymbol{A}^*$ 是 $\boldsymbol{A}$ 的伴随矩阵，则(　　).

(A) $|\boldsymbol{A}^*|=|\boldsymbol{A}|^{n-1}$； (B) $|\boldsymbol{A}^*|=|\boldsymbol{A}|$； (C) $|\boldsymbol{A}^*|=|\boldsymbol{A}|^n$； (D) $|\boldsymbol{A}^*|=|\boldsymbol{A}^{-1}|$.

10. 设 $\boldsymbol{A}$ 为 n 阶非奇异矩阵($n\geqslant 2$)，$\boldsymbol{A}^*$ 是 $\boldsymbol{A}$ 的伴随矩阵，则(　　).

(A) $(\boldsymbol{A}^*)^*=|\boldsymbol{A}|^{n-1}\boldsymbol{A}$； (B) $(\boldsymbol{A}^*)^*=|\boldsymbol{A}|^{n-2}\boldsymbol{A}$；

(C) $(\boldsymbol{A}^*)^*=|\boldsymbol{A}|^{n+1}\boldsymbol{A}$； (D) $(\boldsymbol{A}^*)^*=|\boldsymbol{A}|^{n+2}\boldsymbol{A}$.

11. 设 $\boldsymbol{A}$ 为 m 阶方阵，$\boldsymbol{B}$ 为 n 阶方阵，且 $|\boldsymbol{A}|=a$，$|\boldsymbol{B}|=b$，$\boldsymbol{C}=\begin{pmatrix}\boldsymbol{O} & \boldsymbol{A}\\ \boldsymbol{B} & \boldsymbol{O}\end{pmatrix}$，则 $|\boldsymbol{C}|=$(　　).

(A) ab； (B) $-ab$； (C) $(-1)^m ab$； (D) $(-1)^{mn}ab$.

12. 设三阶方阵 $\boldsymbol{A},\boldsymbol{B}$ 满足 $\boldsymbol{A}^2\boldsymbol{B}-\boldsymbol{A}-\boldsymbol{B}=\boldsymbol{E}$，若 $\boldsymbol{A}=\begin{pmatrix}1 & 0 & 1\\ 0 & 2 & 0\\ -2 & 0 & 1\end{pmatrix}$，则 $|\boldsymbol{B}|=$(　　).

(A) $-\dfrac{1}{2}$； (B) -1； (C) 1； (D) $\dfrac{1}{2}$.

13. 设 $\boldsymbol{A},\boldsymbol{B}$ 均为 n 阶方阵，$\boldsymbol{A}^*$，$\boldsymbol{B}^*$ 分别是 $\boldsymbol{A},\boldsymbol{B}$ 的伴随矩阵，分块矩阵 $\boldsymbol{C}=\begin{pmatrix}\boldsymbol{A} & \boldsymbol{O}\\ \boldsymbol{O} & \boldsymbol{B}\end{pmatrix}$，则 $\boldsymbol{C}$ 的伴随矩阵 $\boldsymbol{C}^*=$(　　).

(A) $\begin{pmatrix} |\boldsymbol{A}|\boldsymbol{A}^* & \boldsymbol{O} \\ \boldsymbol{O} & |\boldsymbol{B}|\boldsymbol{B}^* \end{pmatrix}$；　　(B) $\begin{pmatrix} |\boldsymbol{B}|\boldsymbol{B}^* & \boldsymbol{O} \\ \boldsymbol{O} & |\boldsymbol{A}|\boldsymbol{A}^* \end{pmatrix}$；

(C) $\begin{pmatrix} |\boldsymbol{A}|\boldsymbol{B}^* & \boldsymbol{O} \\ \boldsymbol{O} & |\boldsymbol{B}|\boldsymbol{A}^* \end{pmatrix}$；　　(D) $\begin{pmatrix} |\boldsymbol{B}|\boldsymbol{A}^* & \boldsymbol{O} \\ \boldsymbol{O} & |\boldsymbol{A}|\boldsymbol{B}^* \end{pmatrix}$.

14. 设 $\boldsymbol{A}$ 是 $n(n\geqslant 2)$ 阶可逆矩阵，交换 $\boldsymbol{A}$ 的第一行与第二行得矩阵 $\boldsymbol{B}$，则(　　).

(A) 交换 $\boldsymbol{A}^*$ 的第一列与第二列得 $\boldsymbol{B}^*$；

(B) 交换 $\boldsymbol{A}^*$ 的第一行与第二行得 $\boldsymbol{B}^*$；

(C) 交换 $\boldsymbol{A}^*$ 的第一列与第二列得 $-\boldsymbol{B}^*$；

(D) 交换 $\boldsymbol{A}^*$ 的第一行与第二行得 $-\boldsymbol{B}^*$.

15. 设 $\boldsymbol{A}$ 是任一 $n(n\geqslant 3)$ 阶矩阵，k 为常数，且 $k\neq 0,\pm 1$，则必有 $(k\boldsymbol{A})^*=$(　　).

(A) $k\boldsymbol{A}^*$；　　(B) $k^{n-1}\boldsymbol{A}^*$；　　(C) $k^n\boldsymbol{A}^*$；　　(D) $k^{-1}\boldsymbol{A}^*$.

二、填空题

1. 若 $\boldsymbol{A}^{\mathrm{T}}=\boldsymbol{A},\boldsymbol{B}^{\mathrm{T}}=\boldsymbol{B}$，则当________时，$(\boldsymbol{AB})^{\mathrm{T}}=\boldsymbol{AB}$.

2. 设 $\boldsymbol{A},\boldsymbol{B}$ 均为 n 阶可逆矩阵，下列矩阵 $\boldsymbol{A}+\boldsymbol{B},\boldsymbol{A}-\boldsymbol{B},\boldsymbol{AB},\boldsymbol{AB}^{-1},k\boldsymbol{A}(k\neq 0),\boldsymbol{A}^{\mathrm{T}}\boldsymbol{B},\boldsymbol{A}^*\boldsymbol{B}^*$ 中可逆的有________.

3. 若 $a_i\neq 0(i=1,2,\cdots,n)$，则 $\begin{pmatrix} & & & a_1 \\ & & a_2 & \\ & \iddots & & \\ a_n & & & \end{pmatrix}^{-1}=$________.

4. 设四阶方阵 $\boldsymbol{A}$ 的秩为 2，则其伴随矩阵 $\boldsymbol{A}^*$ 的秩为________.

5. 设 n 阶方阵 $\boldsymbol{A}$ 满足 $\boldsymbol{A}^2=\boldsymbol{A}$，则 $(\boldsymbol{A}+\boldsymbol{E})^{-1}=$________.

6. 设 4×4 矩阵 $\boldsymbol{A}=(\boldsymbol{\alpha},2\boldsymbol{\gamma}_2,\boldsymbol{\gamma}_3,\boldsymbol{\gamma}_4)$，$\boldsymbol{B}=(\boldsymbol{\beta},\boldsymbol{\gamma}_2,-2\boldsymbol{\gamma}_3,\boldsymbol{\gamma}_4)$，其中 $\boldsymbol{\alpha},\boldsymbol{\beta},\boldsymbol{\gamma}_2,\boldsymbol{\gamma}_3,\boldsymbol{\gamma}_4$ 均为四维列向量，且 $|\boldsymbol{A}|=1,\boldsymbol{B}=-2$，则 $|\boldsymbol{A}+\boldsymbol{B}|=$________.

7. 设 $\boldsymbol{A}=\begin{pmatrix} 1 & 0 & -1 & 2 \\ 0 & 1 & 2 & a \\ 2a-1 & 2 & 3 & 4 \end{pmatrix}$，$r(\boldsymbol{A})<3$，则 $a=$________，$r(\boldsymbol{A})=$________.

8. 设 $\boldsymbol{A},\boldsymbol{B}$ 均为 n 阶矩阵，$|\boldsymbol{A}|=2,|\boldsymbol{B}|=-3$，则 $|2\boldsymbol{A}^*\boldsymbol{B}^{-1}|=$________.

9. 已知方阵 $\boldsymbol{A}$ 的逆矩阵 $\boldsymbol{A}^{-1}=\begin{pmatrix} 0 & 0 & 2 \\ 3 & 1 & 0 \\ 5 & 2 & 0 \end{pmatrix}$，则 $\left(\dfrac{\boldsymbol{A}^*}{2}\right)^{-1}=$________.

10. 设 $\boldsymbol{A}=(a_{ij})$ 是三阶非零实矩阵，A_{ij} 为 a_{ij} 的代数余子式，若 $A_{ij}+a_{ij}=0(i,j=1,2,3)$，则 $|\boldsymbol{A}|=$________.

11. 设矩阵 $\boldsymbol{A},\boldsymbol{B}$ 满足 $\boldsymbol{A}^*\boldsymbol{BA}=2\boldsymbol{BA}-8\boldsymbol{E}$，其中 $\boldsymbol{A}=\begin{pmatrix} 1 & 0 & 0 \\ 0 & -2 & 0 \\ 0 & 0 & 1 \end{pmatrix}$，则 $\boldsymbol{B}=$________.

12. 设 $\boldsymbol{A},\boldsymbol{B}$ 为三阶矩阵，且 $|\boldsymbol{A}|=-2$，$|\boldsymbol{B}|=16$，则 $\left|-2\begin{pmatrix}\boldsymbol{A}^* & \boldsymbol{O}\\ \boldsymbol{O} & \boldsymbol{B}^{-1}\end{pmatrix}\right|=$________.

习题解答 2

考研真题解析 2

第 3 章　线性方程组

在处理许多实际问题和数学问题时，往往归结为线性代数问题．而线性方程组是线性代数的核心．因此线性方程组的理论、方法具有重要的理论意义和应用价值．

本章将首先讨论线性方程组有解的充分必要条件和求解的方法．为了在理论上深入地研究与此有关的问题，我们还将引入向量的有关概念，并在此基础上研究线性方程组的性质和解的结构等问题．

3.1 消　元　法

前面我们学习了克拉默法则以及用线性方程组系数矩阵的逆矩阵与右端常数项所成列矩阵的乘积来解线性方程组．但这两种方法所研究的线性方程组有两个限制：

(1) 方程组中方程的个数与未知量的个数要相等；

(2) 方程组的系数行列式不能等于零．

然而，许多线性方程组并不能同时满足这两个条件．为此，必须讨论一般情况下线性方程组的求解方法和解的各种情况．而消元法为我们提供了解决这些问题的一种简便的方法和求解形式．

含有 m 个方程，n 个未知量的 n 元线性方程组

$$\begin{cases} a_{11}x_1+a_{12}x_2+\cdots+a_{1n}x_n=b_1, \\ a_{21}x_1+a_{22}x_2+\cdots+a_{2n}x_n=b_2, \\ \qquad\cdots\cdots \\ a_{m1}x_1+a_{m2}x_2+\cdots+a_{mn}x_n=b_m. \end{cases} \tag{3.1.1}$$

记矩阵

$$\boldsymbol{A}=\begin{pmatrix} a_{11} & a_{12} & \cdots & a_{1n} \\ a_{21} & a_{22} & \cdots & a_{2n} \\ \vdots & \vdots & & \vdots \\ a_{m1} & a_{m2} & \cdots & a_{mn} \end{pmatrix},\quad \boldsymbol{x}=\begin{pmatrix} x_1 \\ x_2 \\ \vdots \\ x_n \end{pmatrix},\quad \boldsymbol{b}=\begin{pmatrix} b_1 \\ b_2 \\ \vdots \\ b_m \end{pmatrix},$$

则方程组(3.1.1)的矩阵形式为

$$\boldsymbol{Ax}=\boldsymbol{b},$$

其中 $\boldsymbol{A}$ 称为方程组(3.1.1)的**系数矩阵**，$\boldsymbol{b}$ 称为方程组(3.1.1)的**常数项矩阵**，$\boldsymbol{x}$ 称

为**未知量矩阵**.

称矩阵$(\boldsymbol{A},\boldsymbol{b})$(或记为$\overline{\boldsymbol{A}}$)为线性方程组(3.1.1)的**增广矩阵**,即

$$(\boldsymbol{A},\boldsymbol{b})=\left(\begin{array}{cccc:c} a_{11} & a_{12} & \cdots & a_{1n} & b_1 \\ a_{21} & a_{22} & \cdots & a_{2n} & b_2 \\ \vdots & \vdots & & \vdots & \vdots \\ a_{m1} & a_{m2} & \cdots & a_{mn} & b_m \end{array}\right).$$

如果存在 n 个数 $c_1,c_2,\cdots,c_n$,当 $x_1=c_1,x_2=c_2,\cdots,x_n=c_n$ 时可使方程组(3.1.1)的 m 个等式都成立,则称 $x_1=c_1,x_2=c_2,\cdots,x_n=c_n$ 为该方程组的一个解.并称方程组的全体解为方程组的解集合或解集.

对于一般的 n 元线性方程组(3.1.1),需要解决以下四个问题:

(1) 方程组在什么条件下有解?

(2) 如果方程组有解,它有多少个解?

(3) 如何求出方程组的解?

(4) 如果方程组的解不唯一,解的结构有什么特点?

在中学代数中,我们已经学过用消元法解简单的线性方程组,这一方法也适用于求解一般的线性方程组(3.1.1).

3.1.1 线性方程组的消元解法

例 1 用消元法解线性方程组

$$\begin{cases} 2x_1-x_2+3x_3=3, \\ 3x_1+x_2-5x_3=0, \\ 4x_1-x_2+x_3=3, \\ x_1+3x_2-13x_3=-6. \end{cases} \tag{3.1.2}$$

解 交换方程组(3.1.2)中的第一个和第四个方程,得

$$\begin{cases} x_1+3x_2-13x_3=-6, \\ 3x_1+x_2-5x_3=0, \\ 4x_1-x_2+x_3=3, \\ 2x_1-x_2+3x_3=3. \end{cases} \tag{3.1.3}$$

分别将方程组(3.1.3)中的第一个方程的(-3)倍、(-4)倍和(-2)倍加到第二、三、四个方程上去,消去这三个方程中的未知量 x_1(即将这三个方程中 x_1 的系数化为零),得

$$\begin{cases} x_1+3x_2-13x_3=-6, \\ -8x_2+34x_3=18, \\ -13x_2+53x_3=27, \\ -7x_2+29x_3=15. \end{cases} \tag{3.1.4}$$

分别将方程组(3.1.4)中的第二个方程的$\left(-\frac{13}{8}\right)$倍、$\left(-\frac{7}{8}\right)$倍加到第三、四个方程上去，消去这两个方程中的未知量 x_2(即将这两个方程中 x_2 的系数化为零)，得

$$\begin{cases} x_1+3x_2-13x_3=-6, \\ -8x_2+34x_3=18, \\ -\frac{9}{4}x_3=-\frac{9}{4}, \\ -\frac{3}{4}x_3=-\frac{3}{4}. \end{cases} \tag{3.1.5}$$

将方程组(3.1.5)中的第三个方程的$\left(-\frac{1}{3}\right)$倍加到第四个方程上去，使该方程两边全为零(表明第四个方程为多余方程)，得

$$\begin{cases} x_1+3x_2-13x_3=-6, \\ -8x_2+34x_3=18, \\ -\frac{9}{4}x_3=-\frac{9}{4}. \end{cases} \tag{3.1.6}$$

形如(3.1.6)的方程组称为**阶梯形方程组**，从方程组(3.1.6)的第三个方程可以得到 x_3 的值，然后再逐次代入前两个方程，求出 x_2，x_1，则得到方程组(3.1.2)的解，步骤如下：

将方程组(3.1.6)中第三个方程两边乘以$\left(-\frac{4}{9}\right)$，得

$$\begin{cases} x_1+3x_2-13x_3=-6, \\ -8x_2+34x_3=18, \\ x_3=1. \end{cases} \tag{3.1.7}$$

将方程组(3.1.7)中第三个方程两边乘以(−34)和 13 加于第二个方程和第一个方程，得

$$\begin{cases} x_1+3x_2=7, \\ -8x_2=-16, \\ x_3=1. \end{cases} \tag{3.1.8}$$

将方程组(3.1.8)中第二个方程两边乘以$\left(-\frac{1}{8}\right)$，得

$$\begin{cases} x_1+3x_2=7, \\ x_2=2, \\ x_3=1. \end{cases} \tag{3.1.9}$$

将方程组(3.1.9)中第二个方程乘以(−3)加于第一个方程，得

$$\begin{cases} x_1=1, \\ x_2=2, \\ x_3=1. \end{cases} \tag{3.1.10}$$

显然，方程组(3.1.2)～(3.1.10)都是同解方程组，因而(3.1.10)是方程组(3.1.2)的解.这种解法称为消元法，(3.1.2)～(3.1.7)称为消元过程，(3.1.8)～(3.1.10)称为回代过程.

在上述求解过程中，我们对方程组反复进行了以下三种变换：

(1) 交换两个方程在方程组中的位置；

(2) 一个方程的两端乘以一个不等于零的数；

(3) 一个方程的两端乘以同一个数后加到另一个方程上去.

这三种变换称为**线性方程组的初等变换**.由初等代数可知，初等变换把一个线性方程组变为一个与它同解的线性方程组.

仔细观察一下例1的求解过程，可以看出，我们只是对各方程的系数和常数项进行运算.如消去某一个未知量，就是将这个未知量的系数化为零.也就是，线性方程组有没有解，以及有些什么样的解完全取决于它的系数和常数项，因此我们在讨论线性方程组时，主要是研究它的系数和常数项.为了简便，消元法的过程可以用矩阵的相关运算来实现.事实上，消元过程和回代过程都是针对方程组的系数和常数项组成的矩阵即增广矩阵进行的.

消元法的过程用矩阵表示就是：用矩阵的行初等变换把方程组的增广矩阵化为阶梯形矩阵，也可以更进一步地把方程组的增广矩阵化为行最简形矩阵.

用增广矩阵的初等变换表示例1的求解过程如下：

$$
\begin{cases}2x_1-x_2+3x_3=3,\\3x_1+x_2-5x_3=0,\\4x_1-x_2+x_3=3,\\x_1+3x_2-13x_3=-6\end{cases}
\leftrightarrow
\left(\begin{array}{ccc:c}2&-1&3&3\\3&1&-5&0\\4&-1&1&3\\1&3&-13&-6\end{array}\right)
$$

$$
\to\begin{cases}x_1+3x_2-13x_3=-6,\\3x_1+x_2-5x_3=0,\\4x_1-x_2+x_3=3,\\2x_1-x_2+3x_3=3\end{cases}
\leftrightarrow
\left(\begin{array}{ccc:c}1&3&-13&-6\\3&1&-5&0\\4&-1&1&3\\2&-1&3&3\end{array}\right)
$$

$$
\to\begin{cases}x_1+3x_2-13x_3=-6,\\-8x_2+34x_3=18,\\-13x_2+53x_3=27,\\-7x_2+29x_3=15\end{cases}
\leftrightarrow
\left(\begin{array}{ccc:c}1&3&-13&-6\\0&-8&34&18\\0&-13&53&27\\0&-7&29&15\end{array}\right)
$$

$$
\to\begin{cases}x_1+3x_2-13x_3=-6,\\-8x_2+34x_3=18,\\-\dfrac{9}{4}x_3=-\dfrac{9}{4},\\-\dfrac{3}{4}x_3=-\dfrac{3}{4}\end{cases}
\leftrightarrow
\left(\begin{array}{ccc:c}1&3&-13&-6\\0&-8&34&18\\0&0&-\dfrac{9}{4}&-\dfrac{9}{4}\\0&0&-\dfrac{3}{4}&-\dfrac{3}{4}\end{array}\right)
$$

$$\rightarrow\begin{cases}x_1+3x_2-13x_3=-6,\\-8x_2+34x_3=18,\\-\dfrac{9}{4}x_3=-\dfrac{9}{4}\end{cases}\quad\leftrightarrow\quad\left(\begin{array}{ccc:c}1&3&-13&-6\\0&-8&34&18\\0&0&-\dfrac{9}{4}&-\dfrac{9}{4}\\0&0&0&0\end{array}\right)$$

$$\rightarrow\begin{cases}x_1+3x_2-13x_3=-6,\\-8x_2+34x_3=18,\\x_3=1\end{cases}\quad\leftrightarrow\quad\left(\begin{array}{ccc:c}1&3&-13&-6\\0&-8&34&18\\0&0&1&1\\0&0&0&0\end{array}\right)$$

$$\rightarrow\begin{cases}x_1+3x_2=7,\\-8x_2=-16,\\x_3=1\end{cases}\quad\leftrightarrow\quad\left(\begin{array}{ccc:c}1&3&0&7\\0&-8&0&-16\\0&0&1&1\\0&0&0&0\end{array}\right)$$

$$\rightarrow\begin{cases}x_1+3x_2=7,\\x_2=2,\\x_3=1\end{cases}\quad\leftrightarrow\quad\left(\begin{array}{ccc:c}1&3&0&7\\0&1&0&2\\0&0&1&1\\0&0&0&0\end{array}\right)$$

$$\rightarrow\begin{cases}x_1=1,\\x_2=2,\\x_3=1\end{cases}\quad\leftrightarrow\quad\left(\begin{array}{ccc:c}1&0&0&1\\0&1&0&2\\0&0&1&1\\0&0&0&0\end{array}\right).$$

由最后一个矩阵得到方程的解

$$x_1=1,\quad x_2=2,\quad x_3=1.$$

下面再用这种计算形式求解另外几个线性方程组，看一下求解中可能出现的其他情况.

例 2 解线性方程组

$$\begin{cases}x_1-2x_2+3x_3-x_4=1,\\3x_1-x_2+5x_3-3x_4=2,\\2x_1+x_2+2x_3-2x_4=3.\end{cases}$$

解 对方程组的增广矩阵$(\boldsymbol{A},\boldsymbol{b})$施以行初等变换，有

$$(\boldsymbol{A},\boldsymbol{b})=\left(\begin{array}{cccc:c}1&-2&3&-1&1\\3&-1&5&-3&2\\2&1&2&-2&3\end{array}\right)\rightarrow\left(\begin{array}{cccc:c}1&-2&3&-1&1\\0&5&-4&0&-1\\0&5&-4&0&1\end{array}\right)$$

$$\rightarrow\left(\begin{array}{cccc:c}1 & -2 & 3 & -1 & 1\\0 & 5 & -4 & 0 & -1\\0 & 0 & 0 & 0 & 2\end{array}\right).$$

最后得到的梯形矩阵对应的方程组为

$$\begin{cases}x_1-2x_2+3x_3-x_4=1,\\5x_2-4x_3=-1,\\0=2.\end{cases}$$

这是一个矛盾方程组,无解.从而原方程组也无解.

例 3 解线性方程组

$$\begin{cases}x_1-x_2+2x_3=2,\\-x_1+2x_2-3x_3=3,\\2x_1-3x_2+5x_3=-1.\end{cases}$$

解 对方程组的增广矩阵施以初等行变换

$$(\boldsymbol{A},\boldsymbol{b})=\left(\begin{array}{ccc:c}1 & -1 & 2 & 2\\-1 & 2 & -3 & 3\\2 & -3 & 5 & -1\end{array}\right)\rightarrow\left(\begin{array}{ccc:c}1 & -1 & 2 & 2\\0 & 1 & -1 & 5\\0 & -1 & 1 & -5\end{array}\right)\rightarrow\left(\begin{array}{ccc:c}1 & -1 & 2 & 2\\0 & 1 & -1 & 5\\0 & 0 & 0 & 0\end{array}\right).$$

最后得到的梯形矩阵对应的方程组为

$$\begin{cases}x_1-x_2+2x_3=2,\\x_2-x_3=5,\end{cases}$$

其中原来的第三个方程化为“0=0”,说明这个方程为原方程组中的“多余”方程.不再写出.若将上述方程组改写为

$$\begin{cases}x_1-x_2=2-2x_3,\\x_2=5+x_3,\end{cases}$$

则可以看出:只要任意给定 x_3 的值,即可唯一地确定 x_1 与 x_2 的值,从而得到原方程组的一个解,因此原方程组有无穷多个解.这时,称未知量 x_3 为**自由未知量**.为了使未知量 x_1 与 x_2 都仅用 x_3 表示,可以在上面已得到的梯形矩阵的基础上继续回代,即

$$(\boldsymbol{A},\boldsymbol{b})\rightarrow\left(\begin{array}{ccc:c}1 & -1 & 2 & 2\\0 & 1 & -1 & 5\\0 & 0 & 0 & 0\end{array}\right)\rightarrow\left(\begin{array}{ccc:c}1 & 0 & 1 & 7\\0 & 1 & -1 & 5\\0 & 0 & 0 & 0\end{array}\right),$$

从而有

$$\begin{cases}x_1=7-x_3,\\x_2=5+x_3,\end{cases}$$

其中 x_3 为自由未知量. 令 $x_3=c$(c 为任意常数),则原方程组的解表示为

$$\begin{cases}x_1=7-c,\\x_2=5+c,\\x_3=c,\end{cases}$$

称上式为该方程组的**全部解**(或**一般解**,或**通解**).

实际上,也可以选取 x_2 为自由未知量,即

$$(\boldsymbol{A},\boldsymbol{b})\to\left(\begin{array}{ccc:c}1&-1&2&2\\0&1&-1&5\\0&0&0&0\end{array}\right)\to\left(\begin{array}{ccc:c}1&1&0&12\\0&1&-1&5\\0&0&0&0\end{array}\right)\to\left(\begin{array}{ccc:c}1&1&0&12\\0&-1&1&-5\\0&0&0&0\end{array}\right),$$

得到与原方程组同解的方程组

$$\begin{cases}x_1=12-x_2,\\x_3=-5+x_2.\end{cases}$$

令 $x_2=c$,则原方程组的全部解为

$$\begin{cases}x_1=12-c,\\x_2=c,\\x_3=-5+c\end{cases}\quad(c\ 为任意常数).$$

由以上例题的解答过程和结论我们可以得到用消元法解线性方程组的一般步骤:

第一步,写出方程组(3.1.1)的增广矩阵

$$(\boldsymbol{A},\boldsymbol{b})=\begin{pmatrix}a_{11}&a_{12}&\cdots&a_{1n}&b_1\\a_{21}&a_{22}&\cdots&a_{2n}&b_2\\\vdots&\vdots&&\vdots&\vdots\\a_{m1}&a_{m2}&\cdots&a_{mn}&b_m\end{pmatrix}.$$

第二步,设 $a_{11}\neq 0$,否则,将$(\boldsymbol{A},\boldsymbol{b})$的第一行与另一行交换,使第一行第一列的元素不为 0.

第三步,第一行乘$\left(-\dfrac{a_{i1}}{a_{11}}\right)$再加到第 i 行上($i=2,3,\cdots,m$),将$(\boldsymbol{A},\boldsymbol{b})$化为

$$\begin{pmatrix}a_{11}&a_{12}&\cdots&a_{1n}&b_1\\0&a'_{22}&\cdots&a'_{2n}&b'_2\\\vdots&\vdots&&\vdots&\vdots\\0&a'_{m2}&\cdots&a'_{mn}&b'_m\end{pmatrix},$$

对得到的这个矩阵的第二行到第 m 行,第二列到第 n 列再按以上步骤重复进行变换,可将$(\boldsymbol{A},\boldsymbol{b})$最终化为梯形矩阵

$$\begin{pmatrix} \bar{a}_{11} & \bar{a}_{12} & \cdots & \bar{a}_{1r} & \bar{a}_{1,r+1} & \cdots & \bar{a}_{1n} & \bar{b}_1 \\ 0 & \bar{a}_{22} & \cdots & \bar{a}_{2r} & \bar{a}_{2,r+1} & \cdots & \bar{a}_{2n} & \bar{b}_2 \\ \vdots & \vdots & & \vdots & \vdots & & \vdots & \vdots \\ 0 & 0 & \cdots & \bar{a}_{rr} & \bar{a}_{r,r+1} & \cdots & \bar{a}_{rn} & \bar{b}_r \\ 0 & 0 & \cdots & 0 & 0 & \cdots & 0 & \bar{b}_{r+1} \\ 0 & 0 & \cdots & 0 & 0 & \cdots & 0 & 0 \\ \vdots & \vdots & & \vdots & \vdots & & \vdots & \vdots \\ 0 & 0 & \cdots & 0 & 0 & \cdots & 0 & 0 \end{pmatrix},$$

其中 $\bar{a}_{ii}\neq 0(i=1,2,3,\cdots,r)$. 这个梯形矩阵对应的方程组为

$$\begin{cases} \bar{a}_{11}x_1+\bar{a}_{12}x_2+\cdots+\bar{a}_{1r}x_r+\bar{a}_{1,r+1}x_{r+1}+\cdots+\bar{a}_{1n}x_n=\bar{b}_1, \\ \bar{a}_{22}x_2+\cdots+\bar{a}_{2r}x_r+\bar{a}_{2,r+1}x_{r+1}+\cdots+\bar{a}_{2n}x_n=\bar{b}_2, \\ \qquad\cdots\cdots \\ \bar{a}_{rr}x_r+\bar{a}_{r,r+1}x_{r+1}+\cdots+\bar{a}_{rn}x_n=\bar{b}_r, \\ 0=\bar{b}_{r+1}, \\ 0=0, \\ \qquad\cdots\cdots \\ 0=0. \end{cases} \tag{3.1.11}$$

从前面的讨论知,方程组(3.1.11)与原方程组(3.1.1)是同解方程组. 由方程组(3.1.11)可见,化为"0=0"形式的方程是多余的方程,去掉它们不影响方程组的解.

第四步,讨论方程组(3.1.11)的解的各种情形,便可知道原方程组(3.1.1)的解的情形.

(1) 如果方程组(3.1.11)中 $\bar{b}_{r+1}\neq 0$,则满足前 r 个方程的任何一组数 $k_1,k_2,\cdots,k_n$,都不能满足"$0=\bar{b}_{r+1}$"这个方程,所以方程组(3.1.11)无解,从而方程组(3.1.1)也无解. 注意到,此时 $r(\boldsymbol{A})=r$,$r(\boldsymbol{A},\boldsymbol{b})=r+1$,$r(\boldsymbol{A})\neq r(\boldsymbol{A},\boldsymbol{b})$.

(2) 如果方程组(3.1.11)中 $\bar{b}_{r+1}=0$,又有以下两种情况.

① 当 $r=n$ 时,方程组(3.1.11)可写成

$$\begin{cases} \bar{a}_{11}x_1+\bar{a}_{12}x_2+\cdots+\bar{a}_{1n}x_n=\bar{b}_1, \\ \bar{a}_{22}x_2+\cdots+\bar{a}_{2n}x_n=\bar{b}_2, \\ \qquad\qquad\cdots\cdots \\ \bar{a}_{nn}x_n=\bar{b}_n. \end{cases}$$

由于 $a_{ii}\neq 0(i=1,2,\cdots,n)$,故可自下而上依次求出 $x_n,x_{n-1},\cdots,x_1$ 的值,得到方程组(3.1.11)的唯一解,从而得出方程组(3.1.1)的唯一解. 此时,$r(\boldsymbol{A})=r(\boldsymbol{A},\boldsymbol{b})=r=n$.

② 当 $r<n$ 时,方程组(3.1.11)可改写成

$$\begin{cases}\bar{a}_{11}x_1+\bar{a}_{12}x_2+\cdots+\bar{a}_{1r}x_r=\bar{b}_1-\bar{a}_{1,r+1}x_{r+1}-\cdots-\bar{a}_{1n}x_n,\\ \bar{a}_{22}x_2+\cdots+\bar{a}_{2r}x_r=\bar{b}_2-\bar{a}_{2,r+1}x_{r+1}-\cdots-\bar{a}_{2n}x_n,\\ \qquad\qquad\cdots\cdots\\ \bar{a}_{rr}x_r=\bar{b}_r-\bar{a}_{r,r+1}x_{r+1}-\cdots-\bar{a}_{rn}x_n,\end{cases}$$

其中 $x_{r+1},x_{r+2},\cdots,x_n$ 这 $n-r$ 个未知量为**自由未知量**. 这时，任意取定 x_{r+1}，$x_{r+2},\cdots,x_n$ 一组值，就可相应得 $x_1,x_2,\cdots,x_r$ 的值，从而得到方程的一个解. 由于自由未知量的取值任意，从而方程组有无穷多个解. 此时，$r(\boldsymbol{A})=r(\boldsymbol{A},\boldsymbol{b})=r<n$.

由以上讨论可得出线性方程组有解的判别定理.

3.1.2　线性方程组有解的判别定理

定理 3.1　n 元线性方程组(3.1.1)有解的充分必要条件是系数矩阵 $\boldsymbol{A}$ 与增广矩阵 $(\boldsymbol{A},\boldsymbol{b})$ 有相同的秩，即 $r(\boldsymbol{A})=r(\boldsymbol{A},\boldsymbol{b})$，且当 $r(\boldsymbol{A})=r(\boldsymbol{A},\boldsymbol{b})=n$ 时，方程组有唯一的解；当 $r(\boldsymbol{A})=r(\boldsymbol{A},\boldsymbol{b})<n$ 时，方程组有无穷多解，此时，一般解中有 $n-r$ 个自由未知量.

推论　n 元线性方程组(3.1.1)无解的充分必要条件是：系数矩阵 $\boldsymbol{A}$ 的秩与增广矩阵 $(\boldsymbol{A},\boldsymbol{b})$ 的秩不相等，即 $r(\boldsymbol{A})\neq r(\boldsymbol{A},\boldsymbol{b})$.

例 4　设方程组

$$\begin{cases}ax_1+x_2+x_3=1,\\ x_1+ax_2+x_3=a,\\ x_1+x_2+ax_3=a^2,\end{cases}$$

确定当 a 取何值时，方程组无解，有唯一解，有无穷多个解？在有解时，求出方程组的解.

解　对方程组的增广矩阵施以行初等变换，化为梯形矩阵：

$$(\boldsymbol{A},\boldsymbol{b})=\left(\begin{array}{ccc:c}a&1&1&1\\1&a&1&a\\1&1&a&a^2\end{array}\right)\to\left(\begin{array}{ccc:c}1&1&a&a^2\\1&a&1&a\\a&1&1&1\end{array}\right)\to\left(\begin{array}{ccc:c}1&1&a&a^2\\0&a-1&1-a&a-a^2\\0&1-a&1-a^2&1-a^3\end{array}\right)$$

$$\to\left(\begin{array}{ccc:c}1&1&a&a^2\\0&a-1&1-a&a(1-a)\\0&0&(2+a)(1-a)&(1-a)(1+a)^2\end{array}\right).$$

(1) 当 $a=-2$ 时，有 $r(\boldsymbol{A})=2\neq r(\boldsymbol{A},\boldsymbol{b})=3$，故此方程组无解.

(2) 当 $a\neq1$ 且 $a\neq-2$ 时，$r(\boldsymbol{A})=r(\boldsymbol{A},\boldsymbol{b})=3$，方程组有唯一解，对 $(\boldsymbol{A},\boldsymbol{b})$ 继续施以行初等变换，化为简化的梯形矩阵：

$$(\boldsymbol{A},\boldsymbol{b}) \to \left(\begin{array}{ccc:c} 1 & 1 & a & a^2 \\ 0 & 1 & -1 & -a \\ 0 & 0 & 1 & \dfrac{(1+a)^2}{2+a} \end{array}\right) \to \left(\begin{array}{ccc:c} 1 & 0 & 0 & -\dfrac{1+a}{2+a} \\ 0 & 1 & 0 & \dfrac{1}{2+a} \\ 0 & 0 & 1 & \dfrac{(1+a)^2}{2+a} \end{array}\right),$$

可得方程组的解为

$$\begin{cases} x_1 = -\dfrac{1+a}{2+a}, \\ x_2 = \dfrac{1}{2+a}, \\ x_3 = \dfrac{(1+a)^2}{2+a}. \end{cases}$$

(3) 当 $a=1$ 时，$r(\boldsymbol{A})=r(\boldsymbol{A},\boldsymbol{b})=1<3$(未知量个数)，方程组有无穷多个解，与方程组同解的方程组为

$$x_1 + x_2 + x_3 = 1.$$

令 $x_2=c_1, x_3=c_2$，则原方程组的全部解为

$$\begin{cases} x_1 = 1-c_1-c_2, \\ x_2 = c_1, \\ x_3 = c_2 \end{cases} \quad (c_1, c_2 \text{ 为任意常数}).$$

注 在计算过程中，由于含参数表达式可能取零值，应避免用含参数表达式除矩阵某一行，或某行除以含参数表达式之后加至另一行上. 在增广矩阵化为梯形矩阵后，必须对参数的取值进行讨论. 另外，若线性方程组含有待定参数时，当方程个数与未知量个数相同时，也可以先计算系数行列式的值，再进行讨论. 如例 4 也可以先计算方程组的系数行列式

$$|\boldsymbol{A}| = \begin{vmatrix} a & 1 & 1 \\ 1 & a & 1 \\ 1 & 1 & a \end{vmatrix} = (a-1)^2(a+2).$$

由此可知，当 $a\neq 1$ 且 $a\neq -2$ 时，$|\boldsymbol{A}|\neq 0$，方程组有唯一解. 利用消元法或克拉默法则，可求得方程组的解. 而当 $a=1$ 或 $a=-2$ 时，可分别代入原方程组，再利用消元法判定方程组有无穷多解或无解，并求出方程组的全部解.

将定理 3.1 应用到 n 元齐次线性方程组

$$\begin{cases} a_{11}x_1 + a_{12}x_2 + \cdots + a_{1n}x_n = 0, \\ a_{21}x_1 + a_{22}x_2 + \cdots + a_{2n}x_n = 0, \\ \cdots\cdots \\ a_{m1}x_1 + a_{m2}x_2 + \cdots + a_{mn}x_n = 0. \end{cases} \tag{3.1.12}$$

由于齐次线性方程组的增广矩阵 $(\boldsymbol{A},\boldsymbol{0})$ 的最后一列的元素全为零，因此在任何情况下都有 $r(\boldsymbol{A})=r(\boldsymbol{A},\boldsymbol{0})$，从而齐次线性方程组(3.1.12)恒有解，至少有零解. 由定理 3.1，结合齐次线性方程组的特征有以下定理.

定理 3.2　设 n 元齐次线性方程组(3.1.12)的系数矩阵 $\boldsymbol{A}$ 的秩为 r，那么

(1) 如果 $r=n$，则该方程组仅有零解；

(2) 如果 $r<n$，则该方程组除零解外，还有非零解，即有无穷多个解.

由于对 $m\times n$ 矩阵 $\boldsymbol{A}$ 有 $r(\boldsymbol{A})\leqslant\min(m,n)$，由此得到

推论　如果 n 元齐次线性方程组(3.1.12)中，方程的个数少于未知量的个数，即 $m<n$，则它必有非零解.

特别地，对于含有 n 个方程的 n 元齐次线性方程组

$$\begin{cases} a_{11}x_1+a_{12}x_2+\cdots+a_{1n}x_n=0, \\ a_{21}x_1+a_{22}x_2+\cdots+a_{2n}x_n=0, \\ \quad\cdots\cdots \\ a_{n1}x_1+a_{n2}x_2+\cdots+a_{nn}x_n=0, \end{cases} \tag{3.1.13}$$

由定理 3.2 可推出

定理 3.3　齐次线性方程组(3.1.13)有非零解的充分必要条件是其系数行列式 $|\boldsymbol{A}|=0$.

例 5　解齐次线性方程组

$$\begin{cases} x_1+x_2-3x_4-x_5=0, \\ x_1-x_2+2x_3-x_4=0, \\ 4x_1-2x_2+6x_3+3x_4-4x_5=0, \\ 2x_1+4x_2-2x_3+4x_4-7x_5=0. \end{cases}$$

解　对方程组的增广矩阵施以行初等变换，化为梯形矩阵：

$$(\boldsymbol{A},\boldsymbol{0})=\left(\begin{array}{ccccc:c} 1 & 1 & 0 & -3 & -1 & 0 \\ 1 & -1 & 2 & -1 & 0 & 0 \\ 4 & -2 & 6 & 3 & -4 & 0 \\ 2 & 4 & -2 & 4 & -7 & 0 \end{array}\right)\to\left(\begin{array}{ccccc:c} 1 & 1 & 0 & -3 & -1 & 0 \\ 0 & -2 & 2 & 2 & 1 & 0 \\ 0 & -6 & 6 & 15 & 0 & 0 \\ 0 & 2 & -2 & 10 & -5 & 0 \end{array}\right)$$

$$\to\left(\begin{array}{ccccc:c} 1 & 1 & 0 & -3 & -1 & 0 \\ 0 & 1 & -1 & -1 & -\frac{1}{2} & 0 \\ 0 & 0 & 0 & 9 & -3 & 0 \\ 0 & 0 & 0 & 12 & -4 & 0 \end{array}\right)\to\left(\begin{array}{ccccc:c} 1 & 1 & 0 & -3 & -1 & 0 \\ 0 & 1 & -1 & -1 & -\frac{1}{2} & 0 \\ 0 & 0 & 0 & 1 & -\frac{1}{3} & 0 \\ 0 & 0 & 0 & 0 & 0 & 0 \end{array}\right).$$

由于 $r(\boldsymbol{A})=3<5$(未知量个数)，所以方程组有非零解. 对增广矩阵继续施以行初等变换，有

$$(\boldsymbol{A},\boldsymbol{0}) \to \left(\begin{array}{ccccc:c} 1 & 0 & 1 & 0 & -\frac{7}{6} & 0 \\ 0 & 1 & -1 & 0 & -\frac{5}{6} & 0 \\ 0 & 0 & 0 & 1 & -\frac{1}{3} & 0 \\ 0 & 0 & 0 & 0 & 0 & 0 \end{array}\right),$$

得出原方程组的同解方程组

$$\begin{cases} x_1 + x_3 - \frac{7}{6}x_5 = 0, \\ x_2 - x_3 - \frac{5}{6}x_5 = 0, \\ x_4 - \frac{1}{3}x_5 = 0. \end{cases}$$

设 $x_3=c_1, x_5=c_2$，则原方程组的全部解为

$$\begin{cases} x_1 = -c_1 + \frac{7}{6}c_2, \\ x_2 = c_1 + \frac{5}{6}c_2, \\ x_3 = c_1, \\ x_4 = \frac{1}{3}c_2, \\ x_5 = c_2 \end{cases} \quad (c_1, c_2 \text{ 为任意常数}).$$

习　题　3.1

1. 用消元法解下列非齐次线性方程组：

(1) $\begin{cases} 4x_1+2x_2-x_3=2, \\ 3x_1-x_2+2x_3=10, \\ 11x_1+3x_2=8; \end{cases}$

(2) $\begin{cases} 2x_1-x_2+3x_3=3, \\ 3x_1+x_2-5x_3=0, \\ 4x_1-x_2+x_3=3, \\ x_1+3x_2-13x_3=-6; \end{cases}$

(3) $\begin{cases} 2x_1+x_2-x_3+x_4=1, \\ 4x_1+2x_2-2x_3+x_4=2, \\ 2x_1+x_2-x_3-x_4=1; \end{cases}$

(4) $\begin{cases} x-y+z-w=1, \\ x-y-z+w=0, \\ 2x-2y-4z+4w=-1. \end{cases}$

2. 用消元法解下列齐次线性方程组：

(1) $\begin{cases} x_1-x_2+5x_3-x_4=0, \\ x_1+x_2-2x_3+3x_4=0, \\ 3x_1-x_2+8x_3+x_4=0, \\ x_1+3x_2-9x_3+7x_4=0; \end{cases}$

(2) $\begin{cases} x_1+2x_2-3x_3=0, \\ 2x_1+5x_2+2x_3=0, \\ 3x_1-x_2-4x_3=0; \end{cases}$

(3) $\begin{cases} x_1+x_2-x_3-x_4=0, \\ x_1-3x_2+x_3-x_4=0, \\ x_1+3x_2-2x_3-x_4=0; \end{cases}$ (4) $\begin{cases} x_1+2x_2+x_3-x_4=0, \\ 3x_1+6x_2-x_3-3x_4=0, \\ 5x_1+10x_2+x_3-5x_4=0. \end{cases}$

3. 问 a,b 为何值时，方程组

$$\begin{cases} ax_1+x_2+x_3=4, \\ x_1+bx_2+x_3=3, \\ x_1+2bx_2+x_3=4 \end{cases}$$

有唯一解，无解，有无穷多组解？并在有无穷多组解时求出全部解.

4. 当 k 为何值时，齐次线性方程组

$$\begin{cases} 2x_1-x_2+3x_3=0, \\ 3x_1-4x_2+7x_3=0, \\ -x_1+2x_2+kx_3=0 \end{cases}$$

有非零解？并求出此非零解.

5. 设齐次线性方程组 $\begin{cases} kx_1+x_2+k^2x_3=0, \\ x_1+kx_2+x_3=0, \\ x_1+x_2+kx_3=0 \end{cases}$ 的系数矩阵为 $\boldsymbol{A}$，且存在三阶方阵 $\boldsymbol{B}\neq\boldsymbol{O}$，使 $\boldsymbol{AB}=\boldsymbol{O}$，求：(1) k 的值；(2) $\boldsymbol{B}$ 的行列式.

6. 设 $\boldsymbol{A}$ 为 $m\times n$ 矩阵，证明：方程 $\boldsymbol{AX}=\boldsymbol{E}_m$ 有解的充分必要条件为 $r(\boldsymbol{A})=m$.

3.2 向量与向量组的线性组合

线性方程组有解的判别定理，帮助我们解决了解的判定问题. 对于具体地解线性方程组，用消元法是一个最有效和最基本的方法. 但是，有时候需要直接从原方程组来看出它是否有解，这样，消元法就不能用了. 同时，用消元法化方程组成阶梯形，剩下来的方程的个数是否唯一决定，这个问题也是没有解决的. 这些问题就要求我们对线性方程组还要作进一步的研究. 为了进一步深入分析线性方程组的各方程之间的关系，各未知量的系数和常数项之间的关系，研究方程组在有无穷多解的情况下，这些解之间的关系和解的结构等问题，必须学习 n 维向量及其有关理论.

3.2.1 向量及其线性运算

在平面几何中，坐标平面上每个点的位置可以用它的坐标来描述，点的坐标是一个有序数对 (x,y). 一个 n 元方程

$$a_1x_1+a_2x_2+\cdots+a_nx_n=b$$

可以用一个 $n+1$ 元有序数组

$$(a_1,a_2,\cdots,a_n,b)$$

来表示. 在生活中,一个同学在一年中从 1 月份到 12 月份每月所花的费用也可用一个有序数组$(a_1,a_2,\cdots,a_{12})$来表示.

定义 3.1 n 个数 $a_1,a_2,\cdots,a_n$ 组成的有序数组

$$(a_1,a_2,\cdots,a_n)$$

称为一个 n **维向量**,其中第 i 个数 a_i 称为该向量的**第 i 个分量**$(i=1,2,\cdots,n)$.

一般地,我们用小写的粗黑体希腊字母 $\boldsymbol{\alpha},\boldsymbol{\beta},\boldsymbol{\gamma}$ 等表示向量,有时也用 $\boldsymbol{a},\boldsymbol{b},\boldsymbol{c}$ 等小写拉丁黑体字母表示向量,而向量的分量则用小写字母 a,b,c 等加下标表示. 例如,记

$$\boldsymbol{\alpha}=(a_1,a_2,\cdots,a_n),\quad \boldsymbol{\beta}=(b_1,b_2,\cdots,b_n).$$

这时,$\boldsymbol{\alpha},\boldsymbol{\beta}$ 都称为 n 维行向量. 有时根据问题的需要,也把向量用列的形式表示,如

$$\boldsymbol{\alpha}=\begin{pmatrix}a_1\\a_2\\\vdots\\a_n\end{pmatrix},\quad \boldsymbol{\beta}=\begin{pmatrix}b_1\\b_2\\\vdots\\b_n\end{pmatrix},$$

此时,$\boldsymbol{\alpha},\boldsymbol{\beta}$ 都称为 n 维列向量. 列向量也可以记为

$$\boldsymbol{\alpha}=(a_1,a_2,\cdots,a_n)^{\mathrm{T}},\quad \boldsymbol{\beta}=(b_1,b_2,\cdots,b_n)^{\mathrm{T}}.$$

由向量的定义可知,向量的本质是有序数组,所以行向量与列向量的区别只是写法上不同而已. 因而,本书所讨论的向量在没指明是行向量还是列向量时,则默认为是列向量.

若干个同维数的列向量(或同维数的行向量)所组成的集合称为一个**向量组**,或称为**一组向量**.

向量组与矩阵的关系 对于 $m\times n$ 矩阵

$$\boldsymbol{A}=\begin{pmatrix}a_{11}&a_{12}&\cdots&a_{1n}\\a_{21}&a_{22}&\cdots&a_{2n}\\\vdots&\vdots&&\vdots\\a_{m1}&a_{m2}&\cdots&a_{mn}\end{pmatrix},$$

$\boldsymbol{A}$ 的每一列

$$\boldsymbol{\alpha}_j=\begin{pmatrix}a_{1j}\\a_{2j}\\\vdots\\a_{mj}\end{pmatrix}\quad (j=1,2,\cdots,n)$$

就是一个 m 维列向量,由 $\boldsymbol{A}$ 的这 n 个 m 维列向量 $\boldsymbol{\alpha}_j(j=1,2,\cdots,n)$组成的向量组 $\boldsymbol{\alpha}_1,\boldsymbol{\alpha}_2,\cdots,\boldsymbol{\alpha}_n$ 称为矩阵 $\boldsymbol{A}$ 的**列向量组**;而 $\boldsymbol{A}$ 的每一行

$$\boldsymbol{\beta}_i=(a_{i1},a_{i2},\cdots,a_{in})\quad (i=1,2,\cdots,m)$$

就是一个 n 维行向量,由 $\boldsymbol{A}$ 的这 m 个 n 维行向量 $\boldsymbol{\beta}_i(i=1,2,\cdots,m)$组成的向量组

$\boldsymbol{\beta}_1,\boldsymbol{\beta}_2,\cdots,\boldsymbol{\beta}_m$ 称为矩阵 $\boldsymbol{A}$ 的**行向量组**.

由矩阵的分块法,可将 $\boldsymbol{A}$ 表示为

$$\boldsymbol{A}=(\boldsymbol{\alpha}_1,\boldsymbol{\alpha}_2,\cdots,\boldsymbol{\alpha}_n)\quad 或\quad \boldsymbol{A}=\begin{pmatrix}\boldsymbol{\beta}_1\\ \boldsymbol{\beta}_2\\ \vdots\\ \boldsymbol{\beta}_m\end{pmatrix}.$$

反之,n 个 m 维列向量组 $\boldsymbol{\alpha}_1,\boldsymbol{\alpha}_2,\cdots,\boldsymbol{\alpha}_n$,它可组成 $m\times n$ 矩阵

$$\boldsymbol{A}=(\boldsymbol{\alpha}_1,\boldsymbol{\alpha}_2,\cdots,\boldsymbol{\alpha}_n),$$

m 个 n 维行向量组 $\boldsymbol{\beta}_1,\boldsymbol{\beta}_2,\cdots,\boldsymbol{\beta}_m$,它可组成 $m\times n$ 矩阵

$$\boldsymbol{A}=\begin{pmatrix}\boldsymbol{\beta}_1\\ \boldsymbol{\beta}_2\\ \vdots\\ \boldsymbol{\beta}_m\end{pmatrix}.$$

总之,含有有限个向量的有序向量组可组成一个矩阵,而由矩阵也可构造出一个列向量组(或行向量组).这样矩阵与列向量组(或行向量组)之间就建立了一一对应关系.

从矩阵的角度看,一个 n 维行向量就是一个 $1\times n$ 矩阵,而一个 n 维列向量则是一个 $n\times 1$ 矩阵.因此,矩阵的有关概念和运算都适用于 n 维向量.

所有分量都是零的向量称为**零向量**.零向量记作 $\mathbf{0}=(0,0,\cdots,0)^{\mathrm{T}}$.如果向量 $\boldsymbol{\alpha}=\mathbf{0}$,则 $\boldsymbol{\alpha}$ 的所有分量都等于零.

n 维向量 $(-a_1,-a_2,\cdots,-a_n)^{\mathrm{T}}$ 称为 n 维向量 $\boldsymbol{\alpha}=(a_1,a_2,\cdots,a_n)^{\mathrm{T}}$ 的**负向量**,记作 $-\boldsymbol{\alpha}$.

如果 n 维向量 $\boldsymbol{\alpha}=(a_1,a_2,\cdots,a_n)^{\mathrm{T}}$ 与 $\boldsymbol{\beta}=(b_1,b_2,\cdots,b_n)^{\mathrm{T}}$ 的对应分量相等,即 $a_i=b_i(i=1,2,\cdots,n)$,则称**向量 $\boldsymbol{\alpha}$ 与 $\boldsymbol{\beta}$ 相等**,记作 $\boldsymbol{\alpha}=\boldsymbol{\beta}$.

定义 3.2　设 n 维向量 $\boldsymbol{\alpha}=(a_1,a_2,\cdots,a_n)^{\mathrm{T}}$ 与 $\boldsymbol{\beta}=(b_1,b_2,\cdots,b_n)^{\mathrm{T}}$,则**向量 $\boldsymbol{\alpha}$ 与 $\boldsymbol{\beta}$ 的和**

$$\boldsymbol{\alpha}+\boldsymbol{\beta}=(a_1+b_1,a_2+b_2,\cdots,a_n+b_n)^{\mathrm{T}},$$

即 $\boldsymbol{\alpha}$ 与 $\boldsymbol{\beta}$ 对应分量的和构成的 n 维向量就是 $\boldsymbol{\alpha}+\boldsymbol{\beta}$.

由加法和负向量的定义,可定义向量的减法,即

$$\boldsymbol{\alpha}-\boldsymbol{\beta}=\boldsymbol{\alpha}+(-\boldsymbol{\beta})=(a_1-b_1,a_2-b_2,\cdots,a_n-b_n)^{\mathrm{T}}.$$

定义 3.3　数 k 与向量 $\boldsymbol{\alpha}=(a_1,a_2,\cdots,a_n)^{\mathrm{T}}$ 的各分量的乘积所构成的 n 维向量,称为数 k 与向量 $\boldsymbol{\alpha}$ 的**乘积**,简称为**数乘**,记作 $k\boldsymbol{\alpha}$,即

$$k\boldsymbol{\alpha}=(ka_1,ka_2,\cdots,ka_n)^{\mathrm{T}}.$$

向量的加法和数乘运算,统称为**向量的线性运算**.

向量的线性运算满足以下 8 条运算律:

(1) $\boldsymbol{\alpha}+\boldsymbol{\beta}=\boldsymbol{\beta}+\boldsymbol{\alpha}$;

(2) $(\boldsymbol{\alpha}+\boldsymbol{\beta})+\boldsymbol{\gamma}=\boldsymbol{\alpha}+(\boldsymbol{\beta}+\boldsymbol{\gamma})$;

(3) $\boldsymbol{\alpha}+\mathbf{0}=\boldsymbol{\alpha}$;

(4) $\boldsymbol{\alpha}+(-\boldsymbol{\alpha})=\mathbf{0}$;

(5) $1\cdot\boldsymbol{\alpha}=\boldsymbol{\alpha}$;

(6) $(kl)\boldsymbol{\alpha}=k(l\boldsymbol{\alpha})$;

(7) $k(\boldsymbol{\alpha}+\boldsymbol{\beta})=k\boldsymbol{\alpha}+k\boldsymbol{\beta}$;

(8) $(k+l)\boldsymbol{\alpha}=k\boldsymbol{\alpha}+l\boldsymbol{\alpha}$,

其中 $\boldsymbol{\alpha},\boldsymbol{\beta},\boldsymbol{\gamma}$ 是 n 维向量,$\mathbf{0}$ 是 n 维零向量,k,l 是任意数.

向量组与线性方程组之间的关系 在 m 个方程 n 个未知量的线性方程组

$$\begin{cases} a_{11}x_1+a_{12}x_2+\cdots+a_{1n}x_n=b_1, \\ a_{21}x_1+a_{22}x_2+\cdots+a_{2n}x_n=b_2, \\ \cdots\cdots \\ a_{m1}x_1+a_{m2}x_2+\cdots+a_{mn}x_n=b_m \end{cases} \tag{3.2.1}$$

中,未知量 x_j 前的系数和常数项构成的 m 维列向量

$$\boldsymbol{\alpha}_j=\begin{pmatrix} a_{1j} \\ a_{2j} \\ \vdots \\ a_{mj} \end{pmatrix} \quad (j=1,2,\cdots,n), \quad \boldsymbol{\beta}=\begin{pmatrix} b_1 \\ b_2 \\ \vdots \\ b_m \end{pmatrix},$$

因而线性方程组(3.2.1)可表示成

$$x_1\begin{pmatrix} a_{11} \\ a_{21} \\ \vdots \\ a_{m1} \end{pmatrix}+x_2\begin{pmatrix} a_{12} \\ a_{22} \\ \vdots \\ a_{m2} \end{pmatrix}+\cdots+x_n\begin{pmatrix} a_{1n} \\ a_{2n} \\ \vdots \\ a_{mn} \end{pmatrix}=\begin{pmatrix} b_1 \\ b_2 \\ \vdots \\ b_m \end{pmatrix},$$

即

$$x_1\boldsymbol{\alpha}_1+x_2\boldsymbol{\alpha}_2+\cdots+x_n\boldsymbol{\alpha}_n=\boldsymbol{\beta}. \tag{3.2.2}$$

称(3.2.2)为**线性方程组(3.2.1)的向量形式**. 因此,线性方程组(3.2.1)与向量组 $\boldsymbol{\alpha}_1,\boldsymbol{\alpha}_2,\cdots,\boldsymbol{\alpha}_n,\boldsymbol{\beta}$ 之间是一一对应关系,从而可以用向量来研究线性方程组,也可以用线性方程组来研究向量.

定义 3.4 规定了向量的线性运算(加法和数乘运算)的全体实 n 维向量构成的集合称为实数域上的 n **维向量空间**,记作 $\mathbf{R}^n$.

当 $n=2$ 时,$\mathbf{R}^2$ 就是二维几何空间,即平面;当 $n=3$ 时,$\mathbf{R}^3$ 就是三维几何空间.

在以后的讨论中,如无特别说明,涉及的向量均为 $\mathbf{R}^n$ 中的向量.

例 1 设 $\boldsymbol{\alpha}=(1,2,-1,5)^{\mathrm{T}}$,$\boldsymbol{\beta}=(2,-1,1,1)^{\mathrm{T}}$,$\boldsymbol{\gamma}=(4,3,-1,11)^{\mathrm{T}}$,求数 k,使 $\boldsymbol{\beta}=\boldsymbol{\gamma}-k\boldsymbol{\alpha}$.

解 由向量加法和数乘运算法则，有

$$\begin{pmatrix}2\\-1\\1\\1\end{pmatrix}=\begin{pmatrix}4\\3\\-1\\11\end{pmatrix}-k\begin{pmatrix}1\\2\\-1\\5\end{pmatrix}=\begin{pmatrix}4-k\\3-2k\\-1+k\\11-5k\end{pmatrix}.$$

由此可得

$$4-k=2,\quad 3-2k=-1,\quad -1+k=1,\quad 11-5k=1,$$

解得 $k=2$.

3.2.2 向量组的线性组合

定义 3.5 对于 $\mathbf{R}^n$ 中的给定向量 $\boldsymbol{\beta},\boldsymbol{\alpha}_1,\boldsymbol{\alpha}_2,\cdots,\boldsymbol{\alpha}_s$，若存在一组实数 $k_1,k_2,\cdots,k_s$，使得

$$\boldsymbol{\beta}=k_1\boldsymbol{\alpha}_1+k_2\boldsymbol{\alpha}_2+\cdots+k_s\boldsymbol{\alpha}_s,$$

则称向量 $\boldsymbol{\beta}$ 是可以表示为向量组 $\boldsymbol{\alpha}_1,\boldsymbol{\alpha}_2,\cdots,\boldsymbol{\alpha}_s$ 的**线性组合**，或称向量 $\boldsymbol{\beta}$ 是能由向量组 $\boldsymbol{\alpha}_1,\boldsymbol{\alpha}_2,\cdots,\boldsymbol{\alpha}_s$ **线性表示**(**或线性表出**).

例如，例 1 中的 $\boldsymbol{\alpha}=(1,2,-1,5)^{\mathrm{T}}$，$\boldsymbol{\beta}=(2,-1,1,1)^{\mathrm{T}}$，$\boldsymbol{\gamma}=(4,3,-1,11)^{\mathrm{T}}$ 有 $\boldsymbol{\beta}=\boldsymbol{\gamma}-2\boldsymbol{\alpha}$，即 $\boldsymbol{\beta}$ 是 $\boldsymbol{\alpha},\boldsymbol{\gamma}$ 的线性组合，或者说 $\boldsymbol{\beta}$ 可由 $\boldsymbol{\alpha},\boldsymbol{\gamma}$ 线性表示.

例 2 n 维零向量 $\mathbf{0}=(0,0,\cdots,0)^{\mathrm{T}}$ 可以由任意 n 维列向量组 $\boldsymbol{\alpha}_1,\boldsymbol{\alpha}_2,\cdots,\boldsymbol{\alpha}_s$ 线性表示. 因为取 $k_1=k_2=\cdots=k_s=0$，有

$$\mathbf{0}=0\boldsymbol{\alpha}_1+0\boldsymbol{\alpha}_2+\cdots+0\boldsymbol{\alpha}_s.$$

例 3 n 维向量组

$$\boldsymbol{\varepsilon}_1=\begin{pmatrix}1\\0\\\vdots\\0\end{pmatrix},\quad \boldsymbol{\varepsilon}_2=\begin{pmatrix}0\\1\\\vdots\\0\end{pmatrix},\quad \cdots,\quad \boldsymbol{\varepsilon}_n=\begin{pmatrix}0\\0\\\vdots\\1\end{pmatrix}$$

称为 n 维**初始单位向量组**(或**基本单位向量组**). 任意 n 维向量 $\boldsymbol{\alpha}=(a_1,a_2,\cdots,a_n)^{\mathrm{T}}$ 均可由基本单位向量组 $\boldsymbol{\varepsilon}_1,\boldsymbol{\varepsilon}_2,\cdots,\boldsymbol{\varepsilon}_n$ 线性表示. 因为

$$\boldsymbol{\alpha}=a_1\boldsymbol{\varepsilon}_1+a_2\boldsymbol{\varepsilon}_2+\cdots+a_n\boldsymbol{\varepsilon}_n.$$

例 4 向量组 $\boldsymbol{\alpha}_1,\boldsymbol{\alpha}_2,\cdots,\boldsymbol{\alpha}_s$ 中的任何一个向量 $\boldsymbol{\alpha}_i(1\leqslant i\leqslant s)$ 都可由此向量组线性表出，因为

$$\boldsymbol{\alpha}_i=0\cdot\boldsymbol{\alpha}_1+0\cdot\boldsymbol{\alpha}_2+\cdots+1\cdot\boldsymbol{\alpha}_i+\cdots+0\cdot\boldsymbol{\alpha}_s.$$

我们知道线性方程组(3.2.1)可以表示成矩阵形式(3.2.2)，即

$$x_1\boldsymbol{\alpha}_1+x_2\boldsymbol{\alpha}_2+\cdots+x_n\boldsymbol{\alpha}_n=\boldsymbol{\beta},$$

于是，线性方程组(3.2.1)是否有解，就相当于是否存在一组数：$x_1=k_1,x_2=k_2,\cdots,x_n=k_n$，使线性关系式

$$k_1\boldsymbol{\alpha}_1+k_2\boldsymbol{\alpha}_2+\cdots+k_n\boldsymbol{\alpha}_n=\boldsymbol{\beta}$$

成立. 换言之,常数列向量 $\boldsymbol{\beta}$ 是否可以表示成系数列向量组 $\boldsymbol{\alpha}_1,\boldsymbol{\alpha}_2,\cdots,\boldsymbol{\alpha}_n$ 的线性关系式,如果可以,则对应的方程组有解;否则,方程组无解.

为此,我们有如下定理.

定理 3.4　n 维向量 $\boldsymbol{\beta}$ 可由 n 维向量组 $\boldsymbol{\alpha}_1,\boldsymbol{\alpha}_2,\cdots,\boldsymbol{\alpha}_s$ 线性表示

$\Leftrightarrow$ 线性方程组 $x_1\boldsymbol{\alpha}_1+x_2\boldsymbol{\alpha}_2+\cdots+x_s\boldsymbol{\alpha}_s=\boldsymbol{\beta}$ 有解

$\Leftrightarrow$ 矩阵 $\mathbf{A}=(\boldsymbol{\alpha}_1,\boldsymbol{\alpha}_2,\cdots,\boldsymbol{\alpha}_s)$ 与矩阵 $\overline{\mathbf{A}}=(\boldsymbol{\alpha}_1,\boldsymbol{\alpha}_2,\cdots,\boldsymbol{\alpha}_s,\boldsymbol{\beta})$ 的秩相等,即 $r(\mathbf{A})=r(\overline{\mathbf{A}})$.

例 5　判断向量 $\boldsymbol{\beta}=(4,7,9,8)^{\mathrm{T}}$ 是否可以表示为 $\boldsymbol{\alpha}_1=(1,2,4,2)^{\mathrm{T}},\boldsymbol{\alpha}_2=(2,3,3,5)^{\mathrm{T}},\boldsymbol{\alpha}_3=(-3,-5,-9,-8)^{\mathrm{T}}$ 的线性组合. 若是,写出表示式.

解　设有数 k_1,k_2,k_3,使得

$$k_1\boldsymbol{\alpha}_1+k_2\boldsymbol{\alpha}_2+k_3\boldsymbol{\alpha}_3=\boldsymbol{\beta},$$

即

$$k_1\begin{pmatrix}1\\2\\4\\2\end{pmatrix}+k_2\begin{pmatrix}2\\3\\3\\5\end{pmatrix}+k_3\begin{pmatrix}-3\\-5\\-9\\-8\end{pmatrix}=\begin{pmatrix}4\\7\\9\\8\end{pmatrix}.$$

于是有

$$\begin{cases}k_1+2k_2-3k_3=4,\\2k_1+3k_2-5k_3=7,\\4k_1+3k_2-9k_3=9,\\2k_1+5k_2-8k_3=8.\end{cases}$$

用行初等变换将上述线性方程组的增广矩阵 $\overline{\mathbf{A}}=(\boldsymbol{\alpha}_1,\boldsymbol{\alpha}_2,\boldsymbol{\alpha}_3,\boldsymbol{\beta})$ 化为阶梯形矩阵

$$(\boldsymbol{\alpha}_1,\boldsymbol{\alpha}_2,\boldsymbol{\alpha}_3,\boldsymbol{\beta})=\begin{pmatrix}1&2&-3&4\\2&3&-5&7\\4&3&-9&9\\2&5&-8&8\end{pmatrix}\to\begin{pmatrix}1&2&-3&4\\0&-1&1&-1\\0&-5&3&-7\\0&1&-2&0\end{pmatrix}\to\begin{pmatrix}1&2&-3&4\\0&-1&1&-1\\0&0&-2&-2\\0&0&-1&-1\end{pmatrix}$$

$$\to\begin{pmatrix}1&2&-3&4\\0&1&-1&1\\0&0&1&1\\0&0&0&0\end{pmatrix}\to\begin{pmatrix}1&2&0&7\\0&1&0&2\\0&0&1&1\\0&0&0&0\end{pmatrix}\to\begin{pmatrix}1&0&0&3\\0&1&0&2\\0&0&1&1\\0&0&0&0\end{pmatrix}.$$

所以,$r(\boldsymbol{\alpha}_1,\boldsymbol{\alpha}_2,\cdots,\boldsymbol{\alpha}_s)=r(\boldsymbol{\alpha}_1,\boldsymbol{\alpha}_2,\cdots,\boldsymbol{\alpha}_s,\boldsymbol{\beta})=3$,向量 $\boldsymbol{\beta}$ 可由向量组 $\boldsymbol{\alpha}_1,\boldsymbol{\alpha}_2,\boldsymbol{\alpha}_3$ 线性表示,且有 $k_1=3,k_2=2,k_3=1$. 于是

$$\boldsymbol{\beta}=3\boldsymbol{\alpha}_1+2\boldsymbol{\alpha}_2+\boldsymbol{\alpha}_3.$$

3.2.3 向量组等价

定义 3.6 设有两个 $\mathbf{R}^n$ 中的向量组

Ⅰ:$\boldsymbol{\alpha}_1,\boldsymbol{\alpha}_2,\cdots,\boldsymbol{\alpha}_s$,

Ⅱ:$\boldsymbol{\beta}_1,\boldsymbol{\beta}_2,\cdots,\boldsymbol{\beta}_t$.

如果向量组Ⅰ的每一个向量都可以由向量组Ⅱ线性表示,则称**向量组Ⅰ可由向量组Ⅱ线性表示.**

如果向量组Ⅰ和Ⅱ可以相互线性表示,则称**向量组Ⅰ和Ⅱ等价.** 记作

$$\{\boldsymbol{\alpha}_1,\boldsymbol{\alpha}_2,\cdots,\boldsymbol{\alpha}_s\}\cong\{\boldsymbol{\beta}_1,\boldsymbol{\beta}_2,\cdots,\boldsymbol{\beta}_t\}.$$

例 6 已知向量组Ⅰ:$\boldsymbol{\varepsilon}_1=(1,0,0)^{\mathrm{T}},\boldsymbol{\varepsilon}_2=(0,1,0)^{\mathrm{T}},\boldsymbol{\varepsilon}_3=(0,0,1)^{\mathrm{T}}$ 和向量组Ⅱ:$\boldsymbol{\alpha}_1=(2,0,0)^{\mathrm{T}},\boldsymbol{\alpha}_2=(2,1,0)^{\mathrm{T}},\boldsymbol{\alpha}_3=(4,1,1)^{\mathrm{T}}$. 判断向量组Ⅰ和向量组Ⅱ是否等价.

解 因为

$$\begin{cases}\boldsymbol{\alpha}_1=2\boldsymbol{\varepsilon}_1+0\boldsymbol{\varepsilon}_2+0\boldsymbol{\varepsilon}_3,\\ \boldsymbol{\alpha}_2=2\boldsymbol{\varepsilon}_1+\boldsymbol{\varepsilon}_2+0\boldsymbol{\varepsilon}_3,\\ \boldsymbol{\alpha}_3=4\boldsymbol{\varepsilon}_1+\boldsymbol{\varepsilon}_2+\boldsymbol{\varepsilon}_3,\end{cases}$$

所以向量组Ⅱ可由向量组Ⅰ线性表示. 又因为

$$\begin{cases}\boldsymbol{\varepsilon}_1=\dfrac{1}{2}\boldsymbol{\alpha}_1+0\boldsymbol{\alpha}_2+0\boldsymbol{\alpha}_3,\\ \boldsymbol{\varepsilon}_2=-\boldsymbol{\alpha}_1+\boldsymbol{\alpha}_2+0\boldsymbol{\alpha}_3,\\ \boldsymbol{\varepsilon}_3=-\boldsymbol{\alpha}_1-\boldsymbol{\alpha}_2+\boldsymbol{\alpha}_3,\end{cases}$$

所以向量组Ⅰ可由向量组Ⅱ线性表示. 故向量组Ⅰ和向量组Ⅱ等价.

根据定义 3.6,不难证明向量组等价具有下述性质:

(1) **反身性.** 每一个向量组都与它自身等价,即

$$\{\boldsymbol{\alpha}_1,\boldsymbol{\alpha}_2,\cdots,\boldsymbol{\alpha}_s\}\cong\{\boldsymbol{\alpha}_1,\boldsymbol{\alpha}_2,\cdots,\boldsymbol{\alpha}_s\};$$

(2) **对称性.** 如果$\{\boldsymbol{\alpha}_1,\boldsymbol{\alpha}_2,\cdots,\boldsymbol{\alpha}_s\}\cong\{\boldsymbol{\beta}_1,\boldsymbol{\beta}_2,\cdots,\boldsymbol{\beta}_t\}$,则

$$\{\boldsymbol{\beta}_1,\boldsymbol{\beta}_2,\cdots,\boldsymbol{\beta}_t\}\cong\{\boldsymbol{\alpha}_1,\boldsymbol{\alpha}_2,\cdots,\boldsymbol{\alpha}_s\};$$

(3) **传递性.** 如果$\{\boldsymbol{\alpha}_1,\boldsymbol{\alpha}_2,\cdots,\boldsymbol{\alpha}_s\}\cong\{\boldsymbol{\beta}_1,\boldsymbol{\beta}_2,\cdots,\boldsymbol{\beta}_t\}$,且$\{\boldsymbol{\beta}_1,\boldsymbol{\beta}_2,\cdots,\boldsymbol{\beta}_t\}\cong\{\boldsymbol{\gamma}_1,\boldsymbol{\gamma}_2,\cdots,\boldsymbol{\gamma}_l\}$,则$\{\boldsymbol{\alpha}_1,\boldsymbol{\alpha}_2,\cdots,\boldsymbol{\alpha}_s\}\cong\{\boldsymbol{\gamma}_1,\boldsymbol{\gamma}_2,\cdots,\boldsymbol{\gamma}_l\}$.

把向量组Ⅰ:$\boldsymbol{\alpha}_1,\boldsymbol{\alpha}_2,\cdots,\boldsymbol{\alpha}_s$ 和向量组Ⅱ:$\boldsymbol{\beta}_1,\boldsymbol{\beta}_2,\cdots,\boldsymbol{\beta}_t$ 所构成的矩阵依次记为 $\boldsymbol{A}=(\boldsymbol{\alpha}_1,\boldsymbol{\alpha}_2,\cdots,\boldsymbol{\alpha}_s)$和 $\boldsymbol{B}=(\boldsymbol{\beta}_1,\boldsymbol{\beta}_2,\cdots,\boldsymbol{\beta}_t)$. 如果向量组Ⅱ可由向量组Ⅰ线性表示,则对每一个向量 $\boldsymbol{\beta}_j(j=1,2,\cdots,t)$存在数 $k_{1j},k_{2j},\cdots,k_{sj}$,有

$$\boldsymbol{\beta}_j=k_{1j}\boldsymbol{\alpha}_1+k_{2j}\boldsymbol{\alpha}_2+\cdots+k_{sj}\boldsymbol{\alpha}_s=(\boldsymbol{\alpha}_1,\boldsymbol{\alpha}_2,\cdots,\boldsymbol{\alpha}_s)\begin{pmatrix}k_{1j}\\k_{2j}\\\vdots\\k_{sj}\end{pmatrix},$$

即

$$(\boldsymbol{\beta}_1,\boldsymbol{\beta}_2,\cdots,\boldsymbol{\beta}_t)=(\boldsymbol{\alpha}_1,\boldsymbol{\alpha}_2,\cdots,\boldsymbol{\alpha}_s)\begin{pmatrix}k_{11}&k_{12}&\cdots&k_{1t}\\k_{21}&k_{22}&\cdots&k_{2t}\\\vdots&\vdots&&\vdots\\k_{s1}&k_{s2}&\cdots&k_{st}\end{pmatrix},$$

记矩阵 $\boldsymbol{K}=(k_{ij})_{s\times t}$，上式可写成 $\boldsymbol{B}=\boldsymbol{A}\boldsymbol{K}$ 的形式，其中 $\boldsymbol{K}$ 称为向量组Ⅱ由向量组Ⅰ线性表示的系数矩阵. 这表明，向量组Ⅱ可由向量组Ⅰ线性表示的充分必要条件是矩阵方程

$$\boldsymbol{A}\boldsymbol{X}=\boldsymbol{B},$$

即

$$(\boldsymbol{\alpha}_1,\boldsymbol{\alpha}_2,\cdots,\boldsymbol{\alpha}_s)\boldsymbol{X}=(\boldsymbol{\beta}_1,\boldsymbol{\beta}_2,\cdots,\boldsymbol{\beta}_t)$$

有解 $\boldsymbol{X}=\boldsymbol{K}$. 由此有

定理 3.5 向量组Ⅱ:$\boldsymbol{\beta}_1,\boldsymbol{\beta}_2,\cdots,\boldsymbol{\beta}_t$ 能由向量组Ⅰ:$\boldsymbol{\alpha}_1,\boldsymbol{\alpha}_2,\cdots,\boldsymbol{\alpha}_s$ 线性表示的充分必要条件是矩阵 $\boldsymbol{A}=(\boldsymbol{\alpha}_1,\boldsymbol{\alpha}_2,\cdots,\boldsymbol{\alpha}_s)$ 的秩等于矩阵 $(\boldsymbol{A},\boldsymbol{B})=(\boldsymbol{\alpha}_1,\boldsymbol{\alpha}_2,\cdots,\boldsymbol{\alpha}_s,\boldsymbol{\beta}_1,\boldsymbol{\beta}_2,\cdots,\boldsymbol{\beta}_t)$ 的秩，即 $r(\boldsymbol{A})=r(\boldsymbol{A},\boldsymbol{B})$.

推论 向量组Ⅰ:$\boldsymbol{\alpha}_1,\boldsymbol{\alpha}_2,\cdots,\boldsymbol{\alpha}_s$ 与向量组Ⅱ:$\boldsymbol{\beta}_1,\boldsymbol{\beta}_2,\cdots,\boldsymbol{\beta}_t$ 等价的充分必要条件是

$$r(\boldsymbol{A})=r(\boldsymbol{B})=r(\boldsymbol{A},\boldsymbol{B}),$$

其中 $\boldsymbol{A}$ 和 $\boldsymbol{B}$ 是向量组Ⅰ和向量组Ⅱ所构成的矩阵.

例 7 已知向量组Ⅰ:$\boldsymbol{\alpha}_1=(0,1,1)^{\mathrm{T}},\boldsymbol{\alpha}_2=(1,1,0)^{\mathrm{T}}$ 和向量组Ⅱ:$\boldsymbol{\beta}_1=(-1,0,1)^{\mathrm{T}},\boldsymbol{\beta}_2=(1,2,1)^{\mathrm{T}},\boldsymbol{\beta}_3=(3,2,-1)^{\mathrm{T}}$. 试判断向量组Ⅰ和向量组Ⅱ是否等价.

解 记 $\boldsymbol{A}=(\boldsymbol{\alpha}_1,\boldsymbol{\alpha}_2)$ 和 $\boldsymbol{B}=(\boldsymbol{\beta}_1,\boldsymbol{\beta}_2,\boldsymbol{\beta}_3)$. 根据定理 3.5 的推论，只要证 $r(\boldsymbol{A})=r(\boldsymbol{B})=r(\boldsymbol{A},\boldsymbol{B})$，为此把矩阵 $(\boldsymbol{A},\boldsymbol{B})=(\boldsymbol{\alpha}_1,\boldsymbol{\alpha}_2,\boldsymbol{\beta}_1,\boldsymbol{\beta}_2,\boldsymbol{\beta}_3)$ 化为阶梯形矩阵：

$$(\boldsymbol{A},\boldsymbol{B})=\begin{pmatrix}0&1&-1&1&3\\1&1&0&2&2\\1&0&1&1&-1\end{pmatrix}\to\begin{pmatrix}1&0&1&1&-1\\1&1&0&2&2\\0&1&-1&1&3\end{pmatrix}$$

$$\to\begin{pmatrix}1&0&1&1&-1\\0&1&-1&1&3\\0&1&-1&1&3\end{pmatrix}\to\begin{pmatrix}1&0&1&1&-1\\0&1&-1&1&3\\0&0&0&0&0\end{pmatrix}.$$

由此可知，$r(\boldsymbol{A})=r(\boldsymbol{B})=r(\boldsymbol{A},\boldsymbol{B})=2$，故向量组Ⅰ和向量组Ⅱ等价.

习 题 3.2

1. 设 $\boldsymbol{\alpha}=(2,0,-1,3)^{\mathrm{T}},\boldsymbol{\beta}=(1,7,4,-2)^{\mathrm{T}},\boldsymbol{\gamma}=(0,1,0,1)^{\mathrm{T}}$.

(1) 求 $2\boldsymbol{\alpha}+\boldsymbol{\beta}-3\boldsymbol{\gamma}$；

(2) 若有 $\boldsymbol{x}$，满足 $3\boldsymbol{\alpha}-\boldsymbol{\beta}+5\boldsymbol{\gamma}+2\boldsymbol{x}=\boldsymbol{0}$，求 $\boldsymbol{x}$.

2. 设 $3(\boldsymbol{\alpha}_1-\boldsymbol{\beta})+2(\boldsymbol{\alpha}_2+\boldsymbol{\beta})-5(\boldsymbol{\alpha}_3+\boldsymbol{\beta})=\boldsymbol{0}$，其中 $\boldsymbol{\alpha}_1=(2,5,1)^{\mathrm{T}},\boldsymbol{\alpha}_2=(10,1,5)^{\mathrm{T}},\boldsymbol{\alpha}_3=(4,1,$

$-1)^{\mathrm{T}}$,求$\boldsymbol{\beta}$.

3. 设$\boldsymbol{\alpha}_1=(2,k,0)^{\mathrm{T}}$,$\boldsymbol{\alpha}_2=(-1,0,t)^{\mathrm{T}}$,$\boldsymbol{\alpha}_3=(m,-5,4)^{\mathrm{T}}$,且$\boldsymbol{\alpha}_1+\boldsymbol{\alpha}_2=-\boldsymbol{\alpha}_3$,求参数$k,t,m$.

4. 判定下列各组中的向量$\boldsymbol{\beta}$是否可以表示为其余向量的线性组合,若可以,试求出其表达式.

(1) $\boldsymbol{\beta}=(4,11,3)^{\mathrm{T}}$,$\boldsymbol{\alpha}_1=(1,3,2)^{\mathrm{T}}$,$\boldsymbol{\alpha}_2=(3,2,1)^{\mathrm{T}}$,$\boldsymbol{\alpha}_3=(-2,-5,1)^{\mathrm{T}}$;

(2) $\boldsymbol{\beta}=(2,-1,5,-4)^{\mathrm{T}}$,$\boldsymbol{\alpha}_1=(2,-1,-4,1)^{\mathrm{T}}$,$\boldsymbol{\alpha}_2=(1,2,3,-4)^{\mathrm{T}}$,$\boldsymbol{\alpha}_3=(2,-1,2,5)^{\mathrm{T}}$;

(3) $\boldsymbol{\beta}=(1,0,-0.5)^{\mathrm{T}}$,$\boldsymbol{\alpha}_1=(1,1,1)^{\mathrm{T}}$,$\boldsymbol{\alpha}_2=(1,-1,-2)^{\mathrm{T}}$,$\boldsymbol{\alpha}_3=(-1,1,2)^{\mathrm{T}}$.

5. 若$\boldsymbol{\beta}$可由$\boldsymbol{\alpha}_1,\boldsymbol{\alpha}_2,\boldsymbol{\alpha}_3$线性表示,且$\boldsymbol{\beta}=(7,-2,k)^{\mathrm{T}}$,$\boldsymbol{\alpha}_1=(2,3,5)^{\mathrm{T}}$,$\boldsymbol{\alpha}_2=(3,7,8)^{\mathrm{T}}$,$\boldsymbol{\alpha}_3=(1,-6,1)^{\mathrm{T}}$,求常数$k$.

6. 设$\boldsymbol{\beta}=(0,t,t^2)^{\mathrm{T}}$,$\boldsymbol{\alpha}_1=(1+t,1,1)^{\mathrm{T}}$,$\boldsymbol{\alpha}_2=(1,1+t,1)^{\mathrm{T}}$,$\boldsymbol{\alpha}_3=(1,1,1+t)^{\mathrm{T}}$,问$t$为何值时,

(1) $\boldsymbol{\beta}$不能由$\boldsymbol{\alpha}_1,\boldsymbol{\alpha}_2,\boldsymbol{\alpha}_3$线性表示?

(2) $\boldsymbol{\beta}$可由$\boldsymbol{\alpha}_1,\boldsymbol{\alpha}_2,\boldsymbol{\alpha}_3$线性表示,并且表达式唯一?

(3) $\boldsymbol{\beta}$可由$\boldsymbol{\alpha}_1,\boldsymbol{\alpha}_2,\boldsymbol{\alpha}_3$线性表示,并且表达式不唯一?

7. 试判断下列各组中给定的两个向量组是否等价.

(1) $\boldsymbol{\alpha}_1=(1,0)^{\mathrm{T}}$,$\boldsymbol{\alpha}_2=(0,1)^{\mathrm{T}}$与$\boldsymbol{\beta}_1=(1,2)^{\mathrm{T}}$,$\boldsymbol{\beta}_2=(-1,1)^{\mathrm{T}}$;

(2) $\boldsymbol{\alpha}_1=(1,-1)^{\mathrm{T}}$,$\boldsymbol{\alpha}_2=(0,4)^{\mathrm{T}}$与$\boldsymbol{\beta}_1=(-2,3)^{\mathrm{T}}$,$\boldsymbol{\beta}_2=(0,0)^{\mathrm{T}}$.

8. 已知向量组Ⅰ:$\boldsymbol{\alpha}_1=(1,2,3)^{\mathrm{T}}$,$\boldsymbol{\alpha}_2=(1,0,1)^{\mathrm{T}}$和向量组Ⅱ:$\boldsymbol{\beta}_1=(-1,2,k)^{\mathrm{T}}$,$\boldsymbol{\beta}_2=(4,1,5)^{\mathrm{T}}$.问$k$为何值时,向量组Ⅰ和向量组Ⅱ等价.

3.3 向量组的线性相关性

我们知道,零向量$\mathbf{0}$可由任一向量组线性表示,即取$k_1=k_2=\cdots=k_s=0$时,有

$$0\boldsymbol{\alpha}_1+0\boldsymbol{\alpha}_2+\cdots+0\boldsymbol{\alpha}_s=\mathbf{0},$$

那么是否存在不全为零的$k_1,k_2,\cdots,k_s$使上式成立呢?这是向量组的一种重要概念.我们把一组向量中能不能有一个向量由其余的向量线性表示的这种性质,称为向量组的线性相关性.

3.3.1 向量组的线性相关性概念

定义 3.7 对于$\mathbf{R}^n$中的向量组$\boldsymbol{\alpha}_1,\boldsymbol{\alpha}_2,\cdots,\boldsymbol{\alpha}_s$,如果存在不全为零的数$k_1,k_2,\cdots,k_s$,使得

$$k_1\boldsymbol{\alpha}_1+k_2\boldsymbol{\alpha}_2+\cdots+k_s\boldsymbol{\alpha}_s=\mathbf{0},\tag{3.3.1}$$

则称向量组$\boldsymbol{\alpha}_1,\boldsymbol{\alpha}_2,\cdots,\boldsymbol{\alpha}_s$**线性相关**,否则称为**线性无关**.

根据定义3.1,$\boldsymbol{\alpha}_1,\boldsymbol{\alpha}_2,\cdots,\boldsymbol{\alpha}_s$线性无关是指"对任意不全为零的数$k_1,k_2,\cdots,k_s$,(3.3.1)式不成立".换言之,当且仅当$k_1=k_2=\cdots=k_s=0$时,(3.3.1)式才成立,这时称向量组线性无关.

由此可见,线性相关的向量组与线性无关的向量组是性质相反的两类向量组.

关于向量组的线性相关性,容易得到下面一些简单而实用的结论.

(1) 包含零向量的向量组一定线性相关.

考虑向量组 $\boldsymbol{\alpha}_1,\boldsymbol{\alpha}_2,\cdots,\boldsymbol{\alpha}_s,\mathbf{0}$. 由于

$$\mathbf{0}=0\boldsymbol{\alpha}_1+0\boldsymbol{\alpha}_2+\cdots+0\boldsymbol{\alpha}_s,$$

即

$$0\boldsymbol{\alpha}_1+0\boldsymbol{\alpha}_2+\cdots+0\boldsymbol{\alpha}_s+1\cdot\mathbf{0}=\mathbf{0},$$

其中 $k_1=k_2=\cdots=k_s=0$,而 $k_{s+1}=1\neq0$,从而向量组 $\boldsymbol{\alpha}_1,\boldsymbol{\alpha}_2,\cdots,\boldsymbol{\alpha}_s,\mathbf{0}$ 线性相关.

(2) 一个向量 $\boldsymbol{\alpha}$ 线性相关的充分必要条件是 $\boldsymbol{\alpha}=\mathbf{0}$.

事实上,若 $\boldsymbol{\alpha}$ 线性相关,则存在 $k\neq0$ 使得 $k\boldsymbol{\alpha}=\mathbf{0}$,因此 $\boldsymbol{\alpha}=\mathbf{0}$;反之,若 $\boldsymbol{\alpha}=\mathbf{0}$,取 $k=1\neq0$,即有 $1\cdot\boldsymbol{\alpha}=\mathbf{0}$,因此 $\boldsymbol{\alpha}$ 线性相关.

同理有,$\boldsymbol{\alpha}$ 是线性无关的充分必要条件是 $\boldsymbol{\alpha}\neq\mathbf{0}$.

(3) 两个向量线性相关的充分必要条件是它们对应的分量成比例.

事实上,若向量 $\boldsymbol{\alpha},\boldsymbol{\beta}$ 有 $\boldsymbol{\beta}=k\boldsymbol{\alpha}(k\neq0)$,则 $k\boldsymbol{\alpha}-\boldsymbol{\beta}=\mathbf{0}$,显然 $\boldsymbol{\alpha},\boldsymbol{\beta}$ 线性相关;反之,若有不全为零的数 a,b,使 $a\boldsymbol{\alpha}+b\boldsymbol{\beta}=\mathbf{0}$,不妨设 $a\neq0$,则有 $\boldsymbol{\alpha}=-\dfrac{b}{a}\boldsymbol{\beta}$.

(4) n 维初始单位向量组 $\boldsymbol{\varepsilon}_1=(1,0,\cdots,0)^{\mathrm{T}},\boldsymbol{\varepsilon}_2=(0,1,\cdots,0)^{\mathrm{T}},\cdots,\boldsymbol{\varepsilon}_n=(0,0,\cdots,1)^{\mathrm{T}}$ 线性无关.

事实上,设存在数 $k_1,k_2,\cdots,k_n$,使得

$$k_1\boldsymbol{\varepsilon}_1+k_2\boldsymbol{\varepsilon}_2+\cdots+k_n\boldsymbol{\varepsilon}_n=\mathbf{0},$$

可得$(k_1,k_2,\cdots,k_n)^{\mathrm{T}}=\mathbf{0}$,即 $k_1=0,k_2=0,\cdots,k_n=0$. 所以,当且仅当 $k_1,k_2,\cdots,k_n$ 全为零时,才有 $k_1\boldsymbol{\varepsilon}_1+k_2\boldsymbol{\varepsilon}_2+\cdots+k_n\boldsymbol{\varepsilon}_n=\mathbf{0}$ 成立,故 $\boldsymbol{\varepsilon}_1,\boldsymbol{\varepsilon}_2,\cdots,\boldsymbol{\varepsilon}_n$ 线性无关.

对于 $\mathbf{R}^n$ 中的向量组 $\boldsymbol{\alpha}_1,\boldsymbol{\alpha}_2,\cdots,\boldsymbol{\alpha}_s$,其中 $\boldsymbol{\alpha}_j=(a_{1j},a_{2j},\cdots,a_{nj})^{\mathrm{T}}(j=1,2,\cdots,s)$,由定义 3.7 及齐次线性方程组解的判定可知,如果向量组 $\boldsymbol{\alpha}_1,\boldsymbol{\alpha}_2,\cdots,\boldsymbol{\alpha}_s$ 线性相关,则以 $x_1,x_2,\cdots,x_s$ 为未知量的 s 元齐次线性方程组

$$x_1\boldsymbol{\alpha}_1+x_2\boldsymbol{\alpha}_2+\cdots+x_s\boldsymbol{\alpha}_s=\mathbf{0},$$

即

$$\begin{cases}a_{11}x_1+a_{12}x_2+\cdots+a_{1s}x_s=0,\\a_{21}x_1+a_{22}x_2+\cdots+a_{2s}x_s=0,\\\qquad\cdots\cdots\\a_{n1}x_1+a_{n2}x_2+\cdots+a_{ns}x_s=0\end{cases}\tag{3.3.2}$$

有非零解;反之,如果齐次线性方程组(3.3.2)有非零解,则 $\boldsymbol{\alpha}_1,\boldsymbol{\alpha}_2,\cdots,\boldsymbol{\alpha}_s$ 线性相关. 于是,我们有

定理 3.6 $\mathbf{R}^n$ 中向量组 $\boldsymbol{\alpha}_1,\boldsymbol{\alpha}_2,\cdots,\boldsymbol{\alpha}_s$ 线性相关的充分必要条件是 s 元齐次线性方程组(3.3.2)有非零解.

或者说,$\mathbf{R}^n$ 中向量组 $\boldsymbol{\alpha}_1,\boldsymbol{\alpha}_2,\cdots,\boldsymbol{\alpha}_s$ 线性无关的充分必要条件是 s 元齐次线性

方程组(3.3.2)仅有零解.

推论 1　设 $\mathbf{R}^n$ 中向量组 $\boldsymbol{\alpha}_1,\boldsymbol{\alpha}_2,\cdots,\boldsymbol{\alpha}_s$ 线性相关的充分必要条件是矩阵 $\mathbf{A}=(\boldsymbol{\alpha}_1,\boldsymbol{\alpha}_2,\cdots,\boldsymbol{\alpha}_s)$的秩小于向量个数 s,即 $r(\mathbf{A})<s$;向量组 $\boldsymbol{\alpha}_1,\boldsymbol{\alpha}_2,\cdots,\boldsymbol{\alpha}_s$ 线性无关的充分必要条件是 $r(\mathbf{A})=s$.

推论 2　设 n 个 n 维向量组 $\boldsymbol{\alpha}_j=(a_{1j},a_{2j},\cdots,a_{nj})^{\mathrm{T}}(j=1,2,\cdots,n)$,则向量组 $\boldsymbol{\alpha}_1,\boldsymbol{\alpha}_2,\cdots,\boldsymbol{\alpha}_n$ 线性相关的充分必要条件是行列式

$$|\boldsymbol{\alpha}_1,\boldsymbol{\alpha}_2,\cdots,\boldsymbol{\alpha}_n|=\begin{vmatrix} a_{11} & a_{12} & \cdots & a_{1n} \\ a_{21} & a_{22} & \cdots & a_{2n} \\ \vdots & \vdots & & \vdots \\ a_{n1} & a_{n2} & \cdots & a_{nn} \end{vmatrix}=0.$$

或者说,设 n 个 n 维向量组 $\boldsymbol{\alpha}_j=(a_{1j},a_{2j},\cdots,a_{nj})^{\mathrm{T}}(j=1,2,\cdots,n)$,则向量组 $\boldsymbol{\alpha}_1,\boldsymbol{\alpha}_2,\cdots,\boldsymbol{\alpha}_n$ 线性无关的充分必要条件是行列式

$$|\boldsymbol{\alpha}_1,\boldsymbol{\alpha}_2,\cdots,\boldsymbol{\alpha}_n|=\begin{vmatrix} a_{11} & a_{12} & \cdots & a_{1n} \\ a_{21} & a_{22} & \cdots & a_{2n} \\ \vdots & \vdots & & \vdots \\ a_{n1} & a_{n2} & \cdots & a_{nn} \end{vmatrix}\neq 0.$$

推论 3　若 $\mathbf{R}^n$ 中的向量组 $\boldsymbol{\alpha}_1,\boldsymbol{\alpha}_2,\cdots,\boldsymbol{\alpha}_s$ 的个数大于向量的维数,即 $s>n$ 时,此向量组线性相关.

事实上,当 $s>n$ 时,齐次线性方程组(3.3.2)中未知量个数大于方程个数,故齐次线性方程组(3.3.2)必有非零解,所以向量组 $\boldsymbol{\alpha}_1,\boldsymbol{\alpha}_2,\cdots,\boldsymbol{\alpha}_s$ 线性相关.

特别地,$n+1$ 个 n 维向量组成的向量组必线性相关.

例 1　已知向量组 $\boldsymbol{\alpha}_1=(-1,2,3,1)^{\mathrm{T}},\boldsymbol{\alpha}_2=(-2,4,5,4)^{\mathrm{T}},\boldsymbol{\alpha}_3=(-1,2,2,3)^{\mathrm{T}},\boldsymbol{\alpha}_4=(2,-3,-1,-2)^{\mathrm{T}}$,试讨论向量组 $\boldsymbol{\alpha}_1,\boldsymbol{\alpha}_2,\boldsymbol{\alpha}_3,\boldsymbol{\alpha}_4$ 及 $\boldsymbol{\alpha}_1,\boldsymbol{\alpha}_2$ 的线性相关性,如果线性相关,试将其中一个向量表示为其余向量的线性组合.

解　设有数 k_1,k_2,k_3,k_4,使

$$k_1\boldsymbol{\alpha}_1+k_2\boldsymbol{\alpha}_2+k_3\boldsymbol{\alpha}_3+k_4\boldsymbol{\alpha}_4=\mathbf{0}.$$

对矩阵$(\boldsymbol{\alpha}_1,\boldsymbol{\alpha}_2,\boldsymbol{\alpha}_3,\boldsymbol{\alpha}_4)$施行初等变换化成简化的阶梯形矩阵

$$(\boldsymbol{\alpha}_1,\boldsymbol{\alpha}_2,\boldsymbol{\alpha}_3,\boldsymbol{\alpha}_4)=\begin{pmatrix} -1 & -2 & -1 & 2 \\ 2 & 4 & 2 & -3 \\ 3 & 5 & 2 & -1 \\ 1 & 4 & 3 & -2 \end{pmatrix}\to\begin{pmatrix} 1 & 2 & 1 & -2 \\ 0 & 0 & 0 & 1 \\ 0 & -1 & -1 & 5 \\ 0 & 2 & 2 & 0 \end{pmatrix}\to\begin{pmatrix} 1 & 2 & 1 & -2 \\ 0 & 1 & 1 & -5 \\ 0 & 0 & 0 & 1 \\ 0 & 0 & 0 & 10 \end{pmatrix}$$

$$\to\begin{pmatrix} 1 & 2 & 1 & -2 \\ 0 & 1 & 1 & -5 \\ 0 & 0 & 0 & 1 \\ 0 & 0 & 0 & 0 \end{pmatrix}\to\begin{pmatrix} 1 & 0 & -1 & 0 \\ 0 & 1 & 1 & 0 \\ 0 & 0 & 0 & 1 \\ 0 & 0 & 0 & 0 \end{pmatrix}.$$

可知 $r(\boldsymbol{\alpha}_1,\boldsymbol{\alpha}_2,\boldsymbol{\alpha}_3,\boldsymbol{\alpha}_4)=3<4$(向量的个数),故向量组 $\boldsymbol{\alpha}_1,\boldsymbol{\alpha}_2,\boldsymbol{\alpha}_3,\boldsymbol{\alpha}_4$ 线性相关. 又对应方程组的解为

$$\begin{cases} x_1 = c, \\ x_2 = -c, \\ x_3 = c, \\ x_4 = 0 \end{cases} \quad (c\text{ 为任意常数}).$$

若令 $c=1$,得方程组的一个解 $x_1=1,x_2=-1,x_3=1,x_4=0$. 从而有 $\boldsymbol{\alpha}_1=\boldsymbol{\alpha}_2-\boldsymbol{\alpha}_3+0\boldsymbol{\alpha}_4$.

又因为向量 $\boldsymbol{\alpha}_1$ 与 $\boldsymbol{\alpha}_2$ 的对应分量不成比例(或 $r(\boldsymbol{\alpha}_1,\boldsymbol{\alpha}_2)=2$),所以 $\boldsymbol{\alpha}_1,\boldsymbol{\alpha}_2$ 线性无关.

例 2 设向量组 $\boldsymbol{\alpha}_1=(1,1,1)^{\mathrm{T}},\boldsymbol{\alpha}_2=(1,2,3)^{\mathrm{T}},\boldsymbol{\alpha}_3=(1,3,k)^{\mathrm{T}},\boldsymbol{\alpha}_4=(3,4,5)^{\mathrm{T}}$. 试问:

(1) k 为何值时,向量组 $\boldsymbol{\alpha}_1,\boldsymbol{\alpha}_2,\boldsymbol{\alpha}_3$ 线性相关? 线性无关?

(2) k 为何值时,$\boldsymbol{\alpha}_1,\boldsymbol{\alpha}_2,\boldsymbol{\alpha}_3,\boldsymbol{\alpha}_4$ 线性相关? 线性无关?

解 (1) 因为矩阵$(\boldsymbol{\alpha}_1,\boldsymbol{\alpha}_2,\boldsymbol{\alpha}_3)$的行列式,有

$$|\boldsymbol{\alpha}_1,\boldsymbol{\alpha}_2,\boldsymbol{\alpha}_3| = \begin{vmatrix} 1 & 1 & 1 \\ 1 & 2 & 3 \\ 1 & 3 & k \end{vmatrix} = k-5.$$

根据定理 3.6 的推论 2,当$|\boldsymbol{\alpha}_1,\boldsymbol{\alpha}_2,\boldsymbol{\alpha}_3|=0$,即 $k=5$ 时,向量组 $\boldsymbol{\alpha}_1,\boldsymbol{\alpha}_2,\boldsymbol{\alpha}_3$ 线性相关;当$|\boldsymbol{\alpha}_1,\boldsymbol{\alpha}_2,\boldsymbol{\alpha}_3|\neq 0$,即 $k\neq 5$ 时,向量组 $\boldsymbol{\alpha}_1,\boldsymbol{\alpha}_2,\boldsymbol{\alpha}_3$ 线性无关.

(2) 由于向量组 $\boldsymbol{\alpha}_1,\boldsymbol{\alpha}_2,\boldsymbol{\alpha}_3,\boldsymbol{\alpha}_4$ 共有 4 个向量,向量个数大于向量的维数,所以 k 取任意值时,向量组 $\boldsymbol{\alpha}_1,\boldsymbol{\alpha}_2,\boldsymbol{\alpha}_3,\boldsymbol{\alpha}_4$ 都线性相关.

例 3 证明:若向量组 $\boldsymbol{\alpha}_1,\boldsymbol{\alpha}_2,\boldsymbol{\alpha}_3$ 线性无关,则向量组 $\boldsymbol{\beta}_1=\boldsymbol{\alpha}_1+\boldsymbol{\alpha}_2,\boldsymbol{\beta}_2=\boldsymbol{\alpha}_2+\boldsymbol{\alpha}_3,\boldsymbol{\beta}_3=\boldsymbol{\alpha}_3+\boldsymbol{\alpha}_1$ 也线性无关.

证明 设有数 k_1,k_2,k_3,使

$$k_1\boldsymbol{\beta}_1+k_2\boldsymbol{\beta}_2+k_3\boldsymbol{\beta}_3=\mathbf{0},$$

即

$$k_1(\boldsymbol{\alpha}_1+\boldsymbol{\alpha}_2)+k_2(\boldsymbol{\alpha}_2+\boldsymbol{\alpha}_3)+k_3(\boldsymbol{\alpha}_3+\boldsymbol{\alpha}_1)=\mathbf{0}.$$

整理得

$$(k_1+k_3)\boldsymbol{\alpha}_1+(k_1+k_2)\boldsymbol{\alpha}_2+(k_2+k_3)\boldsymbol{\alpha}_3=\mathbf{0}.$$

由 $\boldsymbol{\alpha}_1,\boldsymbol{\alpha}_2,\boldsymbol{\alpha}_3$ 线性无关,故有

$$\begin{cases} k_1+k_3=0, \\ k_1+k_2=0, \\ k_2+k_3=0. \end{cases}$$

该方程组只有零解,即 $k_1=0,k_2=0,k_3=0$,从而 $\boldsymbol{\beta}_1,\boldsymbol{\beta}_2,\boldsymbol{\beta}_3$ 线性无关.

3.3.2 向量组线性相关性的有关定理

定理 3.7 向量组 $\boldsymbol{\alpha}_1,\boldsymbol{\alpha}_2,\cdots,\boldsymbol{\alpha}_s(s\geqslant 2)$ 线性相关的充分必要条件是该向量组中至少有一个向量能由其余的 $s-1$ 个向量线性表示.

证明 必要性. 因为向量组 $\boldsymbol{\alpha}_1,\boldsymbol{\alpha}_2,\cdots,\boldsymbol{\alpha}_s$ 线性相关,故存在不全为零的数 $k_1,k_2,\cdots,k_s$,使得

$$k_1\boldsymbol{\alpha}_1+k_2\boldsymbol{\alpha}_2+\cdots+k_s\boldsymbol{\alpha}_s=\mathbf{0}.$$

不妨设 $k_1\neq 0$,于是

$$\boldsymbol{\alpha}_1=\left(-\frac{k_2}{k_1}\right)\boldsymbol{\alpha}_2+\left(-\frac{k_3}{k_1}\right)\boldsymbol{\alpha}_3+\cdots+\left(-\frac{k_s}{k_1}\right)\boldsymbol{\alpha}_s,$$

即 $\boldsymbol{\alpha}_1$ 可由 $\boldsymbol{\alpha}_2,\boldsymbol{\alpha}_3,\cdots,\boldsymbol{\alpha}_s$ 线性表示.

充分性. 如果向量组 $\boldsymbol{\alpha}_1,\boldsymbol{\alpha}_2,\cdots,\boldsymbol{\alpha}_s$ 中至少有一个向量能由其余的 $s-1$ 个向量线性表示,不妨设 $\boldsymbol{\alpha}_1$ 可由 $\boldsymbol{\alpha}_2,\boldsymbol{\alpha}_3,\cdots,\boldsymbol{\alpha}_s$ 线性表示,即有

$$\boldsymbol{\alpha}_1=l_2\boldsymbol{\alpha}_2+l_3\boldsymbol{\alpha}_3+\cdots+l_s\boldsymbol{\alpha}_s,$$

因此存在一组不全为零的数 $-1,l_2,l_3,\cdots,l_s$,使

$$(-1)\boldsymbol{\alpha}_1+l_2\boldsymbol{\alpha}_2+l_3\boldsymbol{\alpha}_3+\cdots+l_s\boldsymbol{\alpha}_s=\mathbf{0},$$

即 $\boldsymbol{\alpha}_1,\boldsymbol{\alpha}_2,\boldsymbol{\alpha}_3,\cdots,\boldsymbol{\alpha}_s$ 线性相关.

推论 向量组 $\boldsymbol{\alpha}_1,\boldsymbol{\alpha}_2,\cdots,\boldsymbol{\alpha}_s(s\geqslant 2)$ 线性无关的充分必要条件是该向量组中的每一个向量都不能由其余的 $s-1$ 个向量线性表示.

一个线性相关的向量组中,不一定每一个向量都能表示为其余向量的线性组合,但至少有一个向量可以表示为其余向量的线性组合. 例如,在例 1 中向量组 $\boldsymbol{\alpha}_1,\boldsymbol{\alpha}_2,\boldsymbol{\alpha}_3,\boldsymbol{\alpha}_4$ 线性相关,其关系式为 $\boldsymbol{\alpha}_1=\boldsymbol{\alpha}_2-\boldsymbol{\alpha}_3+0\boldsymbol{\alpha}_4$,或 $\boldsymbol{\alpha}_2=\boldsymbol{\alpha}_1+\boldsymbol{\alpha}_3+0\boldsymbol{\alpha}_4$,或 $\boldsymbol{\alpha}_3=-\boldsymbol{\alpha}_1+\boldsymbol{\alpha}_2+0\boldsymbol{\alpha}_4$. 但 $\boldsymbol{\alpha}_4$ 不能表示为 $\boldsymbol{\alpha}_1,\boldsymbol{\alpha}_2,\boldsymbol{\alpha}_3$ 的线性组合. 定理 3.7 并未确定一组线性相关的向量组中哪个向量可由其余向量线性表示,如果加以限制,就有下述定理.

定理 3.8 若向量组 $\boldsymbol{\alpha}_1,\boldsymbol{\alpha}_2,\cdots,\boldsymbol{\alpha}_s$ 线性无关,而向量组 $\boldsymbol{\alpha}_1,\boldsymbol{\alpha}_2,\cdots,\boldsymbol{\alpha}_s,\boldsymbol{\beta}$ 线性相关,则 $\boldsymbol{\beta}$ 可由 $\boldsymbol{\alpha}_1,\boldsymbol{\alpha}_2,\cdots,\boldsymbol{\alpha}_s$ 线性表示,且表示式是唯一的.

证明 先证 $\boldsymbol{\beta}$ 可由 $\boldsymbol{\alpha}_1,\boldsymbol{\alpha}_2,\cdots,\boldsymbol{\alpha}_s$ 线性表示. 因向量组 $\boldsymbol{\alpha}_1,\boldsymbol{\alpha}_2,\cdots,\boldsymbol{\alpha}_s,\boldsymbol{\beta}$ 线性相关,故存在一组不全为零的数 $k_1,k_2,\cdots,k_s,k$,使得

$$k_1\boldsymbol{\alpha}_1+k_2\boldsymbol{\alpha}_2+\cdots+k_s\boldsymbol{\alpha}_s+k\boldsymbol{\beta}=\mathbf{0},$$

其中一定有 $k\neq 0$,否则,如果 $k=0$,则有 $k_1\boldsymbol{\alpha}_1+k_2\boldsymbol{\alpha}_2+\cdots+k_s\boldsymbol{\alpha}_s=\mathbf{0}$,因为向量组 $\boldsymbol{\alpha}_1,\boldsymbol{\alpha}_2,\cdots,\boldsymbol{\alpha}_s$ 线性无关,故必有 $k_1=k_2=\cdots=k_s=0$,这与 $k_1,k_2,\cdots,k_s,k$ 不全为零矛盾. 于是有

$$\boldsymbol{\beta}=\left(-\frac{k_1}{k}\right)\boldsymbol{\alpha}_1+\left(-\frac{k_2}{k}\right)\boldsymbol{\alpha}_2+\cdots+\left(-\frac{k_s}{k}\right)\boldsymbol{\alpha}_s,$$

即 $\boldsymbol{\beta}$ 可由 $\boldsymbol{\alpha}_1,\boldsymbol{\alpha}_2,\cdots,\boldsymbol{\alpha}_s$ 线性表示.

再证表示式唯一.设有两个表示式

$$\boldsymbol{\beta}=k_1\boldsymbol{\alpha}_1+k_2\boldsymbol{\alpha}_2+\cdots+k_s\boldsymbol{\alpha}_s,\quad \boldsymbol{\beta}=h_1\boldsymbol{\alpha}_1+h_2\boldsymbol{\alpha}_2+\cdots+h_s\boldsymbol{\alpha}_s,$$

两式相减,有

$$(k_1-h_1)\boldsymbol{\alpha}_1+(k_2-h_2)\boldsymbol{\alpha}_2+\cdots+(k_s-h_s)\boldsymbol{\alpha}_s=\mathbf{0}.$$

因为向量组 $\boldsymbol{\alpha}_1,\boldsymbol{\alpha}_2,\cdots,\boldsymbol{\alpha}_s$ 线性无关,所以有

$$k_1-h_1=0,k_2-h_2=0,\cdots,k_s-h_s=0,$$

即 $k_1=h_1,k_2=h_2,\cdots,k_s=h_s$,故表示式唯一.

例如,$\mathbf{R}^n$ 中任意向量 $\boldsymbol{\alpha}=(a_1,a_2,\cdots,a_n)$ 可由初始单位向量组 $\boldsymbol{\varepsilon}_1,\boldsymbol{\varepsilon}_2,\cdots,\boldsymbol{\varepsilon}_n$ 唯一地线性表示,即

$$\boldsymbol{\alpha}=a_1\boldsymbol{\varepsilon}_1+a_2\boldsymbol{\varepsilon}_2+\cdots+a_n\boldsymbol{\varepsilon}_n.$$

定理 3.9 如果向量组的一个部分组线性相关,则整个向量组也线性相关.

证明 设向量组 $\boldsymbol{\alpha}_1,\boldsymbol{\alpha}_2,\cdots,\boldsymbol{\alpha}_r,\boldsymbol{\alpha}_{r+1},\cdots,\boldsymbol{\alpha}_s$ 中有 r 个($r\leqslant s$)向量构成的部分组线性相关,不妨设 $\boldsymbol{\alpha}_1,\boldsymbol{\alpha}_2,\cdots,\boldsymbol{\alpha}_r$ 线性相关,则存在一组不全为零的数 $k_1,k_2,\cdots,k_r$,使得

$$k_1\boldsymbol{\alpha}_1+k_2\boldsymbol{\alpha}_2+\cdots+k_r\boldsymbol{\alpha}_r=\mathbf{0}.$$

从而存在一组不全为零的数 $k_1,k_2,\cdots,k_r,0,0,\cdots,0$,使得

$$k_1\boldsymbol{\alpha}_1+k_2\boldsymbol{\alpha}_2+\cdots+k_r\boldsymbol{\alpha}_r+0\boldsymbol{\alpha}_{r+1}+0\boldsymbol{\alpha}_{r+2}+\cdots+0\boldsymbol{\alpha}_s=\mathbf{0},$$

所以向量组 $\boldsymbol{\alpha}_1,\boldsymbol{\alpha}_2,\cdots,\boldsymbol{\alpha}_r,\boldsymbol{\alpha}_{r+1},\boldsymbol{\alpha}_{r+2},\cdots,\boldsymbol{\alpha}_s$ 线性相关.

定理 3.9 的逆否命题是:如果向量组线性无关,则其任一部分组也线性无关.

总之,如果向量组的部分组线性相关,则整个向量组也线性相关;如果整个向量组线性无关,则其任一部分组也线性无关.

定理 3.10 设向量组 $\boldsymbol{\alpha}_1,\boldsymbol{\alpha}_2,\cdots,\boldsymbol{\alpha}_s$ 线性无关,其中 $\boldsymbol{\alpha}_j=(a_{1j},a_{2j},\cdots,a_{rj})^{\mathrm{T}}(j=1,2,\cdots,s)$.若将该向量组的每一个向量都增加 m 个分量,得到向量组 $\boldsymbol{\beta}_1,\boldsymbol{\beta}_2,\cdots,\boldsymbol{\beta}_s$,其中 $\boldsymbol{\beta}_j=(a_{1j},a_{2j},\cdots,a_{rj},a_{r+1,j},a_{r+2,j},\cdots,a_{r+m,j})^{\mathrm{T}}(j=1,2,\cdots,s)$,则向量组 $\boldsymbol{\beta}_1,\boldsymbol{\beta}_2,\cdots,\boldsymbol{\beta}_s$ 也线性无关.

证明 由于向量组 $\boldsymbol{\alpha}_1,\boldsymbol{\alpha}_2,\cdots,\boldsymbol{\alpha}_s$ 线性无关,故齐次线性方程组

$$x_1\boldsymbol{\alpha}_1+x_2\boldsymbol{\alpha}_2+\cdots+x_s\boldsymbol{\alpha}_s=\mathbf{0}\tag{3.3.3}$$

仅有零解.由已知条件可知,方程组(3.3.3)恰为齐次线性方程组

$$x_1\boldsymbol{\beta}_1+x_2\boldsymbol{\beta}_2+\cdots+x_s\boldsymbol{\beta}_s=\mathbf{0}\tag{3.3.4}$$

中的前 r 个方程.故方程组(3.3.4)的解集包含于方程组(3.3.3)的解集中,从而方程组(3.3.4)也仅有零解,故向量组 $\boldsymbol{\beta}_1,\boldsymbol{\beta}_2,\cdots,\boldsymbol{\beta}_s$ 也线性无关.

由定理 3.10 可知,r 维向量组的每个向量都有增加 $n-r$ 个分量,成为 n 维向量组.若 r 维向量组线性无关,则 n 维向量组也线性无关;反之,若 n 维向量组线性相关,则 r 维向量组也线性相关.

例 4　判定下列向量组的线性相关性：

(1) $\boldsymbol{\alpha}_1=(1,0,0,1,-2)^{\mathrm{T}},\boldsymbol{\alpha}_2=(0,1,0,2,3)^{\mathrm{T}},\boldsymbol{\alpha}_3=(0,0,1,5,3)^{\mathrm{T}}$；

(2) $\boldsymbol{\alpha}_1=(1,-3,5,8)^{\mathrm{T}},\boldsymbol{\alpha}_2=(3,2,3,5)^{\mathrm{T}},\boldsymbol{\alpha}_3=(4,-12,20,32)^{\mathrm{T}}$.

解　(1) 因为 $\boldsymbol{\varepsilon}_1=(1,0,0)^{\mathrm{T}},\boldsymbol{\varepsilon}_2=(0,1,0)^{\mathrm{T}},\boldsymbol{\varepsilon}_3=(0,0,1)^{\mathrm{T}}$ 线性无关，由定理 3.10 知，向量组 $\boldsymbol{\alpha}_1,\boldsymbol{\alpha}_2,\boldsymbol{\alpha}_3$ 线性无关.

(2) 因为 $\boldsymbol{\alpha}_3=4\boldsymbol{\alpha}_1$，故 $\boldsymbol{\alpha}_1,\boldsymbol{\alpha}_3$ 线性相关，由定理 3.9 知，$\boldsymbol{\alpha}_1,\boldsymbol{\alpha}_2,\boldsymbol{\alpha}_3$ 线性相关.

例 5　已知向量组 $\boldsymbol{\alpha}_1,\boldsymbol{\alpha}_2,\boldsymbol{\alpha}_3$ 线性相关，$\boldsymbol{\alpha}_2,\boldsymbol{\alpha}_3,\boldsymbol{\alpha}_4$ 线性无关，问：

(1) $\boldsymbol{\alpha}_1$ 是否可由 $\boldsymbol{\alpha}_2,\boldsymbol{\alpha}_3$ 线性表示？

(2) $\boldsymbol{\alpha}_4$ 是否可由 $\boldsymbol{\alpha}_1,\boldsymbol{\alpha}_2,\boldsymbol{\alpha}_3$ 线性表示？

解　(1) 因 $\boldsymbol{\alpha}_2,\boldsymbol{\alpha}_3,\boldsymbol{\alpha}_4$ 线性无关，由定理 3.9 知 $\boldsymbol{\alpha}_2,\boldsymbol{\alpha}_3$ 线性无关，而 $\boldsymbol{\alpha}_1,\boldsymbol{\alpha}_2,\boldsymbol{\alpha}_3$ 线性相关，由定理 3.8 知 $\boldsymbol{\alpha}_1$ 可由 $\boldsymbol{\alpha}_2,\boldsymbol{\alpha}_3$ 线性表示.

(2) 假设 $\boldsymbol{\alpha}_4$ 可由 $\boldsymbol{\alpha}_1,\boldsymbol{\alpha}_2,\boldsymbol{\alpha}_3$ 线性表示，由(1)知 $\boldsymbol{\alpha}_1$ 可由 $\boldsymbol{\alpha}_2,\boldsymbol{\alpha}_3$ 线性表示，所以 $\boldsymbol{\alpha}_4$ 可由 $\boldsymbol{\alpha}_2,\boldsymbol{\alpha}_3$ 线性表示，则 $\boldsymbol{\alpha}_2,\boldsymbol{\alpha}_3,\boldsymbol{\alpha}_4$ 线性相关，这与题设的“$\boldsymbol{\alpha}_2,\boldsymbol{\alpha}_3,\boldsymbol{\alpha}_4$ 线性无关”矛盾. 所以 $\boldsymbol{\alpha}_4$ 不可由 $\boldsymbol{\alpha}_1,\boldsymbol{\alpha}_2,\boldsymbol{\alpha}_3$ 线性表示.

定理 3.11　设向量组 $\boldsymbol{\beta}_1,\boldsymbol{\beta}_2,\cdots,\boldsymbol{\beta}_t$ 可由向量组 $\boldsymbol{\alpha}_1,\boldsymbol{\alpha}_2,\cdots,\boldsymbol{\alpha}_s$ 线性表示，且 $s<t$，则向量组 $\boldsymbol{\beta}_1,\boldsymbol{\beta}_2,\cdots,\boldsymbol{\beta}_t$ 线性相关.

证明　因为向量组 $\boldsymbol{\beta}_1,\boldsymbol{\beta}_2,\cdots,\boldsymbol{\beta}_t$ 可由向量组 $\boldsymbol{\alpha}_1,\boldsymbol{\alpha}_2,\cdots,\boldsymbol{\alpha}_s$ 线性表示，所以有

$$(\boldsymbol{\beta}_1,\boldsymbol{\beta}_2,\cdots,\boldsymbol{\beta}_t)=(\boldsymbol{\alpha}_1,\boldsymbol{\alpha}_2,\cdots,\boldsymbol{\alpha}_s)\begin{pmatrix}k_{11} & k_{12} & \cdots & k_{1t}\\ k_{21} & k_{22} & \cdots & k_{2t}\\ \vdots & \vdots & & \vdots\\ k_{s1} & k_{s2} & \cdots & k_{st}\end{pmatrix},\tag{3.3.5}$$

记 $\boldsymbol{A}=\begin{pmatrix}k_{11} & k_{12} & \cdots & k_{1t}\\ k_{21} & k_{22} & \cdots & k_{2t}\\ \vdots & \vdots & & \vdots\\ k_{s1} & k_{s2} & \cdots & k_{st}\end{pmatrix}=(\boldsymbol{A}_1,\boldsymbol{A}_2,\cdots,\boldsymbol{A}_t)$，其中 $\boldsymbol{A}_i(i=1,2,\cdots,t)$是 s 维列向量.

因为 $s<t$，即向量组 $\boldsymbol{A}_1,\boldsymbol{A}_2,\cdots,\boldsymbol{A}_t$ 的向量个数大于维数，所以 s 维列向量组 $\boldsymbol{A}_1,\boldsymbol{A}_2,\cdots,\boldsymbol{A}_t$ 线性相关，从而存在不全为零的数 $k_1,k_2,\cdots,k_t$，使得

$$k_1\boldsymbol{A}_1+k_2\boldsymbol{A}_2+\cdots+k_t\boldsymbol{A}_t=\boldsymbol{0}.$$

于是有

$$k_1\boldsymbol{\beta}_1+k_2\boldsymbol{\beta}_2+\cdots+k_t\boldsymbol{\beta}_t=(\boldsymbol{\beta}_1,\boldsymbol{\beta}_2,\cdots,\boldsymbol{\beta}_t)\begin{pmatrix}k_1\\ k_2\\ \vdots\\ k_t\end{pmatrix}=(\boldsymbol{\alpha}_1,\boldsymbol{\alpha}_2,\cdots,\boldsymbol{\alpha}_s)(\boldsymbol{A}_1,\boldsymbol{A}_2,\cdots,\boldsymbol{A}_t)\begin{pmatrix}k_1\\ k_2\\ \vdots\\ k_t\end{pmatrix}=\boldsymbol{0},$$

所以向量组 $\boldsymbol{\beta}_1,\boldsymbol{\beta}_2,\cdots,\boldsymbol{\beta}_t$ 线性相关.

根据定理 3.11，易得如下结论.

推论 1　设向量组 $\boldsymbol{\beta}_1,\boldsymbol{\beta}_2,\cdots,\boldsymbol{\beta}_t$ 可由向量组 $\boldsymbol{\alpha}_1,\boldsymbol{\alpha}_2,\cdots,\boldsymbol{\alpha}_s$ 线性表示，若向量组

$\boldsymbol{\beta}_1,\boldsymbol{\beta}_2,\cdots,\boldsymbol{\beta}_t$ 线性无关，则 $s\geqslant t$.

推论 2 设向量组 $\boldsymbol{\alpha}_1,\boldsymbol{\alpha}_2,\cdots,\boldsymbol{\alpha}_s$ 与向量组 $\boldsymbol{\beta}_1,\boldsymbol{\beta}_2,\cdots,\boldsymbol{\beta}_t$ 等价，且都线性无关，则 $s=t$.

习 题 3.3

1. 判定下列向量组是线性相关还是线性无关？

(1) $\boldsymbol{\alpha}_1=(1,0,-1,2)^{\mathrm{T}},\boldsymbol{\alpha}_2=(-1,-1,2,-4)^{\mathrm{T}},\boldsymbol{\alpha}_3=(2,3,-5,10)^{\mathrm{T}}$；

(2) $\boldsymbol{\alpha}_1=(1,1,3,1)^{\mathrm{T}},\boldsymbol{\alpha}_2=(3,-1,2,4)^{\mathrm{T}},\boldsymbol{\alpha}_3=(2,2,7,-1)^{\mathrm{T}}$；

(3) $\boldsymbol{\alpha}_1=(1,0,0,2,5)^{\mathrm{T}},\boldsymbol{\alpha}_2=(0,1,0,3,4)^{\mathrm{T}},\boldsymbol{\alpha}_3=(0,0,1,4,7)^{\mathrm{T}},\boldsymbol{\alpha}_4=(2,-3,4,11,12)^{\mathrm{T}}$；

(4) $\boldsymbol{\alpha}_1=(1,2,-1,5)^{\mathrm{T}},\boldsymbol{\alpha}_2=(2,-1,1,1)^{\mathrm{T}},\boldsymbol{\alpha}_3=(4,3,-1,11)^{\mathrm{T}}$.

2. 问 k 为何值时，向量组 $\boldsymbol{\alpha}=(k,-1,-1)^{\mathrm{T}},\boldsymbol{\beta}=(-1,k,-1)^{\mathrm{T}},\boldsymbol{\gamma}=(-1,-1,k)^{\mathrm{T}}$ 线性相关？

3. 设 $\mathbf{R}^n$ 中向量组 $\boldsymbol{\alpha}_1,\boldsymbol{\alpha}_2,\boldsymbol{\alpha}_3$ 线性无关，试判断下列各向量组是否线性无关？

(1) $\boldsymbol{\beta}_1=\boldsymbol{\alpha}_1-\boldsymbol{\alpha}_2,\boldsymbol{\beta}_2=\boldsymbol{\alpha}_2-\boldsymbol{\alpha}_3,\boldsymbol{\beta}_3=\boldsymbol{\alpha}_3-\boldsymbol{\alpha}_1$；

(2) $\boldsymbol{\beta}_1=\frac{1}{2}\boldsymbol{\alpha}_1+\frac{1}{2}\boldsymbol{\alpha}_2,\boldsymbol{\beta}_2=\frac{1}{2}\boldsymbol{\alpha}_2+\frac{1}{2}\boldsymbol{\alpha}_3,\boldsymbol{\beta}_3=\frac{1}{2}\boldsymbol{\alpha}_3+\frac{1}{2}\boldsymbol{\alpha}_1$.

4. 设向量组 $\boldsymbol{\alpha}_1,\boldsymbol{\alpha}_2,\boldsymbol{\alpha}_3$ 线性无关，问当常数 l,m 满足什么条件时，向量组 $l\boldsymbol{\alpha}_2-\boldsymbol{\alpha}_1,m\boldsymbol{\alpha}_3-\boldsymbol{\alpha}_2,\boldsymbol{\alpha}_1-\boldsymbol{\alpha}_3$ 也线性无关？

5. 设 $\boldsymbol{\alpha}_1,\boldsymbol{\alpha}_2$ 线性无关，$\boldsymbol{\alpha}_1+\boldsymbol{\beta},\boldsymbol{\alpha}_2+\boldsymbol{\beta}$ 线性相关，求向量 $\boldsymbol{\beta}$ 由 $\boldsymbol{\alpha}_1,\boldsymbol{\alpha}_2$ 线性表示的表示式.

6. 已知 n 维初始单位向量 $\boldsymbol{\varepsilon}_1,\boldsymbol{\varepsilon}_2,\cdots,\boldsymbol{\varepsilon}_n$ 能由 n 维向量组 $\boldsymbol{\alpha}_1,\boldsymbol{\alpha}_2,\cdots,\boldsymbol{\alpha}_n$ 线性表示，证明 $\boldsymbol{\alpha}_1,\boldsymbol{\alpha}_2,\cdots,\boldsymbol{\alpha}_n$ 线性无关.

3.4 向量组的秩

我们知道，任意 $n+1$ 个 n 维向量一定线性相关，n 维初始单位向量组 $\boldsymbol{\varepsilon}_1=(1,0,\cdots,0)^{\mathrm{T}},\boldsymbol{\varepsilon}_2=(0,1,\cdots,0)^{\mathrm{T}},\cdots,\boldsymbol{\varepsilon}_n=(0,0,\cdots,1)^{\mathrm{T}}$ 线性无关，任意 n 维向量都可由 $\boldsymbol{\varepsilon}_1,\boldsymbol{\varepsilon}_2,\cdots,\boldsymbol{\varepsilon}_n$ 线性表示. 这说明，$\boldsymbol{\varepsilon}_1,\boldsymbol{\varepsilon}_2,\cdots,\boldsymbol{\varepsilon}_n$ 可以作为 $\mathbf{R}^n$ 中向量的一组"代表"，在讨论向量组之间的一些关系时，可以用 $\boldsymbol{\varepsilon}_1,\boldsymbol{\varepsilon}_2,\cdots,\boldsymbol{\varepsilon}_n$ 代替 $\mathbf{R}^n$. 为刻画具有这种性质的向量组，给出如下概念.

3.4.1 向量组的极大线性无关组

定义 3.8 如果一个向量组 $\boldsymbol{\alpha}_1,\boldsymbol{\alpha}_2,\cdots,\boldsymbol{\alpha}_s$ 中能选出 r 个向量构成的部分组 $\boldsymbol{\alpha}_{j_1},\boldsymbol{\alpha}_{j_2},\cdots,\boldsymbol{\alpha}_{j_r}$ 满足以下两个条件：

(1) $\boldsymbol{\alpha}_{j_1},\boldsymbol{\alpha}_{j_2},\cdots,\boldsymbol{\alpha}_{j_r}$ 线性无关；

(2) 向量组 $\boldsymbol{\alpha}_1,\boldsymbol{\alpha}_2,\cdots,\boldsymbol{\alpha}_s$ 中的任意一个向量均可由向量组 $\boldsymbol{\alpha}_{j_1},\boldsymbol{\alpha}_{j_2},\cdots,\boldsymbol{\alpha}_{j_r}$ 线性表示，

则称向量组 $\boldsymbol{\alpha}_{j_1},\boldsymbol{\alpha}_{j_2},\cdots,\boldsymbol{\alpha}_{j_r}$ 为向量组 $\boldsymbol{\alpha}_1,\boldsymbol{\alpha}_2,\cdots,\boldsymbol{\alpha}_s$ 的一个**极大线性无关组**，简称为**极大无关组**.

一般说来，一个向量组的极大无关组可能不止一个.

例如，向量组 $\boldsymbol{\alpha}_1=(-1,2,3,1)^{\mathrm{T}},\boldsymbol{\alpha}_2=(-2,4,5,4)^{\mathrm{T}},\boldsymbol{\alpha}_3=(-3,6,9,3)^{\mathrm{T}},\boldsymbol{\alpha}_4=(-3,6,8,5)^{\mathrm{T}}$ 中 $\boldsymbol{\alpha}_1,\boldsymbol{\alpha}_2$ 线性无关，而 $\boldsymbol{\alpha}_3=3\boldsymbol{\alpha}_1+0\boldsymbol{\alpha}_2,\boldsymbol{\alpha}_4=\boldsymbol{\alpha}_1+\boldsymbol{\alpha}_2$，从中可知此向量组中任意 3 个向量都线性相关，故 $\boldsymbol{\alpha}_1,\boldsymbol{\alpha}_2$ 是向量组 $\boldsymbol{\alpha}_1,\boldsymbol{\alpha}_2,\boldsymbol{\alpha}_3,\boldsymbol{\alpha}_4$ 的一个极大无关组. 同样可以验证，$\boldsymbol{\alpha}_1,\boldsymbol{\alpha}_4$；$\boldsymbol{\alpha}_2,\boldsymbol{\alpha}_3$；$\boldsymbol{\alpha}_2,\boldsymbol{\alpha}_4$；$\boldsymbol{\alpha}_3,\boldsymbol{\alpha}_4$ 也都是向量组 $\boldsymbol{\alpha}_1,\boldsymbol{\alpha}_2,\boldsymbol{\alpha}_3,\boldsymbol{\alpha}_4$ 的一个极大无关组.

定义 3.8 的两个条件(1)和(2)分别表示出了极大线性无关组的“线性无关”和“极大”两个特点. 由于一个非零向量本身线性无关，故包含非零向量的向量组一定存在极大无关组；而仅含零向量的向量组不存在极大无关组. 特别地，如果一个向量组线性无关，则其极大无关组就是该向量组本身.

由向量组等价的定义及极大无关组的定义可以得到：

定理 3.12　向量组和它的极大无关组等价.

推论 1　向量组的任意两个极大无关组之间等价.

上面的定理表明，在讨论向量组之间的一些关系时，可以用极大无关组来代替向量组，使问题的讨论更加方便和简化.

推论 2　向量组的任意两个极大无关组所含的向量个数相同.

从推论 2 得出，一个向量组的所有极大无关组所含向量数目相等，这是向量组的一个重要特征，为此我们引出下面概念.

定义 3.9　向量组 $\boldsymbol{\alpha}_1,\boldsymbol{\alpha}_2,\cdots,\boldsymbol{\alpha}_s$ 的极大无关组所含的向量个数，称为该**向量组的秩**，记作 $r(\boldsymbol{\alpha}_1,\boldsymbol{\alpha}_2,\cdots,\boldsymbol{\alpha}_s)$.

上例中向量组 $\boldsymbol{\alpha}_1=(-1,2,3,1)^{\mathrm{T}},\boldsymbol{\alpha}_2=(-2,4,5,4)^{\mathrm{T}},\boldsymbol{\alpha}_3=(-3,6,9,3)^{\mathrm{T}},\boldsymbol{\alpha}_4=(-3,6,8,5)^{\mathrm{T}}$，其秩 $r(\boldsymbol{\alpha}_1,\boldsymbol{\alpha}_2,\boldsymbol{\alpha}_3,\boldsymbol{\alpha}_4)=2$.

只含零向量的向量组没有极大无关组，因此规定：只含零向量的向量组的秩为零.

一个线性无关的向量组的极大无关组就是该向量组本身，故向量组 $\boldsymbol{\alpha}_1,\boldsymbol{\alpha}_2,\cdots,\boldsymbol{\alpha}_s$ 线性无关的充分必要条件是 $r(\boldsymbol{\alpha}_1,\boldsymbol{\alpha}_2,\cdots,\boldsymbol{\alpha}_s)=s$. 例如，向量组 $\boldsymbol{\varepsilon}_1,\boldsymbol{\varepsilon}_2,\cdots,\boldsymbol{\varepsilon}_n$ 线性无关，则 $r(\boldsymbol{\varepsilon}_1,\boldsymbol{\varepsilon}_2,\cdots,\boldsymbol{\varepsilon}_n)=n$.

对于任意含有非零向量的向量组 $\boldsymbol{\alpha}_1,\boldsymbol{\alpha}_2,\cdots,\boldsymbol{\alpha}_s$，有 $1\leqslant r(\boldsymbol{\alpha}_1,\boldsymbol{\alpha}_2,\cdots,\boldsymbol{\alpha}_s)\leqslant s$.

定理 3.13　若向量组Ⅰ：$\boldsymbol{\alpha}_1,\boldsymbol{\alpha}_2,\cdots,\boldsymbol{\alpha}_s$ 能由向量组Ⅱ：$\boldsymbol{\beta}_1,\boldsymbol{\beta}_2,\cdots,\boldsymbol{\beta}_t$ 线性表示，则 $r(\boldsymbol{\alpha}_1,\boldsymbol{\alpha}_2,\cdots,\boldsymbol{\alpha}_s)\leqslant r(\boldsymbol{\beta}_1,\boldsymbol{\beta}_2,\cdots,\boldsymbol{\beta}_t)$.

证明　设向量组Ⅰ的一个极大无关组为Ⅲ：$\boldsymbol{\alpha}_{i_1},\boldsymbol{\alpha}_{i_2},\cdots,\boldsymbol{\alpha}_{i_r}$，向量组Ⅱ的一个极大无关组为Ⅳ：$\boldsymbol{\beta}_{j_1},\boldsymbol{\beta}_{j_2},\cdots,\boldsymbol{\beta}_{j_m}$. 根据已知条件及定理 3.12 知，向量组Ⅲ能由向量组Ⅰ线性表示，向量组Ⅰ能由向量组Ⅱ线性表示，向量组Ⅱ又能由向量组Ⅳ线性表

示，故向量组Ⅲ：$\boldsymbol{\alpha}_{i_1},\boldsymbol{\alpha}_{i_2},\cdots,\boldsymbol{\alpha}_{i_r}$ 能由向量组Ⅳ：$\boldsymbol{\beta}_{j_1},\boldsymbol{\beta}_{j_2},\cdots,\boldsymbol{\beta}_{j_m}$ 线性表示，而 $\boldsymbol{\alpha}_{i_1},\boldsymbol{\alpha}_{i_2},\cdots,\boldsymbol{\alpha}_{i_r}$ 线性无关. 再由定理 3.11 的推论 1 知 $r\leqslant m$，即有 $r(\boldsymbol{\alpha}_1,\boldsymbol{\alpha}_2,\cdots,\boldsymbol{\alpha}_s)\leqslant r(\boldsymbol{\beta}_1,\boldsymbol{\beta}_2,\cdots,\boldsymbol{\beta}_t)$.

推论 等价向量组的秩相同.

推论告诉我们，等价向量组的秩相等，但应当注意，秩相同的两个向量组却未必等价.

例 1 设向量组Ⅰ：$\boldsymbol{\alpha}_1,\boldsymbol{\alpha}_2,\cdots,\boldsymbol{\alpha}_s$ 能由向量组Ⅱ：$\boldsymbol{\beta}_1,\boldsymbol{\beta}_2,\cdots,\boldsymbol{\beta}_t$ 线性表示，且它们的秩相等，证明：$\{\boldsymbol{\alpha}_1,\boldsymbol{\alpha}_2,\cdots,\boldsymbol{\alpha}_s\}\cong\{\boldsymbol{\beta}_1,\boldsymbol{\beta}_2,\cdots,\boldsymbol{\beta}_t\}$.

证明 设向量组Ⅲ是由向量组Ⅰ和向量组Ⅱ组合拼成的向量组，即Ⅲ：$\boldsymbol{\alpha}_1,\boldsymbol{\alpha}_2,\cdots,\boldsymbol{\alpha}_s,\boldsymbol{\beta}_1,\boldsymbol{\beta}_2,\cdots,\boldsymbol{\beta}_t$. 又设 $r(\boldsymbol{\alpha}_1,\boldsymbol{\alpha}_2,\cdots,\boldsymbol{\alpha}_s)=r(\boldsymbol{\beta}_1,\boldsymbol{\beta}_2,\cdots,\boldsymbol{\beta}_t)=r$.

因为向量组Ⅰ能由向量组Ⅱ线性表示，故向量组Ⅲ能由向量组Ⅱ线性表示. 而向量组Ⅱ是向量组Ⅲ的部分组，故向量组Ⅱ能由向量组Ⅲ线性表示，所以向量组Ⅲ与向量组Ⅱ等价，由定理 3.13 推论知 $r(\boldsymbol{\alpha}_1,\boldsymbol{\alpha}_2,\cdots,\boldsymbol{\alpha}_s,\boldsymbol{\beta}_1,\boldsymbol{\beta}_2,\cdots,\boldsymbol{\beta}_t)=r$. 又因为向量组Ⅰ是向量组Ⅲ的部分组，且 $r(\boldsymbol{\alpha}_1,\boldsymbol{\alpha}_2,\cdots,\boldsymbol{\alpha}_s)=r$，所以向量组Ⅰ的极大无关组也可作为向量组Ⅲ的一个极大无关组，故向量组Ⅲ与向量组Ⅰ的极大无关组等价，从而向量组Ⅲ与向量组Ⅰ等价. 由等价的传递性知，向量组Ⅰ与向量组Ⅱ等价，即 $\{\boldsymbol{\alpha}_1,\boldsymbol{\alpha}_2,\cdots,\boldsymbol{\alpha}_s\}\cong\{\boldsymbol{\beta}_1,\boldsymbol{\beta}_2,\cdots,\boldsymbol{\beta}_t\}$.

3.4.2 向量组的秩与矩阵秩的关系

定义 3.10 矩阵 $\boldsymbol{A}=(a_{ij})_{m\times n}$ 的行向量组 $\boldsymbol{\alpha}_1,\boldsymbol{\alpha}_2,\cdots,\boldsymbol{\alpha}_m$ 的秩称为矩阵 $\boldsymbol{A}$ 的**行秩**；$\boldsymbol{A}$ 的列向量组 $\boldsymbol{\beta}_1,\boldsymbol{\beta}_2,\cdots,\boldsymbol{\beta}_n$ 的秩称为矩阵 $\boldsymbol{A}$ 的**列秩**.

例如，矩阵

$$\boldsymbol{A}=\begin{pmatrix}1&0&3&-2\\0&1&2&7\\0&0&0&0\end{pmatrix},$$

显然，矩阵 $\boldsymbol{A}$ 的秩为 2. $\boldsymbol{A}$ 的行向量组 $\boldsymbol{\alpha}_1=(1,0,3,-2)$，$\boldsymbol{\alpha}_2=(0,1,2,7)$，$\boldsymbol{\alpha}_3=(0,0,0,0)$ 的极大无关组是 $\boldsymbol{\alpha}_1,\boldsymbol{\alpha}_2$，故 $\boldsymbol{A}$ 的行秩为 2；又 $\boldsymbol{A}$ 的列向量组 $\boldsymbol{\beta}_1=(1,0,0)^{\mathrm{T}}$，$\boldsymbol{\beta}_2=(0,1,0)^{\mathrm{T}}$，$\boldsymbol{\beta}_3=(3,2,0)^{\mathrm{T}}$，$\boldsymbol{\beta}_4=(-2,7,0)^{\mathrm{T}}$ 的一个极大无关组是 $\boldsymbol{\beta}_1,\boldsymbol{\beta}_2$，故 $\boldsymbol{A}$ 的列秩也为 2. 因此有

$$r(\boldsymbol{A})=r(\boldsymbol{\alpha}_1,\boldsymbol{\alpha}_2,\boldsymbol{\alpha}_3)=r(\boldsymbol{\beta}_1,\boldsymbol{\beta}_2,\boldsymbol{\beta}_3,\boldsymbol{\beta}_4),$$

即矩阵 $\boldsymbol{A}$ 的秩与 $\boldsymbol{A}$ 的行秩和列秩相等.

对于一般的 $m\times n$ 矩阵，上述结论也是成立的.

定理 3.14 对矩阵 $\boldsymbol{A}=(a_{ij})_{m\times n}$，则

$$r(\boldsymbol{A})=\boldsymbol{A}\text{ 的行秩}=\boldsymbol{A}\text{ 的列秩},$$

即矩阵的秩等于它的行向量组的秩也等于它的列向量组的秩.

证明　记$\boldsymbol{A}=(\boldsymbol{\beta}_1,\boldsymbol{\beta}_2,\cdots,\boldsymbol{\beta}_n)$，若$r(\boldsymbol{A})=r$，并记$\boldsymbol{A}$的$r$阶子式$D_r\neq 0$. 根据定理3.6，由$D_r\neq 0$知$D_r$所在的$r$列组成的向量组线性无关；又$\boldsymbol{A}$中的所有$r+1$阶子式均为零，知$\boldsymbol{A}$中的任意$r+1$个列向量组成的向量组线性相关. 因此由极大无关组的定义可知，D_r所在的r列是$\boldsymbol{A}$的列向量组的一个极大无关组，所以列向量组的秩为r，即

$$\boldsymbol{A}\text{的列秩}=r(\boldsymbol{A}).$$

另一方面，

$$\boldsymbol{A}\text{的行秩}=\boldsymbol{A}^{\mathrm{T}}\text{的列秩}=r(\boldsymbol{A}^{\mathrm{T}})=r(\boldsymbol{A}),$$

所以

$$r(\boldsymbol{A})=\boldsymbol{A}\text{的行秩}=\boldsymbol{A}\text{的列秩}.$$

矩阵的秩与其行(列)秩完全一致，所以记号$r(\boldsymbol{\alpha}_1,\boldsymbol{\alpha}_2,\cdots,\boldsymbol{\alpha}_s)$既可理解为向量组$\boldsymbol{\alpha}_1,\boldsymbol{\alpha}_2,\cdots,\boldsymbol{\alpha}_s$的秩，也可以理解为矩阵$\boldsymbol{A}=(\boldsymbol{\alpha}_1,\boldsymbol{\alpha}_2,\cdots,\boldsymbol{\alpha}_s)$的秩.

从定理3.14的证明中可知，若D_r是矩阵$\boldsymbol{A}$的一个最高阶非零子式，则D_r所在的r列即是$\boldsymbol{A}$的列向量组的一个极大无关组，D_r所在的r行即是$\boldsymbol{A}$的行向量组的一个极大无关组. 因此，求向量组的秩的问题，可应用矩阵的初等变换的方法解决. 对矩阵$\boldsymbol{A}$施以行(列)初等变换，我们还可以证明有如下定理.

定理3.15　对矩阵施以行(列)初等变换，不改变矩阵的列(行)向量间的线性关系.

定理3.14和定理3.15告诉我们求出向量组的秩和极大无关组的一种方法，即利用初等行变换把由向量组各向量为列向量组成的矩阵，化为简化的阶梯形矩阵，则可直接写出向量组的秩和一个极大无关组.

例2　设矩阵

$$\boldsymbol{A}=\begin{pmatrix}2&3&1&4\\1&-1&3&-3\\3&2&4&1\\-1&0&-2&1\end{pmatrix},$$

求矩阵$\boldsymbol{A}$的列向量组的秩和一个极大线性无关组，并将其余列向量用此极大无关组线性表示.

解　记$\boldsymbol{A}=(\boldsymbol{\alpha}_1,\boldsymbol{\alpha}_2,\boldsymbol{\alpha}_3,\boldsymbol{\alpha}_4)$. 对矩阵$\boldsymbol{A}$施以行初等变换，化为简化的阶梯形矩阵：

$$\boldsymbol{A}=\begin{pmatrix}2&3&1&4\\1&-1&3&-3\\3&2&4&1\\-1&0&-2&1\end{pmatrix}\to\begin{pmatrix}1&-1&3&-3\\2&3&1&4\\3&2&4&1\\-1&0&-2&1\end{pmatrix}\to\begin{pmatrix}1&-1&3&-3\\0&5&-5&10\\0&5&-5&10\\0&-1&1&-2\end{pmatrix}$$

$$\to\begin{pmatrix}1&-1&3&-3\\0&1&-1&2\\0&0&0&0\\0&0&0&0\end{pmatrix}\to\begin{pmatrix}1&0&2&-1\\0&1&-1&2\\0&0&0&0\\0&0&0&0\end{pmatrix}.$$

由此可得 $r(\boldsymbol{A})=2, r(\boldsymbol{\alpha}_1,\boldsymbol{\alpha}_2,\boldsymbol{\alpha}_3,\boldsymbol{\alpha}_4)=2$，故列向量的极大无关组包含 2 个向量，而由最后一个矩阵知 $\boldsymbol{\alpha}_1,\boldsymbol{\alpha}_2$ 线性无关，故 $\boldsymbol{\alpha}_1,\boldsymbol{\alpha}_2$ 是矩阵 $\boldsymbol{A}$ 的列向量组的一个极大无关组，且

$$\boldsymbol{\alpha}_3=2\boldsymbol{\alpha}_1-\boldsymbol{\alpha}_2,\quad \boldsymbol{\alpha}_4=-\boldsymbol{\alpha}_1+2\boldsymbol{\alpha}_2.$$

注　一个向量组的极大无关组不是唯一的，但其极大无关组中所含线性无关的向量个数(即向量组的秩)是唯一确定的. 如在例 2 中，若将矩阵 $\boldsymbol{A}$ 施以行初等变换化为如下矩阵：

$$\boldsymbol{A}\to\begin{pmatrix}1&-1&3&-3\\0&1&-1&2\\0&0&0&0\\0&0&0&0\end{pmatrix}\to\begin{pmatrix}1&2&0&3\\0&-1&1&-2\\0&0&0&0\\0&0&0&0\end{pmatrix},$$

则 $\boldsymbol{\alpha}_1,\boldsymbol{\alpha}_3$ 是矩阵 $\boldsymbol{A}$ 的列向量组的一个极大无关组，$r(\boldsymbol{A})=2$，且

$$\boldsymbol{\alpha}_2=2\boldsymbol{\alpha}_1-\boldsymbol{\alpha}_3,\quad \boldsymbol{\alpha}_4=3\boldsymbol{\alpha}_1-2\boldsymbol{\alpha}_3.$$

例 3　求向量组 $\boldsymbol{\alpha}_1=(1,2,-1,1)^{\mathrm{T}},\boldsymbol{\alpha}_2=(0,-4,5,-2)^{\mathrm{T}},\boldsymbol{\alpha}_3=(2,0,k,0)^{\mathrm{T}}$，$\boldsymbol{\alpha}_4=(3,-2,k+4,-1)^{\mathrm{T}}$ 的秩和一个极大线性无关组.

解　因为向量中的分量含有参数 k，故向量组的秩和极大无关组与 k 的取值有关. 对矩阵 $(\boldsymbol{\alpha}_1,\boldsymbol{\alpha}_2,\boldsymbol{\alpha}_3,\boldsymbol{\alpha}_4)$ 施以行初等变换：

$$(\boldsymbol{\alpha}_1,\boldsymbol{\alpha}_2,\boldsymbol{\alpha}_3,\boldsymbol{\alpha}_4)=\begin{pmatrix}1&0&2&3\\2&-4&0&-2\\-1&5&k&k+4\\1&-2&0&-1\end{pmatrix}$$

$$\to\begin{pmatrix}1&0&2&3\\0&-4&-4&-8\\0&5&k+2&k+7\\0&-2&-2&-4\end{pmatrix}\to\begin{pmatrix}1&0&2&3\\0&1&1&2\\0&0&k-3&k-3\\0&0&0&0\end{pmatrix}.$$

(1) 当 $k=3$ 时，$r(\boldsymbol{\alpha}_1,\boldsymbol{\alpha}_2,\boldsymbol{\alpha}_3,\boldsymbol{\alpha}_4)=2$，$\boldsymbol{\alpha}_1,\boldsymbol{\alpha}_2$ 是向量组的一个极大无关组；

(2) 当 $k\neq3$ 时，$r(\boldsymbol{\alpha}_1,\boldsymbol{\alpha}_2,\boldsymbol{\alpha}_3,\boldsymbol{\alpha}_4)=3$，$\boldsymbol{\alpha}_1,\boldsymbol{\alpha}_2,\boldsymbol{\alpha}_3$ 是向量组的一个极大无关组.

建立了矩阵秩与矩阵行秩和列秩的关系，就可以方便地用向量组的秩的结论讨论矩阵秩的有关性质.

例 4　证明 $r(\boldsymbol{AB})\leqslant\min(r(\boldsymbol{A}),r(\boldsymbol{B}))$.

证明　设矩阵

$$\boldsymbol{A}=\begin{pmatrix} a_{11} & a_{12} & \cdots & a_{1s} \\ a_{21} & a_{22} & \cdots & a_{2s} \\ \vdots & \vdots & & \vdots \\ a_{m1} & a_{m2} & \cdots & a_{ms} \end{pmatrix}, \quad \boldsymbol{B}=\begin{pmatrix} b_{11} & b_{12} & \cdots & b_{1n} \\ b_{21} & b_{22} & \cdots & b_{2n} \\ \vdots & \vdots & & \vdots \\ b_{s1} & b_{s2} & \cdots & b_{sn} \end{pmatrix},$$

$$\boldsymbol{AB}=\boldsymbol{C}=(c_{ij})_{m\times n}.$$

把矩阵 $\boldsymbol{A}$ 和 $\boldsymbol{C}$ 按列分块为

$$\boldsymbol{A}=(\boldsymbol{\alpha}_1,\boldsymbol{\alpha}_2,\cdots,\boldsymbol{\alpha}_s), \quad \boldsymbol{C}=(\boldsymbol{\gamma}_1,\boldsymbol{\gamma}_2,\cdots,\boldsymbol{\gamma}_n),$$

其中 $\boldsymbol{\alpha}_j(j=1,2,\cdots,s)$ 是矩阵 $\boldsymbol{A}$ 的第 j 列，$\boldsymbol{\gamma}_j(j=1,2,\cdots,n)$ 是矩阵 $\boldsymbol{C}$ 的第 j 列. 则有

$$(\boldsymbol{\gamma}_1,\boldsymbol{\gamma}_2,\cdots,\boldsymbol{\gamma}_n)=(\boldsymbol{\alpha}_1,\boldsymbol{\alpha}_2,\cdots,\boldsymbol{\alpha}_s)\begin{pmatrix} b_{11} & b_{12} & \cdots & b_{1n} \\ b_{21} & b_{22} & \cdots & b_{2n} \\ \vdots & \vdots & & \vdots \\ b_{s1} & b_{s2} & \cdots & b_{sn} \end{pmatrix}$$

$$=\left(\sum_{i=1}^{s} b_{i1}\boldsymbol{\alpha}_i, \sum_{i=1}^{s} b_{i2}\boldsymbol{\alpha}_i, \cdots, \sum_{i=1}^{s} b_{in}\boldsymbol{\alpha}_i\right),$$

所以

$$\boldsymbol{\gamma}_j=\sum_{i=1}^{s} b_{ij}\boldsymbol{\alpha}_i=b_{1j}\boldsymbol{\alpha}_1+b_{2j}\boldsymbol{\alpha}_2+\cdots+b_{sj}\boldsymbol{\alpha}_s \quad (j=1,2,\cdots,n),$$

即 $\boldsymbol{C}=\boldsymbol{AB}$ 的列向量组 $\boldsymbol{\gamma}_1,\boldsymbol{\gamma}_2,\cdots,\boldsymbol{\gamma}_n$ 可由 $\boldsymbol{A}$ 的列向量组 $\boldsymbol{\alpha}_1,\boldsymbol{\alpha}_2,\cdots,\boldsymbol{\alpha}_s$ 线性表示，由定理 3.13 知 $r(\boldsymbol{AB})\leqslant r(\boldsymbol{A})$.

又由于 $r(\boldsymbol{AB})=r[(\boldsymbol{AB})^{\mathrm{T}}]=r(\boldsymbol{B}^{\mathrm{T}}\boldsymbol{A}^{\mathrm{T}})$，利用上面结果，有 $r(\boldsymbol{AB})\leqslant r(\boldsymbol{B}^{\mathrm{T}})=r(\boldsymbol{B})$，所以

$$r(\boldsymbol{AB})\leqslant \min(r(\boldsymbol{A}),r(\boldsymbol{B})).$$

利用类似的方法，可以证明：

(1) $\max(r(\boldsymbol{A}),r(\boldsymbol{B}))\leqslant r(\boldsymbol{A},\boldsymbol{B})\leqslant r(\boldsymbol{A})+r(\boldsymbol{B})$；

(2) $r(\boldsymbol{A}+\boldsymbol{B})\leqslant r(\boldsymbol{A})+r(\boldsymbol{B})$.

习　题　3.4

1. 求下列向量组秩：

(1) $\boldsymbol{\alpha}_1=(1,2,-1,5)^{\mathrm{T}},\boldsymbol{\alpha}_2=(2,-1,1,1)^{\mathrm{T}},\boldsymbol{\alpha}_3=(4,3,-1,11)^{\mathrm{T}}$；

(2) $\boldsymbol{\alpha}_1=(1,1,3,1)^{\mathrm{T}},\boldsymbol{\alpha}_2=(3,-1,2,4)^{\mathrm{T}},\boldsymbol{\alpha}_3=(2,2,7,-1)^{\mathrm{T}}$；

(3) $\boldsymbol{\alpha}_1=(1,0,-1,2)^{\mathrm{T}},\boldsymbol{\alpha}_2=(-1,-1,2,-4)^{\mathrm{T}},\boldsymbol{\alpha}_3=(2,3,-5,10)^{\mathrm{T}}$；

(4) $\boldsymbol{\alpha}_1=(1,0,0,2,5)^{\mathrm{T}},\boldsymbol{\alpha}_2=(0,1,0,3,4)^{\mathrm{T}},\boldsymbol{\alpha}_3=(0,0,1,4,7)^{\mathrm{T}},\boldsymbol{\alpha}_4=(2,-3,4,11,12)^{\mathrm{T}}$.

2. 求下列矩阵的列向量组的秩及一个极大无关组，并将不属于极大无关组的列向量用极

大无关组线性表示：

(1) $\begin{pmatrix} 2 & 1 & 2 & 3 \\ 4 & 1 & 3 & 5 \\ 2 & 0 & 1 & 2 \end{pmatrix}$； (2) $\begin{pmatrix} 2 & -1 & -1 & 1 & 2 \\ 1 & 1 & -2 & 1 & 4 \\ 4 & -6 & 2 & -2 & 4 \\ 3 & 6 & -9 & 7 & 9 \end{pmatrix}$.

3. 求下列向量组的秩及一个极大无关组,并将其余列向量用此极大无关组线性表示.

(1) $\boldsymbol{\alpha}_1=(1,1,-1)^{\mathrm{T}}, \boldsymbol{\alpha}_2=(3,4,-2)^{\mathrm{T}}, \boldsymbol{\alpha}_3=(2,4,0)^{\mathrm{T}}, \boldsymbol{\alpha}_4=(0,1,1)^{\mathrm{T}}$；

(2) $\boldsymbol{\alpha}_1=(1,0,1)^{\mathrm{T}}, \boldsymbol{\alpha}_2=(2,1,0)^{\mathrm{T}}, \boldsymbol{\alpha}_3=(0,1,1)^{\mathrm{T}}, \boldsymbol{\alpha}_4=(1,1,1)^{\mathrm{T}}$；

(3) $\boldsymbol{\alpha}_1=(-1,-1,0,0)^{\mathrm{T}}, \boldsymbol{\alpha}_2=(1,2,1,-1)^{\mathrm{T}}, \boldsymbol{\alpha}_3=(0,1,1,-1)^{\mathrm{T}}, \boldsymbol{\alpha}_4=(1,3,2,1)^{\mathrm{T}}, \boldsymbol{\alpha}_5=(2,6,4,-1)^{\mathrm{T}}$.

4. 向量组 $\boldsymbol{\alpha}_1,\boldsymbol{\alpha}_2,\boldsymbol{\alpha}_3$ 线性相关,向量组 $\boldsymbol{\alpha}_2,\boldsymbol{\alpha}_3,\boldsymbol{\alpha}_4$ 线性无关,求向量组 $\boldsymbol{\alpha}_1,\boldsymbol{\alpha}_2,\boldsymbol{\alpha}_3,\boldsymbol{\alpha}_4$ 的秩,并说明理由.

5. 设向量组 $\boldsymbol{\alpha}_1=(a,3,1)^{\mathrm{T}}, \boldsymbol{\alpha}_2=(2,b,3)^{\mathrm{T}}, \boldsymbol{\alpha}_3=(1,2,1)^{\mathrm{T}}, \boldsymbol{\alpha}_4=(2,3,1)^{\mathrm{T}}$ 的秩为 2,求 a,b.

6. 已知向量组 $\boldsymbol{\alpha}_1=(1,2,-3)^{\mathrm{T}}, \boldsymbol{\alpha}_2=(3,0,1)^{\mathrm{T}}, \boldsymbol{\alpha}_3=(9,6,-7)^{\mathrm{T}}$ 与向量组 $\boldsymbol{\beta}_1=(0,1,-1)^{\mathrm{T}}, \boldsymbol{\beta}_2=(k,2,1)^{\mathrm{T}}, \boldsymbol{\beta}_3=(t,1,0)^{\mathrm{T}}$ 具有相同的秩,且 $\boldsymbol{\beta}_3$ 可由 $\boldsymbol{\alpha}_1,\boldsymbol{\alpha}_2,\boldsymbol{\alpha}_3$ 线性表示,求 k,t 的值.

7. 设 $\boldsymbol{A}$ 是 $m\times n$ 矩阵,$m<n$,证明:行列式 $|\boldsymbol{A}^{\mathrm{T}}\boldsymbol{A}|=0$.

8. 设 $\boldsymbol{A}$ 为 $m\times n$ 矩阵,设 $\boldsymbol{B}$ 为 $m\times t$ 矩阵,证明:$\max(r(\boldsymbol{A}),r(\boldsymbol{B}))\leqslant r(\boldsymbol{A},\boldsymbol{B})\leqslant r(\boldsymbol{A})+r(\boldsymbol{B})$.

9. 设 $\boldsymbol{A},\boldsymbol{B}$ 均为 $m\times n$ 矩阵,证明:$r(\boldsymbol{A}+\boldsymbol{B})\leqslant r(\boldsymbol{A})+r(\boldsymbol{B})$.

3.5 线性方程组解的结构

线性方程组在有无穷多个解的情况下,解与解之间的关系如何,这就是解的结构问题. n 元线性方程组的解可以看作 n 维向量. 在解不唯一的情况下,同一个方程组的解向量之间有什么关系呢? 本节利用向量组的线性相关性的理论讨论线性方程组解的结构.

3.5.1 齐次线性方程组解的结构

设 n 元齐次线性方程组

$$\begin{cases} a_{11}x_1+a_{12}x_2+\cdots+a_{1n}x_n=0, \\ a_{21}x_1+a_{22}x_2+\cdots+a_{2n}x_n=0, \\ \qquad\cdots\cdots \\ a_{m1}x_1+a_{m2}x_2+\cdots+a_{mn}x_n=0, \end{cases} \tag{3.5.1}$$

其矩阵形式为 $\boldsymbol{Ax}=\boldsymbol{0}$,其中 $\boldsymbol{A}=(a_{ij})_{m\times n}, \boldsymbol{x}=(x_1,x_2,\cdots,x_n)^{\mathrm{T}}, \boldsymbol{0}=(0,0,\cdots,0)^{\mathrm{T}}\in\mathbf{R}^m$.

齐次线性方程组 $\boldsymbol{Ax}=\boldsymbol{0}$ 的解有下列性质：

性质 1 如果 $\boldsymbol{\xi}_1,\boldsymbol{\xi}_2$ 是齐次线性方程组 $\boldsymbol{Ax}=\boldsymbol{0}$ 的解,则 $\boldsymbol{\xi}_1+\boldsymbol{\xi}_2$ 也是 $\boldsymbol{Ax}=\boldsymbol{0}$ 的解.

证明　由于 $\boldsymbol{\xi}_1,\boldsymbol{\xi}_2$ 是齐次线性方程组 $\boldsymbol{Ax}=\boldsymbol{0}$ 的解，则有

$$\boldsymbol{A\xi}_1=\boldsymbol{0},\quad \boldsymbol{A\xi}_2=\boldsymbol{0},$$

从而有

$$\boldsymbol{A}(\boldsymbol{\xi}_1+\boldsymbol{\xi}_2)=\boldsymbol{A\xi}_1+\boldsymbol{A\xi}_2=\boldsymbol{0}+\boldsymbol{0}=\boldsymbol{0},$$

即 $\boldsymbol{\xi}_1+\boldsymbol{\xi}_2$ 也是 $\boldsymbol{Ax}=\boldsymbol{0}$ 的解.

性质 2　如果 $\boldsymbol{\xi}_1$ 是齐次线性方程组 $\boldsymbol{Ax}=\boldsymbol{0}$ 的解，k 为任意常数，则 $k\boldsymbol{\xi}_1$ 也是 $\boldsymbol{Ax}=\boldsymbol{0}$ 的解.

证明　由于 $\boldsymbol{\xi}_1$ 是齐次线性方程组 $\boldsymbol{Ax}=\boldsymbol{0}$ 的解，则有

$$\boldsymbol{A\xi}_1=\boldsymbol{0},\quad \boldsymbol{A}(k\boldsymbol{\xi}_1)=k\boldsymbol{A\xi}_1=k\cdot\boldsymbol{0}=\boldsymbol{0},$$

即 $k\boldsymbol{\xi}_1$ 也是 $\boldsymbol{Ax}=\boldsymbol{0}$ 的解.

由性质 1 和性质 2 可推出

性质 3　如果 $\boldsymbol{\xi}_1,\boldsymbol{\xi}_2,\cdots,\boldsymbol{\xi}_t$ 是齐次线性方程组 $\boldsymbol{Ax}=\boldsymbol{0}$ 的解，则它们的线性组合

$$k_1\boldsymbol{\xi}_1+k_2\boldsymbol{\xi}_3+\cdots+k_t\boldsymbol{\xi}_t$$

也是 $\boldsymbol{Ax}=\boldsymbol{0}$ 的解，其中 $k_1,k_2,\cdots,k_t$ 为任意常数.

由此可见，如果 n 元齐次线性方程组 $\boldsymbol{Ax}=\boldsymbol{0}$ 有非零解，则它就有无穷多个解，这无穷多个解就构成了一个 n 维向量组. 如果我们能确定其解向量组的秩并求出该向量组的一个极大无关组，就可以通过这个极大无关组的线性组合表示出方程组的全部解，同时也就掌握了该方程组解的结构.

定义 3.11　如果 $\boldsymbol{\xi}_1,\boldsymbol{\xi}_2,\cdots,\boldsymbol{\xi}_t$ 是齐次线性方程组 $\boldsymbol{Ax}=\boldsymbol{0}$ 解向量组的一个极大无关组，则称 $\boldsymbol{\xi}_1,\boldsymbol{\xi}_2,\cdots,\boldsymbol{\xi}_t$ 是该方程组的一个**基础解系**.

显然，只有当齐次线性方程组 $\boldsymbol{Ax}=\boldsymbol{0}$ 存在非零解时，才会存在基础解系. 那么在齐次线性方程组 $\boldsymbol{Ax}=\boldsymbol{0}$ 有非零解时，如何求出它的一个基础解系？下面的定理及证明过程解决了这个问题.

定理 3.16　如果 n 元齐次线性方程组 $\boldsymbol{Ax}=\boldsymbol{0}$ 的系数矩阵 $\boldsymbol{A}$ 的秩 $r(\boldsymbol{A})=r<n$，则该方程组的基础解系存在，且它的任意一个基础解系恰含有 $n-r$ 个线性无关的解向量.

证明　设 n 元齐次线性方程组(3.5.1)的系数矩阵 $\boldsymbol{A}=(a_{ij})_{m\times n}$ 秩为 r，且 $r<n$. 不妨设 $\boldsymbol{A}$ 的前 r 个列向量线性无关. 对 $\boldsymbol{A}$ 施以行初等变换化为简化的阶梯形矩阵，即

$$\boldsymbol{A}\to\begin{pmatrix}1&0&\cdots&0&b_{1,r+1}&b_{1,r+2}&\cdots&b_{1n}\\0&1&\cdots&0&b_{2,r+1}&b_{2,r+2}&\cdots&b_{2n}\\\vdots&\vdots&&\vdots&\vdots&\vdots&&\vdots\\0&0&\cdots&1&b_{r,r+1}&b_{r,r+2}&\cdots&b_{rn}\\0&0&&0&0&0&&0\\\vdots&\vdots&&\vdots&\vdots&\vdots&&\vdots\\0&0&\cdots&0&0&0&\cdots&0\end{pmatrix}$$

对应的齐次线性方程组可写为

$$\begin{cases} x_1 = -b_{1,r+1}x_{r+1} - b_{1,r+2}x_{r+2} - \cdots - b_{1n}x_n, \\ x_2 = -b_{2,r+1}x_{r+1} - b_{2,r+2}x_{r+2} - \cdots - b_{2n}x_n, \\ \cdots\cdots \\ x_r = -b_{r,r+1}x_{r+1} - b_{r,r+2}x_{r+2} - \cdots - b_{rn}x_n, \end{cases} \tag{3.5.2}$$

其中 $x_{r+1}, x_{r+2}, \cdots, x_n$ 为 $n-r$ 个自由未知量.

由于方程组(3.5.1)与(3.5.2)同解,任给自由未知量 $x_{r+1}, x_{r+2}, \cdots, x_n$ 一组值,就可以唯一确定 $x_1, x_2, \cdots, x_r$ 的值,即可得到方程组(3.5.2)的一个解,也就是(3.5.2)的解. 并且,方程组(3.5.1)的任意两个解,只要它们对应的自由未知量取值相同,则这两个解就完全相同.

现依次取自由未知量 $x_{r+1}, x_{r+2}, \cdots, x_n$ 为下列 $n-r$ 组值:

$$\begin{pmatrix} x_{r+1} \\ x_{r+2} \\ \vdots \\ x_n \end{pmatrix} = \begin{pmatrix} 1 \\ 0 \\ \vdots \\ 0 \end{pmatrix}, \quad \begin{pmatrix} 0 \\ 1 \\ \vdots \\ 0 \end{pmatrix}, \quad \cdots, \quad \begin{pmatrix} 0 \\ 0 \\ \vdots \\ 1 \end{pmatrix}.$$

由(3.5.2)可得

$$\begin{pmatrix} x_1 \\ \vdots \\ x_r \end{pmatrix} = \begin{pmatrix} -b_{1,r+1} \\ \vdots \\ -b_{r,r+1} \end{pmatrix}, \quad \begin{pmatrix} -b_{1,r+2} \\ \vdots \\ -b_{r,r+2} \end{pmatrix}, \quad \cdots, \quad \begin{pmatrix} -b_{1n} \\ \vdots \\ -b_{rn} \end{pmatrix},$$

从而通过(3.5.2)即可得到方程组(3.5.1)的 $n-r$ 个解:

$$\boldsymbol{\xi}_1 = \begin{pmatrix} -b_{1,r+1} \\ \vdots \\ -b_{r,r+1} \\ 1 \\ 0 \\ \vdots \\ 0 \end{pmatrix}, \quad \boldsymbol{\xi}_2 = \begin{pmatrix} -b_{1,r+2} \\ \vdots \\ -b_{r,r+2} \\ 0 \\ 1 \\ \vdots \\ 0 \end{pmatrix}, \quad \cdots, \quad \boldsymbol{\xi}_{n-r} = \begin{pmatrix} -b_{1n} \\ \vdots \\ -b_{rn} \\ 0 \\ 0 \\ \vdots \\ 1 \end{pmatrix}.$$

下面我们来证明 $\boldsymbol{\xi}_1, \boldsymbol{\xi}_2, \cdots, \boldsymbol{\xi}_{n-r}$ 是方程组(3.5.1)的一个**基础解系**.

(1) 证明 $\boldsymbol{\xi}_1, \boldsymbol{\xi}_2, \cdots, \boldsymbol{\xi}_{n-r}$ 线性无关.

因为 $\boldsymbol{\xi}_1, \boldsymbol{\xi}_2, \cdots, \boldsymbol{\xi}_{n-r}$ 的后 $n-r$ 个分量组成的 $n-r$ 维向量组

$$\begin{pmatrix} 1 \\ 0 \\ \vdots \\ 0 \end{pmatrix}, \quad \begin{pmatrix} 0 \\ 1 \\ \vdots \\ 0 \end{pmatrix}, \quad \cdots, \quad \begin{pmatrix} 0 \\ 0 \\ \vdots \\ 1 \end{pmatrix}$$

是线性无关的. 由定理 3.10 知,这 $n-r$ 个向量分别增加 r 个分量得到的向量组 $\boldsymbol{\xi}_1,\boldsymbol{\xi}_2,\cdots,\boldsymbol{\xi}_{n-r}$ 线性无关.

(2) 证明方程组(3.5.1)的任意一个解 $\boldsymbol{\xi}$ 都可由 $\boldsymbol{\xi}_1,\boldsymbol{\xi}_2,\cdots,\boldsymbol{\xi}_{n-r}$ 线性表示.

由(3.5.2)有

$$\boldsymbol{\xi}=\begin{pmatrix} x_1\\ \vdots\\ x_r\\ x_{r+1}\\ \vdots\\ x_n\end{pmatrix}=\begin{pmatrix} -b_{1,r+1}x_{r+1}-b_{1,r+2}x_{r+2}-\cdots-b_{1n}x_n\\ \vdots\\ -b_{r,r+1}x_{r+1}-b_{r,r+2}x_{r+2}-\cdots-b_{rn}x_n\\ x_{r+1}\\ \vdots\\ x_n\end{pmatrix}$$

$$=x_{r+1}\begin{pmatrix} -b_{1,r+1}\\ \vdots\\ -b_{r,r+1}\\ 1\\ 0\\ \vdots\\ 0\end{pmatrix}+x_{r+2}\begin{pmatrix} -b_{1,r+2}\\ \vdots\\ -b_{r,r+2}\\ 0\\ 1\\ \vdots\\ 0\end{pmatrix}+\cdots+x_n\begin{pmatrix} -b_{1n}\\ \vdots\\ -b_{rn}\\ 0\\ 0\\ \vdots\\ 1\end{pmatrix}$$

$$=x_{r+1}\boldsymbol{\xi}_1+x_{r+2}\boldsymbol{\xi}_2+\cdots+x_n\boldsymbol{\xi}_{n-r},$$

即方程组(3.5.1)的任意一个解 $\boldsymbol{\xi}$ 可由 $\boldsymbol{\xi}_1,\boldsymbol{\xi}_2,\cdots,\boldsymbol{\xi}_{n-r}$ 线性表示.

由(1)和(2)知,$\boldsymbol{\xi}_1,\boldsymbol{\xi}_2,\cdots,\boldsymbol{\xi}_{n-r}$ 是方程组(3.5.1)的一个基础解系,它含有 $n-r$ 个线性无关的解向量. 因此方程组(3.5.1)的全部解为

$$\boldsymbol{\xi}=c_1\boldsymbol{\xi}_1+c_2\boldsymbol{\xi}_2+\cdots+c_{n-r}\boldsymbol{\xi}_{n-r}\quad(c_1,c_2,\cdots,c_{n-r}\text{ 为任意常数}).$$

注　定理 3.16 的证明是一种构造性证明,即在证明的同时给出了一种求基础解系的方法. 但是要注意,求基础解系的方法很多,且方程组(3.5.1)的基础解系不是唯一的. 实际上,方程组(3.5.1)的任何 $n-r$ 个线性无关的解都可以作为方程组(3.5.1)的基础解系.

例 1　求齐次线性方程组

$$\begin{cases} x_1-2x_2+x_3-x_4+x_5=0,\\ 2x_1+x_2-x_3+2x_4-3x_5=0,\\ 3x_1-2x_2-x_3+x_4-2x_5=0,\\ 2x_1-5x_2+x_3-2x_4+2x_5=0\end{cases}$$

的一个基础解系,并求方程组的全部解.

解　对方程组的系数矩阵 $\boldsymbol{A}$ 施以行初等变换,化为简化的阶梯形矩阵,有

$$
\boldsymbol{A}=\begin{pmatrix}1&-2&1&-1&1\\2&1&-1&2&-3\\3&-2&-1&1&-2\\2&-5&1&-2&2\end{pmatrix}\to\begin{pmatrix}1&-2&1&-1&1\\0&5&-3&4&-5\\0&4&-4&4&-5\\0&-1&-1&0&0\end{pmatrix}
$$

$$
\to\begin{pmatrix}1&-2&1&-1&1\\0&-1&-1&0&0\\0&4&-4&4&-5\\0&5&-3&4&-5\end{pmatrix}\to\begin{pmatrix}1&-2&1&-1&1\\0&1&1&0&0\\0&0&-8&4&-5\\0&0&-8&4&-5\end{pmatrix}
$$

$$
\to\begin{pmatrix}1&-2&0&-\frac{1}{2}&\frac{3}{8}\\0&1&0&\frac{1}{2}&-\frac{5}{8}\\0&0&1&-\frac{1}{2}&\frac{5}{8}\\0&0&0&0&0\end{pmatrix}\to\begin{pmatrix}1&0&0&\frac{1}{2}&-\frac{7}{8}\\0&1&0&\frac{1}{2}&-\frac{5}{8}\\0&0&1&-\frac{1}{2}&\frac{5}{8}\\0&0&0&0&0\end{pmatrix},
$$

便得

$$
\begin{cases}x_1=-\frac{1}{2}x_4+\frac{7}{8}x_5,\\x_2=-\frac{1}{2}x_4+\frac{5}{8}x_5,\\x_3=\frac{1}{2}x_4-\frac{5}{8}x_5,\end{cases}\tag{3.5.3}
$$

其中 x_4,x_5 为自由未知量. 令

$$
\begin{pmatrix}x_4\\x_5\end{pmatrix}=\begin{pmatrix}1\\0\end{pmatrix},\quad\begin{pmatrix}0\\1\end{pmatrix},
$$

得原方程组的一个基础解系

$$
\boldsymbol{\xi}_1=\begin{pmatrix}-\frac{1}{2}\\-\frac{1}{2}\\\frac{1}{2}\\1\\0\end{pmatrix},\quad\boldsymbol{\xi}_2=\begin{pmatrix}\frac{7}{8}\\\frac{5}{8}\\-\frac{5}{8}\\0\\1\end{pmatrix},
$$

则方程组的全部解为

$$\boldsymbol{\xi}=c_1\boldsymbol{\xi}_1+c_2\boldsymbol{\xi}_2=c_1\begin{pmatrix}-\frac{1}{2}\\-\frac{1}{2}\\\frac{1}{2}\\1\\0\end{pmatrix}+c_2\begin{pmatrix}\frac{7}{8}\\\frac{5}{8}\\-\frac{5}{8}\\0\\1\end{pmatrix}\quad(c_1,c_2\text{ 为任意常数}).$$

注　在本题中,为了消除分数,也可设$\begin{pmatrix}x_4\\x_5\end{pmatrix}$分别取$\begin{pmatrix}2\\0\end{pmatrix},\begin{pmatrix}0\\8\end{pmatrix}$,从而得到原方程组的一个基础解系

$$\boldsymbol{\eta}_1=\begin{pmatrix}-1\\-1\\1\\2\\0\end{pmatrix},\quad \boldsymbol{\eta}_2=\begin{pmatrix}7\\5\\-5\\0\\8\end{pmatrix},$$

则方程组的全部解为

$$\boldsymbol{\xi}=c_1\boldsymbol{\eta}_1+c_2\boldsymbol{\eta}_2=c_1\begin{pmatrix}-1\\-1\\1\\2\\0\end{pmatrix}+c_2\begin{pmatrix}7\\5\\-5\\0\\8\end{pmatrix}\quad(c_1,c_2\text{ 为任意常数}).$$

显然,向量组$\boldsymbol{\xi}_1,\boldsymbol{\xi}_2$与向量组$\boldsymbol{\eta}_1,\boldsymbol{\eta}_2$是等价的,两个全部解的形式虽不一样,但都表示了方程组的任一解.

另外,本题的解法是先由(3.5.3)写出基础解系,再写出全部解.而在1.1节介绍的方法是先从(3.5.3)写出全部解,即由(3.5.3)式中令$x_4=c_1,x_5=c_2$,则全部解为

$$\begin{cases}x_1=-\frac{1}{2}c_1+\frac{7}{8}c_2,\\x_2=-\frac{1}{2}c_1+\frac{5}{8}c_2,\\x_3=\frac{1}{2}c_1-\frac{5}{8}c_2,\\x_4=c_1,\\x_5=c_2,\end{cases}$$

改写为向量形式为

$$\begin{pmatrix}x_1\\x_2\\x_3\\x_4\\x_5\end{pmatrix}=c_1\begin{pmatrix}-\frac{1}{2}\\-\frac{1}{2}\\\frac{1}{2}\\1\\0\end{pmatrix}+c_2\begin{pmatrix}\frac{7}{8}\\\frac{5}{8}\\-\frac{5}{8}\\0\\1\end{pmatrix}=c_1\boldsymbol{\xi}_1+c_2\boldsymbol{\xi}_2\quad(c_1,c_2\text{ 为任意常数}).$$

从而得出一组基础解系 $\boldsymbol{\xi}_1,\boldsymbol{\xi}_2$.

我们看到,这个结果和例题的解法结果是一样的.

在例 1 的解法中,自由未知量取值适当,就可以得出比较整齐的结果.但要注意自由未知量的选取未必是唯一的.在例 1 中,我们选择了首非零元所在的列以外各列对应的未知量为自由未知量.实际上,如果方程组的系数矩阵 $\boldsymbol{A}$ 的秩是 r,则只要在阶梯形矩阵中选一个 r 阶非零值子式(它所在的列对应未知量为非自由未知量),余下各列对应的未知量均可作为自由未知量.

例 2 设 $m\times n$ 矩阵 $\boldsymbol{A}$ 与 $n\times s$ 矩阵 $\boldsymbol{B}$ 满足 $\boldsymbol{AB}=\boldsymbol{O}$,证明:$r(\boldsymbol{A})+r(\boldsymbol{B})\leqslant n$.

证明 将 $\boldsymbol{B}$ 按列分块为 $\boldsymbol{B}=(\boldsymbol{\beta}_1,\boldsymbol{\beta}_2,\cdots,\boldsymbol{\beta}_s)$,由 $\boldsymbol{AB}=\boldsymbol{O}$ 有

$$\boldsymbol{AB}=\boldsymbol{A}(\boldsymbol{\beta}_1,\boldsymbol{\beta}_2,\cdots,\boldsymbol{\beta}_s)=(\boldsymbol{A\beta}_1,\boldsymbol{A\beta}_2,\cdots,\boldsymbol{A\beta}_s)=(\boldsymbol{0},\boldsymbol{0},\cdots,\boldsymbol{0}),$$

从而有

$$\boldsymbol{A\beta}_j=\boldsymbol{0}\quad(j=1,2,\cdots,s).$$

这表明,矩阵 $\boldsymbol{B}$ 的每一列都是齐次线性方程组 $\boldsymbol{Ax}=\boldsymbol{0}$ 的解,而 $\boldsymbol{Ax}=\boldsymbol{0}$的基础解系含有 $n-r(\boldsymbol{A})$ 个解,即 $\boldsymbol{Ax}=\boldsymbol{0}$的任何一组解中至多含 $n-r(\boldsymbol{A})$ 个线性无关的解,因此

$$r(\boldsymbol{B})=r(\boldsymbol{\beta}_1,\boldsymbol{\beta}_2,\cdots,\boldsymbol{\beta}_s)\leqslant n-r(\boldsymbol{A}),$$

故

$$r(\boldsymbol{A})+r(\boldsymbol{B})\leqslant n.$$

例 3 设 $\boldsymbol{\alpha}_1,\boldsymbol{\alpha}_2,\cdots,\boldsymbol{\alpha}_r$ 是齐次线性方程组的基础解系,试证:$\boldsymbol{\alpha}_1+\boldsymbol{\alpha}_2,\boldsymbol{\alpha}_2,\boldsymbol{\alpha}_3,\cdots,\boldsymbol{\alpha}_r$ 也是齐次线性方程组的基础解系.

证明 因齐次线性方程组解的线性组合仍是该方程组的解,故 $\boldsymbol{\alpha}_1+\boldsymbol{\alpha}_2,\boldsymbol{\alpha}_2,\boldsymbol{\alpha}_3,\cdots,\boldsymbol{\alpha}_r$ 是方程组的解向量.

下面证明 $\boldsymbol{\alpha}_1+\boldsymbol{\alpha}_2,\boldsymbol{\alpha}_2,\boldsymbol{\alpha}_3,\cdots,\boldsymbol{\alpha}_r$ 线性无关.

设存在数 $k_1,k_2,\cdots,k_r$,使

$$k_1(\boldsymbol{\alpha}_1+\boldsymbol{\alpha}_2)+k_2\boldsymbol{\alpha}_2+k_3\boldsymbol{\alpha}_3+\cdots+k_r\boldsymbol{\alpha}_r=\boldsymbol{0},$$

即

$$k_1\boldsymbol{\alpha}_1+(k_1+k_2)\boldsymbol{\alpha}_2+k_3\boldsymbol{\alpha}_3+\cdots+k_r\boldsymbol{\alpha}_r=\boldsymbol{0}.$$

因 $\boldsymbol{\alpha}_1,\boldsymbol{\alpha}_2,\cdots,\boldsymbol{\alpha}_r$ 线性无关,故

$$k_1 = k_1 + k_2 = k_3 = \cdots = k_r = 0,$$

从而

$$k_1 = k_2 = k_3 = \cdots = k_r = 0,$$

所以 $\boldsymbol{\alpha}_1+\boldsymbol{\alpha}_2,\boldsymbol{\alpha}_2,\boldsymbol{\alpha}_3,\cdots,\boldsymbol{\alpha}_r$ 线性无关.

由于齐次线性方程组的基础解系 $\boldsymbol{\alpha}_1,\boldsymbol{\alpha}_2,\cdots,\boldsymbol{\alpha}_r$ 含有 r 个解向量，而 $\boldsymbol{\alpha}_1+\boldsymbol{\alpha}_2,\boldsymbol{\alpha}_2,\boldsymbol{\alpha}_3,\cdots,\boldsymbol{\alpha}_r$ 为齐次线性方程组的含有 r 个解向量的线性无关组，故也为一个基础解系.

例 4　已知 n 阶矩阵 $\mathbf{A}$ 的各行元素之和为零，且 $r(\mathbf{A})=n-1$，求齐次线性方程组 $\mathbf{A}\boldsymbol{x}=\mathbf{0}$ 的全部解.

解　由齐次线性方程组 $\mathbf{A}\boldsymbol{x}=\mathbf{0}$ 含有 n 个未知量且 $r(\mathbf{A})=n-1$ 知，$\mathbf{A}\boldsymbol{x}=\mathbf{0}$ 的基础解系含有 $n-(n-1)=1$ 个解向量.

又因 $\mathbf{A}$ 的各行元素之和为零，即

$$a_{i1}+a_{i2}+\cdots+a_{in}=0,\quad i=1,2,\cdots,n,$$

有

$$\mathbf{A}\begin{pmatrix}1\\1\\\vdots\\1\end{pmatrix}=\mathbf{0},$$

故 $\boldsymbol{\xi}=(1,1,\cdots,1)^{\mathrm{T}}$ 是 $\mathbf{A}\boldsymbol{x}=\mathbf{0}$ 的一个线性无关的解向量，从而 $\boldsymbol{\xi}$ 是 $\mathbf{A}\boldsymbol{x}=\mathbf{0}$ 的一个基础解系，于是 $\mathbf{A}\boldsymbol{x}=\mathbf{0}$ 的全部解为 $\boldsymbol{x}=k\boldsymbol{\xi},k\in\mathbf{R}$.

3.5.2　非齐次线性方程组解的结构

设 n 元非齐次线性方程组

$$\begin{cases}a_{11}x_1+a_{12}x_2+\cdots+a_{1n}x_n=b_1,\\a_{21}x_1+a_{22}x_2+\cdots+a_{2n}x_n=b_2,\\\qquad\cdots\cdots\\a_{m1}x_1+a_{m2}x_2+\cdots+a_{mn}x_n=b_m,\end{cases}\tag{3.5.4}$$

其矩阵形式为 $\mathbf{A}\boldsymbol{x}=\boldsymbol{b}$，其中 $\mathbf{A}=(a_{ij})_{m\times n}$，$\boldsymbol{x}=(x_1,x_2,\cdots,x_n)^{\mathrm{T}}$，$\boldsymbol{b}=(b_1,b_2,\cdots,b_m)^{\mathrm{T}}\neq\mathbf{0}$.

方程组(3.5.4)对应的齐次线性方程组 $\mathbf{A}\boldsymbol{x}=\mathbf{0}$，称为非齐次线性方程组(3.5.4)的**导出组**.

非齐次线性方程组 $\mathbf{A}\boldsymbol{x}=\boldsymbol{b}$ 与其导出组 $\mathbf{A}\boldsymbol{x}=\mathbf{0}$ 的解具有以下性质：

性质 1　若 $\boldsymbol{\eta}$ 是非齐次线性方程组 $\mathbf{A}\boldsymbol{x}=\boldsymbol{b}$ 的一个解，$\boldsymbol{\xi}$ 是其导出组 $\mathbf{A}\boldsymbol{x}=\mathbf{0}$ 的一个解，则 $\boldsymbol{\eta}+\boldsymbol{\xi}$ 是方程组 $\mathbf{A}\boldsymbol{x}=\boldsymbol{b}$ 的一个解.

证明　由已知条件知，$\mathbf{A}\boldsymbol{\eta}=\boldsymbol{b}$，$\mathbf{A}\boldsymbol{\xi}=\mathbf{0}$，则有

$$\mathbf{A}(\boldsymbol{\eta}+\boldsymbol{\xi})=\mathbf{A}\boldsymbol{\eta}+\mathbf{A}\boldsymbol{\xi}=\boldsymbol{b}+\mathbf{0}=\boldsymbol{b},$$

即 $\boldsymbol{\eta}+\boldsymbol{\xi}$ 是非齐次线性方程组 $\boldsymbol{Ax}=\boldsymbol{b}$ 的一个解.

性质 2 若 $\boldsymbol{\eta}_1,\boldsymbol{\eta}_2$ 是非齐次线性方程组 $\boldsymbol{Ax}=\boldsymbol{b}$ 的两个解,则 $\boldsymbol{\eta}_1-\boldsymbol{\eta}_2$ 是其导出组 $\boldsymbol{Ax}=\boldsymbol{0}$ 的解.

证明 由已知条件知,$\boldsymbol{A\eta}_1=\boldsymbol{b},\boldsymbol{A\eta}_2=\boldsymbol{b}$,则有

$$\boldsymbol{A}(\boldsymbol{\eta}_1-\boldsymbol{\eta}_2)=\boldsymbol{A\eta}_1-\boldsymbol{A\eta}_2=\boldsymbol{b}-\boldsymbol{b}=\boldsymbol{0},$$

即 $\boldsymbol{\eta}_1-\boldsymbol{\eta}_2$ 是其导出组 $\boldsymbol{Ax}=\boldsymbol{0}$ 的解.

由性质 1 和性质 2 可得非齐次线性方程组解的结构定理.

定理 3.17 若 n 元非齐次线性方程组 $\boldsymbol{Ax}=\boldsymbol{b}$ 满足 $r(\boldsymbol{A})=r(\boldsymbol{A},\boldsymbol{b})=r<n$,设 $\boldsymbol{\eta}_0$ 是 $\boldsymbol{Ax}=\boldsymbol{b}$ 的一个解(也称为特解),$\boldsymbol{\xi}_1,\boldsymbol{\xi}_2,\cdots,\boldsymbol{\xi}_{n-r}$是其导出组 $\boldsymbol{Ax}=\boldsymbol{0}$ 的一个基础解系,则方程组 $\boldsymbol{Ax}=\boldsymbol{b}$ 的全部解为

$$\boldsymbol{x}=k_1\boldsymbol{\xi}_1+k_2\boldsymbol{\xi}_2+\cdots+k_{n-r}\boldsymbol{\xi}_{n-r}+\boldsymbol{\eta}_0,$$

其中 $k_1,k_2,\cdots,k_{n-r}$为任意常数.

证明 设 $\boldsymbol{x}$ 是 $\boldsymbol{Ax}=\boldsymbol{b}$ 的任意一个解,由于 $\boldsymbol{A\eta}_0=\boldsymbol{b}$,故 $\boldsymbol{x}-\boldsymbol{\eta}_0$ 是 $\boldsymbol{Ax}=\boldsymbol{0}$ 的解. 而 $\boldsymbol{\xi}_1,\boldsymbol{\xi}_2,\cdots,\boldsymbol{\xi}_{n-r}$是 $\boldsymbol{Ax}=\boldsymbol{0}$ 的一个基础解系,故存在一组常数 $k_1,k_2,\cdots,k_{n-r}$,使

$$\boldsymbol{x}-\boldsymbol{\eta}_0=k_1\boldsymbol{\xi}_1+k_2\boldsymbol{\xi}_2+\cdots+k_{n-r}\boldsymbol{\xi}_{n-r},$$

即

$$\boldsymbol{x}=k_1\boldsymbol{\xi}_1+k_2\boldsymbol{\xi}_2+\cdots+k_{n-r}\boldsymbol{\xi}_{n-r}+\boldsymbol{\eta}_0.$$

定理 3.17 表明,非齐次线性方程组 $\boldsymbol{Ax}=\boldsymbol{b}$ 的全部解由其对应的导出组 $\boldsymbol{Ax}=\boldsymbol{0}$ 的全部解加上 $\boldsymbol{Ax}=\boldsymbol{b}$ 本身的一个解所构成.

例 5 求线性方程组

$$\begin{cases}x_1+x_2+x_3+x_4+x_5=7,\\3x_1+2x_2+x_3+x_4-3x_5=-2,\\x_2+2x_3+2x_4+6x_5=23,\\5x_1+4x_2-3x_3+3x_4-x_5=12\end{cases}$$

的全部解,并用其导出组的基础解系表示.

解 对方程组的增广矩阵$(\boldsymbol{A},\boldsymbol{b})$施以行初等变换,化为简化的阶梯形矩阵:

$$(\boldsymbol{A},\boldsymbol{b})=\left(\begin{array}{ccccc:c}1&1&1&1&1&7\\3&2&1&1&-3&-2\\0&1&2&2&6&23\\5&4&-3&3&-1&12\end{array}\right)\rightarrow\left(\begin{array}{ccccc:c}1&1&1&1&1&7\\0&-1&-2&-2&-6&-23\\0&1&2&2&6&23\\0&-1&-8&-2&-6&-23\end{array}\right)$$

$$\rightarrow\left(\begin{array}{ccccc:c}1&1&1&1&1&7\\0&1&2&2&6&23\\0&0&-6&0&0&0\\0&0&0&0&0&0\end{array}\right)\rightarrow\left(\begin{array}{ccccc:c}1&0&0&-1&-5&-16\\0&1&0&2&6&23\\0&0&1&0&0&0\\0&0&0&0&0&0\end{array}\right).$$

由此可得 $r(\boldsymbol{A})=r(\boldsymbol{A},\boldsymbol{b})=3<5$. 所以方程组有无穷多解,且原方程组的同解方程

组为

$$\begin{cases} x_1 = -16 + x_4 + 5x_5, \\ x_2 = 23 - 2x_4 - 6x_5, \\ x_3 = 0. \end{cases}$$

令自由未知量 $x_4 = x_5 = 0$,得原方程组的一个解

$$\boldsymbol{\eta}_0 = \begin{pmatrix} -16 \\ 23 \\ 0 \\ 0 \\ 0 \end{pmatrix}.$$

原方程组的导出组的同解方程组为

$$\begin{cases} x_1 = x_4 + 5x_5, \\ x_2 = -2x_4 - 6x_5, \\ x_3 = 0. \end{cases}$$

令自由未知量 $\begin{pmatrix} x_4 \\ x_5 \end{pmatrix}$ 分别取 $\begin{pmatrix} 1 \\ 0 \end{pmatrix}$ 和 $\begin{pmatrix} 0 \\ 1 \end{pmatrix}$,得导出组的一个基础解系

$$\boldsymbol{\xi}_1 = \begin{pmatrix} 1 \\ -2 \\ 0 \\ 1 \\ 0 \end{pmatrix}, \quad \boldsymbol{\xi}_2 = \begin{pmatrix} 5 \\ -6 \\ 0 \\ 0 \\ 1 \end{pmatrix},$$

于是原方程组的全部解为

$$\boldsymbol{x} = \boldsymbol{\eta}_0 + c_1\boldsymbol{\xi}_1 + c_2\boldsymbol{\xi}_2 = \begin{pmatrix} -16 \\ 23 \\ 0 \\ 0 \\ 0 \end{pmatrix} + c_1 \begin{pmatrix} 1 \\ -2 \\ 0 \\ 1 \\ 0 \end{pmatrix} + c_2 \begin{pmatrix} 5 \\ -6 \\ 0 \\ 0 \\ 1 \end{pmatrix},$$

其中 c_1, c_2 为任意常数.

例 6　已知三元非齐次线性方程组 $\boldsymbol{Ax}=\boldsymbol{b}$ 的两个解为 $\boldsymbol{\eta}_1=(1,2,2)^{\mathrm{T}}, \boldsymbol{\eta}_2=(0,1,1)^{\mathrm{T}}$,且 $r(\boldsymbol{A})=2$,求方程组 $\boldsymbol{Ax}=\boldsymbol{b}$ 的全部解.

解　因为 $r(\boldsymbol{A})=2$,所以三元非齐次线性方程组 $\boldsymbol{Ax}=\boldsymbol{b}$ 所对应的导出组 $\boldsymbol{Ax}=\boldsymbol{0}$ 的基础解系所含向量的个数为 $3-2=1$. 又 $\boldsymbol{\eta}_1=(1,2,2)^{\mathrm{T}}, \boldsymbol{\eta}_2=(0,1,1)^{\mathrm{T}}$ 是方程组 $\boldsymbol{Ax}=\boldsymbol{b}$ 的两个解,由线性方程组解的性质可知

$$\boldsymbol{\eta}_1 - \boldsymbol{\eta}_2 = (1,1,1)^{\mathrm{T}} \neq \boldsymbol{0}$$

是导出组 $\boldsymbol{Ax}=\boldsymbol{0}$ 的一个基础解系. 故方程组 $\boldsymbol{Ax}=\boldsymbol{b}$ 的全部解为

$$\boldsymbol{x}=\boldsymbol{\eta}_1+c(\boldsymbol{\eta}_1-\boldsymbol{\eta}_2) \quad 或 \quad \boldsymbol{x}=\boldsymbol{\eta}_2+c(\boldsymbol{\eta}_1-\boldsymbol{\eta}_2),$$

其中 c 为任意常数.

习 题 3.5

1. 求下列齐次线性方程组的一个基础解系及通解：

(1) $\begin{cases} x_1+x_2-x_3-x_4=0, \\ x_1-3x_2+x_3-x_4=0, \\ x_1+3x_2-2x_3-x_4=0; \end{cases}$ (2) $\begin{cases} x_1-2x_2+x_3+x_4-x_5=0, \\ 2x_1+x_2-x_3-x_4+x_5=0, \\ x_1+7x_2-5x_3-5x_4+5x_5=0, \\ 3x_1-x_2-2x_3+x_4-x_5=0. \end{cases}$

2. 设齐次线性方程组 $\boldsymbol{Ax}=\boldsymbol{0}$,其中 $\boldsymbol{A}$ 为 $m\times n$ 矩阵,且 $r(\boldsymbol{A})=n-3$,$\boldsymbol{\gamma}_1,\boldsymbol{\gamma}_2,\boldsymbol{\gamma}_3$ 是方程组的三个线性无关的解向量,证明:$\boldsymbol{\gamma}_1,\boldsymbol{\gamma}_1+\boldsymbol{\gamma}_2,\boldsymbol{\gamma}_1+\boldsymbol{\gamma}_2+\boldsymbol{\gamma}_3$ 是该线性方程组的基础解系.

3. 设 $\boldsymbol{A}=\begin{pmatrix} 1 & 1 & 2 \\ 2 & 2 & 4 \\ 3 & 3 & 6 \end{pmatrix}$,求一个秩为 2 的三阶方阵 $\boldsymbol{B}$,使得 $\boldsymbol{AB}=\boldsymbol{O}$.

4. 求一个齐次线性方程组,使它的基础解系为 $\boldsymbol{\xi}_1=(0,1,2,3)^{\mathrm{T}}$,$\boldsymbol{\xi}_2=(3,2,1,0)^{\mathrm{T}}$.

5. 设有齐次线性方程组

$$\begin{cases} x_1+x_2+x_3+x_4+x_5=0, \\ 3x_1+2x_2+x_3+x_4-3x_5=0, \\ x_2+2x_3+2x_4+6x_5=0, \\ 5x_1+4x_2+3x_3+3x_4-x_5=0. \end{cases}$$

试问：

(1) $\boldsymbol{\alpha}_1=(1,-2,1,0,0)^{\mathrm{T}}$,$\boldsymbol{\alpha}_2=(1,-2,0,1,0)^{\mathrm{T}}$,$\boldsymbol{\alpha}_3=(5,-6,0,0,1)^{\mathrm{T}}$ 是否为方程组的基础解系?

(2) $\boldsymbol{\alpha}_1=(1,-2,1,0,0)^{\mathrm{T}}$,$\boldsymbol{\alpha}_2=(1,-2,0,1,0)^{\mathrm{T}}$,$\boldsymbol{\alpha}_3=(1,-2,-1,2,0)^{\mathrm{T}}$ 是否为方程组的基础解系?

6. 求下列非齐次线性方程组的全部解,并用其对应的导出组的基础解系表示.

(1) $\begin{cases} x_1+5x_2-x_3-x_4=-1, \\ x_1-2x_2+x_3+3x_4=3, \\ 3x_1+8x_2-x_3+x_4=1, \\ x_1-9x_2+3x_3+7x_4=7; \end{cases}$ (2) $\begin{cases} x_1-x_2-x_3+x_4=0, \\ x_1-x_2+x_3-3x_4=1, \\ 2x_1-2x_2-4x_3+6x_4=-1; \end{cases}$

(3) $\begin{cases} x_1+x_2+x_3+x_4+x_5=7, \\ 3x_1+x_2+2x_3+x_4-3x_5=-2, \\ 2x_2+x_3+2x_4+6x_5=23; \end{cases}$ (4) $x_1-4x_2+2x_3-5x_4=6$.

7. 设线性方程组

$$\begin{cases} x_1+2x_2-x_3-2x_4=0, \\ 2x_1-x_2-x_3+x_4=1, \\ 3x_1+x_2-2x_3-x_4=k, \end{cases}$$

试确定 k 的值,使方程组有解,并用该线性方程组的导出组的基础解系表示全部解.

8. 设三阶矩阵 $\boldsymbol{A}$ 的秩是 2,非齐次线性方程组 $\boldsymbol{Ax}=\boldsymbol{b}$ 的三个解向量 $\boldsymbol{\eta}_1,\boldsymbol{\eta}_2,\boldsymbol{\eta}_3$ 满足

$$\boldsymbol{\eta}_1+2\boldsymbol{\eta}_2=\begin{pmatrix}0\\3\\2\end{pmatrix},\quad 2\boldsymbol{\eta}_2+\boldsymbol{\eta}_3=\begin{pmatrix}3\\2\\1\end{pmatrix},$$

求非齐次线性方程组 $\boldsymbol{Ax}=\boldsymbol{b}$ 的解.

9. 设 n 阶矩阵 $\boldsymbol{A}$ 满足 $\boldsymbol{A}^2=\boldsymbol{A}$,$\boldsymbol{E}$ 为 n 阶单位矩阵,证明:$r(\boldsymbol{A})+r(\boldsymbol{A}-\boldsymbol{E})=n$.

10. 设 $\boldsymbol{\eta}_1,\boldsymbol{\eta}_2,\cdots,\boldsymbol{\eta}_s$ 是非齐次线性方程组 $\boldsymbol{Ax}=\boldsymbol{b}$ 的 s 个解,$k_1,k_2,\cdots,k_s$ 为实数,满足 $k_1+k_2+\cdots+k_s=1$. 证明 $k_1\boldsymbol{\eta}_1+k_2\boldsymbol{\eta}_2+\cdots+k_s\boldsymbol{\eta}_s$ 也是 $\boldsymbol{Ax}=\boldsymbol{b}$ 的解.

11. 设 $\boldsymbol{\eta}_0$ 是非齐次线性方程组 $\boldsymbol{Ax}=\boldsymbol{b}$ 的一个解,$\boldsymbol{A}$ 为 $m\times n$ 矩阵,$\boldsymbol{\xi}_1,\boldsymbol{\xi}_2,\cdots,\boldsymbol{\xi}_{n-r}$ 是其导出组 $\boldsymbol{Ax}=\boldsymbol{0}$ 的一个基础解系,证明:

(1) $\boldsymbol{\eta}_0,\boldsymbol{\xi}_1,\boldsymbol{\xi}_2,\cdots,\boldsymbol{\xi}_{n-r}$ 线性无关;

(2) $\boldsymbol{\eta}_0,\boldsymbol{\eta}_0+\boldsymbol{\xi}_1,\boldsymbol{\eta}_0+\boldsymbol{\xi}_2,\cdots,\boldsymbol{\eta}_0+\boldsymbol{\xi}_{n-r}$ 线性无关.

总 习 题 3

(A)

1. 用消元法解下列非齐次线性方程组:

(1) $\begin{cases}2x_1+2x_2-x_3=-2,\\x_1-x_2+x_3=4,\\2x_1-x_2-2x_3=-1,\\3x_1+x_2-x_3=0;\end{cases}$　　(2) $\begin{cases}x_1-x_2+x_3=4,\\2x_1+2x_2-x_3=-2,\\x_1+3x_2-2x_3=2;\end{cases}$

(3) $\begin{cases}x_1-x_2+x_3=2,\\2x_1-x_2-x_3=-2,\\3x_1-x_2-3x_3=-6;\end{cases}$　　(4) $\begin{cases}x_1-x_2+2x_3-3x_4+x_5=2,\\2x_1-2x_2+7x_3-10x_4+5x_5=5,\\3x_1-3x_2+3x_3-5x_4=5.\end{cases}$

2. 用消元法解下列齐次线性方程组:

(1) $\begin{cases}2x_1+4x_2-x_3+x_4=0,\\x_1-3x_2+2x_3+3x_4=0,\\3x_1+x_2+x_3+4x_4=0;\end{cases}$　　(2) $\begin{cases}x_1-x_2+x_3=0,\\3x_1-2x_2-x_3=0,\\3x_1-x_2+5x_3=0,\\2x_1-2x_2-3x_3=0;\end{cases}$

(3) $\begin{cases}x_1+x_2+x_3+x_4=0,\\2x_1+2x_2+3x_3+4x_4=0,\\3x_1+3x_2+4x_3+5x_4=0,\\-x_1-x_2+x_4=0.\end{cases}$

3. 当 k 为何值时,线性方程组

$$\begin{cases}x_1+kx_2+2x_3=1,\\-x_1-x_2+kx_3=2,\\5x_1+5x_2+4x_3=-1\end{cases}$$

无解？有唯一解？有无穷多解？在方程组有无穷多解时，求出方程组的全部解.

4. 当 a,b 为何值时，线性方程组

$$\begin{cases}x_1+x_2+x_3+x_4=1,\\x_2-x_3+2x_4=1,\\2x_1+3x_2+ax_3+4x_4=b,\\3x_1+5x_2+x_3+(a+6)x_4=5\end{cases}$$

无解？有唯一解？有无穷多解？在方程组有无穷多解时，求出方程组的全部解.

5. 当 t 为何值时，齐次线性方程组

$$\begin{cases}tx_1+x_2+x_3=0,\\x_1+tx_2+x_3=0,\\x_1+x_2+tx_3=0\end{cases}$$

有非零解？并求出此非零解.

6. 判定下列各组中的向量 $\boldsymbol{\beta}$ 是否可以表示为其余向量的线性组合，若可以，试求出其表达式.

(1) $\boldsymbol{\beta}=(3,5,-6)^{\mathrm{T}},\boldsymbol{\alpha}_1=(1,0,1)^{\mathrm{T}},\boldsymbol{\alpha}_2=(1,1,1)^{\mathrm{T}},\boldsymbol{\alpha}_3=(0,-1,-1)^{\mathrm{T}}$;

(2) $\boldsymbol{\beta}=(1,0,3,1)^{\mathrm{T}},\boldsymbol{\alpha}_1=(1,1,2,2)^{\mathrm{T}},\boldsymbol{\alpha}_2=(1,2,1,3)^{\mathrm{T}},\boldsymbol{\alpha}_3=(1,-1,4,0)^{\mathrm{T}}$;

(3) $\boldsymbol{\beta}=(2,0,0,3)^{\mathrm{T}},\boldsymbol{\alpha}_1=(1,1,1,1)^{\mathrm{T}},\boldsymbol{\alpha}_2=(-1,0,2,1)^{\mathrm{T}},\boldsymbol{\alpha}_3=(1,2,4,3)^{\mathrm{T}},\boldsymbol{\alpha}_4=(2,2,2,2)^{\mathrm{T}}$.

7. 设 $\boldsymbol{\beta}=(1,1,b+3,5)^{\mathrm{T}},\boldsymbol{\alpha}_1=(1,0,2,3)^{\mathrm{T}},\boldsymbol{\alpha}_2=(1,1,3,5)^{\mathrm{T}},\boldsymbol{\alpha}_3=(1,-1,a+2,1)^{\mathrm{T}},\boldsymbol{\alpha}_4=(1,2,4,a+8)^{\mathrm{T}}$. 问 a,b 为何值时，

(1) $\boldsymbol{\beta}$ 不能表示成 $\boldsymbol{\alpha}_1,\boldsymbol{\alpha}_2,\boldsymbol{\alpha}_3,\boldsymbol{\alpha}_4$ 的线性组合？

(2) $\boldsymbol{\beta}$ 能由 $\boldsymbol{\alpha}_1,\boldsymbol{\alpha}_2,\boldsymbol{\alpha}_3,\boldsymbol{\alpha}_4$ 唯一线性表示？并写出该表达式.

8. 已知向量组 $\boldsymbol{\alpha}_1,\boldsymbol{\alpha}_2,\boldsymbol{\alpha}_3$ 与 $\boldsymbol{\beta}_1,\boldsymbol{\beta}_2,\boldsymbol{\beta}_3$ 满足

$$\begin{cases}\boldsymbol{\beta}_1=\boldsymbol{\alpha}_1-\boldsymbol{\alpha}_2+\boldsymbol{\alpha}_3,\\\boldsymbol{\beta}_2=\boldsymbol{\alpha}_1+\boldsymbol{\alpha}_2-\boldsymbol{\alpha}_3,\\\boldsymbol{\beta}_3=-\boldsymbol{\alpha}_1+\boldsymbol{\alpha}_2+\boldsymbol{\alpha}_3.\end{cases}$$

试证明：$\{\boldsymbol{\alpha}_1,\boldsymbol{\alpha}_2,\boldsymbol{\alpha}_3\}\cong\{\boldsymbol{\beta}_1,\boldsymbol{\beta}_2,\boldsymbol{\beta}_3\}$.

9. 设向量 $\boldsymbol{\beta}$ 可由向量组 $\boldsymbol{\alpha}_1,\boldsymbol{\alpha}_2,\cdots,\boldsymbol{\alpha}_s$ 线性表示，但 $\boldsymbol{\beta}$ 不能由向量组 $\boldsymbol{\alpha}_1,\boldsymbol{\alpha}_2,\cdots,\boldsymbol{\alpha}_{s-1}$ 线性表示，证明：$\{\boldsymbol{\alpha}_1,\boldsymbol{\alpha}_2,\cdots,\boldsymbol{\alpha}_{s-1},\boldsymbol{\alpha}_s\}\cong\{\boldsymbol{\alpha}_1,\boldsymbol{\alpha}_2,\cdots,\boldsymbol{\alpha}_{s-1},\boldsymbol{\beta}\}$.

10. 判定下列向量组是线性相关还是线性无关？

(1) $\boldsymbol{\alpha}_1=(1,0,-1,)^{\mathrm{T}},\boldsymbol{\alpha}_2=(-1,-1,2,)^{\mathrm{T}}$;

(2) $\boldsymbol{\alpha}_1=(1,0,0,3,-5)^{\mathrm{T}},\boldsymbol{\alpha}_2=(0,1,0,3,4)^{\mathrm{T}},\boldsymbol{\alpha}_3=(0,0,1,-4,8)^{\mathrm{T}}$;

(3) $\boldsymbol{\alpha}_1=(1,2,-3,1)^{\mathrm{T}},\boldsymbol{\alpha}_2=(1,-1,2,-1)^{\mathrm{T}},\boldsymbol{\alpha}_3=(3,2,0,1)^{\mathrm{T}}$;

(4) $\boldsymbol{\alpha}_1=(1,1,4,2)^{\mathrm{T}},\boldsymbol{\alpha}_2=(1,-1,-2,4)^{\mathrm{T}},\boldsymbol{\alpha}_3=(0,2,6,-2)^{\mathrm{T}},\boldsymbol{\alpha}_4=(3,1,-3,-4)^{\mathrm{T}}$.

11. 设向量组 $\boldsymbol{\alpha}_1=(k,2,1)^{\mathrm{T}},\boldsymbol{\alpha}_2=(2,k,0)^{\mathrm{T}},\boldsymbol{\alpha}_3=(1,-1,1)^{\mathrm{T}}$，试问 k 为何值时，向量组 $\boldsymbol{\alpha}_1,\boldsymbol{\alpha}_2,\boldsymbol{\alpha}_3$ 线性相关？

12. 证明：若向量组 $\boldsymbol{\alpha}_1,\boldsymbol{\alpha}_2,\boldsymbol{\alpha}_3$ 线性无关，则 $\boldsymbol{\beta}_1=\boldsymbol{\alpha}_1+2\boldsymbol{\alpha}_2,\boldsymbol{\beta}_2=2\boldsymbol{\alpha}_2+3\boldsymbol{\alpha}_3,\boldsymbol{\beta}_3=3\boldsymbol{\alpha}_3+\boldsymbol{\alpha}_1$ 线性无关.

13. 若向量组 $\boldsymbol{\alpha}_1,\boldsymbol{\alpha}_2,\boldsymbol{\alpha}_3$ 线性无关，已知 $\boldsymbol{\beta}_1=k_1\boldsymbol{\alpha}_1+\boldsymbol{\alpha}_2+k_1\boldsymbol{\alpha}_3,\boldsymbol{\beta}_2=\boldsymbol{\alpha}_1+k_2\boldsymbol{\alpha}_2+(k_2+1)\boldsymbol{\alpha}_3$,

$\boldsymbol{\beta}_3=\boldsymbol{\alpha}_1+\boldsymbol{\alpha}_2+\boldsymbol{\alpha}_3$. 试问当 k_1,k_2 为何值时，$\boldsymbol{\beta}_1,\boldsymbol{\beta}_2,\boldsymbol{\beta}_3$ 线性相关？线性无关？

14. 设向量组 $\boldsymbol{\alpha}_1,\boldsymbol{\alpha}_2,\cdots,\boldsymbol{\alpha}_s$ 线性无关（$s>2$），试证明向量组 $-\boldsymbol{\alpha}_1+\boldsymbol{\alpha}_2+\cdots+\boldsymbol{\alpha}_s,\boldsymbol{\alpha}_1-\boldsymbol{\alpha}_2+\boldsymbol{\alpha}_3+\cdots+\boldsymbol{\alpha}_s,\cdots,\boldsymbol{\alpha}_1+\boldsymbol{\alpha}_2+\cdots+\boldsymbol{\alpha}_{s-1}-\boldsymbol{\alpha}_s$ 线性无关.

15. 证明：n 维向量组 $\boldsymbol{\alpha}_1,\boldsymbol{\alpha}_2,\cdots,\boldsymbol{\alpha}_n$ 线性无关的充分必要条件是任意 n 维向量都可以表示为 $\boldsymbol{\alpha}_1,\boldsymbol{\alpha}_2,\cdots,\boldsymbol{\alpha}_n$ 的线性组合.

16. 设三维列向量组 $\boldsymbol{\alpha}_1,\boldsymbol{\alpha}_2,\boldsymbol{\alpha}_3$ 线性无关，$\boldsymbol{A}$ 是三阶矩阵，且有

$$\boldsymbol{A}\boldsymbol{\alpha}_1=\boldsymbol{\alpha}_1+2\boldsymbol{\alpha}_2+3\boldsymbol{\alpha}_3,\quad \boldsymbol{A}\boldsymbol{\alpha}_2=2\boldsymbol{\alpha}_2+3\boldsymbol{\alpha}_3,\quad \boldsymbol{A}\boldsymbol{\alpha}_3=3\boldsymbol{\alpha}_2-4\boldsymbol{\alpha}_3,$$

试求 $|\boldsymbol{A}|$.

17. 设向量组 $\boldsymbol{\alpha}_1,\boldsymbol{\alpha}_2,\cdots,\boldsymbol{\alpha}_s$ 的秩为 $r(r<s)$，求证：$\boldsymbol{\alpha}_1,\boldsymbol{\alpha}_2,\cdots,\boldsymbol{\alpha}_s$ 中任意 r 个线性无关的向量均可以成为该向量组的极大无关组.

18. 求下列向量组的秩及一个极大无关组，并将其余列向量用此极大无关组线性表示.

(1) $\boldsymbol{\alpha}_1=(1,-2,5)^{\mathrm{T}},\boldsymbol{\alpha}_2=(3,2,-1)^{\mathrm{T}},\boldsymbol{\alpha}_3=(3,10,-17)^{\mathrm{T}}$；

(2) $\boldsymbol{\alpha}_1=(1,0,2,1)^{\mathrm{T}},\boldsymbol{\alpha}_2=(1,2,0,1)^{\mathrm{T}},\boldsymbol{\alpha}_3=(2,1,3,0)^{\mathrm{T}},\boldsymbol{\alpha}_4=(2,5,-1,4)^{\mathrm{T}},\boldsymbol{\alpha}_5=(1,-1,3,-1)^{\mathrm{T}}$.

19. 如果向量组 $\boldsymbol{\alpha}_1,\boldsymbol{\alpha}_2,\cdots,\boldsymbol{\alpha}_s$ 可由向量组 $\boldsymbol{\beta}_1,\boldsymbol{\beta}_2,\cdots,\boldsymbol{\beta}_t$ 线性表示，求证：

$$r(\boldsymbol{\alpha}_1,\boldsymbol{\alpha}_2,\cdots,\boldsymbol{\alpha}_s,\boldsymbol{\beta}_1,\boldsymbol{\beta}_2,\cdots,\boldsymbol{\beta}_t)=r(\boldsymbol{\beta}_1,\boldsymbol{\beta}_2,\cdots,\boldsymbol{\beta}_t).$$

20. 设向量组Ⅰ：$\boldsymbol{\alpha}_1,\boldsymbol{\alpha}_2,\cdots,\boldsymbol{\alpha}_s$ 的秩为 r_1；向量组Ⅱ：$\boldsymbol{\beta}_1,\boldsymbol{\beta}_2,\cdots,\boldsymbol{\beta}_t$ 的秩为 r_2；向量组Ⅲ：$\boldsymbol{\alpha}_1,\boldsymbol{\alpha}_2,\cdots,\boldsymbol{\alpha}_s,\boldsymbol{\beta}_1,\boldsymbol{\beta}_2,\cdots,\boldsymbol{\beta}_t$ 的秩为 r_3. 求证：$\max(r_1,r_2)\leqslant r_3\leqslant r_1+r_2$.

21. 设 $\boldsymbol{A}$ 为 n 阶矩阵，并且 $\boldsymbol{A}\neq\boldsymbol{O}$. 求证：存在一个 n 阶矩阵 $\boldsymbol{B}\neq\boldsymbol{O}$ 使 $\boldsymbol{AB}=\boldsymbol{O}$ 的充分必要条件是 $|\boldsymbol{A}|=0$.

22. 求下列齐次线性方程组的一个基础解系，并用此基础解系表示方程组的全部解：

(1) $\begin{cases}2x_1-4x_2+5x_3+3x_4=0,\\3x_1-6x_2+4x_3+2x_4=0,\\4x_1-8x_2+17x_3+11x_4=0;\end{cases}$　　(2) $\begin{cases}2x_1+x_2-x_3-x_4+x_5=0,\\x_1-x_2+x_3+x_4-2x_5=0,\\3x_1+3x_2-3x_3-3x_4+4x_5=0,\\4x_1+5x_2-5x_3-5x_4+7x_5=0.\end{cases}$

23. 求下列非齐次线性方程组的全部解，并用其对应的导出组的基础解系表示.

(1) $\begin{cases}x_1+x_2-2x_3+4x_4=0,\\2x_1+5x_2-4x_3+11x_4=-3,\\-x_1-2x_2+2x_3-5x_4=1;\end{cases}$　　(2) $\begin{cases}2x_1-x_2+4x_3-3x_4=-4,\\x_1+x_3-x_4=-3,\\3x_1+x_2+x_3=1,\\7x_1+7x_3-3x_4=3.\end{cases}$

24. 当 t 为何值时，线性方程组

$$\begin{cases}x_1+x_2+tx_3=4,\\x_1-x_2+2x_3=-4,\\-x_1+tx_2+x_3=t^2\end{cases}$$

有无穷多解？并求出此时方程组的全部解，用其导出组的基础解系表示.

25. 已知 $\boldsymbol{\eta}_1=(0,1,0)^{\mathrm{T}},\boldsymbol{\eta}_2=(-3,2,2)^{\mathrm{T}}$ 是线性方程组

$$\begin{cases}x_1-x_2+2x_3=-1,\\3x_1+x_2+4x_3=1,\\ax_1+bx_2+cx_3=d\end{cases}$$

的两个解，求此方程组的全部解，并用其导出组的基础解系表示.

26. 设四元齐次线性方程组(Ⅰ)为

$$\begin{cases} x_1 + x_2 = 0, \\ x_2 - x_4 = 0, \end{cases}$$

又已知某个齐次线性方程组(Ⅱ)的全部解为

$$c_1(0,1,1,0)^{\mathrm{T}} + c_2(-1,2,2,1)^{\mathrm{T}} \quad (c_1, c_2 \text{ 为任意常数}).$$

(1) 求线性方程组(Ⅰ)的基础解系；

(2) 问线性方程组(Ⅰ)与(Ⅱ)是否有非零的公共解？若有，求出所有非零公共解；若没有，则说明理由.

27. 设齐次线性方程组

$$\begin{cases} a_{11}x_1 + a_{12}x_2 + \cdots + a_{1n}x_n = 0, \\ a_{21}x_1 + a_{22}x_2 + \cdots + a_{2n}x_n = 0, \\ \cdots\cdots \\ a_{n1}x_1 + a_{n2}x_2 + \cdots + a_{nn}x_n = 0 \end{cases}$$

的系数矩阵 $\boldsymbol{A}=(a_{ij})_{n\times n}$ 的秩为 $n-1$. 求证：此方程组的全部解为

$$\boldsymbol{\eta} = c(A_{i1}, A_{i2}, \cdots, A_{in})^{\mathrm{T}},$$

其中 A_{ij} $(1\leqslant j\leqslant n)$ 为 $\boldsymbol{A}$ 中元素 a_{ij} 的代数余子式，且至少有一个 $A_{ij}\neq 0$，c 为任意常数.

28. 设 $\boldsymbol{A}$ 为 n 阶矩阵 $(n\geqslant 2)$，$\boldsymbol{A}^*$ 为 $\boldsymbol{A}$ 的伴随矩阵. 证明：

$$r(\boldsymbol{A}^*) = \begin{cases} n, & r(\boldsymbol{A}) = n, \\ 1, & r(\boldsymbol{A}) = n-1, \\ 0, & r(\boldsymbol{A}) < n-1. \end{cases}$$

(B)

一、单项选择题

1. 线性方程组

$$\begin{cases} x_1 + 3x_2 - 3x_3 + x_4 = b_1, \\ x_1 + x_2 - x_3 = b_2, \\ x_1 - x_2 + x_3 - x_4 = b_3 \end{cases}$$

有解的充分必要条件是(　　).

(A) $b_1 - b_2 + b_3 = 0$；　　(B) $b_1 - 2b_2 + b_3 = 0$；

(C) $b_1 + b_2 + b_3 = 0$；　　(D) $b_1 + 2b_2 + b_3 = 0$.

2. 设 n 元齐次线性方程组 $\boldsymbol{Ax}=\boldsymbol{0}$ 的系数矩阵 $\boldsymbol{A}$ 的秩为 r，则 $\boldsymbol{Ax}=\boldsymbol{0}$ 有非零解的充分必要条件是(　　).

(A) $r=n$；　　(B) $r<n$；　　(C) $r\geqslant n$；　　(D) $r>n$.

3. $\boldsymbol{A}$ 为 $m\times n$ 矩阵，$r(\boldsymbol{A})=r$，对于非齐次线性方程组 $\boldsymbol{Ax}=\boldsymbol{b}$，有(　　).

(A) 当 $r=m$ 时，$\boldsymbol{Ax}=\boldsymbol{b}$ 有解；　　(B) 当 $r=n$ 时，$\boldsymbol{Ax}=\boldsymbol{b}$ 有唯一解；

(C) 当 $m=n$ 时，$\boldsymbol{Ax}=\boldsymbol{b}$ 有唯一解；　　(D) 当 $r<n$ 时，$\boldsymbol{Ax}=\boldsymbol{b}$ 有无穷多解.

4. 非齐次线性方程组(Ⅰ)$\boldsymbol{Ax}=\boldsymbol{b}$ 及其导出组(Ⅱ)$\boldsymbol{Ax}=\boldsymbol{0}$,则必有(　　).

(A) 若(Ⅰ)有无穷多解,则(Ⅱ)仅有零解;

(B) 若(Ⅰ)有唯一解,则(Ⅱ)仅有零解;

(C) 若(Ⅱ)有非零解,则(Ⅰ)有无穷多解;

(D) 若(Ⅱ)仅有零解,则(Ⅰ)有唯一解.

5. 若存在一组数 $k_1=k_2=\cdots=k_m=0$,使得 $k_1\boldsymbol{\alpha}_1+k_2\boldsymbol{\alpha}_2+\cdots+k_m\boldsymbol{\alpha}_m=\boldsymbol{0}$ 成立,则向量组 $\boldsymbol{\alpha}_1,\boldsymbol{\alpha}_2,\cdots,\boldsymbol{\alpha}_m$(　　).

(A) 线性相关;　　(B) 线性无关;

(C) 可能线性相关也可能线性无关;　　(D) 部分线性相关.

6. 向量组 $\boldsymbol{\alpha}_1,\boldsymbol{\alpha}_2,\cdots,\boldsymbol{\alpha}_s$ 线性无关的充分必要条件是(　　).

(A) $\boldsymbol{\alpha}_1,\boldsymbol{\alpha}_2,\cdots,\boldsymbol{\alpha}_s$ 都是非零向量;

(B) $\boldsymbol{\alpha}_1,\boldsymbol{\alpha}_2,\cdots,\boldsymbol{\alpha}_s$ 中任意两个向量对应分量不成比例;

(C) $\boldsymbol{\alpha}_1,\boldsymbol{\alpha}_2,\cdots,\boldsymbol{\alpha}_s$ 中有一部分向量组线性无关;

(D) $\boldsymbol{\alpha}_1,\boldsymbol{\alpha}_2,\cdots,\boldsymbol{\alpha}_s$ 中任一向量均不可由其余向量线性表示.

7. $\boldsymbol{A}$ 为 $n\times n$ 矩阵,其秩 $r(\boldsymbol{A})=r<n$,那么 $\boldsymbol{A}$ 的 n 个列向量中(　　).

(A) 任意 r 个列向量线性无关;

(B) 必有某 r 个列向量线性无关;

(C) 任意 r 个列向量都构成极大线性无关组;

(D) 任意一个列向量均可由其余 $n-1$ 个列向量线性表示.

8. 若向量组 $\boldsymbol{\alpha}_1,\boldsymbol{\alpha}_2,\boldsymbol{\alpha}_3$ 线性无关,$\boldsymbol{\beta}_1=\boldsymbol{\alpha}_1-\boldsymbol{\alpha}_2,\boldsymbol{\beta}_2=\boldsymbol{\alpha}_2-\boldsymbol{\alpha}_3,\boldsymbol{\beta}_3=\lambda\boldsymbol{\alpha}_3-t\boldsymbol{\alpha}_1$ 线性无关,则 λ,t 满足(　　).

(A) $\lambda=t$;　　(B) $\lambda\neq t$;　　(C) $\lambda=t=1$;　　(D) $\lambda\neq 2t$.

9. 若 $m\times n$ 矩阵 $\boldsymbol{A}$ 的 n 个列向量线性无关,则(　　).

(A) $r(\boldsymbol{A})>m$;　　(B) $r(\boldsymbol{A})<n$;　　(C) $r(\boldsymbol{A})=m$;　　(D) $r(\boldsymbol{A})=n$.

10. 向量组 $\boldsymbol{\alpha}_1,\boldsymbol{\alpha}_2,\cdots,\boldsymbol{\alpha}_s$ 线性无关,且可由向量组 $\boldsymbol{\beta}_1,\boldsymbol{\beta}_2,\cdots,\boldsymbol{\beta}_t$ 线性表示,则必有(　　).

(A) $t\leqslant s$;　　(B) $t\geqslant s$;　　(C) $t<s$;　　(D) $t>s$.

11. 向量组 $\boldsymbol{\alpha}_1,\boldsymbol{\alpha}_2,\cdots,\boldsymbol{\alpha}_m$ 均为 n 维向量. 则下列结论正确的是(　　).

(A) 若 $k_1\boldsymbol{\alpha}_1+k_2\boldsymbol{\alpha}_2+\cdots+k_m\boldsymbol{\alpha}_m=\boldsymbol{0}$,则 $\boldsymbol{\alpha}_1,\boldsymbol{\alpha}_2,\cdots,\boldsymbol{\alpha}_m$ 线性相关;

(B) 若对任意一组不全零的数 $k_1,k_2,\cdots,k_m$,都有 $k_1\boldsymbol{\alpha}_1+k_2\boldsymbol{\alpha}_2+\cdots+k_m\boldsymbol{\alpha}_m\neq\boldsymbol{0}$,则 $\boldsymbol{\alpha}_1,\boldsymbol{\alpha}_2,\cdots,\boldsymbol{\alpha}_m$ 线性无关;

(C) 若 $\boldsymbol{\alpha}_1,\boldsymbol{\alpha}_2,\cdots,\boldsymbol{\alpha}_m$ 线性相关,则对任何一组不全零的数 $k_1,k_2,\cdots,k_m$,都有 $k_1\boldsymbol{\alpha}_1+k_2\boldsymbol{\alpha}_2+\cdots+k_m\boldsymbol{\alpha}_m=\boldsymbol{0}$;

(D) 若 $0\cdot\boldsymbol{\alpha}_1+0\cdot\boldsymbol{\alpha}_2+\cdots+0\cdot\boldsymbol{\alpha}_m=\boldsymbol{0}$,则 $\boldsymbol{\alpha}_1,\boldsymbol{\alpha}_2,\cdots,\boldsymbol{\alpha}_m$ 线性无关.

12. 设矩阵 $\boldsymbol{A}=\begin{pmatrix}1 & 2 & -2\\ 2 & -1 & a\\ 3 & a-2 & 1\end{pmatrix}$,$\boldsymbol{B}$ 是 3×4 非零矩阵,且 $\boldsymbol{AB}=\boldsymbol{O}$,则必有(　　).

(A) $a=1$ 或 3,且 $r(\boldsymbol{B})=1$;　　(B) $a=1$ 或 3,且 $r(\boldsymbol{B})=2$;

(C) $a=-1$ 或 -3,且 $r(\boldsymbol{B})=1$;　　(D) $a=-1$ 或 -3,且 $r(\boldsymbol{B})=2$.

13. 若向量组 $\boldsymbol{\alpha},\boldsymbol{\beta},\boldsymbol{\gamma}$ 线性无关，$\boldsymbol{\alpha},\boldsymbol{\beta},\boldsymbol{\delta}$ 线性相关，则(　　).

(A) $\boldsymbol{\alpha}$ 必可由 $\boldsymbol{\beta},\boldsymbol{\gamma},\boldsymbol{\delta}$ 线性表示；　　(B) $\boldsymbol{\beta}$ 不可由 $\boldsymbol{\alpha},\boldsymbol{\gamma},\boldsymbol{\delta}$ 线性表示；

(C) $\boldsymbol{\delta}$ 必可由 $\boldsymbol{\alpha},\boldsymbol{\beta},\boldsymbol{\gamma}$ 线性表示；　　(D) $\boldsymbol{\delta}$ 必不可由 $\boldsymbol{\alpha},\boldsymbol{\beta},\boldsymbol{\gamma}$,线性表示.

14. 设齐次线性方程组 $\boldsymbol{Ax}=\boldsymbol{0}$，其中 $\boldsymbol{A}_{m\times n}$ 的秩 $r(\boldsymbol{A})=n-3$. 若 ξ_1,ξ_2,ξ_3 是方程组 $\boldsymbol{Ax}=\boldsymbol{0}$ 的三个线性无关的解向量，则 $\boldsymbol{Ax}=\boldsymbol{0}$ 的基础解系是(　　).

(A) $\xi_1,\xi_1+\xi_2,\xi_1+\xi_2+\xi_3$；　　(B) $\xi_1-\xi_2,\xi_2-\xi_3,\xi_3-\xi_1$；

(C) $\xi_1,\xi_2+\xi_3$；　　(D) $\xi_1-\xi_2+\xi_3,\xi_1+\xi_2-\xi_3,\xi_1$.

15. 设 $\boldsymbol{\alpha}_1,\boldsymbol{\alpha}_2,\boldsymbol{\alpha}_3$ 是四元非齐次线性方程组 $\boldsymbol{Ax}=\boldsymbol{b}$ 的三个解向量，且 $r(\boldsymbol{A})=3$，$\boldsymbol{\alpha}_1=(1,2,3,4)^{\mathrm{T}}$，$\boldsymbol{\alpha}_2+\boldsymbol{\alpha}_3=(0,1,2,3)^{\mathrm{T}}$，$c$ 为任意常数，则 $\boldsymbol{Ax}=\boldsymbol{b}$ 的通解为 $\boldsymbol{x}=$(　　).

(A) $\begin{pmatrix}1\\2\\3\\4\end{pmatrix}+c\begin{pmatrix}1\\1\\1\\1\end{pmatrix}$；　(B) $\begin{pmatrix}1\\2\\3\\4\end{pmatrix}+c\begin{pmatrix}0\\1\\2\\3\end{pmatrix}$；　(C) $\begin{pmatrix}1\\2\\3\\4\end{pmatrix}+c\begin{pmatrix}3\\4\\5\\6\end{pmatrix}$；　(D) $\begin{pmatrix}1\\2\\3\\4\end{pmatrix}+c\begin{pmatrix}2\\3\\4\\5\end{pmatrix}$.

二、填空题

1. 设 $\boldsymbol{\alpha}_1=(1,0,1)^{\mathrm{T}}$，$\boldsymbol{\alpha}_2=(0,1,0)^{\mathrm{T}}$，$\boldsymbol{\alpha}_3=(0,0,1)^{\mathrm{T}}$. 向量 $\boldsymbol{\beta}=(-1,-1,0)^{\mathrm{T}}$ 可表示为 $\boldsymbol{\alpha}_1$，$\boldsymbol{\alpha}_2$，$\boldsymbol{\alpha}_3$ 线性组合：$\boldsymbol{\beta}=a\boldsymbol{\alpha}_1+b\boldsymbol{\alpha}_2+c\boldsymbol{\alpha}_3$，则 a,b,c 的值分别为________.

2. 若线性方程组 $\begin{cases}x_1+x_2-x_3=1,\\2x_1+3x_2+ax_3=3,\\x_1+ax_2+3x_3=2\end{cases}$ 无解，则 $a=$________.

3. 设线性方程组 $\begin{cases}x_1-2x_2+2x_3=0,\\2x_1-x_2+kx_3=0,\\x_1+2x_2-x_3=0\end{cases}$ 的系数矩阵为 $\boldsymbol{A}$，存在非零三阶矩阵 $\boldsymbol{B}$，使得 $\boldsymbol{AB}=\boldsymbol{0}$，则 $k=$________.

4. 非齐次线性方程组 $\begin{cases}2x_1+2x_2+\cdots+2x_s=m,\\3x_1+3x_2+\cdots+3x_s=n\end{cases}$ 有解的充分必要条件是________.

5. 已知 $\boldsymbol{\alpha}_1=(1,4,2)^{\mathrm{T}}$，$\boldsymbol{\alpha}_2=(2,7,3)^{\mathrm{T}}$，$\boldsymbol{\alpha}_3=(0,1,k)^{\mathrm{T}}$ 可以表示任意一个三维向量，则 k 的取值所满足的条件为________.

6. 设 n 元非齐次线性方程组 $\boldsymbol{Ax}=\boldsymbol{b}$ 有解，其中 $\boldsymbol{A}$ 为 $(n+1)\times n$ 矩阵，则 $|(\boldsymbol{A},\boldsymbol{b})|=$________.

7. 设 n 元齐次线性方程组 $\boldsymbol{Ax}=\boldsymbol{0}$ 有 n 个线性无关的解向量，则 $\boldsymbol{A}=$________.

8. 设 $\boldsymbol{\alpha}_1=(1,1,1)^{\mathrm{T}}$，$\boldsymbol{\alpha}_2=(1,2,3)^{\mathrm{T}}$，$\boldsymbol{\alpha}_3=(1,3,t)^{\mathrm{T}}$，当 t ________时，$\boldsymbol{\alpha}_1,\boldsymbol{\alpha}_2,\boldsymbol{\alpha}_3$ 线性相关；当 t ________时，$\boldsymbol{\alpha}_1,\boldsymbol{\alpha}_2,\boldsymbol{\alpha}_3$ 线性无关.

9. 已知向量组 $\boldsymbol{\alpha}_1=(1,2,3,4)^{\mathrm{T}}$，$\boldsymbol{\alpha}_2=(2,3,4,5)^{\mathrm{T}}$，$\boldsymbol{\alpha}_3=(3,4,5,6)^{\mathrm{T}}$，$\boldsymbol{\alpha}_4=(4,5,6,k)^{\mathrm{T}}$，且 $r(\boldsymbol{\alpha}_1,\boldsymbol{\alpha}_2,\boldsymbol{\alpha}_3,\boldsymbol{\alpha}_4)=2$，则 $k=$________.

10. 设 $m\times n$ 矩阵 $\boldsymbol{A}$ 中的 n 个列向量线性无关，则 $r(\boldsymbol{A})=$________.

11. 设 $\boldsymbol{\eta}_1,\boldsymbol{\eta}_2,\cdots,\boldsymbol{\eta}_t$ 及 $k_1\boldsymbol{\eta}_1+k_2\boldsymbol{\eta}_2+\cdots+k_t\boldsymbol{\eta}_t$ 都是非齐次线性方程组 $\boldsymbol{AX}=\boldsymbol{b}$ 的解向量，则 $k_1+k_2+\cdots+k_t=$________.

12. 设 $\boldsymbol{A}$ 为 $m\times n$ 矩阵，如果 $\boldsymbol{A}=\boldsymbol{O}$，则任意 n 个________都是 $\boldsymbol{Ax}=\boldsymbol{0}$ 的基础解系.

13. 设 $\boldsymbol{\alpha}_1=(1,0,1)^{\mathrm{T}}$，$\boldsymbol{\alpha}_2=(0,1,1)^{\mathrm{T}}$ 为 $\boldsymbol{Ax}=\boldsymbol{0}$ 的两个解向量，其中 $\boldsymbol{A}=\begin{pmatrix}1 & 2 & -1\\ -1 & a & 1\\ 1 & 2 & b\end{pmatrix}$，则常数 $a=$________，$b=$________.

14. 设 $\boldsymbol{A}$ 为四阶方阵，且 $r(\boldsymbol{A})=2$，$\boldsymbol{A}^*$ 为 $\boldsymbol{A}$ 的伴随矩阵，则齐次线性方程组 $\boldsymbol{A}^*\boldsymbol{x}=\boldsymbol{0}$ 的基础解系所包含的线性无关解向量个数为________.

15. 设 $\boldsymbol{A}$ 为三阶非零方阵，且 $r(\boldsymbol{A}^*)=0$，则 $r(\boldsymbol{A})=$________.

习题解答 3

考研真题解析 3

第 4 章　矩阵的特征值

本章讨论方阵的特征值、特征向量和相似标准形等概念与方法，它们是矩阵理论的重要组成部分. 它们不仅在数学的各分支，如微分方程、差分方程中有重要应用，而且在动力系统、最优控制、数量经济分析等方面也有广泛的应用.

4.1　向量的内积、长度与正交

在第 3 章，向量的运算只涉及向量的线性运算，它不能描述向量的度量性质，如向量的长度、夹角等. 在空间解析几何中，向量 $\boldsymbol{\alpha}=(a_1,a_2,a_3)^{\mathrm{T}}$ 和 $\boldsymbol{\beta}=(b_1,b_2,b_3)^{\mathrm{T}}$ 的长度和夹角等度量性质可以通过两个向量的内积 $\boldsymbol{\alpha}\cdot\boldsymbol{\beta}=|\boldsymbol{\alpha}||\boldsymbol{\beta}|\cos\theta$（$\theta$ 为向量 $\boldsymbol{\alpha}$ 与 $\boldsymbol{\beta}$ 的夹角）来表示，且在直角坐标系中，有 $\boldsymbol{\alpha}\cdot\boldsymbol{\beta}=a_1b_1+a_2b_2+a_3b_3$，$|\boldsymbol{\alpha}|=\sqrt{a_1^2+a_2^2+a_3^2}$，现在我们把空间解析几何中向量的内积概念推广到 n 维向量空间，进而定义向量的长度与夹角.

4.1.1　向量的内积、长度及其性质

定义 4.1　设 $\boldsymbol{\alpha}=(a_1,a_2,\cdots,a_n)^{\mathrm{T}}$ 和 $\boldsymbol{\beta}=(b_1,b_2,\cdots,b_n)^{\mathrm{T}}$ 为任意两个 n 维向量，称数

$$a_1b_1+a_2b_2+\cdots+a_nb_n$$

为向量 $\boldsymbol{\alpha}$ 和 $\boldsymbol{\beta}$ 的**内积**，记为 $\langle\boldsymbol{\alpha},\boldsymbol{\beta}\rangle$，即

$$\langle\boldsymbol{\alpha},\boldsymbol{\beta}\rangle=a_1b_1+a_2b_2+\cdots+a_nb_n.$$

注　根据矩阵乘法的法则，内积可以表示为 $\langle\boldsymbol{\alpha},\boldsymbol{\beta}\rangle=\boldsymbol{\alpha}^{\mathrm{T}}\boldsymbol{\beta}=\boldsymbol{\beta}^{\mathrm{T}}\boldsymbol{\alpha}$.

根据向量内积的定义，内积具有下列运算性质（其中 $\boldsymbol{\alpha},\boldsymbol{\beta},\boldsymbol{\gamma}$ 为 n 维向量，k,l 为任意实数）：

(1) 对称性　$\langle\boldsymbol{\alpha},\boldsymbol{\beta}\rangle=\langle\boldsymbol{\beta},\boldsymbol{\alpha}\rangle$；

(2) 线性性　$\langle k\boldsymbol{\alpha}+l\boldsymbol{\beta},\boldsymbol{\gamma}\rangle=k\langle\boldsymbol{\alpha},\boldsymbol{\gamma}\rangle+l\langle\boldsymbol{\beta},\boldsymbol{\gamma}\rangle$；

(3) 非负性　$\langle\boldsymbol{\alpha},\boldsymbol{\alpha}\rangle\geqslant 0$，当且仅当 $\boldsymbol{\alpha}=\mathbf{0}$ 时，$\langle\boldsymbol{\alpha},\boldsymbol{\alpha}\rangle=0$.

定义 4.2　设有 n 维向量 $\boldsymbol{\alpha}=(a_1,a_2,\cdots,a_n)^{\mathrm{T}}$，令 $\|\boldsymbol{\alpha}\|=\sqrt{\langle\boldsymbol{\alpha},\boldsymbol{\alpha}\rangle}=\sqrt{a_1^2+a_2^2+\cdots+a_n^2}$ 称为 $\boldsymbol{\alpha}$ 的**长度**（或**范数**）.

注　显然，任意非零向量的长度都大于零，只有零向量的长度为零.

容易验证，向量的长度具有下列运算性质：

(1) 非负性　$\|\boldsymbol{\alpha}\| \geqslant 0$；当且仅当 $\boldsymbol{\alpha}=\mathbf{0}$ 时，$\|\boldsymbol{\alpha}\|=0$.

(2) 齐次性　$\|k\boldsymbol{\alpha}\|=|k|\,\|\boldsymbol{\alpha}\|$.

长度为 1 的向量称为**单位向量**. 任意非零向量都可以单位化，即 $\dfrac{\boldsymbol{\alpha}}{\|\boldsymbol{\alpha}\|}$ 是一个与 $\boldsymbol{\alpha}$ 同向的单位向量，因为

$$\left\|\frac{\boldsymbol{\alpha}}{\|\boldsymbol{\alpha}\|}\right\|=\frac{1}{\|\boldsymbol{\alpha}\|}\|\boldsymbol{\alpha}\|=1.$$

例如，四维向量 $\boldsymbol{\alpha}=(1,-1,-1,1)^{\mathrm{T}}$ 的长度为

$$\|\boldsymbol{\alpha}\|=\sqrt{1^2+(-1)^2+(-1)^2+1^2}=2,$$

将 $\boldsymbol{\alpha}$ 单位化得

$$\frac{\boldsymbol{\alpha}}{\|\boldsymbol{\alpha}\|}=\frac{1}{2}(1,-1,-1,1)^{\mathrm{T}}=\left(\frac{1}{2},-\frac{1}{2},-\frac{1}{2},\frac{1}{2}\right)^{\mathrm{T}}.$$

(3) 柯西-施瓦茨(Cauchy-Schwarz)不等式　$\langle\boldsymbol{\alpha},\boldsymbol{\beta}\rangle\leqslant\sqrt{\langle\boldsymbol{\alpha},\boldsymbol{\alpha}\rangle\langle\boldsymbol{\beta},\boldsymbol{\beta}\rangle}$.

(4) 三角不等式　$\|\boldsymbol{\alpha}+\boldsymbol{\beta}\|\leqslant\|\boldsymbol{\alpha}\|+\|\boldsymbol{\beta}\|$.

证明　现证明性质(3).

当 $\boldsymbol{\beta}=\mathbf{0}$ 时，$\langle\boldsymbol{\alpha},\boldsymbol{\beta}\rangle=0$，$\langle\boldsymbol{\beta},\boldsymbol{\beta}\rangle=0$，性质(3)显然成立.

当 $\boldsymbol{\beta}\neq\mathbf{0}$ 时，作向量 $\boldsymbol{\alpha}+t\boldsymbol{\beta}(t\in\mathbf{R})$，由非负性有

$$\langle\boldsymbol{\alpha}+t\boldsymbol{\beta},\boldsymbol{\alpha}+t\boldsymbol{\beta}\rangle\geqslant 0.$$

由对称性和线性性展开上面不等式左端得

$$\langle\boldsymbol{\alpha},\boldsymbol{\alpha}\rangle+2\langle\boldsymbol{\alpha},\boldsymbol{\beta}\rangle t+\langle\boldsymbol{\beta},\boldsymbol{\beta}\rangle t^2\geqslant 0,$$

其左端是关于 t 的二次三项式，且 $\langle\boldsymbol{\beta},\boldsymbol{\beta}\rangle>0$，因此

$$4\langle\boldsymbol{\alpha},\boldsymbol{\beta}\rangle^2-4\langle\boldsymbol{\alpha},\boldsymbol{\alpha}\rangle\langle\boldsymbol{\beta},\boldsymbol{\beta}\rangle\leqslant 0,$$

即

$$\langle\boldsymbol{\alpha},\boldsymbol{\beta}\rangle\leqslant\sqrt{\langle\boldsymbol{\alpha},\boldsymbol{\alpha}\rangle\langle\boldsymbol{\beta},\boldsymbol{\beta}\rangle}.$$

现证明性质(4).

根据柯西-施瓦茨不等式

$$\begin{aligned}\langle\boldsymbol{\alpha}+\boldsymbol{\beta},\boldsymbol{\alpha}+\boldsymbol{\beta}\rangle&=\langle\boldsymbol{\alpha},\boldsymbol{\alpha}\rangle+2\langle\boldsymbol{\alpha},\boldsymbol{\beta}\rangle+\langle\boldsymbol{\beta},\boldsymbol{\beta}\rangle\leqslant\|\boldsymbol{\alpha}\|^2+2\|\boldsymbol{\alpha}\|\,\|\boldsymbol{\beta}\|+\|\boldsymbol{\beta}\|^2\\&=(\|\boldsymbol{\alpha}\|+\|\boldsymbol{\beta}\|)^2,\end{aligned}$$

所以

$$\|\boldsymbol{\alpha}+\boldsymbol{\beta}\|\leqslant\|\boldsymbol{\alpha}\|+\|\boldsymbol{\beta}\|.$$

于是，可定义向量的夹角：

当 $\|\boldsymbol{\alpha}\|\neq 0$ 时，$\|\boldsymbol{\beta}\|\neq 0$ 时，称

$$\theta=\arccos\frac{\langle\boldsymbol{\alpha},\boldsymbol{\beta}\rangle}{\|\boldsymbol{\alpha}\|\,\|\boldsymbol{\beta}\|}\quad(0\leqslant\theta\leqslant\pi)$$

为 **$\boldsymbol{n}$ 维向量 $\boldsymbol{\alpha}$ 与 $\boldsymbol{\beta}$ 的夹角**.

例如,求向量 $\boldsymbol{\alpha}=(2,1,3,2)^{\mathrm{T}}$ 与向量 $\boldsymbol{\beta}=(1,2,-2,1)^{\mathrm{T}}$ 的夹角. 由 $\|\boldsymbol{\alpha}\|=3\sqrt{2}$, $\|\boldsymbol{\beta}\|=\sqrt{10}$, $\langle\boldsymbol{\alpha},\boldsymbol{\beta}\rangle=0$,得

$$\cos\theta=\frac{\langle\boldsymbol{\alpha},\boldsymbol{\beta}\rangle}{\|\boldsymbol{\alpha}\|\cdot\|\boldsymbol{\beta}\|}=0,$$

即 $\theta=\frac{\pi}{2}$. 由此知,若 $\langle\boldsymbol{\alpha},\boldsymbol{\beta}\rangle=0$ 时,向量 $\boldsymbol{\alpha}$ 与 $\boldsymbol{\beta}$ 垂直.

4.1.2 正交向量组

定义 4.3 若两向量 $\boldsymbol{\alpha}$ 与 $\boldsymbol{\beta}$ 的内积等于零,即

$$\langle\boldsymbol{\alpha},\boldsymbol{\beta}\rangle=0,$$

则称向量 $\boldsymbol{\alpha}$ 与 $\boldsymbol{\beta}$ **相互正交**. 记作 $\boldsymbol{\alpha}\perp\boldsymbol{\beta}$.

注 因为对于任何实向量 $\boldsymbol{\alpha}$,总有 $\langle\boldsymbol{\alpha},\boldsymbol{0}\rangle=0$,所以任何向量都与零向量正交.

例 1 求一个单位向量与 $\boldsymbol{\alpha}_1=(2,4,-2,1)^{\mathrm{T}}$, $\boldsymbol{\alpha}_2=(0,0,0,1)^{\mathrm{T}}$, $\boldsymbol{\alpha}_3=(2,3,4,3)^{\mathrm{T}}$ 都正交.

解 设向量 $\boldsymbol{\beta}=(x_1,x_2,x_3,x_4)^{\mathrm{T}}$ 与 $\boldsymbol{\alpha}_1,\boldsymbol{\alpha}_2,\boldsymbol{\alpha}_3$ 都正交,则

$$\begin{cases}\langle\boldsymbol{\beta},\boldsymbol{\alpha}_1\rangle=2x_1+4x_2-2x_3+x_4=0,\\ \langle\boldsymbol{\beta},\boldsymbol{\alpha}_2\rangle=0x_1+0x_2+0x_3+x_4=0,\\ \langle\boldsymbol{\beta},\boldsymbol{\alpha}_3\rangle=2x_1+3x_2+4x_3+3x_4=0,\end{cases}$$

解此方程得基础解系为 $\boldsymbol{\beta}=(11,-6,-1,0)^{\mathrm{T}}$,再将 $\boldsymbol{\beta}$ 单位化得

$$\boldsymbol{\beta}_0=\frac{\boldsymbol{\beta}}{\|\boldsymbol{\beta}\|}=\frac{1}{\sqrt{158}}(11,-6,-1,0)^{\mathrm{T}}.$$

定义 4.4 若 n 维向量 $\boldsymbol{\alpha}_1,\boldsymbol{\alpha}_2,\cdots,\boldsymbol{\alpha}_s$ 是一个非零向量组,且 $\boldsymbol{\alpha}_1,\boldsymbol{\alpha}_2,\cdots,\boldsymbol{\alpha}_s$ 中的向量两两正交,则称该向量组为**正交向量组**,简称**正交组**.

注 作为特例,如果向量组只含一个向量 $\boldsymbol{\alpha}\neq\boldsymbol{0}$,则认定该向量组为正交向量组.

例如,$\mathbf{R}^n$ 中单位向量 $\boldsymbol{\varepsilon}_1,\boldsymbol{\varepsilon}_2,\cdots,\boldsymbol{\varepsilon}_n$ 是两两正交的,因为 $\langle\boldsymbol{\varepsilon}_i,\boldsymbol{\varepsilon}_j\rangle=0(i\neq j)$.

定理 4.1 若 n 维向量 $\boldsymbol{\alpha}_1,\boldsymbol{\alpha}_2,\cdots,\boldsymbol{\alpha}_s$ 是一组正交向量组,则 $\boldsymbol{\alpha}_1,\boldsymbol{\alpha}_2,\cdots,\boldsymbol{\alpha}_s$ 线性无关.

证明 设有 $k_1,k_2,\cdots,k_s$ 使

$$k_1\boldsymbol{\alpha}_1+k_2\boldsymbol{\alpha}_2+\cdots+k_s\boldsymbol{\alpha}_s=\boldsymbol{0}.$$

用 $\boldsymbol{\alpha}_i$ 与上式两边作内积,得

$$\langle\boldsymbol{\alpha}_i,k_1\boldsymbol{\alpha}_1+k_2\boldsymbol{\alpha}_2+\cdots+k_s\boldsymbol{\alpha}_s\rangle=\langle\boldsymbol{\alpha}_i,\boldsymbol{0}\rangle,$$

得

$$k_1\langle\boldsymbol{\alpha}_i,\boldsymbol{\alpha}_1\rangle+k_2\langle\boldsymbol{\alpha}_i,\boldsymbol{\alpha}_2\rangle+\cdots+k_s\langle\boldsymbol{\alpha}_i,\boldsymbol{\alpha}_s\rangle=0.$$

因 $\boldsymbol{\alpha}_1,\boldsymbol{\alpha}_2,\cdots,\boldsymbol{\alpha}_s$ 两两正交,故 $\langle\boldsymbol{\alpha}_i,\boldsymbol{\alpha}_j\rangle=0(i\neq j)$,因此上式即为

$$k_i\langle \boldsymbol{\alpha}_i,\boldsymbol{\alpha}_i\rangle = 0 \quad (i=1,2,\cdots,s),$$

而 $\boldsymbol{\alpha}_i\neq\mathbf{0}$，从而 $\langle\boldsymbol{\alpha}_i,\boldsymbol{\alpha}_i\rangle>0(i=1,2,\cdots,s)$，故必有

$$k_i = 0 \quad (i=1,2,\cdots,s),$$

所以向量组 $\boldsymbol{\alpha}_1,\boldsymbol{\alpha}_2,\cdots,\boldsymbol{\alpha}_s$ 线性无关.

定义 4.5　若正交向量组中每一个都是单位向量，则称该向量组为**标准正交向量组**. 在 $\mathbf{R}^n$ 中，称任意 n 个线性无关的向量为 $\mathbf{R}^n$ 的一组基. 如果向量空间中一个基的向量两两正交，则称为**正交基**；如果正交基中的每个向量都是单位向量，则称为**标准正交基**（**规范正交基**）.

例如，容易验证

$$\boldsymbol{e}_1=\begin{pmatrix}\frac{6}{7}\\ -\frac{3}{7}\\ \frac{2}{7}\end{pmatrix},\quad \boldsymbol{e}_2=\begin{pmatrix}\frac{2}{7}\\ \frac{6}{7}\\ \frac{3}{7}\end{pmatrix},\quad \boldsymbol{e}_3=\begin{pmatrix}-\frac{3}{7}\\ -\frac{2}{7}\\ \frac{6}{7}\end{pmatrix}$$

是向量空间 $\mathbf{R}^3$ 的一个标准正交基.

又如，n 维单位向量组 $\boldsymbol{\varepsilon}_1,\boldsymbol{\varepsilon}_2,\cdots,\boldsymbol{\varepsilon}_n$ 也是 $\mathbf{R}^n$ 的一个标准正交基.

定理 4.1 的逆定理不成立. 把线性无关的向量组 $\boldsymbol{\alpha}_1,\boldsymbol{\alpha}_2,\cdots,\boldsymbol{\alpha}_s$ 正交化，即求与 $\boldsymbol{\alpha}_1,\boldsymbol{\alpha}_2,\cdots,\boldsymbol{\alpha}_s$ 等价的正交向量组 $\boldsymbol{e}_1,\boldsymbol{e}_2,\cdots,\boldsymbol{e}_s$ 是一项有实用价值的工作. 下面介绍实现这一目标的一种方法，称为**施密特**(Schmidt)**正交化方法**.

(1) 正交化. 令

$$\boldsymbol{\beta}_1=\boldsymbol{\alpha}_1,$$

$$\boldsymbol{\beta}_2=\boldsymbol{\alpha}_2-\frac{\langle\boldsymbol{\beta}_1,\boldsymbol{\alpha}_2\rangle}{\langle\boldsymbol{\beta}_1,\boldsymbol{\beta}_1\rangle}\boldsymbol{\beta}_1,$$

$$\cdots\cdots$$

$$\boldsymbol{\beta}_s=\boldsymbol{\alpha}_s-\frac{\langle\boldsymbol{\beta}_1,\boldsymbol{\alpha}_s\rangle}{\langle\boldsymbol{\beta}_1,\boldsymbol{\beta}_1\rangle}\boldsymbol{\beta}_1-\frac{\langle\boldsymbol{\beta}_2,\boldsymbol{\alpha}_s\rangle}{\langle\boldsymbol{\beta}_2,\boldsymbol{\beta}_2\rangle}\boldsymbol{\beta}_2-\cdots-\frac{\langle\boldsymbol{\beta}_{s-1},\boldsymbol{\alpha}_s\rangle}{\langle\boldsymbol{\beta}_{s-1},\boldsymbol{\beta}_{s-1}\rangle}\boldsymbol{\beta}_{s-1},$$

则易验证 $\boldsymbol{\beta}_1,\boldsymbol{\beta}_2,\cdots,\boldsymbol{\beta}_s$ 两两正交，且 $\{\boldsymbol{\beta}_1,\boldsymbol{\beta}_2,\cdots,\boldsymbol{\beta}_s\}\cong\{\boldsymbol{\alpha}_1,\boldsymbol{\alpha}_2,\cdots,\boldsymbol{\alpha}_s\}$.

(2) 单位化. 令

$$\boldsymbol{e}_1=\frac{\boldsymbol{\beta}_1}{\|\boldsymbol{\beta}_1\|},\quad \boldsymbol{e}_2=\frac{\boldsymbol{\beta}_2}{\|\boldsymbol{\beta}_2\|},\quad \cdots,\quad \boldsymbol{e}_s=\frac{\boldsymbol{\beta}_s}{\|\boldsymbol{\beta}_s\|},$$

则 $\boldsymbol{e}_1,\boldsymbol{e}_2,\cdots,\boldsymbol{e}_s$ 是一个标准正交向量组.

注　施密特正交化方法可将 $\mathbf{R}^n$ 中的一个基 $\boldsymbol{\alpha}_1,\boldsymbol{\alpha}_2,\cdots,\boldsymbol{\alpha}_n$ 化为与之等价的正交基 $\boldsymbol{\beta}_1,\boldsymbol{\beta}_2,\cdots,\boldsymbol{\beta}_n$；再经过单位化，得到与 $\boldsymbol{\alpha}_1,\boldsymbol{\alpha}_2,\cdots,\boldsymbol{\alpha}_n$ 等价的标准正交向量基 $\boldsymbol{e}_1,\boldsymbol{e}_2,\cdots,\boldsymbol{e}_n$.

例 2　设 $\boldsymbol{\alpha}_1=\begin{pmatrix}2\\1\\-1\end{pmatrix}$，$\boldsymbol{\alpha}_2=\begin{pmatrix}3\\-1\\1\end{pmatrix}$，$\boldsymbol{\alpha}_3=\begin{pmatrix}-1\\4\\0\end{pmatrix}$，用施密特正交化方法，将向量组

标准正交化.

解 不难证明 $\boldsymbol{\alpha}_1,\boldsymbol{\alpha}_2,\boldsymbol{\alpha}_3$ 是线性无关的. 取

$$\boldsymbol{\beta}_1=\boldsymbol{\alpha}_1,$$

$$\boldsymbol{\beta}_2=\boldsymbol{\alpha}_2-\frac{\langle\boldsymbol{\beta}_1,\boldsymbol{\alpha}_2\rangle}{\langle\boldsymbol{\beta}_1,\boldsymbol{\beta}_1\rangle}\boldsymbol{\beta}_1=\begin{pmatrix}3\\-1\\1\end{pmatrix}-\frac{4}{6}\begin{pmatrix}2\\1\\-1\end{pmatrix}=\frac{5}{3}\begin{pmatrix}1\\-1\\1\end{pmatrix},$$

$$\boldsymbol{\beta}_3=\boldsymbol{\alpha}_3-\frac{\langle\boldsymbol{\beta}_1,\boldsymbol{\alpha}_3\rangle}{\langle\boldsymbol{\beta}_1,\boldsymbol{\beta}_1\rangle}\boldsymbol{\beta}_1-\frac{\langle\boldsymbol{\beta}_2,\boldsymbol{\alpha}_3\rangle}{\langle\boldsymbol{\beta}_2,\boldsymbol{\beta}_2\rangle}\boldsymbol{\beta}_2=\begin{pmatrix}0\\2\\2\end{pmatrix}.$$

再把它们单位化,取

$$\boldsymbol{e}_1=\frac{\boldsymbol{\beta}_1}{\|\boldsymbol{\beta}_1\|}=\frac{1}{\sqrt{6}}\begin{pmatrix}2\\1\\-1\end{pmatrix},\quad \boldsymbol{e}_2=\frac{\boldsymbol{\beta}_2}{\|\boldsymbol{\beta}_2\|}=\frac{1}{\sqrt{3}}\begin{pmatrix}1\\-1\\1\end{pmatrix},\quad \boldsymbol{e}_3=\frac{\boldsymbol{\beta}_3}{\|\boldsymbol{\beta}_3\|}=\frac{1}{\sqrt{2}}\begin{pmatrix}0\\1\\1\end{pmatrix},$$

$\boldsymbol{e}_1,\boldsymbol{e}_2,\boldsymbol{e}_3$ 即为所求.

例 3 已知 $\boldsymbol{\alpha}_1=\begin{pmatrix}1\\-2\\1\end{pmatrix}$,求一组非零向量 $\boldsymbol{\alpha}_2,\boldsymbol{\alpha}_3$,使 $\boldsymbol{\alpha}_1,\boldsymbol{\alpha}_2,\boldsymbol{\alpha}_3$ 两两正交.

解 向量 $\boldsymbol{\alpha}_2,\boldsymbol{\alpha}_3=(x_1,x_2,x_3)^{\mathrm{T}}$ 与 $\boldsymbol{\alpha}_1$ 都正交,则

$$x_1-2x_2+x_3=0,$$

它的基础解系为

$$\boldsymbol{\xi}_1=\begin{pmatrix}2\\1\\0\end{pmatrix},\quad \boldsymbol{\xi}_2=\begin{pmatrix}-1\\0\\1\end{pmatrix}.$$

把基础解系正交化即为所求

$$\boldsymbol{\alpha}_2=\boldsymbol{\xi}_1=\begin{pmatrix}2\\1\\0\end{pmatrix},\quad \boldsymbol{\alpha}_3=\boldsymbol{\xi}_2-\frac{\langle\boldsymbol{\xi}_1,\boldsymbol{\xi}_2\rangle}{\langle\boldsymbol{\xi}_1,\boldsymbol{\xi}_1\rangle}\boldsymbol{\xi}_1=\begin{pmatrix}-1\\0\\1\end{pmatrix}-\frac{-2}{5}\begin{pmatrix}2\\1\\0\end{pmatrix}=\frac{1}{5}\begin{pmatrix}-1\\2\\5\end{pmatrix}.$$

4.1.3 正交矩阵、正交变换

正交矩阵是一种广泛应用的实方阵,它的行、列向量均为标准正交向量组,以下先给出正交矩阵的定义,然后讨论其性质.

定义 4.6 设 $\boldsymbol{A}$ 为 n 阶实方阵,如果 $\boldsymbol{A}^{\mathrm{T}}\boldsymbol{A}=\boldsymbol{E}$,则称 $\boldsymbol{A}$ 为**正交矩阵**,简称**正交阵**.

正交矩阵的一些基本性质:

(1) $\boldsymbol{A}^{\mathrm{T}}=\boldsymbol{A}^{-1}$,即 $\boldsymbol{A}$ 的转置就是 $\boldsymbol{A}$ 的逆矩阵;

(2) $\boldsymbol{A}^{\mathrm{T}}\boldsymbol{A}=\boldsymbol{A}\boldsymbol{A}^{\mathrm{T}}=\boldsymbol{E}$;

(3) 若 $\boldsymbol{A}$ 是正交矩阵,则 $\boldsymbol{A}^{\mathrm{T}}$(或 $\boldsymbol{A}^{-1}$)也是正交矩阵;

(4) 若 $\boldsymbol{A}$ 是正交矩阵,则 $|\boldsymbol{A}|=\pm1$;

(5) 若 $\boldsymbol{A},\boldsymbol{B}$ 是正交矩阵,则 $\boldsymbol{AB}$ 也是正交矩阵.

证明　现证明性质(4).

若 $\boldsymbol{A}$ 是正交矩阵,则 $\boldsymbol{A}^{\mathrm{T}}\boldsymbol{A}=\boldsymbol{E}$,等式两边取行列式,得 $|\boldsymbol{A}^{\mathrm{T}}\boldsymbol{A}|=1$,而 $|\boldsymbol{A}^{\mathrm{T}}\boldsymbol{A}|=|\boldsymbol{A}^{\mathrm{T}}||\boldsymbol{A}|=|\boldsymbol{A}|^2$,即 $|\boldsymbol{A}|=\pm1$.

现证明性质(5).

$$(\boldsymbol{AB})^{\mathrm{T}}(\boldsymbol{AB})=(\boldsymbol{B}^{\mathrm{T}}\boldsymbol{A}^{\mathrm{T}})(\boldsymbol{AB})=\boldsymbol{B}^{\mathrm{T}}(\boldsymbol{A}^{\mathrm{T}}\boldsymbol{A})\boldsymbol{B}=\boldsymbol{B}^{\mathrm{T}}\boldsymbol{EB}=\boldsymbol{B}^{\mathrm{T}}\boldsymbol{B}=\boldsymbol{E}.$$

由正交矩阵的定义知,$\boldsymbol{AB}$ 是正交矩阵.

定理 4.2　n 阶实方阵 $\boldsymbol{A}$ 是正交矩阵的充分必要条件是 $\boldsymbol{A}$ 的 n 个列向量构成 $\mathbf{R}^n$ 中的一个标准正交基.

证明　设 $\boldsymbol{A}=(\boldsymbol{\alpha}_1,\boldsymbol{\alpha}_2,\cdots,\boldsymbol{\alpha}_n)$,其中 $\boldsymbol{\alpha}_1,\boldsymbol{\alpha}_2,\cdots,\boldsymbol{\alpha}_n$ 是 $\boldsymbol{A}$ 的 n 个 n 维列向量,则 $\boldsymbol{A}^{\mathrm{T}}\boldsymbol{A}=\boldsymbol{E}$ 等价于

$$\begin{pmatrix}\boldsymbol{\alpha}_1^{\mathrm{T}}\\ \boldsymbol{\alpha}_2^{\mathrm{T}}\\ \vdots\\ \boldsymbol{\alpha}_n^{\mathrm{T}}\end{pmatrix}(\boldsymbol{\alpha}_1,\boldsymbol{\alpha}_2,\cdots,\boldsymbol{\alpha}_n)=\begin{pmatrix}\boldsymbol{\alpha}_1^{\mathrm{T}}\boldsymbol{\alpha}_1 & \boldsymbol{\alpha}_1^{\mathrm{T}}\boldsymbol{\alpha}_2 & \cdots & \boldsymbol{\alpha}_1^{\mathrm{T}}\boldsymbol{\alpha}_n\\ \boldsymbol{\alpha}_2^{\mathrm{T}}\boldsymbol{\alpha}_1 & \boldsymbol{\alpha}_2^{\mathrm{T}}\boldsymbol{\alpha}_2 & \cdots & \boldsymbol{\alpha}_2^{\mathrm{T}}\boldsymbol{\alpha}_n\\ \vdots & \vdots & & \vdots\\ \boldsymbol{\alpha}_n^{\mathrm{T}}\boldsymbol{\alpha}_1 & \boldsymbol{\alpha}_n^{\mathrm{T}}\boldsymbol{\alpha}_2 & \cdots & \boldsymbol{\alpha}_n^{\mathrm{T}}\boldsymbol{\alpha}_n\end{pmatrix}=\boldsymbol{E},$$

即

$$\langle\boldsymbol{\alpha}_i,\boldsymbol{\alpha}_j\rangle=\boldsymbol{\alpha}_i^{\mathrm{T}}\boldsymbol{\alpha}_j=\begin{cases}1, & i=j,\\ 0, & i\neq j\end{cases}\quad(i,j=1,2,\cdots,n).$$

注　由 $\boldsymbol{A}^{\mathrm{T}}\boldsymbol{A}=\boldsymbol{E}$ 与 $\boldsymbol{A}\boldsymbol{A}^{\mathrm{T}}=\boldsymbol{E}$ 等价可知,定理 4.2 的结论对行向量也成立,即 $\boldsymbol{A}$ 为正交矩阵的充分必要条件是 $\boldsymbol{A}$ 的 n 个行向量构成 $\mathbf{R}^n$ 中的一个标准正交基.

由定理 4.2,不难验证下列矩阵

$$\begin{pmatrix}1 & 0\\ 0 & -1\end{pmatrix},\quad\begin{pmatrix}\frac{\sqrt{2}}{2} & \frac{\sqrt{2}}{2}\\ -\frac{\sqrt{2}}{2} & \frac{\sqrt{2}}{2}\end{pmatrix},\quad\begin{pmatrix}\frac{1}{\sqrt{3}} & -\frac{1}{\sqrt{6}} & -\frac{1}{\sqrt{2}}\\ \frac{1}{\sqrt{3}} & \frac{2}{\sqrt{6}} & 0\\ \frac{1}{\sqrt{3}} & -\frac{1}{\sqrt{6}} & \frac{1}{\sqrt{2}}\end{pmatrix}$$

都是正交矩阵.

矩阵 $\begin{pmatrix}1 & -1 & 1\\ 1 & 1 & -1\\ 0 & 2 & 1\end{pmatrix}$ 不是正交矩阵.

定义 4.7　若 $\boldsymbol{P}$ 为正交矩阵,则线性变换 $\boldsymbol{y}=\boldsymbol{Px}$ 称为**正交变换**.

设 $\boldsymbol{y}=\boldsymbol{P}\boldsymbol{x}$ 称为正交变换,则有

$$\|\boldsymbol{y}\|=\sqrt{\boldsymbol{y}^{\mathrm{T}}\boldsymbol{y}}=\sqrt{\boldsymbol{x}^{\mathrm{T}}\boldsymbol{P}^{\mathrm{T}}\boldsymbol{P}\boldsymbol{x}}=\sqrt{\boldsymbol{x}^{\mathrm{T}}\boldsymbol{x}}=\|\boldsymbol{x}\|.$$

由于 $\|\boldsymbol{x}\|$ 表示 $\boldsymbol{x}$ 的长度,因此 $\|\boldsymbol{y}\|=\|\boldsymbol{x}\|$ 说明经正交变换向量长度保持不变,这是正交变换的优良特性.

例 4 证明平面 xOy 上的旋转矩阵是正交矩阵,且旋转保持向量长度不变.

证 旋转矩阵为

$$\boldsymbol{A}=\begin{pmatrix}\cos\theta & -\sin\theta\\ \sin\theta & \cos\theta\end{pmatrix},$$

显然 $\boldsymbol{A}$ 为正交矩阵,因为正交变换向量长度保持不变,所以旋转保持向量长度不变.

习 题 4.1

1. 设方阵 $\boldsymbol{A}$ 满足 $\boldsymbol{A}^2-4\boldsymbol{A}+3\boldsymbol{E}=\boldsymbol{O}$,且 $\boldsymbol{A}^{\mathrm{T}}=\boldsymbol{A}$,试证 $\boldsymbol{A}-2\boldsymbol{E}$ 为正交矩阵.

2. 设 $\boldsymbol{\alpha},\boldsymbol{\beta}_1,\boldsymbol{\beta}_2,\boldsymbol{\beta}_3$ 都是 n 维实向量,并且 $\boldsymbol{\alpha}$ 与 $\boldsymbol{\beta}_1,\boldsymbol{\beta}_2,\boldsymbol{\beta}_3$ 都正交,证明:$\boldsymbol{\alpha}$ 与 $\boldsymbol{\beta}_1,\boldsymbol{\beta}_2,\boldsymbol{\beta}_3$ 的任一(实系数)线性组合也正交.

3. 已知是一组线性无关的向量 $\boldsymbol{\alpha}_1=(1,1,1,1)^{\mathrm{T}},\boldsymbol{\alpha}_2=(3,3,-1,-1)^{\mathrm{T}},\boldsymbol{\alpha}_3=(-2,0,6,8)^{\mathrm{T}}$,利用此向量组构造 $\mathbf{R}^4$ 的一个标准正交基.

4. 如果 $\boldsymbol{\eta}_1,\boldsymbol{\eta}_2,\cdots,\boldsymbol{\eta}_n$ 是 $\mathbf{R}^n$ 的一个标准正交基,$\boldsymbol{A}$ 是 n 阶正交矩阵,证明 $\boldsymbol{A}\boldsymbol{\eta}_1,\boldsymbol{A}\boldsymbol{\eta}_2,\cdots,\boldsymbol{A}\boldsymbol{\eta}_n$ 也是 $\mathbf{R}^n$ 的一个标准正交基.

5. 用施密特正交化方法将下列向量组标准正交化:

(1) $\boldsymbol{\alpha}_1=\begin{pmatrix}1\\2\\-1\end{pmatrix},\boldsymbol{\alpha}_2=\begin{pmatrix}-1\\3\\1\end{pmatrix},\boldsymbol{\alpha}_3=\begin{pmatrix}4\\-1\\0\end{pmatrix}$; (2) $\boldsymbol{\alpha}_1=\begin{pmatrix}1\\1\\0\end{pmatrix},\boldsymbol{\alpha}_2=\begin{pmatrix}1\\0\\1\end{pmatrix},\boldsymbol{\alpha}_3=\begin{pmatrix}0\\1\\1\end{pmatrix}$.

6. 判断下列矩阵是否为正交矩阵:

(1) $\begin{pmatrix}\frac{2}{\sqrt5} & \frac{1}{\sqrt5}\\ -\frac{1}{\sqrt5} & \frac{2}{\sqrt5}\end{pmatrix}$; (2) $\begin{pmatrix}\frac{1}{\sqrt2} & 0 & -\frac{1}{\sqrt2}\\ 0 & 1 & 0\\ -\frac{1}{\sqrt2} & 0 & \frac{1}{\sqrt2}\end{pmatrix}$; (3) $\begin{pmatrix}\frac19 & -\frac89 & -\frac49\\ -\frac89 & \frac19 & -\frac49\\ -\frac49 & -\frac49 & \frac79\end{pmatrix}$.

7. 设 $\boldsymbol{A}$ 是正交矩阵,证明 $\boldsymbol{A}^*$ 也是正交矩阵.

8. 设 $\boldsymbol{\alpha}$ 为 n 维列向量,$\boldsymbol{A}$ 为 n 阶正交矩阵,证明 $\|\boldsymbol{A}\boldsymbol{\alpha}\|=\|\boldsymbol{\alpha}\|$.

9. 设 $\mathbf{R}^n$ 中的向量组 $\boldsymbol{\alpha}_1,\boldsymbol{\alpha}_2,\cdots,\boldsymbol{\alpha}_{n-1}$ 线性无关,若 $\boldsymbol{\xi}_1,\boldsymbol{\xi}_2$ 与 $\boldsymbol{\alpha}_1,\boldsymbol{\alpha}_2,\cdots,\boldsymbol{\alpha}_{n-1}$ 都正交,证明 $\boldsymbol{\xi}_1,\boldsymbol{\xi}_2$ 线性相关.

4.2 方阵的特征值与特征向量

本节介绍特征值与特征向量的基本概念、基本性质,给出计算特征值与特征向

量的方法.

4.2.1　特征值与特征向量

定义 4.8　设 $\boldsymbol{A}$ 是 n 阶方阵,如果存在数 λ 和 n 维非零向量 $\boldsymbol{x}$ 使

$$\boldsymbol{Ax}=\lambda\boldsymbol{x} \tag{4.2.1}$$

成立,则称数 λ 为方阵 $\boldsymbol{A}$ 的**特征值**,非零向量 $\boldsymbol{x}$ 称为 $\boldsymbol{A}$ 的对应于特征值 λ 的**特征向量**(或称为 $\boldsymbol{A}$ 的属于特征值 λ 的特征向量).

例如,设

$$\boldsymbol{A}=\begin{pmatrix}3&-1&1\\2&0&1\\1&-1&2\end{pmatrix},\quad \boldsymbol{\alpha}=\begin{pmatrix}1\\1\\0\end{pmatrix},$$

则

$$\boldsymbol{A\alpha}=\begin{pmatrix}3&-1&1\\2&0&1\\1&-1&2\end{pmatrix}\begin{pmatrix}1\\1\\0\end{pmatrix}=\begin{pmatrix}2\\2\\0\end{pmatrix}=2\begin{pmatrix}1\\1\\0\end{pmatrix}=2\boldsymbol{\alpha}.$$

根据定义 4.8,2 是 $\boldsymbol{A}$ 的一个特征值,$\boldsymbol{\alpha}$ 是 $\boldsymbol{A}$ 的属于 2 的一个特征向量.

(4.2.1)式的等价形式为

$$(\lambda\boldsymbol{E}-\boldsymbol{A})\boldsymbol{x}=\boldsymbol{0}. \tag{4.2.2}$$

这是一个含 n 个未知数 n 个方程的齐次线性方程组,它有非零解的充分必要条件是系数行列式

$$|\lambda\boldsymbol{E}-\boldsymbol{A}|=0,$$

即

$$\begin{vmatrix}\lambda-a_{11}&-a_{12}&\cdots&-a_{1n}\\-a_{21}&\lambda-a_{22}&\cdots&-a_{2n}\\\vdots&\vdots&&\vdots\\-a_{n1}&-a_{n2}&\cdots&\lambda-a_{nn}\end{vmatrix}=0.$$

定义 4.9　设 $\boldsymbol{A}$ 是 n 阶方阵,含有未知数 λ 的矩阵 $\lambda\boldsymbol{E}-\boldsymbol{A}$ 称为 $\boldsymbol{A}$ 的**特征矩阵**,其行列式 $f(\lambda)=|\lambda\boldsymbol{E}-\boldsymbol{A}|$ 为 λ 的 n 次多项式,称为矩阵 $\boldsymbol{A}$ 的**特征多项式**,$|\lambda\boldsymbol{E}-\boldsymbol{A}|=0$ 为矩阵 $\boldsymbol{A}$ 的**特征方程**.

注　显然,λ 为方阵 $\boldsymbol{A}$ 的一个特征值,则一定是 $|\lambda\boldsymbol{E}-\boldsymbol{A}|=0$ 的根,因此又称特征根. 若 λ 是 $|\lambda\boldsymbol{E}-\boldsymbol{A}|=0$ 的 n_i 重根,则称 λ 为 $\boldsymbol{A}$ 的 n_i 重特征值(根). 方程 $(\lambda\boldsymbol{E}-\boldsymbol{A})\boldsymbol{x}=\boldsymbol{0}$ 的每一个非零解向量都是对应于 λ 的特征向量.

不难证明,若 $\boldsymbol{\alpha}_1$ 和 $\boldsymbol{\alpha}_2$ 都是 $\boldsymbol{A}$ 的属于特征值 λ 的特征向量,则 $k_1\boldsymbol{\alpha}_1+k_2\boldsymbol{\alpha}_2$ 也是 $\boldsymbol{A}$ 的属于 λ 的特征向量(其中 k_1,k_2 是任意常数,但 $k_1\boldsymbol{\alpha}_1+k_2\boldsymbol{\alpha}_2\neq\boldsymbol{0}$).

例 1 求矩阵 $\boldsymbol{A}=\begin{pmatrix}2&1\\1&2\end{pmatrix}$ 的特征值和特征向量.

解 $\boldsymbol{A}$ 的特征方程为

$$|\lambda\boldsymbol{E}-\boldsymbol{A}|=\begin{vmatrix}\lambda-2&-1\\-1&\lambda-2\end{vmatrix}=(\lambda-1)(\lambda-3)=0,$$

所以 $\boldsymbol{A}$ 的特征值为 $\lambda_1=1,\lambda_2=3$.

当 $\lambda_1=1$ 时,解齐次线性方程组 $(\boldsymbol{E}-\boldsymbol{A})\boldsymbol{x}=\boldsymbol{0}$,即

$$\begin{cases}-x_1-x_2=0,\\-x_1-x_2=0,\end{cases}$$

得同解方程组为 $x_1=-x_2$,所以对应的特征向量可取为 $\boldsymbol{p}_1=\begin{pmatrix}-1\\1\end{pmatrix}$. 而 $k_1\boldsymbol{p}_1(k_1\neq0)$ 就是矩阵 $\boldsymbol{A}$ 对应于 $\lambda_1=1$ 的全部特征向量.

当 $\lambda_2=3$ 时,解齐次线性方程组 $(3\boldsymbol{E}-\boldsymbol{A})\boldsymbol{x}=\boldsymbol{0}$,即

$$\begin{cases}x_1-x_2=0,\\-x_1+x_2=0,\end{cases}$$

得同解方程组为 $x_1=x_2$,所以对应的特征向量可取为 $\boldsymbol{p}_2=\begin{pmatrix}1\\1\end{pmatrix}$. 而 $k_2\boldsymbol{p}_2(k_2\neq0)$ 就是矩阵 $\boldsymbol{A}$ 对应于 $\lambda_2=3$ 的全部特征向量.

例 2 求矩阵 $\boldsymbol{A}=\begin{pmatrix}4&6&0\\-3&-5&0\\-3&-6&1\end{pmatrix}$ 的特征值和特征向量.

解 $\boldsymbol{A}$ 的特征方程为

$$|\lambda\boldsymbol{E}-\boldsymbol{A}|=\begin{vmatrix}\lambda-4&-6&0\\3&\lambda+5&0\\3&6&\lambda-1\end{vmatrix}=(\lambda+2)(\lambda-1)^2=0,$$

所以 $\boldsymbol{A}$ 的特征值为 $\lambda_1=-2,\lambda_2=\lambda_3=1$.

当 $\lambda_1=-2$ 时,解齐次线性方程组 $(-2\boldsymbol{E}-\boldsymbol{A})\boldsymbol{x}=\boldsymbol{0}$,即

$$\begin{cases}-6x_1-6x_2=0,\\3x_1+3x_2=0,\\3x_1+6x_2-3x_3=0,\end{cases}$$

由 $-2\boldsymbol{E}-\boldsymbol{A}=\begin{pmatrix}-6&-6&0\\3&3&0\\3&6&-3\end{pmatrix}\to\begin{pmatrix}1&0&1\\0&1&-1\\0&0&0\end{pmatrix}$,得基础解系 $\boldsymbol{p}_1=\begin{pmatrix}-1\\1\\1\end{pmatrix}$,故对应于 $\lambda_1=-2$ 的全体特征向量为 $k_1\boldsymbol{p}_1(k_1\neq0)$.

当 $\lambda_2=\lambda_3=1$ 时,解方程 $(\boldsymbol{E}-\boldsymbol{A})\boldsymbol{x}=\boldsymbol{0}$,即

$$\begin{cases}-3x_1-6x_2=0,\\3x_1+6x_2=0,\\3x_1+6x_2=0.\end{cases}$$

由 $\boldsymbol{E}-\boldsymbol{A}=\begin{pmatrix}-3&-6&0\\3&6&0\\3&6&0\end{pmatrix}\to\begin{pmatrix}1&2&0\\0&0&0\\0&0&0\end{pmatrix}$，得基础解系

$$\boldsymbol{p}_2=\begin{pmatrix}-2\\1\\0\end{pmatrix},\quad \boldsymbol{p}_3=\begin{pmatrix}0\\0\\1\end{pmatrix},$$

故对应于 $\lambda_2=\lambda_3=1$ 的全部特征向量为

$$k_2\boldsymbol{p}_2+k_3\boldsymbol{p}_3\quad(k_2,k_3\text{ 不同时为 }0).$$

4.2.2　特征值与特征向量的性质

性质 1　n 阶矩阵 $\boldsymbol{A}$ 与它的转置矩阵 $\boldsymbol{A}^{\mathrm{T}}$ 有相同的特征值.

证明　因为

$$|\lambda\boldsymbol{E}-\boldsymbol{A}^{\mathrm{T}}|=|(\lambda\boldsymbol{E}-\boldsymbol{A})^{\mathrm{T}}|=|\lambda\boldsymbol{E}-\boldsymbol{A}|,$$

所以 $\boldsymbol{A}^{\mathrm{T}}$ 与 $\boldsymbol{A}$ 有相同的特征多项式，故它们的特征值相同.

性质 2　设 $\boldsymbol{A}=(a_{ij})$ 是 n 阶方阵，$\lambda_1,\lambda_2,\cdots,\lambda_n$ 是 $\boldsymbol{A}$ 的 n 个特征值，则

$$f(\lambda)=|\lambda\boldsymbol{E}-\boldsymbol{A}|=\begin{vmatrix}\lambda-a_{11}&-a_{12}&\cdots&-a_{1n}\\-a_{21}&\lambda-a_{22}&\cdots&-a_{2n}\\\vdots&\vdots&&\vdots\\-a_{n1}&-a_{n2}&\cdots&\lambda-a_{nn}\end{vmatrix}.$$

(1) $\lambda_1+\lambda_2+\cdots+\lambda_n=a_{11}+a_{22}+\cdots+a_{nn}$；

(2) $\lambda_1\lambda_2\cdots\lambda_n=|\boldsymbol{A}|$，

其中 $\boldsymbol{A}$ 的主对角线上元素的和 $a_{11}+a_{22}+\cdots+a_{nn}$ 称为矩阵 $\boldsymbol{A}$ 的**迹**，记为 $\mathrm{tr}(\boldsymbol{A})$.

证明　由行列式的定义，

$$f(\lambda)=|\lambda\boldsymbol{E}-\boldsymbol{A}|=\begin{vmatrix}\lambda-a_{11}&-a_{12}&\cdots&-a_{1n}\\-a_{21}&\lambda-a_{22}&\cdots&-a_{2n}\\\vdots&\vdots&&\vdots\\-a_{n1}&-a_{n2}&\cdots&\lambda-a_{nn}\end{vmatrix}$$

的行列式展开式中，主对角线上的元素的乘积

$$(\lambda-a_{11})(\lambda-a_{22})\cdots(\lambda-a_{nn})$$

是行列式的一项，展开式中的其余各项至多包含 $n-2$ 个展开式中主对角线上的元素，因此，特征多项式中 λ^n 和 λ^{n-1} 的项只能由 $(\lambda-a_{11})(\lambda-a_{22})\cdots(\lambda-a_{nn})$ 得出. 而

$$f(0)=|0\boldsymbol{E}-\boldsymbol{A}|=|-\boldsymbol{A}|=(-1)^n|\boldsymbol{A}|,$$

所以

$$f(\lambda)=|\lambda\boldsymbol{E}-\boldsymbol{A}|=\lambda^n-(a_{11}+a_{22}+\cdots+a_{nn})\lambda^{n-1}+\cdots+(-1)^n|\boldsymbol{A}|.$$

另一方面，$\lambda_1,\lambda_2,\cdots,\lambda_n$ 为 $\boldsymbol{A}$ 的 n 个特征值，特征多项式 $f(\lambda)$ 又可以表示为

$$\begin{aligned}|\lambda\boldsymbol{E}-\boldsymbol{A}|&=(\lambda-\lambda_1)(\lambda-\lambda_2)\cdots(\lambda-\lambda_n)\\&=\lambda^n-(\lambda_1+\lambda_2+\cdots+\lambda_n)\lambda^{n-1}+\cdots+(-1)^n\lambda_1\lambda_2\cdots\lambda_n.\end{aligned}$$

由性质 2 得

性质 3 矩阵 $\boldsymbol{A}$ 可逆的充分必要条件是 $\boldsymbol{A}$ 的特征值都不为零.

性质 4 设 λ 是方阵 $\boldsymbol{A}$ 的一个特征值，$\boldsymbol{x}$ 是 $\boldsymbol{A}$ 的对应于特征值 λ 的特征向量. 则有

(1) $k\lambda$ 是 $k\boldsymbol{A}$ 的特征值(k 为任意常数)，且 $\boldsymbol{x}$ 是 $k\boldsymbol{A}$ 对应的特征值 $k\lambda$ 的特征向量；

(2) λ^m 是 $\boldsymbol{A}^m$ 的特征值(m 是正整数)，且 $\boldsymbol{x}$ 是 $\boldsymbol{A}^m$ 对应的特征值 λ^m 的特征向量；

(3) 当 $\boldsymbol{A}$ 可逆时，$\dfrac{1}{\lambda}$ 是 $\boldsymbol{A}^{-1}$ 的特征值，且 $\boldsymbol{x}$ 是 $\boldsymbol{A}^{-1}$ 的对应于特征值 $\dfrac{1}{\lambda}$ 的特征向量；

(4) 当 $\boldsymbol{A}$ 可逆时，$\dfrac{|\boldsymbol{A}|}{\lambda}$ 是 $\boldsymbol{A}$ 的伴随矩阵 $\boldsymbol{A}^*$ 的特征值，且 $\boldsymbol{x}$ 是 $\boldsymbol{A}^*$ 的对应于特征值 $\dfrac{|\boldsymbol{A}|}{\lambda}$ 的特征向量；

(5) 对 $\boldsymbol{A}$ 的多项式 $g(\boldsymbol{A})=a_t\boldsymbol{A}^t+a_{t-1}\boldsymbol{A}^{t-1}+\cdots+a_1\boldsymbol{A}+a_0\boldsymbol{E}$，有

$$g(\lambda)=a_t\lambda^t+a_{t-1}\lambda^{t-1}+\cdots+a_1\lambda+a_0$$

是 $g(\boldsymbol{A})$ 的特征值，且 $\boldsymbol{x}$ 是 $g(\boldsymbol{A})$ 的对应于特征值 $g(\lambda)$ 的特征向量.

证明 这里只证明(3)～(5).

(3) 由 $\boldsymbol{A}\boldsymbol{x}=\lambda\boldsymbol{x}$，且 $\boldsymbol{A}$ 可逆，等式两边左乘 $\boldsymbol{A}^{-1}$，得

$$\boldsymbol{x}=\lambda\boldsymbol{A}^{-1}\boldsymbol{x}.$$

由性质 3 知，$\lambda\neq0$，故 $\boldsymbol{A}^{-1}\boldsymbol{x}=\dfrac{1}{\lambda}\boldsymbol{x}$，即 $\dfrac{1}{\lambda}$ 是 $\boldsymbol{A}^{-1}$ 的特征值，且 $\boldsymbol{x}$ 是 $\boldsymbol{A}^{-1}$ 的对应于特征值 $\dfrac{1}{\lambda}$ 的特征向量.

(4) 由于 $\boldsymbol{A}$ 可逆，$\boldsymbol{A}^{-1}\boldsymbol{x}=\dfrac{1}{\lambda}\boldsymbol{x}$，得 $|\boldsymbol{A}|\boldsymbol{A}^{-1}\boldsymbol{x}=\dfrac{|\boldsymbol{A}|}{\lambda}\boldsymbol{x}$，所以 $\boldsymbol{A}^*\boldsymbol{x}=\dfrac{|\boldsymbol{A}|}{\lambda}\boldsymbol{x}$，即 $\dfrac{|\boldsymbol{A}|}{\lambda}$ 是 $\boldsymbol{A}^*$ 的特征值，且 $\boldsymbol{x}$ 是 $\boldsymbol{A}^*$ 的对应于特征值 $\dfrac{|\boldsymbol{A}|}{\lambda}$ 的特征向量.

(5) 因为 $\boldsymbol{A}\boldsymbol{x}=\lambda\boldsymbol{x}$，所以对任意正整数 k，有

$$\boldsymbol{A}^k\boldsymbol{x}=\lambda^k\boldsymbol{x},$$

从而

$$\begin{aligned} g(\boldsymbol{A})\boldsymbol{x} &= (a_t\boldsymbol{A}^t + a_{t-1}\boldsymbol{A}^{t-1} + \cdots + a_1\boldsymbol{A} + a_0\boldsymbol{E})\boldsymbol{x} \\ &= a_t\boldsymbol{A}^t\boldsymbol{x} + a_{t-1}\boldsymbol{A}^{t-1}\boldsymbol{x} + \cdots + a_1\boldsymbol{A}x + a_0\boldsymbol{E}\boldsymbol{x} \\ &= a_t\lambda^t\boldsymbol{x} + a_{t-1}\lambda^{t-1}\boldsymbol{x} + \cdots + a_1\lambda\boldsymbol{x} + a_0\boldsymbol{x} \\ &= (a_t\lambda^t + a_{t-1}\lambda^{t-1} + \cdots + a_1\lambda + a_0)\boldsymbol{x} = g(\lambda)\boldsymbol{x}, \end{aligned}$$

即 $g(\lambda)$是 $g(\boldsymbol{A})$的特征值,且 $\boldsymbol{x}$ 是 $\boldsymbol{g}(\boldsymbol{A})$的对应于特征值 $g(\lambda)$的特征向量.

例 3　设三阶矩阵 $\boldsymbol{A}$ 的特征值为 1,2,3,试求下列行列式的值:

(1) $|\boldsymbol{A}^2+\boldsymbol{A}+\boldsymbol{E}|$；　(2) $|\boldsymbol{A}^{-1}+\boldsymbol{A}^*|$；　(3) $\left|\left(\frac{1}{2}\boldsymbol{A}\right)^{-1}+2\boldsymbol{A}\right|$.

解　(1) 由性质 4(5)知,$\boldsymbol{A}^2+\boldsymbol{A}+\boldsymbol{E}$ 的特征值为 $1^2+1+1=3, 2^2+2+1=7, 3^2+3+1=13$,所以由性质 2(2)得

$$|\boldsymbol{A}^2+\boldsymbol{A}+\boldsymbol{E}| = 3\times 7\times 13 = 273.$$

(2) 由于$|\boldsymbol{A}|=1\times2\times3=6$,而

$$\boldsymbol{A}^{-1}+\boldsymbol{A}^* = \boldsymbol{A}^{-1}+|\boldsymbol{A}|\boldsymbol{A}^{-1} = 7\boldsymbol{A}^{-1},$$

所以$|\boldsymbol{A}^{-1}+\boldsymbol{A}^*|=|7\boldsymbol{A}^{-1}|=7^3|\boldsymbol{A}^{-1}|=\frac{343}{6}$.

$$\begin{aligned} (3)\ \left|\left(\frac{1}{2}\boldsymbol{A}\right)^{-1}+2\boldsymbol{A}\right| &= |2\boldsymbol{A}^{-1}+2\boldsymbol{A}| = |2(\boldsymbol{A}^{-1}+\boldsymbol{A})| = 2^3|\boldsymbol{A}^{-1}+\boldsymbol{A}| \\ &= 8|\boldsymbol{A}^{-1}+\boldsymbol{A}| = 8|\boldsymbol{A}^{-1}(\boldsymbol{E}+\boldsymbol{A}^2)| = 8|\boldsymbol{A}^{-1}||\boldsymbol{E}+\boldsymbol{A}^2| \\ &= \frac{8}{6}(1+1^2)(1+2^2)(1+3^2) = \frac{400}{3}. \end{aligned}$$

例 4　设 $\boldsymbol{A}^2-3\boldsymbol{A}+2\boldsymbol{E}=\boldsymbol{O}$,证明:$\boldsymbol{A}$ 的特征值只能取 1 或 2.

证明　设 λ 为方阵 $\boldsymbol{A}$ 的特征值,则存在非零向量 $\boldsymbol{x}$,使

$$\boldsymbol{A}\boldsymbol{x} = \lambda\boldsymbol{x},$$

而

$$(\boldsymbol{A}^2-3\boldsymbol{A}+2\boldsymbol{E})\boldsymbol{x} = (\lambda^2-3\lambda+2)\boldsymbol{x},$$

由 $\boldsymbol{A}^2-3\boldsymbol{A}+2\boldsymbol{E}=\boldsymbol{O}$,知

$$(\lambda^2-3\lambda+2)\boldsymbol{x} = \boldsymbol{0}.$$

因此 $\lambda^2-3\lambda+2=0$,得 $\lambda=1$ 或 $\lambda=2$,即 $\boldsymbol{A}$ 的特征值只能取 1 或 2.

定理 4.3　n 阶矩阵 $\boldsymbol{A}$ 的互不相等的特征值 $\lambda_1,\lambda_2,\cdots,\lambda_m$ 对应的特征向量 $\boldsymbol{p}_1,\boldsymbol{p}_2,\cdots,\boldsymbol{p}_m$ 线性无关.

证明　已知 $\boldsymbol{A}\boldsymbol{p}_i=\lambda_i\boldsymbol{p}_i(i=1,2,\cdots,m)$. 下面用数学归纳法证之.

当 $m=1$ 时,$\boldsymbol{p}_1\neq\boldsymbol{0}$,所以结论成立.

假设 $m-1$ 时结论成立. 设有常数 $k_1,k_2,\cdots,k_m$,使

$$k_1\boldsymbol{p}_1+k_2\boldsymbol{p}_2+\cdots+k_{m-1}\boldsymbol{p}_{m-1}+k_m\boldsymbol{p}_m = \boldsymbol{0}, \tag{4.2.3}$$

以矩阵 $\boldsymbol{A}$ 左乘上式两端,得

$$k_1\boldsymbol{A}\boldsymbol{p}_1+k_2\boldsymbol{A}\boldsymbol{p}_2+\cdots+k_{m-1}\boldsymbol{A}\boldsymbol{p}_{m-1}+k_m\boldsymbol{A}\boldsymbol{p}_m=\boldsymbol{0}.$$

由 $\boldsymbol{A}\boldsymbol{p}_i=\lambda_i\boldsymbol{p}_i(i=1,2,\cdots,m)$，故有

$$k_1\lambda_1\boldsymbol{p}_1+k_2\lambda_2\boldsymbol{p}_2+\cdots+k_{m-1}\lambda_{m-1}\boldsymbol{p}_{m-1}+k_m\lambda_m\boldsymbol{p}_m=\boldsymbol{0},\tag{4.2.4}$$

由(4.2.4)式$-\lambda_m\times$(4.2.3)式消去 $\boldsymbol{p}_m$，得

$$k_1(\lambda_1-\lambda_m)\boldsymbol{p}_1+k_2(\lambda_2-\lambda_m)\boldsymbol{p}_2+\cdots+k_{m-1}(\lambda_{m-1}-\lambda_m)\boldsymbol{p}_{m-1}=\boldsymbol{0}.$$

由归纳假设，$\boldsymbol{p}_1,\boldsymbol{p}_2,\cdots,\boldsymbol{p}_{m-1}$线性无关，故

$$k_i(\lambda_i-\lambda_m)=0\quad(i=1,2,\cdots,m-1).$$

因为 $\lambda_1,\lambda_2,\cdots,\lambda_m$ 互不相同，于是有

$$k_i=0\quad(i=1,2,\cdots,m-1),$$

即 $\boldsymbol{p}_1,\boldsymbol{p}_2,\cdots,\boldsymbol{p}_m$ 线性无关.

推论 如果 n 阶矩阵 $\boldsymbol{A}$ 有 n 个不相同的特征值，则 $\boldsymbol{A}$ 有 n 个线性无关的特征向量.

类似地可以证明以下定理.

定理 4.4 设 $\lambda_1,\lambda_2,\cdots,\lambda_m$ 是 n 阶矩阵 $\boldsymbol{A}$ 的 m 个互不相同的特征值，$\boldsymbol{\alpha}_{i1},\boldsymbol{\alpha}_{i2},\cdots,\boldsymbol{\alpha}_{is_i}$ 是 $\boldsymbol{A}$ 的属于 λ_i 的线性无关的特征向量$(i=1,2,\cdots,m)$，则向量组 $\boldsymbol{\alpha}_{11},\boldsymbol{\alpha}_{12},\cdots,\boldsymbol{\alpha}_{1s_1},\boldsymbol{\alpha}_{21},\boldsymbol{\alpha}_{22},\cdots,\boldsymbol{\alpha}_{2s_2},\cdots,\boldsymbol{\alpha}_{m1},\boldsymbol{\alpha}_{m2},\cdots,\boldsymbol{\alpha}_{ms_m}$ 线性无关.

定理 4.5 设 λ 是矩阵 $\boldsymbol{A}$ 的 k 重特征值，则 $\boldsymbol{A}$ 的属于 λ 的特征值的线性无关的特征向量至多有 k 个.

习 题 4.2

1. 求下列矩阵的特征值与特征向量：

(1) $\boldsymbol{A}=\begin{pmatrix}3&4\\5&2\end{pmatrix}$； (2) $\boldsymbol{A}=\begin{pmatrix}1&2&3\\2&1&3\\3&3&6\end{pmatrix}$； (3) $\boldsymbol{A}=\begin{pmatrix}3&2&4\\2&0&2\\4&2&3\end{pmatrix}$.

2. 设 $\boldsymbol{A}=\begin{pmatrix}1&0&1\\0&2&0\\1&0&a\end{pmatrix}$，0 是 $\boldsymbol{A}$ 的一个特征值，求 a 及 $\boldsymbol{A}$ 的其他特征值.

3. 已知三阶矩阵 $\boldsymbol{A}$ 有特征值 1,2,3，$\boldsymbol{E}$ 是单位矩阵，$\boldsymbol{A}^*$ 为 $\boldsymbol{A}$ 的伴随矩阵，求

(1) $|\boldsymbol{E}+2\boldsymbol{A}|$； (2) $|\boldsymbol{A}^*|$； (3) $\mathrm{tr}(\boldsymbol{A}^*)$.

4. 已知三阶矩阵 $\boldsymbol{A}$ 有特征值 1,1,2，$\boldsymbol{E}$ 是单位矩阵，求$|\boldsymbol{A}-\boldsymbol{E}|$，$|\boldsymbol{A}+2\boldsymbol{E}|$，$|\boldsymbol{A}^2+2\boldsymbol{A}-3\boldsymbol{E}|$.

5. 已知向量 $\boldsymbol{\alpha}=(1,k,1)^{\mathrm{T}}$ 是矩阵 $\boldsymbol{A}=\begin{pmatrix}2&1&1\\1&2&1\\1&1&2\end{pmatrix}$ 的逆矩阵 $\boldsymbol{A}^{-1}$ 的特征向量，试求常数 k 的值.

6. 设 λ_1 和 λ_2 是矩阵 $\boldsymbol{A}$ 的两个不同的特征值，对应的特征向量依次为 $\boldsymbol{p}_1$ 和 $\boldsymbol{p}_2$，证明 $c_1\boldsymbol{p}_1+c_2\boldsymbol{p}_2$ 不是 $\boldsymbol{A}$ 的特征向量（c_1,c_2 为任意常数）.

7. 已知三阶矩阵 $\boldsymbol{A}=\begin{pmatrix}2&1&0\\-1&0&0\\-2&-1&2\end{pmatrix}$，试求 $\boldsymbol{A}$ 的伴随矩阵 $\boldsymbol{A}^*$ 的特征值与特征向量.

8. 已知向量 $\boldsymbol{\alpha}=(1,1,2)^{\mathrm{T}}$ 是矩阵 $\boldsymbol{A}=\begin{pmatrix}1&-3&3\\6&x&-6\\y&-9&13\end{pmatrix}$ 的逆矩阵 $\boldsymbol{A}^{-1}$ 的特征向量，试求 x,y，且求 $\boldsymbol{A}^{-1}$ 的特征向量 $\boldsymbol{\alpha}$ 所对应的特征值.

4.3 相似矩阵

4.3.1 相似矩阵的概念

定义 4.10 设 $\boldsymbol{A},\boldsymbol{B}$ 都是 n 阶矩阵，若存在可逆矩阵 $\boldsymbol{P}$，使

$$\boldsymbol{P}^{-1}\boldsymbol{AP}=\boldsymbol{B},$$

则称矩阵 $\boldsymbol{A}$ **相似**于矩阵 $\boldsymbol{B}$（或称 $\boldsymbol{A}$ 与 $\boldsymbol{B}$ **相似**），记为 $\boldsymbol{A}\sim\boldsymbol{B}$.

对 $\boldsymbol{A}$ 进行 $\boldsymbol{P}^{-1}\boldsymbol{AP}$ 运算称为对 $\boldsymbol{A}$ 进行**相似变换**，称可逆矩阵 $\boldsymbol{P}$ 为**相似变换矩阵**.

例如，$\boldsymbol{A}=\begin{pmatrix}2&-4\\-3&3\end{pmatrix}$，$\boldsymbol{P}=\begin{pmatrix}3&1\\2&1\end{pmatrix}$，$\boldsymbol{Q}=\begin{pmatrix}4&-1\\3&1\end{pmatrix}$，有

$$\boldsymbol{P}^{-1}\boldsymbol{AP}=\begin{pmatrix}3&1\\2&1\end{pmatrix}^{-1}\begin{pmatrix}2&-4\\-3&3\end{pmatrix}\begin{pmatrix}3&1\\2&1\end{pmatrix}=\begin{pmatrix}1&-2\\-5&4\end{pmatrix},$$

得 $\boldsymbol{A}\sim\begin{pmatrix}1&-2\\-5&4\end{pmatrix}$.

又有

$$\boldsymbol{Q}^{-1}\boldsymbol{AQ}=\begin{pmatrix}4&-1\\3&1\end{pmatrix}^{-1}\begin{pmatrix}2&-4\\-3&3\end{pmatrix}\begin{pmatrix}4&-1\\3&1\end{pmatrix}=\begin{pmatrix}-1&0\\0&6\end{pmatrix},$$

得 $\boldsymbol{A}\sim\begin{pmatrix}-1&0\\0&6\end{pmatrix}$.

可知与 $\boldsymbol{A}$ 相似的矩阵不唯一，也不一定是对角矩阵. 对于某些矩阵，若可以找到可逆矩阵 $\boldsymbol{P}$，使 $\boldsymbol{P}^{-1}\boldsymbol{AP}$ 成为对角矩阵，则称 $\boldsymbol{A}$ 可以相似对角化.

矩阵的相似关系是一种等价关系，满足：

(1) 自反性. 对任意 n 阶矩阵 $\boldsymbol{A}$，有 $\boldsymbol{A}\sim\boldsymbol{A}$.

(2) 对称性. 如果 $\boldsymbol{A}\sim\boldsymbol{B}$，则 $\boldsymbol{B}\sim\boldsymbol{A}$.

(3) 传递性. 如果 $\boldsymbol{A}\sim\boldsymbol{B},\boldsymbol{B}\sim\boldsymbol{C}$,则 $\boldsymbol{A}\sim\boldsymbol{C}$.

证明 (1),(2)留给读者自己完成,现证(3).

因为若 $\boldsymbol{A}\sim\boldsymbol{B},\boldsymbol{B}\sim\boldsymbol{C}$,则分别有可逆矩阵 $\boldsymbol{P}$ 与 $\boldsymbol{Q}$ 使得

$$\boldsymbol{P}^{-1}\boldsymbol{AP}=\boldsymbol{B},\quad \boldsymbol{Q}^{-1}\boldsymbol{BQ}=\boldsymbol{C},$$

从而有

$$\boldsymbol{C}=\boldsymbol{Q}^{-1}(\boldsymbol{P}^{-1}\boldsymbol{AP})\boldsymbol{Q}=(\boldsymbol{Q}^{-1}\boldsymbol{P}^{-1})\boldsymbol{A}(\boldsymbol{PQ})=(\boldsymbol{PQ})^{-1}\boldsymbol{A}(\boldsymbol{PQ}).$$

由定义即知 $\boldsymbol{A}\sim\boldsymbol{C}$.

4.3.2 相似矩阵的性质

定理 4.6 若 n 阶矩阵 $\boldsymbol{A}\sim\boldsymbol{B}$,则 $\boldsymbol{A}$ 与 $\boldsymbol{B}$ 的特征多项式相同,从而 $\boldsymbol{A}$ 与 $\boldsymbol{B}$ 的特征值亦相同.

证明 因为 $\boldsymbol{A}\sim\boldsymbol{B}$,故存在可逆矩阵 $\boldsymbol{P}$ 使得 $\boldsymbol{P}^{-1}\boldsymbol{AP}=\boldsymbol{B}$,则

$$\begin{aligned}|\boldsymbol{B}-\lambda\boldsymbol{E}|&=|\boldsymbol{P}^{-1}\boldsymbol{AP}-\boldsymbol{P}^{-1}(\lambda\boldsymbol{E})\boldsymbol{P}|=|\boldsymbol{P}^{-1}(\boldsymbol{A}-\lambda\boldsymbol{E})\boldsymbol{P}|\\&=|\boldsymbol{P}^{-1}||\boldsymbol{A}-\lambda\boldsymbol{E}||\boldsymbol{P}|=|\boldsymbol{A}-\lambda\boldsymbol{E}|,\end{aligned}$$

即 $\boldsymbol{A}$ 与 $\boldsymbol{B}$ 有相同的特征多项式,从而有相同的特征值.

相似矩阵的其他性质:

若 n 阶矩阵 $\boldsymbol{A}\sim\boldsymbol{B}$,则

(1) $\boldsymbol{A}$ 与 $\boldsymbol{B}$ 的秩相等,即 $r(\boldsymbol{A})=r(\boldsymbol{B})$;

(2) $\boldsymbol{A}$ 与 $\boldsymbol{B}$ 的行列式相等,即 $|\boldsymbol{A}|=|\boldsymbol{B}|$;

(3) $\boldsymbol{A}$ 与 $\boldsymbol{B}$ 的迹相等,即 $\mathrm{tr}(\boldsymbol{A})=\mathrm{tr}(\boldsymbol{B})$;

(4) 若 $\boldsymbol{A}$ 可逆,则 $\boldsymbol{B}$ 也可逆,且 $\boldsymbol{A}^{-1}\sim\boldsymbol{B}^{-1}$;

(5) $k\boldsymbol{A}\sim k\boldsymbol{B},\boldsymbol{A}^m\sim\boldsymbol{B}^m$,其中 k 为任意常数,m 为任意非负整数;

(6) 若 $f(x)$是任意多项式,则矩阵 $f(\boldsymbol{A})\sim f(\boldsymbol{B})$.

证明 现证(4),(5),其余留给读者自己完成.

(4) 因为 $\boldsymbol{A}\sim\boldsymbol{B}$,故存在可逆矩阵 $\boldsymbol{P}$ 使得 $\boldsymbol{P}^{-1}\boldsymbol{AP}=\boldsymbol{B}$,由性质(1)知 $\boldsymbol{A}$ 可逆,则 $\boldsymbol{B}$ 一定可逆,所以 $\boldsymbol{B}^{-1}=(\boldsymbol{P}^{-1}\boldsymbol{AP})^{-1}=\boldsymbol{P}^{-1}\boldsymbol{A}^{-1}\boldsymbol{P}$,即 $\boldsymbol{A}^{-1}\sim\boldsymbol{B}^{-1}$.

(5) 因为 $\boldsymbol{A}\sim\boldsymbol{B}$,故存在可逆矩阵 $\boldsymbol{P}$ 使得 $\boldsymbol{P}^{-1}\boldsymbol{AP}=\boldsymbol{B}$,因而

$$\boldsymbol{P}^{-1}(k\boldsymbol{A})\boldsymbol{P}=k(\boldsymbol{P}^{-1}\boldsymbol{AP})=k\boldsymbol{B},$$

所以 $k\boldsymbol{A}\sim k\boldsymbol{B}$,而因

$$\begin{aligned}\boldsymbol{B}^m&=(\boldsymbol{P}^{-1}\boldsymbol{AP})^m=(\boldsymbol{P}^{-1}\boldsymbol{AP})(\boldsymbol{P}^{-1}\boldsymbol{AP})\cdots(\boldsymbol{P}^{-1}\boldsymbol{AP})\\&=\boldsymbol{P}^{-1}\boldsymbol{A}(\boldsymbol{PP}^{-1})\boldsymbol{A}(\boldsymbol{PP}^{-1})\cdots(\boldsymbol{PP}^{-1})\boldsymbol{AP}=\boldsymbol{P}^{-1}\boldsymbol{A}^m\boldsymbol{P},\end{aligned}$$

所以 $\boldsymbol{A}^m\sim\boldsymbol{B}^m$.

由以上性质知道,相似矩阵有许多共同性质,相似矩阵的特征值相同,行列式

相等,秩相等. 若 n 阶矩阵 $\boldsymbol{A}$ 与对角形矩阵相似,则我们通过研究对角形矩阵的相关性质,就可以得到矩阵 $\boldsymbol{A}$ 的若干性质,所以矩阵相似于对角形矩阵的理论可以应用于许多问题. 下面讨论矩阵相似于对角形矩阵的条件.

4.3.3 矩阵与对角矩阵相似的条件

定义 4.11 对于 n 阶方阵 $\boldsymbol{A}$,若存在可逆矩阵 $\boldsymbol{P}$,使 $\boldsymbol{P}^{-1}\boldsymbol{A}\boldsymbol{P}=\boldsymbol{\Lambda}$ 为对角矩阵,则称方阵 $\boldsymbol{A}$ **可对角化**.

定理 4.7 n 阶矩阵 $\boldsymbol{A}$ 与对角矩阵 $\boldsymbol{\Lambda}=\begin{pmatrix}\lambda_1 & & & \\ & \lambda_2 & & \\ & & \ddots & \\ & & & \lambda_n\end{pmatrix}$ 相似的充分必要条件为矩阵 $\boldsymbol{A}$ 有 n 个线性无关的特征向量.

证明 必要性. 若 $\boldsymbol{A}$ 与 $\boldsymbol{\Lambda}$ 相似,则存在可逆矩阵 $\boldsymbol{P}$ 使得

$$\boldsymbol{P}^{-1}\boldsymbol{A}\boldsymbol{P}=\boldsymbol{\Lambda}.$$

设 $\boldsymbol{P}=(\boldsymbol{p}_1,\boldsymbol{p}_2,\cdots,\boldsymbol{p}_n)$,则由 $\boldsymbol{A}\boldsymbol{P}=\boldsymbol{P}\boldsymbol{\Lambda}$ 得

$$\boldsymbol{A}(\boldsymbol{p}_1,\boldsymbol{p}_2,\cdots,\boldsymbol{p}_n)=(\boldsymbol{p}_1,\boldsymbol{p}_2,\cdots,\boldsymbol{p}_n)\begin{pmatrix}\lambda_1 & & & \\ & \lambda_2 & & \\ & & \ddots & \\ & & & \lambda_n\end{pmatrix},$$

即

$$\boldsymbol{A}\boldsymbol{p}_i=\lambda_i\boldsymbol{p}_i\quad(i=1,2,\cdots,n).$$

因 $\boldsymbol{P}$ 可逆,则 $|\boldsymbol{P}|\neq 0$,得 $\boldsymbol{p}_i(i=1,2,\cdots,n)$ 都是非零向量,故 $\boldsymbol{p}_1,\boldsymbol{p}_2,\cdots,\boldsymbol{p}_n$ 都是 $\boldsymbol{A}$ 的特征向量,且它们线性无关.

充分性. 设 $\boldsymbol{p}_1,\boldsymbol{p}_2,\cdots,\boldsymbol{p}_n$ 是 $\boldsymbol{A}$ 的 n 个线性无关的特征向量,它们所对应的特征值为 $\lambda_1,\lambda_2,\cdots,\lambda_n$,则有

$$\boldsymbol{A}\boldsymbol{p}_i=\lambda_i\boldsymbol{p}_i\quad(i=1,2,\cdots,n).$$

令 $\boldsymbol{P}=(\boldsymbol{p}_1,\boldsymbol{p}_2,\cdots,\boldsymbol{p}_n)$,易知 $\boldsymbol{P}$ 可逆,且

$$\begin{aligned}\boldsymbol{A}\boldsymbol{P}&=\boldsymbol{A}(\boldsymbol{p}_1,\boldsymbol{p}_2,\cdots,\boldsymbol{p}_n)=(\boldsymbol{A}\boldsymbol{p}_1,\boldsymbol{A}\boldsymbol{p}_2,\cdots,\boldsymbol{A}\boldsymbol{p}_n)\\&=(\lambda_1\boldsymbol{p}_1,\lambda_2\boldsymbol{p}_2,\cdots,\lambda_n\boldsymbol{p}_n)=(\boldsymbol{p}_1,\boldsymbol{p}_2,\cdots,\boldsymbol{p}_n)\begin{pmatrix}\lambda_1 & & & \\ & \lambda_2 & & \\ & & \ddots & \\ & & & \lambda_n\end{pmatrix}=\boldsymbol{P}\boldsymbol{\Lambda},\end{aligned}$$

用 $\boldsymbol{P}^{-1}$ 左乘上式两端得 $\boldsymbol{P}^{-1}\boldsymbol{A}\boldsymbol{P}=\boldsymbol{\Lambda}$,即 $\boldsymbol{A}$ 与 $\boldsymbol{\Lambda}$ 相似.

注 定理 4.7 的证明过程实际上已经给出了把方阵对角化的方法.

例 1 判断矩阵 $\boldsymbol{A}=\begin{pmatrix}4&6&0\\-3&-5&0\\-3&-6&1\end{pmatrix}$ 能否对角化.

解 由

$$|\lambda\boldsymbol{E}-\boldsymbol{A}|=\begin{vmatrix}\lambda-4&-6&0\\3&\lambda+5&0\\3&6&\lambda-1\end{vmatrix}=(\lambda-1)^2(\lambda+2)=0,$$

得特征值 $\lambda_1=\lambda_2=1,\lambda_3=-2$. 对应 $\lambda_1=\lambda_2=1$,由齐次线性方程组

$$(\lambda_1\boldsymbol{E}-\boldsymbol{A})\boldsymbol{x}=\boldsymbol{0},$$

可求出其基础解系

$$\boldsymbol{p}_1=\begin{pmatrix}0\\0\\1\end{pmatrix},\quad \boldsymbol{p}_2=\begin{pmatrix}-2\\1\\0\end{pmatrix}.$$

同理,对应 $\lambda_3=-2$,由齐次线性方程组

$$(\lambda_3\boldsymbol{E}-\boldsymbol{A})\boldsymbol{x}=\boldsymbol{0},$$

可求出其基础解系

$$\boldsymbol{p}_3=\begin{pmatrix}-1\\1\\1\end{pmatrix}.$$

而 $\boldsymbol{p}_1,\boldsymbol{p}_2,\boldsymbol{p}_3$ 线性无关,即 $\boldsymbol{A}$ 有 3 个线性无关的特征向量,因此 $\boldsymbol{A}$ 可对角化.

推论 1 若 n 阶矩阵 $\boldsymbol{A}$ 有 n 个相异的特征值 $\lambda_1,\lambda_2,\cdots,\lambda_n$,则 $\boldsymbol{A}$ 与对角矩阵

$$\boldsymbol{\Lambda}=\begin{pmatrix}\lambda_1&&&\\&\lambda_2&&\\&&\ddots&\\&&&\lambda_n\end{pmatrix}$$

相似.

推论 2 n 阶矩阵 $\boldsymbol{A}$ 可对角化的充要条件是对应于 $\boldsymbol{A}$ 的每个特征值的线性无关的特征向量的个数恰好等于该特征值的重数,即设 λ_i 是矩阵 $\boldsymbol{A}$ 的 n_i 重特征值,则 $\boldsymbol{A}$ 与 $\boldsymbol{\Lambda}$ 相似,当且仅当

$$r(\lambda_i\boldsymbol{E}-\boldsymbol{A})=n-n_i\quad(i=1,2,\cdots,n).$$

例 2 判断矩阵 $\boldsymbol{A}=\begin{pmatrix}1&-3&3\\3&-5&3\\6&-6&4\end{pmatrix}$ 能否对角化.

解 由

$$|\lambda E-A|=\begin{vmatrix}\lambda-1 & 3 & -3\\ -3 & \lambda+5 & -3\\ -6 & 6 & \lambda-4\end{vmatrix}=(\lambda+2)^2(\lambda-4)=0,$$

得特征值 $\lambda_1=\lambda_2=-2,\lambda_3=4$. 对应于二重根 $\lambda_1=\lambda_2=-2,n_1=2$,

$$-2E-A=\begin{pmatrix}-3 & 3 & -3\\ -3 & 3 & -3\\ 6 & -6 & 6\end{pmatrix}\to\begin{pmatrix}1 & -1 & 1\\ 0 & 0 & 0\\ 0 & 0 & 0\end{pmatrix},$$

而 $r(-2E-A)=1=n-n_1$,所以 A 可对角化.

4.3.4　矩阵对角化的步骤

若矩阵可对角化,则可按下列步骤来实现:

(1) 求出 A 的全部特征值 $\lambda_1,\lambda_2,\cdots,\lambda_s$.

(2) 对每一个特征值 λ_i,设其重数为 n_i,求出对应齐次方程组

$$(\lambda_i E-A)x=\mathbf{0}$$

的基础解系.

(3) 所求的基础解系的全体就是 A 的全部特征向量的极大无关组. 若这个极大无关组的向量的个数不是 n 个,则 A 不可以对角化,若这个极大无关组的向量的个数恰好是 n 个,则 A 可以对角化.

(4) 当 A 可以对角化时,这 n 个线性无关的特征向量为列向量得到可逆矩阵 P,这 n 个特征向量对应的特征值构成的对角形矩阵 $\Lambda=\mathrm{diag}(\lambda_1,\lambda_2,\cdots,\lambda_n)$,则有 $P^{-1}AP=\Lambda$.

如例 1

$$P=(p_1,p_2,p_3)=\begin{pmatrix}0 & -2 & -1\\ 0 & 1 & 1\\ 1 & 0 & 1\end{pmatrix},\quad \Lambda=\begin{pmatrix}\lambda_1 & 0 & 0\\ 0 & \lambda_2 & 0\\ 0 & 0 & \lambda_3\end{pmatrix}=\begin{pmatrix}1 & 0 & 0\\ 0 & 1 & 0\\ 0 & 0 & -2\end{pmatrix},$$

则有

$$\begin{pmatrix}0 & -2 & -1\\ 0 & 1 & 1\\ 1 & 0 & 1\end{pmatrix}^{-1}\begin{pmatrix}4 & 6 & 0\\ -3 & -5 & 0\\ -3 & -6 & 1\end{pmatrix}\begin{pmatrix}0 & -2 & -1\\ 0 & 1 & 1\\ 1 & 0 & 1\end{pmatrix}=\begin{pmatrix}1 & 0 & 0\\ 0 & 1 & 0\\ 0 & 0 & -2\end{pmatrix}.$$

例 3　设矩阵 $A=\begin{pmatrix}3 & 2 & -2\\ -k & -1 & k\\ 4 & 2 & -3\end{pmatrix}$,问当 k 为何值时,存在可逆矩阵 P,使 A 可对角化,并求出 P 和相应的对角矩阵.

解　由

$$|\lambda \boldsymbol{E}-\boldsymbol{A}|=\begin{vmatrix}\lambda-3 & -2 & 2\\ k & \lambda+1 & -k\\ -4 & -2 & \lambda+3\end{vmatrix}=(\lambda+1)^2(\lambda-1)=0,$$

得特征值 $\lambda_1=\lambda_2=-1$(二重),$\lambda_3=1$.

对应 $\lambda_1=\lambda_2=-1$,有

$$\lambda_1\boldsymbol{E}-\boldsymbol{A}=-\boldsymbol{E}-\boldsymbol{A}=\begin{pmatrix}-4 & -2 & 2\\ k & 0 & -k\\ -4 & -2 & 2\end{pmatrix}\to\begin{pmatrix}-4 & -2 & 2\\ k & 0 & -k\\ 0 & 0 & 0\end{pmatrix}.$$

要 $\boldsymbol{A}$ 可对角化,则 $r(\lambda_1\boldsymbol{E}-\boldsymbol{A})=3-2=1$,即 $k=0$ 时存在可逆矩阵 $\boldsymbol{P}$,使 $\boldsymbol{A}$ 可对角化. 此时 $\boldsymbol{A}=\begin{pmatrix}3 & 2 & -2\\ 0 & -1 & 0\\ 4 & 2 & -3\end{pmatrix}$可对角化,由齐次线性方程组

$$(\lambda_1\boldsymbol{E}-\boldsymbol{A})\boldsymbol{x}=\boldsymbol{0},$$

可求出其基础解系

$$\boldsymbol{p}_1=\begin{pmatrix}-1\\ 2\\ 0\end{pmatrix},\quad \boldsymbol{p}_2=\begin{pmatrix}1\\ 0\\ 2\end{pmatrix}.$$

同理,对应 $\lambda_3=1$,由齐次线性方程组

$$(\lambda_3\boldsymbol{E}-\boldsymbol{A})\boldsymbol{x}=\boldsymbol{0},$$

可求出其基础解系

$$\boldsymbol{p}_3=\begin{pmatrix}1\\ 0\\ 1\end{pmatrix}.$$

所以 $\boldsymbol{P}=(\boldsymbol{p}_1,\boldsymbol{p}_2,\boldsymbol{p}_3)=\begin{pmatrix}-1 & 1 & 1\\ 2 & 0 & 0\\ 0 & 2 & 1\end{pmatrix}$,相应的对角矩阵为

$$\boldsymbol{\Lambda}=\begin{pmatrix}\lambda_1 & 0 & 0\\ 0 & \lambda_2 & 0\\ 0 & 0 & \lambda_3\end{pmatrix}=\begin{pmatrix}-1 & 0 & 0\\ 0 & -1 & 0\\ 0 & 0 & 1\end{pmatrix}.$$

注 对方阵 $\boldsymbol{A}$,若存在可逆矩阵 $\boldsymbol{P}$ 使 $\boldsymbol{P}^{-1}\boldsymbol{A}\boldsymbol{P}=\boldsymbol{\Lambda}$,则 $\boldsymbol{A}=\boldsymbol{P}\boldsymbol{\Lambda}\boldsymbol{P}^{-1}$,于是有 $\boldsymbol{A}^m=\boldsymbol{P}\boldsymbol{\Lambda}^m\boldsymbol{P}^{-1}$.

我们可以通过把 $\boldsymbol{A}$ 对角化的方法来求解 $\boldsymbol{A}$ 的高次幂,这里

$$\boldsymbol{\Lambda}^m=\begin{pmatrix}\lambda_1^m & & & \\ & \lambda_2^m & & \\ & & \ddots & \\ & & & \lambda_n^m\end{pmatrix}.$$

例 4　设矩阵 $\boldsymbol{A}=\begin{pmatrix}2&1&1\\0&2&0\\0&-1&1\end{pmatrix}$，求 $\boldsymbol{A}^m$ 及 $\boldsymbol{A}^3-5\boldsymbol{A}^2+8\boldsymbol{A}-4\boldsymbol{E}$.

解　解得 $\boldsymbol{A}$ 的特征值为 $\lambda_1=\lambda_2=2,\lambda_3=1$，相应的特征向量分别为

$$\boldsymbol{p}_1=\begin{pmatrix}1\\0\\0\end{pmatrix},\quad \boldsymbol{p}_2=\begin{pmatrix}0\\1\\-1\end{pmatrix},\quad \boldsymbol{p}_3=\begin{pmatrix}-1\\0\\1\end{pmatrix}.$$

因此

$$\boldsymbol{P}=\begin{pmatrix}1&0&-1\\0&1&0\\0&-1&1\end{pmatrix},\quad \boldsymbol{\Lambda}=\begin{pmatrix}2&0&0\\0&2&0\\0&0&1\end{pmatrix},$$

解得

$$\boldsymbol{P}^{-1}=\begin{pmatrix}1&1&1\\0&1&0\\0&1&1\end{pmatrix},\quad \boldsymbol{\Lambda}^m=\begin{pmatrix}2^m&0&0\\0&2^m&0\\0&0&1\end{pmatrix},$$

所以

$$\begin{aligned}\boldsymbol{A}^m&=\boldsymbol{P}\boldsymbol{\Lambda}^m\boldsymbol{P}^{-1}\\&=\begin{pmatrix}1&0&-1\\0&1&0\\0&-1&1\end{pmatrix}\begin{pmatrix}2^m&0&0\\0&2^m&0\\0&0&1\end{pmatrix}\begin{pmatrix}1&1&1\\0&1&0\\0&1&1\end{pmatrix}\\&=\begin{pmatrix}2^m&2^m-1&2^m-1\\0&2^m&0\\0&-2^m+1&1\end{pmatrix}.\end{aligned}$$

设 $f(x)=x^3-5x^2+8x-4$，则 $\boldsymbol{A}^3-5\boldsymbol{A}^2+8\boldsymbol{A}-4\boldsymbol{E}=f(\boldsymbol{A})$，从而

$$\begin{aligned}f(\boldsymbol{A})&=\boldsymbol{P}\boldsymbol{\Lambda}^3\boldsymbol{P}^{-1}-5\boldsymbol{P}\boldsymbol{\Lambda}^2\boldsymbol{P}^{-1}+8\boldsymbol{P}\boldsymbol{\Lambda}\boldsymbol{P}^{-1}-4\boldsymbol{E}\\&=\boldsymbol{P}(\boldsymbol{\Lambda}^3-5\boldsymbol{\Lambda}^2+8\boldsymbol{\Lambda}-4\boldsymbol{E})\boldsymbol{P}^{-1}=\boldsymbol{P}f(\boldsymbol{\Lambda})\boldsymbol{P}^{-1}.\end{aligned}$$

显然 $f(x)$ 是 $\boldsymbol{A}$ 的特征多项式.

从上例可以看出，若有可逆矩阵 $\boldsymbol{P}$ 使得 $\boldsymbol{P}\boldsymbol{A}\boldsymbol{P}^{-1}=\boldsymbol{\Lambda}$ 为对角矩阵，则

$$\boldsymbol{A}^m=\boldsymbol{P}\boldsymbol{\Lambda}^m\boldsymbol{P}^{-1},\quad f(\boldsymbol{A})=\boldsymbol{P}f(\boldsymbol{\Lambda})\boldsymbol{P}^{-1},$$

这里

$$f(\boldsymbol{\Lambda})=\begin{pmatrix}f(\lambda_1)&&&\\&f(\lambda_2)&&\\&&\ddots&\\&&&f(\lambda_n)\end{pmatrix}.$$

由此可方便地计算矩阵 $\boldsymbol{A}$ 的多项式 $f(\boldsymbol{A})$.

特别地,设 $f(x)$ 是矩阵 $\boldsymbol{A}$ 的特征多项式时,则必 $f(\boldsymbol{A})=\boldsymbol{O}$.

习 题 4.3

1. 设 $\boldsymbol{A},\boldsymbol{B}$ 为 n 阶方阵,且 $\boldsymbol{A}$ 可逆,证明 $\boldsymbol{AB}$ 与 $\boldsymbol{BA}$ 相似.

2. 设 $\boldsymbol{A}$ 与 $\boldsymbol{B}$ 相似,$\boldsymbol{C}$ 与 $\boldsymbol{D}$ 相似,证明 $\begin{pmatrix}\boldsymbol{A}&\boldsymbol{O}\\\boldsymbol{O}&\boldsymbol{C}\end{pmatrix}$ 与 $\begin{pmatrix}\boldsymbol{B}&\boldsymbol{O}\\\boldsymbol{O}&\boldsymbol{D}\end{pmatrix}$ 相似.

3. 设矩阵 $\boldsymbol{A}=\begin{pmatrix}0&0&1\\x&1&y\\1&0&0\end{pmatrix}$ 有三个线性无关的特征向量,则 x,y 应满足什么条件?

4. 判断下列矩阵能否化为对角矩阵.

(1) $\boldsymbol{A}=\begin{pmatrix}1&-2&2\\-2&-2&4\\2&4&-2\end{pmatrix}$; (2) $\boldsymbol{A}=\begin{pmatrix}2&-1&2\\5&-3&3\\-1&0&-2\end{pmatrix}$.

5. 设矩阵 $\boldsymbol{A}=\begin{pmatrix}1&0&0\\-2&5&-2\\-2&4&-1\end{pmatrix}$,求 $\boldsymbol{A}^m$.

6. 设矩阵 $\boldsymbol{A}$ 和 $\boldsymbol{B}$ 相似,其中 $\boldsymbol{A}=\begin{pmatrix}-2&0&0\\2&x&2\\3&1&1\end{pmatrix}$,$\boldsymbol{B}=\begin{pmatrix}-1&0&0\\0&2&0\\0&0&y\end{pmatrix}$.

(1) 求 x,y;

(2) 求可逆矩阵 $\boldsymbol{P}$,使 $\boldsymbol{P}^{-1}\boldsymbol{AP}=\boldsymbol{\Lambda}$.

7. 设三阶矩阵 $\boldsymbol{A}$ 满足 $|\boldsymbol{A}+\boldsymbol{E}|=0$,$|\boldsymbol{A}+3\boldsymbol{E}|=0$,$|\boldsymbol{A}|=3$,若矩阵 $\boldsymbol{B}$ 相似于矩阵 $\boldsymbol{A}$,求 $|\boldsymbol{B}+4\boldsymbol{E}|$,$r(\boldsymbol{B}+\boldsymbol{E})$.

8. 设 $\boldsymbol{A}$ 为三阶矩阵,$\boldsymbol{\alpha}$ 是三维列向量,$\boldsymbol{\alpha},\boldsymbol{A\alpha},\boldsymbol{A}^2\boldsymbol{\alpha}$ 线性无关. 如果 $3\boldsymbol{A\alpha}-2\boldsymbol{A}^2\boldsymbol{\alpha}-\boldsymbol{A}^3\boldsymbol{\alpha}=\boldsymbol{0}$,证明:$\boldsymbol{A}$ 相似于对角矩阵,并求 $|\boldsymbol{A}+\boldsymbol{E}|$.

9. 设矩阵 $\boldsymbol{A}=\begin{pmatrix}1&2&3\\0&4&5\\0&0&6\end{pmatrix}$,试判断 $\boldsymbol{A}$ 与 $\boldsymbol{A}^{\mathrm{T}}$ 是否相似. 并说明理由.

10. 设 $\boldsymbol{A}=\begin{pmatrix}0&0&1\\1&1&a\\1&0&0\end{pmatrix}$,问 a 为何值时,矩阵 $\boldsymbol{A}$ 能对角化?

4.4 实对称矩阵的对角化

由 4.3 节知,并不是任何矩阵都可以对角化,但一类主要的方阵,即实对称矩阵是一定可以对角化的. 本节我们仅对 $\boldsymbol{A}$ 为实对称矩阵的情况进行讨论.

定理 4.8 实对称矩阵的特征值都为实数.

证明　设实对称矩阵 $\boldsymbol{A}$ 的特征值为复数 λ，其对应的特征向量 $\boldsymbol{x}$ 为复向量，即

$$\boldsymbol{A}\boldsymbol{x} = \lambda\boldsymbol{x}, \quad \boldsymbol{x} \neq \boldsymbol{0}.$$

以 $\bar{\lambda}$ 表示 λ 的共轭复数，$\bar{\boldsymbol{x}}$ 表示 $\boldsymbol{x}$ 的共轭复向量，则

$$\boldsymbol{A}\bar{\boldsymbol{x}} = \bar{\boldsymbol{A}}\bar{\boldsymbol{x}} = (\overline{\boldsymbol{A}\boldsymbol{x}}) = (\overline{\lambda\boldsymbol{x}}) = \bar{\lambda}\bar{\boldsymbol{x}}.$$

于是有

$$\bar{\boldsymbol{x}}^{\mathrm{T}}\boldsymbol{A}\boldsymbol{x} = \bar{\boldsymbol{x}}^{\mathrm{T}}(\boldsymbol{A}\boldsymbol{x}) = \bar{\boldsymbol{x}}^{\mathrm{T}}\lambda\boldsymbol{x} = \lambda\bar{\boldsymbol{x}}^{\mathrm{T}}\boldsymbol{x}$$

及

$$\bar{\boldsymbol{x}}^{\mathrm{T}}\boldsymbol{A}\boldsymbol{x} = (\bar{\boldsymbol{x}}^{\mathrm{T}}\boldsymbol{A}^{\mathrm{T}})\boldsymbol{x} = (\boldsymbol{A}\bar{\boldsymbol{x}})^{\mathrm{T}}\boldsymbol{x} = (\bar{\lambda}\bar{\boldsymbol{x}})^{\mathrm{T}}\boldsymbol{x} = \bar{\lambda}\bar{\boldsymbol{x}}^{\mathrm{T}}\boldsymbol{x}.$$

以上两式相减，得

$$(\lambda - \bar{\lambda})\bar{\boldsymbol{x}}^{\mathrm{T}}\boldsymbol{x} = 0.$$

但因 $\boldsymbol{x}\neq\boldsymbol{0}$，所以

$$\bar{\boldsymbol{x}}^{\mathrm{T}}\boldsymbol{x} = \sum_{i=1}^{n} \bar{x}_i x_i = \sum_{i=1}^{n} |\, x_i \,|^2 \neq 0,$$

故 $\lambda-\bar{\lambda}=0$，即 $\lambda=\bar{\lambda}$，这说明 λ 是实数.

定理 4.9　设 λ_1,λ_2 是实对称矩阵 $\boldsymbol{A}$ 的两个特征值，$\boldsymbol{p}_1,\boldsymbol{p}_2$ 是对应的特征向量. 若 $\lambda_1\neq\lambda_2$，则 $\boldsymbol{p}_1$ 与 $\boldsymbol{p}_2$ 正交.

证明　已知 $\boldsymbol{A}\boldsymbol{p}_1=\lambda_1\boldsymbol{p}_1, \boldsymbol{A}\boldsymbol{p}_2=\lambda_2\boldsymbol{p}_2$.

上式第一个等式两边左乘 $\boldsymbol{p}_2^{\mathrm{T}}$，得

$$\boldsymbol{p}_2^{\mathrm{T}}\boldsymbol{A}\boldsymbol{p}_1 = \lambda_1\boldsymbol{p}_2^{\mathrm{T}}\boldsymbol{p}_1. \tag{4.4.1}$$

又因

$$\boldsymbol{p}_2^{\mathrm{T}}\boldsymbol{A}\boldsymbol{p}_1 = (\boldsymbol{A}^{\mathrm{T}}\boldsymbol{p}_2)^{\mathrm{T}}\boldsymbol{p}_1 = (\boldsymbol{A}\boldsymbol{p}_2)^{\mathrm{T}}\boldsymbol{p}_1 = \lambda_2\boldsymbol{p}_2^{\mathrm{T}}\boldsymbol{p}_1, \tag{4.4.2}$$

由(4.4.1)，(4.4.2)得

$$(\lambda_1 - \lambda_2)\boldsymbol{p}_2^{\mathrm{T}}\boldsymbol{p}_1 = 0.$$

但 $\lambda_1\neq\lambda_2$，故 $\boldsymbol{p}_2^{\mathrm{T}}\boldsymbol{p}_1=0$，即 $\boldsymbol{p}_1$ 与 $\boldsymbol{p}_2$ 正交.

定理 4.10　设 $\boldsymbol{A}$ 为 n 阶实对称矩阵，则存在正交矩阵 $\boldsymbol{Q}$ 和实对角矩阵 $\boldsymbol{\Lambda}$，使得 $\boldsymbol{Q}^{-1}\boldsymbol{A}\boldsymbol{Q}=\boldsymbol{\Lambda}$.

证明　对矩阵 $\boldsymbol{A}$ 的阶数用数学归纳法.

当 $n=1$ 时，$\boldsymbol{A}=(a_{11})$ 为一阶方阵，已经是对角矩阵，取 $\boldsymbol{Q}=\boldsymbol{E}$，则有 $\boldsymbol{Q}^{-1}\boldsymbol{A}\boldsymbol{Q}=(a_{11})$，结论显然成立.

假设对任意 $n-1$ 阶实对称矩阵，结论成立，现考虑 n 阶矩阵 $\boldsymbol{A}$.

设 λ_1 是 $\boldsymbol{A}$ 的一个特征值，$\boldsymbol{\alpha}_1$ 是 $\boldsymbol{A}$ 的属于 λ_1 的一个实特征向量，且为单位向量(若 $\boldsymbol{\alpha}_1$ 不是单位向量，将 $\boldsymbol{\alpha}_1$ 单位化即可).

记 $\boldsymbol{Q}_1$ 是以 $\boldsymbol{\alpha}_1$ 为第一列的任意 n 阶正交矩阵，将 $\boldsymbol{Q}_1$ 分块为 $\boldsymbol{Q}_1=(\boldsymbol{\alpha}_1,\boldsymbol{R})$，其中 $\boldsymbol{R}$ 是 $n\times(n-1)$矩阵，则

$$Q_1^{\mathrm{T}}AQ_1=\begin{pmatrix}\boldsymbol{\alpha}_1^{\mathrm{T}}\\ \boldsymbol{R}^{\mathrm{T}}\end{pmatrix}\boldsymbol{A}(\boldsymbol{\alpha}_1,\boldsymbol{R})$$
$$=\begin{pmatrix}\boldsymbol{\alpha}_1^{\mathrm{T}}\boldsymbol{A}\boldsymbol{\alpha}_1 & \boldsymbol{\alpha}_1^{\mathrm{T}}\boldsymbol{A}\boldsymbol{R}\\ \boldsymbol{R}^{\mathrm{T}}\boldsymbol{A}\boldsymbol{\alpha}_1 & \boldsymbol{R}^{\mathrm{T}}\boldsymbol{A}\boldsymbol{R}\end{pmatrix}.$$

因为 $\boldsymbol{A}\boldsymbol{\alpha}_1=\lambda_1\boldsymbol{\alpha}_1,\boldsymbol{\alpha}_1^{\mathrm{T}}\boldsymbol{\alpha}_1=1,\boldsymbol{\alpha}_1$ 与 $\boldsymbol{R}$ 的各列向量都正交，所以

$$\boldsymbol{Q}_1^{-1}\boldsymbol{A}\boldsymbol{Q}_1=\begin{pmatrix}\lambda_1 & \boldsymbol{O}\\ \boldsymbol{O} & \boldsymbol{A}_1\end{pmatrix},$$

其中 $\boldsymbol{A}_1=\boldsymbol{R}^{\mathrm{T}}\boldsymbol{A}\boldsymbol{R}$ 为 $n-1$ 阶实对称矩阵.

由假设知，存在 $n-1$ 阶正交矩阵 $\boldsymbol{Q}_2$，使

$$\boldsymbol{Q}_2^{-1}\boldsymbol{A}_1\boldsymbol{Q}_2=\begin{pmatrix}\lambda_2 & & & \\ & \lambda_3 & & \\ & & \ddots & \\ & & & \lambda_n\end{pmatrix}.$$

令 $\boldsymbol{Q}_3=\begin{pmatrix}1 & \boldsymbol{O}\\ \boldsymbol{O} & \boldsymbol{Q}_2\end{pmatrix}$，则 $\boldsymbol{Q}_3$ 仍然为正交矩阵，且

$$\boldsymbol{Q}_3^{-1}(\boldsymbol{Q}_1^{-1}\boldsymbol{A}\boldsymbol{Q}_1)\boldsymbol{Q}_3=\begin{pmatrix}1 & \boldsymbol{O}\\ \boldsymbol{O} & \boldsymbol{Q}_2\end{pmatrix}^{-1}\begin{pmatrix}\lambda_1 & \boldsymbol{O}\\ \boldsymbol{O} & \boldsymbol{A}_1\end{pmatrix}\begin{pmatrix}1 & \boldsymbol{O}\\ \boldsymbol{O} & \boldsymbol{Q}_2\end{pmatrix}$$
$$=\begin{pmatrix}\lambda_1 & \boldsymbol{O}\\ \boldsymbol{O} & \boldsymbol{Q}_2^{-1}\boldsymbol{A}_1\boldsymbol{Q}_2\end{pmatrix}$$
$$=\begin{pmatrix}\lambda_1 & & & \\ & \lambda_2 & & \\ & & \ddots & \\ & & & \lambda_n\end{pmatrix},$$

记 $\boldsymbol{Q}=\boldsymbol{Q}_1\boldsymbol{Q}_3$，则有 $\boldsymbol{Q}^{-1}\boldsymbol{A}\boldsymbol{Q}$ 为对角矩阵. 得证.

推论 设 $\boldsymbol{A}$ 为 n 阶实对称矩阵，λ 是 $\boldsymbol{A}$ 的特征方程的 k 重根，则矩阵 $\lambda\boldsymbol{E}-\boldsymbol{A}$ 的秩 $r(\lambda\boldsymbol{E}-\boldsymbol{A})=n-k$，从而对应于特征值 λ 恰有 k 个线性无关的特征向量.

证明 由定理 4.10 知，$\boldsymbol{A}$ 与对角矩阵 $\boldsymbol{\Lambda}=\mathrm{diag}(\lambda_1,\lambda_2,\cdots,\lambda_n)$ 相似，从而 $\lambda\boldsymbol{E}-\boldsymbol{A}$ 与 $\lambda\boldsymbol{E}-\boldsymbol{\Lambda}$ 相似.

当 λ 是 $\boldsymbol{A}$ 的特征方程的 k 重根时，$\lambda_1,\lambda_2,\cdots,\lambda_n$ 中恰有 k 个等于 λ，有 $n-k$ 个不等于 λ，从而 $\lambda\boldsymbol{E}-\boldsymbol{\Lambda}$ 的对角线上的元素恰有 k 个等于零，于是 $r(\lambda\boldsymbol{E}-\boldsymbol{\Lambda})=n-k$. 而 $r(\lambda\boldsymbol{E}-\boldsymbol{A})=r(\lambda\boldsymbol{E}-\boldsymbol{\Lambda})$，所以 $r(\lambda\boldsymbol{E}-\boldsymbol{A})=n-k$.

根据定理 4.10 及其推论，可求得正交变换矩阵 $\boldsymbol{Q}$ 将实对称矩阵 $\boldsymbol{A}$ 对角化，其具体步骤为：

(1) 求出 $\boldsymbol{A}$ 的全部特征值 $\lambda_1,\lambda_2,\cdots,\lambda_s$；

(2) 对每一个特征值 λ_i，由 $(\lambda_i\boldsymbol{E}-\boldsymbol{A})\boldsymbol{x}=\boldsymbol{0}$ 求出基础解系(特征向量)$(i=1,2,\cdots,s)$；

(3) 将基础解系(特征向量)正交化，再单位化；

(4) 以这些单位向量作为列向量构成一个正交矩阵 $\boldsymbol{Q}$，使 $\boldsymbol{Q}^{-1}\boldsymbol{AQ}=\boldsymbol{\Lambda}$.

注　$\boldsymbol{Q}$ 中列向量的次序与矩阵 $\boldsymbol{\Lambda}$ 对角线上的特征值的次序相对应.

例 1　设实对称矩阵 $\boldsymbol{A}=\begin{pmatrix}1&2&2\\2&-2&-4\\2&-4&-2\end{pmatrix}$，求正交矩阵 $\boldsymbol{Q}$，使 $\boldsymbol{Q}^{-1}\boldsymbol{AQ}$ 为对角矩阵.

解　矩阵 $\boldsymbol{A}$ 的特征方程为

$$|\lambda\boldsymbol{E}-\boldsymbol{A}|=\begin{vmatrix}\lambda-1&-2&-2\\-2&\lambda+2&4\\-2&4&\lambda+2\end{vmatrix}=(\lambda-2)^2(\lambda+7)=0.$$

解得 $\lambda_1=\lambda_2=2,\lambda_3=-7$.

当 $\lambda_1=\lambda_2=2$ 时，由 $(2\boldsymbol{E}-\boldsymbol{A})\boldsymbol{x}=\boldsymbol{0}$，得同解方程为 $x_1-2x_2-2x_3=0$，得基础解系为 $\boldsymbol{p}_1=(2,1,0)^{\mathrm{T}},\boldsymbol{p}_2=(2,0,1)^{\mathrm{T}}$.

用施密特正交化方法将 $\boldsymbol{p}_1,\boldsymbol{p}_2$ 正交化得

$$\boldsymbol{\alpha}_1=\begin{pmatrix}2\\1\\0\end{pmatrix},\quad \boldsymbol{\alpha}_2=\boldsymbol{p}_2-\frac{\langle\boldsymbol{p}_2,\boldsymbol{\alpha}_1\rangle}{\langle\boldsymbol{\alpha}_1,\boldsymbol{\alpha}_1\rangle}\boldsymbol{\alpha}_1=\begin{pmatrix}\frac{2}{5}\\-\frac{4}{5}\\1\end{pmatrix}.$$

当 $\lambda_3=-7$ 时，由 $(-7\boldsymbol{E}-\boldsymbol{A})\boldsymbol{x}=\boldsymbol{0}$，得同解方程为

$$\begin{cases}x_1-\dfrac{1}{2}x_3=0,\\x_2-x_3=0,\end{cases}$$

得基础解系 $\boldsymbol{p}_3=\left(-\frac{1}{2},1,1\right)^{\mathrm{T}}$.

显然 $\boldsymbol{\alpha}_1,\boldsymbol{\alpha}_2,\boldsymbol{p}_3$ 是正交向量组. 把 $\boldsymbol{\alpha}_1,\boldsymbol{\alpha}_2,\boldsymbol{p}_3$ 单位化，得

$$\boldsymbol{\eta}_1=\frac{\boldsymbol{\alpha}_1}{\|\boldsymbol{\alpha}_1\|}=\begin{pmatrix}\frac{2}{\sqrt5}\\\frac{1}{\sqrt5}\\0\end{pmatrix},\quad \boldsymbol{\eta}_2=\frac{\boldsymbol{\alpha}_2}{\|\boldsymbol{\alpha}_2\|}=\begin{pmatrix}\frac{2}{3\sqrt5}\\-\frac{4}{3\sqrt5}\\\frac{\sqrt5}{3}\end{pmatrix},\quad \boldsymbol{\eta}_3=\frac{\boldsymbol{p}_3}{\|\boldsymbol{p}_3\|}=\begin{pmatrix}-\frac{1}{3}\\\frac{2}{3}\\\frac{2}{3}\end{pmatrix}.$$

令

$$Q=(\boldsymbol{\eta}_1,\boldsymbol{\eta}_2,\boldsymbol{\eta}_3)=\begin{pmatrix}\frac{2}{\sqrt{5}} & \frac{2}{3\sqrt{5}} & -\frac{1}{3}\\ \frac{1}{\sqrt{5}} & -\frac{4}{3\sqrt{5}} & \frac{2}{3}\\ 0 & \frac{\sqrt{5}}{3} & \frac{2}{3}\end{pmatrix},$$

则

$$Q^{-1}AQ=Q^{\mathrm{T}}AQ=\begin{pmatrix}2&0&0\\0&2&0\\0&0&-7\end{pmatrix}.$$

例 2 设三阶实对称矩阵 $\boldsymbol{A}$ 的特征值为 $\lambda_1=6,\lambda_2=\lambda_3=3$，与 $\lambda_1=6$ 对应的特征向量为 $\boldsymbol{p}_1=(1,1,1)^{\mathrm{T}}$，求 $\boldsymbol{A}$.

解 因为 $\boldsymbol{A}$ 的对应于特征值 $\lambda_2=\lambda_3=3$ 的特征向量 $\boldsymbol{p}=(x_1,x_2,x_3)^{\mathrm{T}}$ 与 $\boldsymbol{p}_1$ 正交，即有

$$\langle\boldsymbol{p},\boldsymbol{p}_1\rangle=x_1+x_2+x_3=0,$$

得其一个基础解系为

$$\boldsymbol{p}_2=\begin{pmatrix}-1\\1\\0\end{pmatrix},\quad \boldsymbol{p}_3=\begin{pmatrix}-1\\0\\1\end{pmatrix}.$$

用施密特正交化方法将 $\boldsymbol{p}_2,\boldsymbol{p}_3$ 正交化，得

$$\boldsymbol{\alpha}_2=\boldsymbol{p}_2=\begin{pmatrix}-1\\1\\0\end{pmatrix},\quad \boldsymbol{\alpha}_3=\boldsymbol{p}_3-\frac{\langle\boldsymbol{p}_3,\boldsymbol{\alpha}_2\rangle}{\langle\boldsymbol{\alpha}_2,\boldsymbol{\alpha}_2\rangle}\boldsymbol{\alpha}_2=\frac{1}{2}\begin{pmatrix}-1\\-1\\2\end{pmatrix}.$$

再把 $\boldsymbol{p}_1,\boldsymbol{\alpha}_2,\boldsymbol{\alpha}_3$ 单位化，得

$$\boldsymbol{\eta}_1=\frac{\boldsymbol{p}_1}{\|\boldsymbol{p}_1\|}=\frac{1}{\sqrt{3}}\begin{pmatrix}1\\1\\1\end{pmatrix},\quad \boldsymbol{\eta}_2=\frac{\boldsymbol{\alpha}_2}{\|\boldsymbol{\alpha}_2\|}=\frac{1}{\sqrt{2}}\begin{pmatrix}-1\\1\\0\end{pmatrix},\quad \boldsymbol{\eta}_3=\frac{\boldsymbol{\alpha}_3}{\|\boldsymbol{\alpha}_3\|}=\frac{1}{\sqrt{6}}\begin{pmatrix}-1\\-1\\2\end{pmatrix}.$$

令 $Q=(\boldsymbol{\eta}_1,\boldsymbol{\eta}_2,\boldsymbol{\eta}_3)=\begin{pmatrix}\frac{1}{\sqrt{3}} & -\frac{1}{\sqrt{2}} & -\frac{1}{\sqrt{6}}\\ \frac{1}{\sqrt{3}} & \frac{1}{\sqrt{2}} & -\frac{1}{\sqrt{6}}\\ \frac{1}{\sqrt{3}} & 0 & \frac{2}{\sqrt{6}}\end{pmatrix}$，则 Q 为正交矩阵，并有

$$Q^{\mathrm{T}}AQ=Q^{-1}AQ=\begin{pmatrix}6&0&0\\0&3&0\\0&0&3\end{pmatrix}.$$

于是

$$
\begin{aligned}
\boldsymbol{A}&=\boldsymbol{Q}\begin{pmatrix}6&0&0\\0&3&0\\0&0&3\end{pmatrix}\boldsymbol{Q}^{-1}=\boldsymbol{Q}\begin{pmatrix}6&0&0\\0&3&0\\0&0&3\end{pmatrix}\boldsymbol{Q}^{\mathrm{T}}\\
&=\begin{pmatrix}\frac{1}{\sqrt{3}}&-\frac{1}{\sqrt{2}}&-\frac{1}{\sqrt{6}}\\\frac{1}{\sqrt{3}}&\frac{1}{\sqrt{2}}&-\frac{1}{\sqrt{6}}\\\frac{1}{\sqrt{3}}&0&\frac{2}{\sqrt{6}}\end{pmatrix}\begin{pmatrix}6&0&0\\0&3&0\\0&0&3\end{pmatrix}\begin{pmatrix}\frac{1}{\sqrt{3}}&-\frac{1}{\sqrt{2}}&-\frac{1}{\sqrt{6}}\\\frac{1}{\sqrt{3}}&\frac{1}{\sqrt{2}}&-\frac{1}{\sqrt{6}}\\\frac{1}{\sqrt{3}}&0&\frac{2}{\sqrt{6}}\end{pmatrix}^{\mathrm{T}}\\
&=\begin{pmatrix}4&1&1\\1&4&1\\1&1&4\end{pmatrix}.
\end{aligned}
$$

习　题　4.4

1. 设矩阵 $\boldsymbol{A}$ 为三阶实对称矩阵，$\boldsymbol{A}$ 的特征值为 1，-1，0，其中 $\lambda_1=1$ 和 $\lambda_2=0$ 对应的特征向量分别为 $(1,a,1)^{\mathrm{T}}$ 和 $(a,a+1,1)^{\mathrm{T}}$，求矩阵 $\boldsymbol{A}$.

2. 设实对称矩阵 $\boldsymbol{A}=\begin{pmatrix}1&2&2\\2&1&2\\2&2&1\end{pmatrix}$，求正交矩阵 $\boldsymbol{Q}$，使 $\boldsymbol{Q}^{-1}\boldsymbol{AQ}$ 为对角矩阵.

3. 设实对称矩阵 $\boldsymbol{A}=\begin{pmatrix}1&0&1\\0&2&0\\1&0&1\end{pmatrix}$，求正交矩阵 $\boldsymbol{Q}$，使 $\boldsymbol{Q}^{-1}\boldsymbol{AQ}$ 为对角矩阵，并求 $\boldsymbol{A}^{10}$.

4. 设矩阵 $\boldsymbol{A}$ 为三阶实对称矩阵，$\boldsymbol{A}$ 的特征值为 $\lambda_1=-1$，$\lambda_2=\lambda_3=1$，其中 $\lambda_1=-1$ 对应的特征向量为 $\boldsymbol{p}_1=(0,1,1)^{\mathrm{T}}$，求矩阵 $\boldsymbol{A}$.

5. 设矩阵 $\boldsymbol{A}$ 为三阶实对称矩阵，$\boldsymbol{A}$ 的特征值为 $\lambda_1=\lambda_2=1$，$\lambda_3=-2$，其中 $\lambda_3=-2$ 对应的特征向量为 $\boldsymbol{p}_3=(1,1,-1)^{\mathrm{T}}$，求矩阵 $\boldsymbol{A}$.

6. 对于下列实对称矩阵 $\boldsymbol{A}$，求正交矩阵 $\boldsymbol{Q}$，使 $\boldsymbol{\Lambda}=\boldsymbol{Q}^{-1}\boldsymbol{AQ}$ 为对角矩阵，并求出 $\boldsymbol{\Lambda}$.

(1) $\begin{pmatrix}2&-2&0\\-2&1&-2\\0&-2&0\end{pmatrix}$；(2) $\begin{pmatrix}2&2&-2\\2&5&-4\\-2&-4&5\end{pmatrix}$.

总习题 4

(A)

1. 设 $\boldsymbol{\alpha}$ 是一 n 维实向量, $\boldsymbol{\alpha}^{\mathrm{T}}\boldsymbol{\alpha}=1$. n 阶矩阵 $\boldsymbol{A}=\boldsymbol{E}-2\boldsymbol{\alpha}\boldsymbol{\alpha}^{\mathrm{T}}$, 证明: $\boldsymbol{A}$ 是对称的正交矩阵.

2. 设 $\boldsymbol{\alpha}_1,\boldsymbol{\alpha}_2,\cdots,\boldsymbol{\alpha}_n$ 为向量空间 $\mathbf{R}^n$ 的一个基, 证明:

(1) 若 $\boldsymbol{\gamma}\in\mathbf{R}^n$, 且 $\langle\boldsymbol{\gamma},\boldsymbol{\alpha}_i\rangle=0(i=1,2,\cdots,n)$, 那么 $\boldsymbol{\gamma}=\mathbf{0}$;

(2) 若 $\boldsymbol{\gamma}_1,\boldsymbol{\gamma}_2\in\mathbf{R}^n$, 对任一 $\boldsymbol{\alpha}\in\mathbf{R}^n$ 有 $\langle\boldsymbol{\gamma}_1,\boldsymbol{\alpha}\rangle=\langle\boldsymbol{\gamma}_2,\boldsymbol{\alpha}\rangle$, 那么 $\boldsymbol{\gamma}_1=\boldsymbol{\gamma}_2$.

3. 设 $\boldsymbol{\alpha}_1,\boldsymbol{\alpha}_2,\boldsymbol{\alpha}_3$ 是一个规范正交组, 求 $\|2\boldsymbol{\alpha}_1-3\boldsymbol{\alpha}_2+4\boldsymbol{\alpha}_3\|$.

4. 已知 $\boldsymbol{\alpha}_1=\begin{pmatrix}1\\1\\1\end{pmatrix}$, 求一组非零向量 $\boldsymbol{\alpha}_2,\boldsymbol{\alpha}_3$, 使 $\boldsymbol{\alpha}_1,\boldsymbol{\alpha}_2,\boldsymbol{\alpha}_3$ 两两正交.

5. 求下列矩阵的特征值与特征向量, 并判断能否化为对角矩阵.

(1) $\boldsymbol{A}=\begin{pmatrix}2&1&1\\1&2&1\\1&1&2\end{pmatrix}$; (2) $\boldsymbol{A}=\begin{pmatrix}3&2&-1\\-2&-2&2\\3&6&-1\end{pmatrix}$; (3) $\boldsymbol{A}=\begin{pmatrix}1&-1&0\\4&-3&0\\1&0&3\end{pmatrix}$.

6. 设 $\boldsymbol{A},\boldsymbol{B}$ 都是 n 阶矩阵, 证明 $\boldsymbol{AB}$ 与 $\boldsymbol{BA}$ 有相同的特征值.

7. 设矩阵 $\boldsymbol{A}$ 和 $\boldsymbol{\Lambda}$ 相似, 其中 $\boldsymbol{A}=\begin{pmatrix}1&a&1\\a&1&b\\1&b&1\end{pmatrix}$, $\boldsymbol{\Lambda}=\begin{pmatrix}0&0&0\\0&1&0\\0&0&2\end{pmatrix}$.

(1) 求 a,b;

(2) 求可逆矩阵 $\boldsymbol{P}$, 使 $\boldsymbol{P}^{-1}\boldsymbol{AP}=\boldsymbol{\Lambda}$.

8. 已知三阶矩阵 $\boldsymbol{A}$ 的特征值为 $1,-1,2$, 设矩阵 $\boldsymbol{B}=\boldsymbol{A}^3-5\boldsymbol{A}^2$, 试求矩阵 $\boldsymbol{B}$ 的特征值及其相似对角阵.

9. 设矩阵 $\boldsymbol{A}=\begin{pmatrix}4&6&0\\-3&-5&0\\-3&6&1\end{pmatrix}$, 求 $\boldsymbol{A}^m$.

10. 已知 $\boldsymbol{A}=\begin{pmatrix}0&-2&k\\1&3&5\\0&0&2\end{pmatrix}$ 与对角矩阵相似, 求常数 k.

11. 设实对称矩阵 $\boldsymbol{A}=\begin{pmatrix}2&0&0\\0&3&2\\0&2&3\end{pmatrix}$, 求正交矩阵 $\boldsymbol{Q}$, 使 $\boldsymbol{Q}^{-1}\boldsymbol{AQ}$ 为对角矩阵.

(B)

一、单项选择题

1. 设 $\boldsymbol{\alpha},\boldsymbol{\beta},\boldsymbol{\gamma}$ 是 $\mathbf{R}^n$ 的向量，以下有 4 个命题或结论：

(1) 若 $\boldsymbol{\alpha}$ 与 $\boldsymbol{\beta}$ 正交，则对任意实数 a,b，向量 $a\boldsymbol{\alpha}$ 与 $b\boldsymbol{\beta}$ 正交；

(2) 若 $\boldsymbol{\gamma}$ 与 $\boldsymbol{\alpha},\boldsymbol{\beta}$ 都正交，则 $\boldsymbol{\gamma}$ 与 $\boldsymbol{\alpha},\boldsymbol{\beta}$ 的任意线性组合都正交；

(3) $\|\boldsymbol{\alpha}-\boldsymbol{\beta}\|\leqslant\|\boldsymbol{\alpha}-\boldsymbol{\gamma}\|+\|\boldsymbol{\gamma}-\boldsymbol{\beta}\|$；

(4) 若 $\boldsymbol{A}$ 是 n 阶反对称矩阵，且 $\boldsymbol{A\alpha}=\boldsymbol{\beta}$，则 $\boldsymbol{\alpha}$ 与 $\boldsymbol{\beta}$ 正交.

上面命题或结论正确的有(　　).

(A) 1 个；　(B) 2 个；　(C) 3 个；　(D) 4 个.

2. 设三阶矩阵 $\boldsymbol{A}$ 的三个特征值是 $-2,-\frac{1}{2},2$，则下列矩阵可逆的是(　　).

(A) $\boldsymbol{E}+2\boldsymbol{A}$；　(B) $3\boldsymbol{E}+2\boldsymbol{A}$；　(C) $2\boldsymbol{E}+\boldsymbol{A}$；　(D) $\boldsymbol{A}-2\boldsymbol{E}$.

3. 设 $\boldsymbol{A}$ 为 n 阶矩阵，下述结论正确的是(　　).

(A) 矩阵 $\boldsymbol{A}$ 有 n 个不同的特征值；

(B) 矩阵 $\boldsymbol{A}$ 与 $\boldsymbol{A}^{\mathrm{T}}$ 有相同的特征值和特征向量；

(C) 矩阵 $\boldsymbol{A}$ 特征向量 $\boldsymbol{\alpha}_1,\boldsymbol{\alpha}_2$ 的线性组合 $c_1\boldsymbol{\alpha}_1+c_2\boldsymbol{\alpha}_2$ 仍是 $\boldsymbol{A}$ 的特征向量；

(D) 矩阵 $\boldsymbol{A}$ 对应于不同特征值的特征向量线性无关.

4. 设 $\boldsymbol{A}$ 为 n 阶矩阵，线性方程组 $(\lambda\boldsymbol{E}-\boldsymbol{A})\boldsymbol{x}=\boldsymbol{0}$ 的两个不同解向量分别为 $\boldsymbol{\xi}_1,\boldsymbol{\xi}_2$，则矩阵 $\boldsymbol{A}$ 的对应于特征值 λ 的特征向量必定是(　　).

(A) $\boldsymbol{\xi}_1$；　(B) $\boldsymbol{\xi}_2$；　(C) $\boldsymbol{\xi}_1-\boldsymbol{\xi}_2$；　(D) $\boldsymbol{\xi}_1+\boldsymbol{\xi}_2$.

5. 设 $\boldsymbol{A},\boldsymbol{B}$ 为 n 阶矩阵，且 $\boldsymbol{A}$ 与 $\boldsymbol{B}$ 相似，则(　　).

(A) $\lambda\boldsymbol{E}-\boldsymbol{A}=\lambda\boldsymbol{E}-\boldsymbol{B}$；

(B) $\boldsymbol{A}$ 与 $\boldsymbol{B}$ 有相同的特征值和特征向量；

(C) $\boldsymbol{A}$ 与 $\boldsymbol{B}$ 都相似于一个对角矩阵；

(D) 对任意常数 t，$t\boldsymbol{E}-\boldsymbol{A}$ 与 $t\boldsymbol{E}-\boldsymbol{B}$ 相似.

6. 设 $\boldsymbol{A}$ 为 n 阶矩阵，$\boldsymbol{A}$ 相似于对角矩阵的充要条件是(　　).

(A) $\boldsymbol{A}$ 有 n 个不同的特征值；

(B) $\boldsymbol{A}$ 有 n 个不同特征向量；

(C) $\boldsymbol{A}$ 有 n 个不同的 n_i 重特征值 λ_i，$r(\lambda_i\boldsymbol{E}-\boldsymbol{A})=n-n_i$；

(D) $\boldsymbol{A}$ 是实对称矩阵.

7. 设 $\boldsymbol{A}$ 为 n 阶矩阵，若 $\boldsymbol{A}$ 相似于对角矩阵 $\boldsymbol{\Lambda}$，则下列结论不正确的是(　　).

(A) $\boldsymbol{A}-k\boldsymbol{E}\sim\boldsymbol{\Lambda}-k\boldsymbol{E}$；

(B) 且 $\boldsymbol{A}$ 可逆，则 $\boldsymbol{A}\sim\boldsymbol{E}$；

(C) $\boldsymbol{A}^m\sim\boldsymbol{\Lambda}^m$；

(D) 且 $\boldsymbol{A}$ 可逆，则 $\boldsymbol{A}^{-1}\sim\boldsymbol{\Lambda}^{-1}$.

8. 设 λ_1,λ_2 是矩阵 $\boldsymbol{A}$ 的两个不同的特征值，对应的特征向量分别为 $\boldsymbol{\alpha}_1,\boldsymbol{\alpha}_2$，则 $\boldsymbol{\alpha}_1,\boldsymbol{A}(\boldsymbol{\alpha}_1+\boldsymbol{\alpha}_2)$ 线性无关的充要条件是(　　).

(A) $\lambda_1\neq 0$；　(B) $\lambda_1=0$；　(C) $\lambda_2\neq 0$；　(D) $\lambda_2=0$.

9. 设 $\boldsymbol{A}$ 为 n 阶实对称矩阵，则(　　).

(A) $\boldsymbol{A}$ 的 n 个特征向量两两正交；

(B) $\boldsymbol{A}$ 的 n 个特征向量组成单位正交向量组；

(C) $\boldsymbol{A}$ 的 k 重特征值 λ_0 有 $r(\lambda_0\boldsymbol{E}-\boldsymbol{A})=n-k$；

(D) $\boldsymbol{A}$ 的 k 重特征值 λ_0 有 $r(\lambda_0\boldsymbol{E}-\boldsymbol{A})=k$.

10. 设 $\boldsymbol{A},\boldsymbol{B}$ 均为 n 阶实对称矩阵，且 $|\lambda\boldsymbol{E}-\boldsymbol{A}|=|\lambda\boldsymbol{E}-\boldsymbol{B}|$，则下列结论不正确的是(　　).

(A) $\boldsymbol{A}$ 与 $\boldsymbol{B}$ 的 n 个特征向量两两正交；

(B) $\boldsymbol{A}$ 与 $\boldsymbol{B}$ 相似；

(C) $\boldsymbol{A}$ 与 $\boldsymbol{B}$ 的秩相等；

(D) $\boldsymbol{A}$ 与 $\boldsymbol{B}$ 相似于同一对角矩阵.

二、填空题

1. 若三阶矩阵 $\boldsymbol{A}$ 满足 $|2\boldsymbol{A}+3\boldsymbol{E}|=0,|\boldsymbol{A}-\boldsymbol{E}|=0,|\boldsymbol{A}|=0$，则 $\boldsymbol{A}$ 的三个特征值是________.

2. 设三阶矩阵 $\boldsymbol{A}$ 的三个特征值是 $-1,2,-3$，则矩阵 $\boldsymbol{B}=\left(\frac{1}{3}\boldsymbol{A}^2\right)^{-1}$ 的特征值为________.

3. 设 n 阶矩阵 $\boldsymbol{A}$ 的元素全为 1，则 $\boldsymbol{A}$ 的 n 个特征值是________.

4. 设 $\boldsymbol{A}$ 为 n 阶矩阵，$|\boldsymbol{A}|\neq 0$，若 $\boldsymbol{A}$ 有特征值 λ，则 $(\boldsymbol{A}^*)^2+\boldsymbol{E}$ 必有特征值________.

5. 设三阶矩阵 $\boldsymbol{A}$ 的三个特征值是 $1,-1,2$. 设 $\boldsymbol{B}=\boldsymbol{A}^3-5\boldsymbol{A}^2$，则 $|\boldsymbol{B}|=$________.

6. 设 $\boldsymbol{A}$ 为 n 阶矩阵，$\boldsymbol{A}$ 不以 0 为特征值是 $\boldsymbol{A}$ 可逆的________条件.

7. 已知矩阵 $\boldsymbol{A}=\begin{pmatrix}2&0&0\\0&0&1\\0&1&x\end{pmatrix}$，$\boldsymbol{B}=\begin{pmatrix}2&0&0\\0&y&0\\0&0&-1\end{pmatrix}$ 相似，则 $y=$________.

8. 设三阶矩阵 $\boldsymbol{A}$ 的三个特征值是 $0,1,-2$，$\boldsymbol{B}=\boldsymbol{A}^4+2\boldsymbol{A}^3-\boldsymbol{A}^2-2\boldsymbol{A}$，则 $\boldsymbol{B}$ 与对角矩阵 $\boldsymbol{\Lambda}=$________相似.

9. 设三阶实对称矩阵 $\boldsymbol{A}$ 的三个特征值是 $1,2,3$，若 $\boldsymbol{A}$ 的属于 1,2 的特征向量为 $\boldsymbol{\alpha}_1=(-1,-1,1)^{\mathrm{T}}$，$\boldsymbol{\alpha}_2=(1,-2,-1)^{\mathrm{T}}$，则 $\boldsymbol{A}$ 的属于 3 的特征向量为________.

10. 设 $\boldsymbol{A}$ 为 n 阶可相似对角化的矩阵，且 $r(\boldsymbol{A}-\boldsymbol{E})=r<n$，则 $\boldsymbol{A}$ 必有特征值 $\lambda=$________，且其重数为________，对应的线性无关的特征向量有________个.

习题解答 4　　　　考研真题解析 4

第 5 章 二 次 型

在平面解析几何中的一个有心二次曲线，当中心与坐标原点重合时，其一般方程为

$$ax^2+2bxy+cy^2=f,$$

其左端是一个二次齐次多项式. 为了便于研究这个二次曲线的几何性质，通过坐标变换

$$\begin{cases}x=x_1\cos\theta-y_1\sin\theta,\\ y=x_1\sin\theta+y_1\cos\theta\end{cases}$$

化一般方程为不含 x,y 混合项的标准方程

$$a_1x_1^2+c_1y_1^2=f_1.$$

把一般的二次齐次多项式化为只含纯平方项的代数和这类问题具有普遍性，它不仅在几何问题中出现，而且在数学的其他分支及自然科学、工程技术中有广泛应用. 本章将把问题一般化，讨论 n 个变量的二次齐次多项式化简为标准形的问题，并讨论二次型有定性的性质、判定.

5.1 二次型的基本概念

定义 5.1 n 元变量 $x_1,x_2,\cdots,x_n$ 的二次齐次多项式

$$\begin{aligned}f(x_1,x_2,\cdots,x_n)=&a_{11}x_1^2+a_{22}x_2^2+\cdots+a_{nn}x_n^2+2a_{12}x_1x_2+\cdots\\&+2a_{1n}x_1x_n+2a_{23}x_2x_3+\cdots+2a_{n-1,n}x_{n-1}x_n\end{aligned}\tag{5.1.1}$$

称为**二次型**. 当 a_{ij} 为复数时，f 称为复二次型，当 a_{ij} 为实数时，f 称为实二次型，我们仅限于讨论实二次型.

只含平方项的二次型 $f(x_1,x_2,\cdots,x_n)=a_{11}x_1^2+a_{22}x_2^2+\cdots+a_{nn}x_n^2$ 称为二次型的**标准形**.

取 $a_{ji}=a_{ij}\,(i<j)$，则 $2a_{ij}x_ix_j=a_{ij}x_ix_j+a_{ji}x_jx_i$. 于是(5.1.1)式可写成对称形式

$$\begin{aligned}f=&a_{11}x_1^2+a_{12}x_1x_2+\cdots+a_{1n}x_1x_n+a_{21}x_2x_1+a_{22}x_2^2+\cdots\\&+a_{2n}x_2x_n+\cdots+a_{n1}x_nx_1+a_{n2}x_nx_2+\cdots+a_{nn}x_n^2\\=&\sum_{i,j=1}^{n}a_{ij}x_ix_j.\end{aligned}$$

记

$$A=\begin{pmatrix} a_{11} & a_{12} & \cdots & a_{1n} \\ a_{21} & a_{22} & \cdots & a_{2n} \\ \vdots & \vdots & & \vdots \\ a_{n1} & a_{n2} & \cdots & a_{nn} \end{pmatrix},\quad X=\begin{pmatrix} x_1 \\ x_1 \\ \vdots \\ x_n \end{pmatrix},$$

则(5.1.1)式可以用矩阵形式简单表示为

$$\begin{aligned} f=\sum_{i,j=1}^{n} a_{ij}x_ix_j &= (x_1,x_2,\cdots,x_n)\begin{pmatrix} a_{11} & a_{12} & \cdots & a_{1n} \\ a_{21} & a_{22} & \cdots & a_{2n} \\ \vdots & \vdots & & \vdots \\ a_{n1} & a_{n2} & \cdots & a_{nn} \end{pmatrix}\begin{pmatrix} x_1 \\ x_1 \\ \vdots \\ x_n \end{pmatrix} \\ &= X^{\mathrm{T}}AX, \end{aligned} \tag{5.1.2}$$

其中 A 为实对称矩阵.

例如,二次型 $f(x_1,x_2,x_3)=x_1^2-2x_2^2+5x_3^2+2x_1x_2+6x_2x_3+2x_3x_1$ 用矩阵表示就是

$$f(x_1,x_2,x_3)=(x_1,x_2,x_3)\begin{pmatrix} 1 & 1 & 1 \\ 1 & -2 & 3 \\ 1 & 3 & 5 \end{pmatrix}\begin{pmatrix} x_1 \\ x_2 \\ x_3 \end{pmatrix}.$$

显然这种矩阵表示是唯一的,即任给一个二次型就唯一确定一个对称矩阵,反之任给一个对称矩阵也可唯一确定一个二次型.二者之间存在一一对应关系,我们把对称矩阵 A 称为二次型 f 的矩阵,A 的秩称为 f 的秩,也称 f 为对称矩阵 A 的二次型.

例 1 将下列二次型用矩阵形式表示

$$f(x_1,x_2,x_3,x_4)=x_1x_2+x_2x_3+x_3x_4+x_4x_1.$$

解

$$f(x_1,x_2,x_3,x_4)=(x_1,x_2,x_3,x_4)\begin{pmatrix} 0 & \frac{1}{2} & 0 & \frac{1}{2} \\ \frac{1}{2} & 0 & \frac{1}{2} & 0 \\ 0 & \frac{1}{2} & 0 & \frac{1}{2} \\ \frac{1}{2} & 0 & \frac{1}{2} & 0 \end{pmatrix}\begin{pmatrix} x_1 \\ x_2 \\ x_3 \\ x_4 \end{pmatrix}.$$

例 2 写出下列对称矩阵所对应的二次型:

(1) $\begin{pmatrix} 1 & -\frac{1}{2} & \frac{1}{2} \\ -\frac{1}{2} & 0 & -2 \\ \frac{1}{2} & -2 & 2 \end{pmatrix}$;　　(2) $\begin{pmatrix} 1 & 0 & 0 \\ 0 & 4 & 0 \\ 0 & 0 & -2 \end{pmatrix}$.

解　设 $\boldsymbol{X}=(x_1,x_2,x_3)^{\mathrm{T}}$,则

(1)

$$f(x_1,x_2,x_3)=\boldsymbol{X}^{\mathrm{T}}\boldsymbol{A}\boldsymbol{X}=(x_1,x_2,x_3)\begin{pmatrix} 1 & -\frac{1}{2} & \frac{1}{2} \\ -\frac{1}{2} & 0 & -2 \\ \frac{1}{2} & -2 & 2 \end{pmatrix}\begin{pmatrix} x_1 \\ x_2 \\ x_3 \end{pmatrix}$$

$$=x_1^2+2x_3^2-x_1x_2+x_1x_3-4x_2x_3.$$

(2)

$$f(x_1,x_2,x_3)=\boldsymbol{X}^{\mathrm{T}}\boldsymbol{A}\boldsymbol{X}=(x_1,x_2,x_3)\begin{pmatrix} 1 & 0 & 0 \\ 0 & 4 & 0 \\ 0 & 0 & -2 \end{pmatrix}\begin{pmatrix} x_1 \\ x_2 \\ x_3 \end{pmatrix}$$

$$=x_1^2+4x_2^2-2x_3^2.$$

$f(x_1,x_2,x_3)=x_1^2+4x_2^2-2x_3^2$ 为二次型标准形,从这里可看出,要把二次型化为标准形,就是要把其对应的矩阵化为对角阵,即对二次型

$$f(x_1,x_2,\cdots,x_n)=\boldsymbol{X}^{\mathrm{T}}\boldsymbol{A}\boldsymbol{X}$$

找到一个可逆的线性变换 $\boldsymbol{X}=\boldsymbol{C}\boldsymbol{Y}$($\boldsymbol{C}$ 是 n 阶可逆矩阵),使得

$$f(x_1,x_2,\cdots,x_n)=\boldsymbol{X}^{\mathrm{T}}\boldsymbol{A}\boldsymbol{X}=(\boldsymbol{C}\boldsymbol{Y})^{\mathrm{T}}\boldsymbol{A}(\boldsymbol{C}\boldsymbol{Y})=\boldsymbol{Y}^{\mathrm{T}}(\boldsymbol{C}^{\mathrm{T}}\boldsymbol{A}\boldsymbol{C})\boldsymbol{Y}=k_1y_1^2+k_2y_2^2+\cdots+k_ny_n^2,$$

这里 $\boldsymbol{Y}=(y_1,y_2,\cdots,y_n)^{\mathrm{T}}$,$\boldsymbol{C}^{\mathrm{T}}\boldsymbol{A}\boldsymbol{C}$ 为对角阵 $\begin{pmatrix} k_1 & 0 & \cdots & 0 \\ 0 & k_2 & \cdots & 0 \\ \vdots & \vdots & & \vdots \\ 0 & 0 & \cdots & k_n \end{pmatrix}$. 对于 $\boldsymbol{A}$ 与 $\boldsymbol{C}^{\mathrm{T}}\boldsymbol{A}\boldsymbol{C}$ 的关系,我们给出如下定义.

定义 5.2　设 n 阶矩阵 $\boldsymbol{A}$,$\boldsymbol{B}$,如存在可逆矩阵 $\boldsymbol{C}$ 使得 $\boldsymbol{C}^{\mathrm{T}}\boldsymbol{A}\boldsymbol{C}=\boldsymbol{B}$,则称 $\boldsymbol{A}$ 与 $\boldsymbol{B}$ 合同,记为 $\boldsymbol{A}\simeq\boldsymbol{B}$.

矩阵合同的性质:

(1) 自身性,即 $\boldsymbol{A}\simeq\boldsymbol{A}$;

(2) 对称性,即若 $\boldsymbol{A}\simeq\boldsymbol{B}$,则 $\boldsymbol{B}\simeq\boldsymbol{A}$;

(3) 传递性,即若 $\boldsymbol{A}\simeq\boldsymbol{B}$,$\boldsymbol{B}\simeq\boldsymbol{C}$,则 $\boldsymbol{A}\simeq\boldsymbol{C}$.

因此,二次型化为标准形问题归结为:对于对称矩阵 $\boldsymbol{A}$,寻求可逆矩阵 $\boldsymbol{C}$,使 $\boldsymbol{A}$

合同于对角阵,即 $\boldsymbol{C}^{\mathrm{T}}\boldsymbol{A}\boldsymbol{C}=\boldsymbol{\Lambda}$.

习 题 5.1

1. 将下列二次型用矩阵形式表示:

(1) $f(x_1,x_2,x_3)=x_1^2-2x_2^2+5x_3^2+2x_1x_2+6x_2x_3+2x_3x_1$;

(2) $f(x_1,x_2,x_3,x_4)=x_1x_2+x_2x_3+x_3x_4+x_4x_1$;

(3) $f(x_1,x_2,x_3,x_4)=6x_1^2+3x_1x_2-2x_1x_3+5x_1x_4+2x_2^2-x_2x_4$.

2. 写出二次型 $f(x_1,x_2,x_3)=(a_1x_1+a_2x_2+a_3x_3)^2$ 的矩阵.

3. 当 t 为何值时,二次型 $f(x_1,x_2,x_3)=x_1^2+6x_1x_2+4x_1x_3+x_2^2+2x_2x_3+tx_3^2$ 的秩为 2.

5.2 化二次型为标准形

5.2.1 二次型的标准形

定义 5.3 若二次型 $f(x_1,x_2,\cdots,x_n)$经过可逆线性变换 $\boldsymbol{X}=\boldsymbol{C}\boldsymbol{Y}$ 可化为只含平方项的形式:

$$f(x_1,x_2,\cdots,x_n)=b_1y_1^2+b_2y_2^2+\cdots+b_ny_n^2, \tag{5.2.1}$$

则称(5.2.1)为 $f(x_1,x_2,\cdots,x_n)$的标准形.

由第 4 章知,任给实对称矩阵 $\boldsymbol{A}$,总有正交矩阵 $\boldsymbol{C}$,使 $\boldsymbol{C}^{-1}\boldsymbol{A}\boldsymbol{C}=\boldsymbol{\Lambda}$. 由于 $\boldsymbol{C}$ 为正交矩阵,所以 $\boldsymbol{C}^{\mathrm{T}}=\boldsymbol{C}^{-1}$,则有 $\boldsymbol{C}^{\mathrm{T}}\boldsymbol{A}\boldsymbol{C}=\boldsymbol{\Lambda}$. 此结论应用于二次型,即有如下定理.

定理 5.1 任给二次型 $f(x_1,x_2,\cdots,x_n)=\boldsymbol{X}^{\mathrm{T}}\boldsymbol{A}\boldsymbol{X}$,总有正交变换 $\boldsymbol{X}=\boldsymbol{C}\boldsymbol{Y}$,使 $f(x_1,x_2,\cdots,x_n)$化成标准形

$$f=\lambda_1y_1^2+\lambda_2y_2^2+\cdots+\lambda_ny_n^2,$$

其中 $\lambda_1,\lambda_2,\cdots,\lambda_n$ 是 $f(x_1,x_2,\cdots,x_n)$的矩阵 $\boldsymbol{A}=(a_{ij})$的特征值.

正交变换化二次型为标准形的步骤:

第一步,写出 $f(x_1,x_2,\cdots,x_n)$的矩阵 $\boldsymbol{A}$,并求 $\boldsymbol{A}$ 的所有不同的特征值 $\lambda_1,\lambda_2,\cdots,\lambda_n$.

第二步,求出 $\boldsymbol{A}$ 对应于每个特征值 λ_i 的一组线性无关的特征向量,即求出齐次线性方程组$(\lambda_i\boldsymbol{E}-\boldsymbol{A})\boldsymbol{X}=\boldsymbol{0}$ 的一个基础解系. 并且利用施密特正交化方法,把此组基础解系正交化单位化,如此可得 $\boldsymbol{A}$ 的 n 个正交的单位特征向量.

第三步,以上面求出的 n 个正交的单位特征向量作为列向量所得的 n 阶方阵即为所求的正交矩阵 $\boldsymbol{C}$,以相应的特征值作为主对角线元素的对角矩阵,即为所求的 $\boldsymbol{C}^{\mathrm{T}}\boldsymbol{A}\boldsymbol{C}$.

例 1 求一个正交变换 $\boldsymbol{X}=\boldsymbol{C}\boldsymbol{Y}$,把二次型

$$f(x_1,x_2,x_3)=2x_1^2+x_2^2-4x_1x_2-4x_2x_3$$

化为标准形.

解　二次型 $f(x_1,x_2,x_3)$ 的矩阵

$$A=\begin{pmatrix}2&-2&0\\-2&1&-2\\0&-2&0\end{pmatrix}.$$

A 的特征方程为

$$\det(\lambda E-A)=\begin{vmatrix}\lambda-2&2&0\\2&\lambda-1&2\\0&2&\lambda\end{vmatrix}=(\lambda+2)(\lambda-4)(\lambda-1)=0,$$

由此得到 A 的特征值 $\lambda_1=-2,\lambda_2=1,\lambda_3=4$.

对于 $\lambda_1=-2$，求其线性方程组 $(-2E-A)X=\mathbf{0}$，可解得基础解系为

$$\boldsymbol{\alpha}_1=(1,2,2)^{\mathrm{T}};$$

对于 $\lambda_2=1$，求其线性方程组 $(E-A)X=\mathbf{0}$，可解得基础解系为

$$\boldsymbol{\alpha}_2=(2,1,-2)^{\mathrm{T}};$$

对于 $\lambda_3=4$，求其线性方程组 $(4E-A)X=\mathbf{0}$，可解得基础解系为

$$\boldsymbol{\alpha}_3=(2,-2,1)^{\mathrm{T}}.$$

将 $\boldsymbol{\alpha}_1,\boldsymbol{\alpha}_2,\boldsymbol{\alpha}_3$ 单位化，得

$$\boldsymbol{\gamma}_1=\frac{1}{\|\boldsymbol{\alpha}_1\|}\boldsymbol{\alpha}_1=\left(\frac{1}{3},\frac{2}{3},\frac{2}{3}\right)^{\mathrm{T}},$$

$$\boldsymbol{\gamma}_2=\frac{1}{\|\boldsymbol{\alpha}_2\|}\boldsymbol{\alpha}_2=\left(\frac{2}{3},\frac{1}{3},-\frac{2}{3}\right)^{\mathrm{T}},$$

$$\boldsymbol{\gamma}_3=\frac{1}{\|\boldsymbol{\alpha}_3\|}\boldsymbol{\alpha}_3=\left(\frac{2}{3},-\frac{2}{3},\frac{1}{3}\right)^{\mathrm{T}},$$

令

$$C=(\boldsymbol{\gamma}_1,\boldsymbol{\gamma}_2,\boldsymbol{\gamma}_3)=\begin{pmatrix}\frac{1}{3}&\frac{2}{3}&\frac{2}{3}\\\frac{2}{3}&\frac{1}{3}&-\frac{2}{3}\\\frac{2}{3}&-\frac{2}{3}&\frac{1}{3}\end{pmatrix},$$

则

$$C^{\mathrm{T}}AC=\begin{pmatrix}-2&0&0\\0&1&0\\0&0&4\end{pmatrix}.$$

作正交替换 $X=CY$，即

$$\begin{cases} x_1 = \dfrac{1}{3}y_1 + \dfrac{2}{3}y_2 + \dfrac{2}{3}y_3, \\ x_2 = \dfrac{2}{3}y_1 + \dfrac{1}{3}y_2 - \dfrac{2}{3}y_3, \\ x_3 = \dfrac{2}{3}y_1 - \dfrac{2}{3}y_2 + \dfrac{1}{3}y_3, \end{cases}$$

二次型 $f(x_1,x_2,x_3)$可化为标准形：

$$f(x_1,x_2,x_3) = -2y_1^2 + y_2^2 + 4y_3^2.$$

例 2 已知二次型 $f(x_1,x_2,x_3)=2x_1^2+3x_2^2+3x_3^2+2ax_2x_3\ (a>0)$，通过正交变换可化为标准形 $f=y_1^2+2y_2^2+5y_3^2$，求参数 a 及所用的正交变换.

分析 由于二次型 $f=\boldsymbol{X}^{\mathrm{T}}\boldsymbol{A}\boldsymbol{X}$ 通过正交变换 $\boldsymbol{X}=\boldsymbol{C}\boldsymbol{Y}$ 化成的标准形 $f=\lambda_1y_1^2+\lambda_2y_2^2+\cdots+\lambda_ny_n^2$ 中的平方项系数 $\lambda_1,\lambda_2,\cdots,\lambda_n$ 是 $\boldsymbol{A}$ 的特征值，而且变换前后两个二次型的矩阵有下面的关系：

$$\boldsymbol{C}^{\mathrm{T}}\boldsymbol{A}\boldsymbol{C} = \begin{pmatrix} \lambda_1 & & & \\ & \lambda_2 & & \\ & & \ddots & \\ & & & \lambda_n \end{pmatrix},$$

所以上式两边取行列式即可求得参数 a.

解 变换前后二次型的矩阵分别为

$$\boldsymbol{A} = \begin{pmatrix} 2 & 0 & 0 \\ 0 & 3 & a \\ 0 & a & 3 \end{pmatrix}, \quad \boldsymbol{\Lambda} = \begin{pmatrix} 1 & & \\ & 2 & \\ & & 5 \end{pmatrix}.$$

设所求正交矩阵为 $\boldsymbol{C}$，则有 $\boldsymbol{C}^{\mathrm{T}}\boldsymbol{A}\boldsymbol{C}=\boldsymbol{\Lambda}$，此时两边取行列式，并注意到 $|\boldsymbol{C}|=\pm1$，得

$$|\boldsymbol{C}^{\mathrm{T}}||\boldsymbol{A}||\boldsymbol{C}| = |\boldsymbol{C}|^2|\boldsymbol{A}| = |\boldsymbol{A}| = |\boldsymbol{\Lambda}|,$$

即

$$2(9-a^2) = 10,$$

由 $a>0$，得 $a=2$.

因为 $\boldsymbol{A}$ 的特征值为 $\lambda_1=1,\lambda_2=2,\lambda_3=5$.

当 $\lambda_1=1$ 时，解齐次方程组 $(\boldsymbol{E}-\boldsymbol{A})\boldsymbol{X}=\boldsymbol{0}$，得特征向量为

$$\boldsymbol{\alpha}_1 = \begin{pmatrix} 0 \\ 1 \\ -1 \end{pmatrix}.$$

同理，可求得与 $\lambda_2=2,\lambda_3=5$ 对应的特征向量分别为

$$\boldsymbol{\alpha}_2 = \begin{pmatrix} 1 \\ 0 \\ 0 \end{pmatrix}, \quad \boldsymbol{\alpha}_3 = \begin{pmatrix} 0 \\ 1 \\ 1 \end{pmatrix}.$$

又因为对应于不同特征值的特征向量是相互正交的，所以 $\boldsymbol{\alpha}_1,\boldsymbol{\alpha}_2,\boldsymbol{\alpha}_3$ 是正交向量组，将它们单位化得

$$\boldsymbol{\gamma}_1=\frac{1}{\|\boldsymbol{\alpha}_1\|}\boldsymbol{\alpha}_1=\begin{pmatrix}0\\ \frac{1}{\sqrt{2}}\\ -\frac{1}{\sqrt{2}}\end{pmatrix},\quad \boldsymbol{\gamma}_2=\frac{1}{\|\boldsymbol{\alpha}_2\|}\boldsymbol{\alpha}_2=\begin{pmatrix}1\\0\\0\end{pmatrix},\quad \boldsymbol{\gamma}_3=\frac{1}{\|\boldsymbol{\alpha}_3\|}\boldsymbol{\alpha}_3=\begin{pmatrix}0\\ \frac{1}{\sqrt{2}}\\ \frac{1}{\sqrt{2}}\end{pmatrix}.$$

以 $\boldsymbol{\gamma}_1,\boldsymbol{\gamma}_2,\boldsymbol{\gamma}_3$ 为列即得所求的正交矩阵

$$\boldsymbol{C}=(\boldsymbol{\gamma}_1,\boldsymbol{\gamma}_2,\boldsymbol{\gamma}_3)=\begin{pmatrix}0&1&0\\ \frac{1}{\sqrt{2}}&0&\frac{1}{\sqrt{2}}\\ -\frac{1}{\sqrt{2}}&0&\frac{1}{\sqrt{2}}\end{pmatrix}.$$

如果不限于用正交变换，那么还可有多种方法把二次型化成标准形. 例如，配方法、初等变换法等，下面通过实例来介绍配方法和初等变换法.

例 3 用配方法化二次型

$$f(x_1,x_2,x_3)=x_1^2+2x_2^2+5x_3^2+2x_1x_2+2x_1x_3+6x_2x_3$$

成标准形，并求所用的变换矩阵.

解 由于 f 中含变量 x_1 的平方项，故把含 x_1 的项归并起来配方可得

$$\begin{aligned}f&=(x_1^2+2x_1x_2+2x_1x_3)+2x_2^2+5x_3^2+6x_2x_3\\&=(x_1+x_2+x_3)^2-x_2^2-x_3^2-2x_2x_3+2x_2^2+5x_3^2+6x_2x_3\\&=(x_1+x_2+x_3)^2+x_2^2+4x_2x_3+4x_3^2.\end{aligned}$$

上式右端除第一项外已不再含 x_1，继续配方，得

$$f=(x_1+x_2+x_3)^2+(x_2+2x_3)^2,$$

令

$$\begin{cases}y_1=x_1+x_2+x_3,\\ y_2=x_2+2x_3,\\ y_3=x_3,\end{cases}$$

即

$$\begin{cases}x_1=y_1-y_2+y_3,\\ x_2=y_2-2y_3,\\ x_3=y_3,\end{cases}$$

就把 f 化成标准形 $f=y_1^2+y_2^2$. 所用变换矩阵为

$$\boldsymbol{C}=\begin{pmatrix}1&-1&1\\0&1&-2\\0&0&1\end{pmatrix}\quad(|\boldsymbol{C}|=1\neq 0).$$

例 4 化二次型

$$f(x_1,x_2,x_3)=2x_1x_2+2x_1x_3-6x_2x_3$$

成标准形,并求所用的变换矩阵.

解 在 f 中不含平方项,由于含有 x_1x_2 乘积项,故令

$$\begin{cases}x_1=y_1+y_2,\\x_2=y_1-y_2,\\x_3=y_3,\end{cases}$$

代入可得

$$f=2y_1^2-2y_2^2-4y_1y_3+8y_2y_3,$$

再配方,得

$$f=2(y_1-y_3)^2-2(y_1-2y_3)^2+6y_3^2,$$

故令

$$\begin{cases}z_1=y_1-y_3,\\z_2=y_2-2y_3,\\z_3=y_3,\end{cases}$$

即

$$\begin{cases}y_1=z_1+z_3,\\y_2=z_2+2z_3,\\y_3=z_3,\end{cases}$$

即有 $f=2z_1^2-2z_2^2+6z_3^2$,所用变换矩阵为

$$\boldsymbol{C}=\begin{pmatrix}1&1&0\\1&-1&0\\0&0&1\end{pmatrix}\begin{pmatrix}1&0&1\\0&1&2\\0&0&1\end{pmatrix}=\begin{pmatrix}1&1&3\\1&-1&-1\\0&0&1\end{pmatrix}\quad(|\boldsymbol{C}|=-2\neq 0).$$

一般地,任何二次型都可用上面两例的方法找到可逆变换化成标准形,且标准形中所含项数就是二次型的秩.

我们知道化二次型为标准形就是寻求可逆矩阵 $\boldsymbol{C}$,使 $\boldsymbol{C}^{\mathrm{T}}\boldsymbol{AC}$ 成为对角矩阵. 这里 $\boldsymbol{A}$ 为二次型的矩阵,而任一可逆矩阵又可分解为若干初等矩阵之积. 从而我们有以下定理.

定理 5.2 对于实对称矩阵 $\boldsymbol{A}$,一定存在一系列初等矩阵 $\boldsymbol{P}_1,\boldsymbol{P}_2,\cdots,\boldsymbol{P}_s$,使得 $\boldsymbol{P}_s^{\mathrm{T}}\cdots\boldsymbol{P}_2^{\mathrm{T}}\boldsymbol{P}_1^{\mathrm{T}}\boldsymbol{AP}_1\boldsymbol{P}_2\cdots\boldsymbol{P}_s=\boldsymbol{\Lambda}$.

由于初等矩阵的转置仍为初等矩阵,记 $\boldsymbol{C}=\boldsymbol{P}_1,\boldsymbol{P}_2,\cdots,\boldsymbol{P}_s$,则上述定理还表明:对 $\boldsymbol{A}$ 同时施行一系列同类的初等行、列变换,得到对角矩阵,而相应地将这一系列的初等列变换施加于单位阵,就得到变换矩阵 $\boldsymbol{C}$. 其具体做法是将 n 阶单位阵 $\boldsymbol{E}$ 放在二次型的矩阵 $\boldsymbol{A}$ 的下面,形成一个 $2n\times n$ 矩阵. 对此矩阵作相同的行、列变换,把 $\boldsymbol{A}$ 化成对角形的同时,把单位阵化成了可逆变换矩阵 $\boldsymbol{C}$,这就是初等变换法. 即

$$\begin{pmatrix} A \\ E \end{pmatrix} \xrightarrow[\text{对}\begin{pmatrix} A \\ E \end{pmatrix}\text{施以一系列同种列初等变换}]{\text{对} A \text{ 施以一系列行初等变换}} \begin{pmatrix} P_s^T \cdots P_2^T P_1^T A P_1 P_2 \cdots P_s \\ P_1 P_2 \cdots P_s \end{pmatrix}.$$

由此得到可逆矩阵 $C=P_1P_2\cdots P_s$ 和对应的可逆线性替换 $X=CY$，在此变换下，二次型 X^TAX 化为标准形.

例 5　用初等变换法将矩阵为 $A=\begin{pmatrix} 1 & 1 & 1 \\ 1 & 2 & 3 \\ 1 & 3 & 5 \end{pmatrix}$ 的二次型化为标准形.

解　二次型 f 的矩阵

$$A=\begin{pmatrix} 1 & 1 & 1 \\ 1 & 2 & 3 \\ 1 & 3 & 5 \end{pmatrix},$$

$$\begin{pmatrix} A \\ E \end{pmatrix}=\begin{pmatrix} 1 & 1 & 1 \\ 1 & 2 & 3 \\ 1 & 3 & 5 \\ 1 & 0 & 0 \\ 0 & 1 & 0 \\ 0 & 0 & 1 \end{pmatrix} \xrightarrow[\substack{c_2-c_1 \\ c_3-c_1}]{\substack{r_2-r_1 \\ r_3-r_1}} \begin{pmatrix} 1 & 0 & 0 \\ 0 & 1 & 2 \\ 0 & 2 & 4 \\ 1 & -1 & -1 \\ 0 & 1 & 0 \\ 0 & 0 & 1 \end{pmatrix} \xrightarrow[c_3-2c_2]{r_3-2r_2} \begin{pmatrix} 1 & 0 & 0 \\ 0 & 1 & 0 \\ 0 & 0 & 0 \\ 1 & -1 & 1 \\ 0 & 1 & -2 \\ 0 & 0 & 1 \end{pmatrix},$$

故令

$$X=\begin{pmatrix} 1 & -1 & 1 \\ 0 & 1 & -2 \\ 0 & 0 & 1 \end{pmatrix}Y,$$

则

$$f=y_1^2+y_2^2.$$

例 6　用初等变换法将

$$f(x_1,x_2,x_3)=2x_1^2+x_2^2-4x_1x_2-4x_2x_3$$

化为标准形.

解　二次型 $f(x_1,x_2,x_3)$ 的矩阵

$$A=\begin{pmatrix} 2 & -2 & 0 \\ -2 & 1 & -2 \\ 0 & -2 & 0 \end{pmatrix},$$

于是

$$\begin{pmatrix}A\\E\end{pmatrix}=\begin{pmatrix}2&-2&0\\-2&1&-2\\0&-2&0\\1&0&0\\0&1&0\\0&0&1\end{pmatrix}\xrightarrow{r_2+r_1}\begin{pmatrix}2&-2&0\\0&-1&-2\\0&-2&0\\1&0&0\\0&1&0\\0&0&1\end{pmatrix}\xrightarrow{c_2+c_1}\begin{pmatrix}2&0&0\\0&-1&-2\\0&-2&0\\1&1&0\\0&1&0\\0&0&1\end{pmatrix}$$

$$\xrightarrow{r_3-2r_2}\begin{pmatrix}2&0&0\\0&-1&-2\\0&0&4\\1&1&0\\0&1&0\\0&0&1\end{pmatrix}\xrightarrow{c_3-2c_2}\begin{pmatrix}2&0&0\\0&-1&0\\0&0&4\\1&1&-2\\0&1&-2\\0&0&1\end{pmatrix}.$$

令

$$C=\begin{pmatrix}1&1&-2\\0&1&-2\\0&0&1\end{pmatrix},$$

作可逆线性替换 $X=CY$,则 $C^{T}AC=\mathrm{diag}(2,-1,4)$,二次型的标准形为

$$f(x_1,x_2,x_3)=2y_1^2-y_2^2+4y_3^2.$$

5.2.2 二次型的规范形

由上面我们知道,可以用不同的方法和不同的可逆线性变换把一个二次型化为标准形.从例1和例6可以看出,用不同的方法和不同的可逆线性变换化二次型为标准形时,所得到的标准形未必相同,即二次型的标准形不唯一,但标准形所含的正平方项个数和负平方项个数却是一致的.为了进一步讨论这一问题,我们引入二次型的规范形概念.

定义 5.4 若二次型 $f(x_1,x_2,\cdots,x_n)=X^{T}AX$(其中 $A^{T}=A$)经过可逆线性变换可化为

$$y_1^2+\cdots+y_p^2-y_{p+1}^2-\cdots-y_r^2\quad(p\leqslant r\leqslant n),\tag{5.2.2}$$

则称(5.2.2)为该**二次型的规范形**.

定理 5.3(惯性定理) 任一实二次型 $f(x_1,x_2,\cdots,x_n)$都可通过可逆线性变换化为规范形,且规范形是唯一的.

例如,本节例4中,二次型 $f(x_1,x_2,x_3)=2x_1x_2+2x_1x_3-6x_2x_3$ 的标准形为

$$f(x_1,x_2,x_3)=2z_1^2-2z_2^2+6z_3^2.$$

再作可逆线性变换

$$\begin{cases} z_1=\dfrac{1}{\sqrt{2}}w_1, \\ z_2=\dfrac{1}{\sqrt{2}}w_3, \\ z_3=\dfrac{1}{\sqrt{6}}w_2, \end{cases}$$

即

$$\begin{pmatrix} z_1 \\ z_2 \\ z_3 \end{pmatrix}=\begin{pmatrix} \dfrac{1}{\sqrt{2}} & 0 & 0 \\ 0 & 0 & \dfrac{1}{\sqrt{2}} \\ 0 & \dfrac{1}{\sqrt{6}} & 0 \end{pmatrix}\begin{pmatrix} w_1 \\ w_2 \\ w_3 \end{pmatrix},$$

则二次型的规范形为

$$f(x_1,x_2,x_3)=w_1^2+w_2^2-w_3^2,$$

记

$$\boldsymbol{C}_1=\begin{pmatrix} \dfrac{1}{\sqrt{2}} & 0 & 0 \\ 0 & 0 & \dfrac{1}{\sqrt{2}} \\ 0 & \dfrac{1}{\sqrt{6}} & 0 \end{pmatrix},$$

则所作的可逆线性变换为

$$\boldsymbol{X}=\boldsymbol{C}\boldsymbol{Z}=\boldsymbol{C}\boldsymbol{C}_1\boldsymbol{W}=\begin{pmatrix} 1 & 1 & 3 \\ 1 & -1 & -1 \\ 0 & 0 & 1 \end{pmatrix}\begin{pmatrix} \dfrac{1}{\sqrt{2}} & 0 & 0 \\ 0 & 0 & \dfrac{1}{\sqrt{2}} \\ 0 & \dfrac{1}{\sqrt{6}} & 0 \end{pmatrix}\begin{pmatrix} w_1 \\ w_2 \\ w_3 \end{pmatrix}$$

$$=\begin{pmatrix} \dfrac{1}{\sqrt{2}} & \dfrac{3}{\sqrt{6}} & \dfrac{1}{\sqrt{2}} \\ \dfrac{1}{\sqrt{2}} & -\dfrac{1}{\sqrt{6}} & -\dfrac{1}{\sqrt{2}} \\ 0 & \dfrac{1}{\sqrt{6}} & 0 \end{pmatrix}\begin{pmatrix} w_1 \\ w_2 \\ w_3 \end{pmatrix}.$$

不难验证,所有二次型都可通过可逆线性变换化为规范形. 且规范形是由二次型本身决定的唯一形式,与所作的可逆线性变换无关.

在标准形和规范形中,正平方项个数和负平方项个数是讨论二次型相关性质的重要概念,为此我们有定义.

定义 5.5 二次型 $f(x_1,x_2,\cdots,x_n)$的规范形中,系数为正的平方项的个数 p 称为此二次型的**正惯性指数**,系数为负的平方项的个数 $r-p$ 称为**负惯性指数**,$s=2p-r$ 称为**符号差**. 这里 r 为二次型 $f(x_1,x_2,\cdots,x_n)$的秩.

由定理 5.3 有

推论 1 任意实对称矩阵 $\boldsymbol{A}$ 均合同于对角矩阵

$$\begin{pmatrix} \boldsymbol{E}_p & & \\ & -\boldsymbol{E}_{r-p} & \\ & & \boldsymbol{O} \end{pmatrix}.$$

推论 2 两个实对称矩阵合同的充分必要条件是它们具有相同的正惯性指数和秩.

习 题 5.2

1. 已知二次型 $f(x_1,x_2,x_3)=x_1^2+x_2^2+x_3^2+2ax_1x_2+2x_1x_2+2x_1x_3+2bx_2x_3$ 经过正交变换化为标准形 $f=y_2^2+2y_3^2$,求参数 a,b 及所用的正交变换矩阵.

2. 用配方法把下列二次型化为标准形,并求所作变换.

$$f(x_1,x_2,x_3)=2x_1x_2+4x_1x_3-x_2^2-8x_3^2.$$

3. 用初等变换法化下列二次型为标准形,并求所作变换.

(1) $f(x_1,x_2,x_3,x_4)=x_1x_2+x_1x_3+x_1x_4+x_2x_3+x_2x_4-x_3x_4$;

(2) $f(x_1,x_2,x_3)=2x_1^2+5x_1x_2-4x_2x_3$.

4. 设二次型 $f(x_1,x_2,x_3)=2x_1x_2-2x_1x_3+2x_2x_3$,用正交变换化二次型为标准形,并写出其规范形.

5.3 正定二次型

对二次型进行分类在理论和应用上具有重要意义. 二次型的有定性讨论,对二次型的分类、工程技术、最优化问题等有着广泛应用. 本节主要介绍正定二次型的概念及有关性质.

5.3.1 正定二次型和正定矩阵

定义 5.6 设有二次型 $f(x_1,x_2,\cdots,x_n)=\boldsymbol{X}^{\mathrm{T}}\boldsymbol{A}\boldsymbol{X}$(其中 $\boldsymbol{A}^{\mathrm{T}}=\boldsymbol{A}$),如果对任何

$\boldsymbol{X}=(x_1,x_2,\cdots,x_n)^{\mathrm{T}}\neq\boldsymbol{0}$,都有 $f(x_1,x_2,\cdots,x_n)>0$,则称该二次型为**正定二次型**,矩阵 $\boldsymbol{A}$ 称为**正定矩阵**.

例如,四元二次型

$$f(x_1,x_2,x_3,x_4)=2x_1^2+3x_2^2+5x_3^2+x_4^2$$

是正定二次型.这是由于对于任意 $\boldsymbol{X}=(x_1,x_2,x_3,x_4)^{\mathrm{T}}\neq\boldsymbol{0}$,一定有 $2x_1^2+3x_2^2+5x_3^2+x_4^2>0$.而二次型

$$f(x_1,x_2,x_3,x_4)=2x_1^2+3x_2^2-5x_3^2+x_4^2$$

就不是正定二次型.因为对于 $\boldsymbol{X}=(1,1,1,0)^{\mathrm{T}}\neq\boldsymbol{0}$,有 $f(x_1,x_2,x_3,x_4)=0$,而对 $\boldsymbol{X}=(0,0,1,0)^{\mathrm{T}}\neq\boldsymbol{0}$,有 $f(x_1,x_2,x_3,x_4)=-5<0$.

由此例可以看出,利用二次型的标准形或规范形容易判断二次型的正定性.

定理 5.4　可逆线性变换不改变二次型的正定性.

证明　设二次型 $f(x_1,x_2,\cdots,x_n)=\boldsymbol{X}^{\mathrm{T}}\boldsymbol{A}\boldsymbol{X}$ 为正定二次型.经可逆线性变换 $\boldsymbol{X}=\boldsymbol{C}\boldsymbol{Y}$,有

$$f(x_1,x_2,\cdots,x_n)=\boldsymbol{X}^{\mathrm{T}}\boldsymbol{A}\boldsymbol{X}=\boldsymbol{Y}^{\mathrm{T}}(\boldsymbol{C}^{\mathrm{T}}\boldsymbol{A}\boldsymbol{C})\boldsymbol{Y}.$$

对任意 $\boldsymbol{Y}=(y_1,y_2,\cdots,y_n)^{\mathrm{T}}\neq\boldsymbol{0}$,由 $\boldsymbol{C}$ 可逆知 $\boldsymbol{X}\neq\boldsymbol{0}$,因此

$$\boldsymbol{Y}^{\mathrm{T}}(\boldsymbol{C}^{\mathrm{T}}\boldsymbol{A}\boldsymbol{C})\boldsymbol{Y}=\boldsymbol{X}^{\mathrm{T}}\boldsymbol{A}\boldsymbol{X}>0,$$

即二次型 $\boldsymbol{Y}^{\mathrm{T}}(\boldsymbol{C}^{\mathrm{T}}\boldsymbol{A}\boldsymbol{C})\boldsymbol{Y}$ 仍然为正定二次型.

推论　与正定矩阵合同的实对称矩阵也是正定矩阵.

由 5.2 节我们知道,任意一个二次型都可以通过可逆线性变换化为标准形.由此可得

定理 5.5　二次型

$$f(x_1,x_2,\cdots,x_n)=d_1x_1^2+d_2x_2^2+\cdots+d_nx_n^2$$

为正定二次型的充分必要条件是 $d_i>0(i=1,2,\cdots,n)$.

证明　必要性.设 $f(x_1,x_2,\cdots,x_n)$ 为正定二次型,其矩阵为

$$\boldsymbol{A}=\begin{pmatrix}d_1&&&\\&d_2&&\\&&\ddots&\\&&&d_n\end{pmatrix},$$

对任意 $\boldsymbol{X}=(x_1,x_2,\cdots,x_n)^{\mathrm{T}}\neq\boldsymbol{0}$,都有 $f(x_1,x_2,\cdots,x_n)=\boldsymbol{X}^{\mathrm{T}}\boldsymbol{A}\boldsymbol{X}>0$.取

$$\boldsymbol{X}=\boldsymbol{\varepsilon}_i=(0,\cdots,0,1,0,\cdots,0)^{\mathrm{T}}\quad(i=1,2,\cdots,n),$$

则 $\boldsymbol{\varepsilon}_i^{\mathrm{T}}\boldsymbol{A}\boldsymbol{\varepsilon}_i=d_i>0(i=1,2,\cdots,n)$.

充分性.如果 $d_i>0(i=1,2,\cdots,n)$,则对任意

$$\boldsymbol{X}=(x_1,x_2,\cdots,x_n)^{\mathrm{T}}\neq\boldsymbol{0}$$

至少存在分量 $x_k\neq0$,所以

$$f(x_1,x_2,\cdots,x_n)=d_1x_1^2+\cdots+d_kx_k^2+\cdots+d_nx_n^2>0,$$

即 $f(x_1,x_2,\cdots,x_n)$ 为正定二次型.

推论 1 对角矩阵 $\mathrm{diag}(d_1,d_2,\cdots,d_n)$ 为正定矩阵的充分必要条件是 $d_i>0$ $(i=1,2,\cdots,n)$.

推论 2 二次型 $f(x_1,x_2,\cdots,x_n)=\boldsymbol{X}^{\mathrm{T}}\boldsymbol{A}\boldsymbol{X}$(其中 $\boldsymbol{A}^{\mathrm{T}}=\boldsymbol{A}$)为正定二次型的充分必要条件是它的正惯性指数等于 n.

推论 3 实对称矩阵 $\boldsymbol{A}$ 为正定矩阵的充分必要条件是 $\boldsymbol{A}$ 的所有特征值均为正数.

定理 5.5 表明,正定二次型 $f(x_1,x_2,\cdots,x_n)$ 的规范形为 $y_1^2+y_2^2+\cdots+y_n^2$. 对实对称矩阵 $\boldsymbol{A}$,若 $\boldsymbol{A}$ 为正定矩阵当且仅当存在可逆矩阵 $\boldsymbol{C}$,有

$$\boldsymbol{A}=\boldsymbol{C}^{\mathrm{T}}\boldsymbol{E}\boldsymbol{C}=\boldsymbol{C}^{\mathrm{T}}\boldsymbol{C}.$$

由此,我们有

推论 4 实对称矩阵 $\boldsymbol{A}$ 为正定矩阵的充分必要条件是 $\boldsymbol{A}$ 合同于单位矩阵.

推论 5 如果实对称矩阵 $\boldsymbol{A}$ 为正定矩阵,则 $\boldsymbol{A}$ 的行列式大于零.

事实上,由 $\boldsymbol{A}$ 为正定矩阵,则存在可逆矩阵 $\boldsymbol{C}$,使得

$$\boldsymbol{A}=\boldsymbol{C}^{\mathrm{T}}\boldsymbol{C}.$$

两边取行列式,有

$$|\boldsymbol{A}|=|\boldsymbol{C}^{\mathrm{T}}\boldsymbol{C}|=|\boldsymbol{C}^{\mathrm{T}}||\boldsymbol{C}|=|\boldsymbol{C}|^2>0.$$

例 1 判别二次型 $f(x_1,x_2,x_3)=3x_1^2+3x_2^2+x_3^2+4x_1x_2$ 是否正定.

解 二次型 $f(x_1,x_2,x_3)$ 的矩阵为

$$\boldsymbol{A}=\begin{pmatrix}3&2&0\\2&3&0\\0&0&1\end{pmatrix}.$$

$\boldsymbol{A}$ 的特征多项式为

$$|\lambda\boldsymbol{E}-\boldsymbol{A}|=\begin{vmatrix}\lambda-3&-2&0\\-2&\lambda-3&0\\0&0&\lambda-1\end{vmatrix}=(\lambda-1)^2(\lambda-5).$$

得 $\boldsymbol{A}$ 的特征值为 1,1,5. 故 $\boldsymbol{A}$ 为正定矩阵,从而 $f(x_1,x_2,x_3)$ 为正定二次型.

注 此题采用配方法、初等变换法等方法来讨论也较方便.

定理 5.5 的推论 5 给出了实对称矩阵 $\boldsymbol{A}$ 为正定矩阵的必要条件是 $\boldsymbol{A}$ 的行列式大于零. 为了利用行列式讨论二次型的正定性,我们引入下面定义.

定义 5.7 设 $\boldsymbol{A}=(a_{ij})$ 为 n 阶矩阵,依次取 $\boldsymbol{A}$ 的前 k 行与前 k 列所构成的子式

$$\Delta_k=\begin{vmatrix}a_{11}&a_{12}&\cdots&a_{1k}\\a_{21}&a_{22}&\cdots&a_{2k}\\\vdots&\vdots&&\vdots\\a_{k1}&a_{k2}&\cdots&a_{kk}\end{vmatrix},\quad k=1,2,\cdots,n,$$

称为矩阵 $\boldsymbol{A}$ 的 k 阶**顺序主子式**.

显然,n 阶矩阵 $\boldsymbol{A}$ 的顺序主子式共有 n 个.

定理 5.6 二次型 $f(x_1,x_2,\cdots,x_n)=\boldsymbol{X}^{\mathrm{T}}\boldsymbol{A}\boldsymbol{X}$ 为正定二次型的充分必要条件是实对称矩阵 $\boldsymbol{A}$ 的所有顺序主子式都大于零,即

$$\Delta_1=a_{11}>0,\quad \Delta_2=\begin{vmatrix} a_{11} & a_{12} \\ a_{21} & a_{22} \end{vmatrix}>0,\quad \cdots,\quad \Delta_n=|\boldsymbol{A}|>0.$$

例 2 设 $f(x_1,x_2,x_3)=x_1^2+4x_2^2+4x_3^2+2\lambda x_1x_2-2x_1x_3+4x_2x_3$. 问 λ 取何值时,该二次型为正定二次型.

解 $f(x_1,x_2,x_3)$的矩阵为

$$\boldsymbol{A}=\begin{pmatrix} 1 & \lambda & -1 \\ \lambda & 4 & 2 \\ -1 & 2 & 4 \end{pmatrix},$$

因为 $\boldsymbol{A}$ 的顺序主子式

$$\Delta_1=a_{11}=1>0,\quad \Delta_2=\begin{vmatrix} 1 & \lambda \\ \lambda & 4 \end{vmatrix}=4-\lambda^2,$$

$$\Delta_3=|\boldsymbol{A}|=\begin{vmatrix} 1 & \lambda & -1 \\ \lambda & 4 & 2 \\ -1 & 2 & 4 \end{vmatrix}=-4(\lambda-1)(\lambda+2),$$

根据定理知

$$\begin{cases} 4-\lambda^2>0, \\ -4(\lambda-1)(\lambda+2)>0, \end{cases}$$

即当 $-2<\lambda<1$ 时,所给二次型为正定的.

5.3.2 二次型的有定性

除了正定二次型,二次型还有以下几种类型.

定义 5.8 设二次型 $f(x_1,x_2,\cdots,x_n)=\boldsymbol{X}^{\mathrm{T}}\boldsymbol{A}\boldsymbol{X}$,其中 $\boldsymbol{A}^{\mathrm{T}}=\boldsymbol{A}$,有

(1) 如果对任何 $\boldsymbol{X}=(x_1,x_2,\cdots,x_n)^{\mathrm{T}}\neq\boldsymbol{0}$,都有 $f(x_1,x_2,\cdots,x_n)<0$,则称 f 为**负定二次型**,其实对称矩阵 $\boldsymbol{A}$ 称为**负定矩阵**.

(2) 如果对任何 $\boldsymbol{X}=(x_1,x_2,\cdots,x_n)^{\mathrm{T}}$,有 $f(x_1,x_2,\cdots,x_n)\geqslant0(\leqslant0)$,且存在 $\boldsymbol{X}_0=(x_1^0,x_2^0,\cdots,x_n^0)^{\mathrm{T}}\neq\boldsymbol{0}$,使 $f(x_1^0,x_2^0,\cdots,x_n^0)=0$,则称 f 为**半正定(半负定)二次型**,其实对称矩阵 $\boldsymbol{A}$ 称为**半正定(半负定)矩阵**.

(3) 如果对某些 $\boldsymbol{X}=(x_1,x_2,\cdots,x_n)^{\mathrm{T}}$,有 $f(x_1,x_2,\cdots,x_n)>0$;而对某些 $\boldsymbol{X}=(x_1,x_2,\cdots,x_n)^{\mathrm{T}}$,有 $f(x_1,x_2,\cdots,x_n)<0$,则称 f 为**不定二次型**,其实对称矩阵 $\boldsymbol{A}$ 称为**不定矩阵**.

根据定义 5.8,二次型 $f(x_1,x_2,\cdots,x_n)=\boldsymbol{X}^{\mathrm{T}}\boldsymbol{A}\boldsymbol{X}$ 为负定二次型,当且仅当

$-\boldsymbol{X}^{\mathrm{T}}\boldsymbol{A}\boldsymbol{X}=\boldsymbol{X}^{\mathrm{T}}(-\boldsymbol{A})\boldsymbol{X}$ 为正定二次型. 因此本节以上的有关结论均可应用. 对于负定二次型的讨论,可类似于正定性的讨论进行. 这里直接给出有关结论.

定理 5.7 设有二次型 $f(x_1,x_2,\cdots,x_n)=\boldsymbol{X}^{\mathrm{T}}\boldsymbol{A}\boldsymbol{X}$,其中 $\boldsymbol{A}^{\mathrm{T}}=\boldsymbol{A}$,则下列各条件等价:

(1) $f(x_1,x_2,\cdots,x_n)$为负定二次型;

(2) $f(x_1,x_2,\cdots,x_n)$的负惯性指数为 n;

(3) 实对称矩阵 $\boldsymbol{A}$ 合同于$-\boldsymbol{E}$;

(4) 实对称矩阵 $\boldsymbol{A}$ 的特征值均小于零;

(5) 实对称矩阵 $\boldsymbol{A}$ 的奇数阶顺序主子式小于零,偶数阶顺序主子式大于零.

定理 5.8 设有二次型 $f(x_1,x_2,\cdots,x_n)=\boldsymbol{X}^{\mathrm{T}}\boldsymbol{A}\boldsymbol{X}$,其中 $\boldsymbol{A}^{\mathrm{T}}=\boldsymbol{A}$,且 $r(\boldsymbol{A})=r$,则下列各条件等价:

(1) $f(x_1,x_2,\cdots,x_n)$为半正定二次型;

(2) $f(x_1,x_2,\cdots,x_n)$的正惯性指数为 $p=r<n$;

(3) 实对称矩阵 $\boldsymbol{A}$ 合同于$\begin{pmatrix}\boldsymbol{E}_r & \boldsymbol{O}\\ \boldsymbol{O} & \boldsymbol{O}\end{pmatrix}$,且 $r<n$;

(4) 实对称矩阵 $\boldsymbol{A}$ 的所有特征值大于零或等于零,且至少存在一个特征值等于零.

应该注意:如果实对称矩阵 $\boldsymbol{A}$ 的顺序主子式大于或等于零,$\boldsymbol{A}$ 不一定是半正定的.

如矩阵

$$\boldsymbol{A}=\begin{pmatrix}1 & 1 & 0\\ 1 & 1 & 0\\ 0 & 0 & -1\end{pmatrix}.$$

$\boldsymbol{A}$ 的顺序主子式计算如下:

$$|\boldsymbol{A}_1|=1>0,\quad |\boldsymbol{A}_2|=\begin{vmatrix}1 & 1\\ 1 & 1\end{vmatrix}=0,\quad |\boldsymbol{A}_3|=|\boldsymbol{A}|=0,$$

但 $\boldsymbol{A}$ 并不是半正定的. 实际上,矩阵 $\boldsymbol{A}$ 对应的二次型

$$\begin{aligned}f(x_1,x_2,x_3)&=x_1^2+x_2^2-x_3^2+2x_1x_2\\ &=(x_1+x_2)^2-x_3^2.\end{aligned}$$

当 $x_1=1,x_2=1,x_3=1$ 时,$f(1,1,1)=3>0$;

当 $x_1=1,x_2=-1,x_3=1$ 时,$f(1,-1,1)=-1<0$.

因而,二次型 $f(x_1,x_2,x_3)$是不定的,$\boldsymbol{A}$ 也是不定的.

例 3 判别二次型

$$f(x,y,z)=x^2+2y^2-3z^2+4xy+4yz$$

的正定性.

解 二次型 $f(x,y,z)$ 的矩阵为

$$\boldsymbol{A}=\begin{pmatrix}1&2&0\\2&2&1\\0&1&-3\end{pmatrix}.$$

由于 $\boldsymbol{A}$ 的顺序主子式

$$\Delta_1=a_{11}=1>0,\quad \Delta_2=\begin{vmatrix}1&2\\2&2\end{vmatrix}=-2<0,\quad \Delta_3=|\boldsymbol{A}|=\begin{vmatrix}1&2&0\\2&2&1\\0&1&-3\end{vmatrix}=5>0,$$

所以 $f(x,y,z)$ 为不定二次型.

习 题 5.3

1. 判断下列二次型的正定性.

(1) $f(x_1,x_2,x_3)=-2x_1^2-6x_2^2-4x_3^2+2x_1x_2+2x_2x_3$;

(2) $f(x_1,x_2,x_3)=3x_1^2+4x_2^2+5x_3^2+4x_1x_2-x_2x_3$;

(3) $f(x_1,x_2,x_3)=99x_1^2-12x_1x_2+48x_1x_3+130x_2^2-60x_2x_3+71x_3^2$.

2. t 满足什么条件时,下列二次型是正定的.

(1) $f(x_1,x_2,x_3)=x_1^2+4x_2^2+2x_3^2+2tx_1x_2+2x_2x_3$;

(2) $f(x,y,z)=x^2+2y^2+2xy-2xz+2tyz$.

3. 设 $\boldsymbol{A}$ 为三阶对称矩阵,且满足 $\boldsymbol{A}^2+2\boldsymbol{A}=\boldsymbol{O}$, $r(\boldsymbol{A})=2$. 问当 k 为何值时,矩阵 $\boldsymbol{A}+k\boldsymbol{E}$ 为正定矩阵,其中 $\boldsymbol{E}$ 为单位矩阵.

总 习 题 5

(A)

1. 写出下列二次型的矩阵:

(1) $f(x_1,x_2,x_3)=2x_1^2-x_2^2+4x_1x_3-2x_2x_3$;

(2) $f(x_1,x_2,x_3,x_4)=2x_1x_2+2x_1x_3+2x_1x_4+2x_3x_4$.

2. 写出下列对称矩阵所对应的二次型:

(1) $\begin{pmatrix}1&-\frac{1}{2}&\frac{1}{2}\\-\frac{1}{2}&0&-2\\\frac{1}{2}&-2&2\end{pmatrix}$; (2) $\begin{pmatrix}0&\frac{1}{2}&-1&0\\\frac{1}{2}&-1&\frac{1}{2}&\frac{1}{2}\\-1&\frac{1}{2}&0&\frac{1}{2}\\0&\frac{1}{2}&\frac{1}{2}&1\end{pmatrix}$.

3. 用正交替换法将下列二次型化为标准形,并写出所作的线性替换:

(1) $f(x_1,x_2,x_3)=2x_1^2+3x_2^2+3x_3^2+4x_2x_3$;

(2) $f(x_1,x_2,x_3)=2x_1x_2-2x_2x_3$;

(3) $f(x_1,x_2,x_3)=x_1^2+2x_2^2+3x_3^2-4x_1x_2-4x_2x_3$.

4. 用配方法将下列二次型化为标准形:

(1) $f(x_1,x_2,x_3)=x_1^2+2x_3^2+2x_1x_3-2x_2x_3$;

(2) $f(x_1,x_2,x_3)=2x_1x_2+4x_1x_3$;

(3) $f(x_1,x_2,x_3)=-4x_1x_2+2x_1x_3+2x_2x_3$.

5. 用初等变换法将下列二次型化为标准形:

(1) $f(x_1,x_2,x_3)=x_1^2+2x_2^2+4x_3^2+2x_1x_2+4x_2x_3$;

(2) $f(x_1,x_2,x_3)=x_1^2-3x_2^2+x_3^2-2x_1x_2+2x_1x_3+6x_2x_3$;

(3) $f(x_1,x_2,x_3)=4x_1x_2+2x_1x_3+6x_2x_3$.

6. 已知二次型

$$f(x_1,x_2,x_3)=5x_1^2+5x_2^2+cx_3^2-2x_1x_2+6x_1x_3-6x_2x_3$$

的秩为 2. 求参数 c 的值,并将此二次型化为标准形.

7. 设二次型 $f(x_1,x_2,x_3)=2x_1^2-x_2^2+ax_3^2+2x_1x_2-8x_1x_3+2x_2x_3$ 在正交变换 $\boldsymbol{X}=\boldsymbol{QY}$ 下的标准形为 $\lambda_1y_1^2+\lambda_2y_2^2$,求 a 的值及所作的正交替换矩阵.

8. 判别下列二次型是否为正定二次型:

(1) $f(x_1,x_2,x_3)=5x_1^2+6x_2^2+4x_3^2-4x_1x_2-4x_2x_3$;

(2) $f(x_1,x_2,x_3)=10x_1^2+2x_2^2+x_3^2+8x_1x_2+24x_1x_3-28x_2x_3$;

(3) $f(x_1,x_2,x_3,x_4)=x_1^2+x_2^2+4x_3^2+7x_4^2+6x_1x_3+4x_1x_4-4x_2x_3+2x_2x_4+4x_3x_4$.

9. 当 t 为何值时,下列二次型为正定二次型:

(1) $f(x_1,x_2,x_3)=x_1^2+4x_2^2+x_3^2+2tx_1x_2+10x_1x_3+6x_2x_3$;

(2) $f(x_1,x_2,x_3)=x_1^2+x_2^2+5x_3^2+2tx_1x_2-2x_1x_3+4x_2x_3$;

(3) $f(x_1,x_2,x_3)=2x_1^2+x_2^2+x_3^2+2x_1x_2+tx_2x_3$.

10. 设 $\boldsymbol{A},\boldsymbol{B}$ 为 n 阶正定矩阵,证明 $\boldsymbol{BAB}$ 也是正定矩阵.

11. 设 $\boldsymbol{A}$ 是可逆矩阵,证明 $\boldsymbol{A}^{\mathrm{T}}\boldsymbol{A}$ 为正定矩阵.

12. 如果 $\boldsymbol{A},\boldsymbol{B}$ 为 n 阶正定矩阵,则 $\boldsymbol{A}+\boldsymbol{B}$ 也为正定矩阵.

13. 设 $\boldsymbol{A}$ 为正定矩阵,则 $\boldsymbol{A}^{-1}$ 和 $\boldsymbol{A}^*$ 也是正定矩阵. 其中 $\boldsymbol{A}^*$ 为 $\boldsymbol{A}$ 的伴随矩阵.

14. 证明:正定矩阵主对角线上的元素都是正的.

(B)

一、单项选择题

1. 下列各式不等于 $x_1^2+6x_1x_2+3x_2^2$ 的是(　　).

(A) $(x_1,x_2)\begin{pmatrix}1&2\\4&3\end{pmatrix}\begin{pmatrix}x_1\\x_2\end{pmatrix}$;　　(B) $(x_1,x_2)\begin{pmatrix}1&3\\3&3\end{pmatrix}\begin{pmatrix}x_1\\x_2\end{pmatrix}$;

(C) $(x_1,x_2)\begin{pmatrix}1 & -1\\ -5 & 3\end{pmatrix}\begin{pmatrix}x_1\\ x_2\end{pmatrix}$；　(D) $(x_1,x_2)\begin{pmatrix}1 & -1\\ 7 & 3\end{pmatrix}\begin{pmatrix}x_1\\ x_2\end{pmatrix}$.

2. 二次型 $f(x_1,x_2,x_3)=x_1^2+6x_1x_2+3x_2^2$ 的矩阵是(　　).

(A) $\begin{pmatrix}1 & -1\\ -1 & 3\end{pmatrix}$；　(B) $\begin{pmatrix}1 & 2\\ 4 & 3\end{pmatrix}$；　(C) $\begin{pmatrix}1 & 3\\ 3 & 3\end{pmatrix}$；　(D) $\begin{pmatrix}1 & 5\\ 1 & 3\end{pmatrix}$.

3. 已知实二次型 $f(x_1,x_2,x_3)=ax_1^2+ax_2^2+ax_3^2+4x_1x_2+4x_1x_3+4x_2x_3$，经正交变换 $\boldsymbol{X}=\boldsymbol{QY}$ 可化成标准形 $f=6y_1^2$，则 $a=$(　　).

(A) 1；　(B) 2；　(C) 4；　(D) 6.

4. 设 $\boldsymbol{A},\boldsymbol{B}$ 均为 n 阶矩阵，且 $\boldsymbol{A}$ 与 $\boldsymbol{B}$ 合同，则(　　).

(A) $\boldsymbol{A}$ 与 $\boldsymbol{B}$ 相似；　(B) $|\boldsymbol{A}|=|\boldsymbol{B}|$；

(C) $\boldsymbol{A}$ 与 $\boldsymbol{B}$ 有相同的特征值；　(D) $r(\boldsymbol{A})=r(\boldsymbol{B})$.

5. 设矩阵 $\boldsymbol{A}=\begin{pmatrix}6 & 0 & 0\\ 0 & -3 & 0\\ 0 & 0 & 2\end{pmatrix}$，则与 $\boldsymbol{A}$ 合同的矩阵是(　　).

(A) $\begin{pmatrix}1 & 0 & 0\\ 0 & 1 & 0\\ 0 & 0 & -1\end{pmatrix}$；　(B) $\begin{pmatrix}1 & 0 & 0\\ 0 & -1 & 0\\ 0 & 0 & -1\end{pmatrix}$；　(C) $\begin{pmatrix}-1 & 0 & 0\\ 0 & -1 & 0\\ 0 & 0 & 1\end{pmatrix}$；　(D) $\begin{pmatrix}1 & 0 & 0\\ 0 & 1 & 0\\ 0 & 0 & 1\end{pmatrix}$.

6. 如果实对称矩阵 $\boldsymbol{A}$ 与 $\boldsymbol{B}=\begin{pmatrix}0 & 0 & 3\\ 0 & 1 & 0\\ 3 & 0 & 0\end{pmatrix}$ 合同，则二次型 $\boldsymbol{X}^{\mathrm{T}}\boldsymbol{AX}$ 的规范形为(　　).

(A) $y_1^2+y_2^2+y_3^2$；　(B) $y_1^2+y_2^2-y_3^2$；　(C) $y_1^2-y_2^2-y_3^2$；　(D) $y_1^2+y_2^2$.

7. 对二次型 $f(x_1,x_2,\cdots,x_n)=\boldsymbol{X}^{\mathrm{T}}\boldsymbol{AX}$，其中 $\boldsymbol{A}$ 为 n 阶实对称矩阵，下述各结论中正确的是(　　).

(A) 化 f 为标准形的可逆线性变换是唯一的；

(B) 化 f 为规范形的可逆线性变换是唯一的；

(C) f 的标准形是唯一的；

(D) f 的规范形是唯一的.

8. 设 $\boldsymbol{A}$ 为 n 阶对称矩阵，则 $\boldsymbol{A}$ 为正定矩阵的充分必要条件是(　　).

(A) 二次型 $\boldsymbol{X}^{\mathrm{T}}\boldsymbol{AX}$ 的负惯性指数为零；

(B) 存在 n 阶矩阵 $\boldsymbol{C}$，使得 $\boldsymbol{A}=\boldsymbol{C}^{\mathrm{T}}\boldsymbol{C}$；

(C) $\boldsymbol{A}$ 没有负特征值；

(D) $\boldsymbol{A}$ 与单位矩阵合同.

9. 若二次型 $f(x_1,x_2,x_3)=t(x_1^2+x_2^2+x_3^2)+2x_1x_2+2x_1x_3-2x_2x_3$ 为正定的，则 t 的取值范围是(　　).

(A) $(2,+\infty)$；　(B) $(-\infty,2)$；　(C) $(-1,1)$；　(D) $(-\sqrt{2},\sqrt{2})$.

10. 二次型 $f(x_1,x_2,x_3)=(x_1+ax_2-2x_3)^2+(2x_2+3x_3)^2+(x_1+3x_2+ax_3)^2$ 是正定二次型的充分必要条件是(　　).

(A) $a>1$；　(B) $a<1$；　(C) $a\neq 1$；　(D) $a=1$.

二、填空题

1. 二次型 $f(x_1,x_2,x_3)=-4x_1x_2+2x_1x_3+2x_2x_3$ 的矩阵是__________.

2. 二次型 $f(x_1,x_2,x_3)=x_1^2+2x_1x_2+2x_2^2+4x_2x_3+4x_3^2$ 的矩阵形式是__________.

3. 设二次型 $f(x_1,x_2,\cdots,x_n)$，对于任意一组不为零的实数 $c_1,c_2,\cdots,c_n$，如果 $f(c_1,c_2,\cdots,c_n)>0$，那么 f 为__________.

4. 已知二次型的矩阵为 $\begin{pmatrix} 2 & -1 & 3 \\ -1 & 0 & 4 \\ 3 & 4 & -1 \end{pmatrix}$，那么二次型 $f(x_1,x_2,x_3)=$__________.

5. 已知二次型 $f(x_1,x_2,x_3)=\boldsymbol{X}^{\mathrm{T}}\boldsymbol{A}\boldsymbol{X}$ 的矩阵 $\boldsymbol{A}$ 的特征值为 1,2,5，那么 $f(x_1,x_2,x_3)$ 的标准形可表为__________.

6. 设 $\boldsymbol{A}$ 为正定矩阵，那么 $\boldsymbol{A}$ 的行列式的值为__________.

7. 设 $\boldsymbol{A}$ 为 n 阶负定矩阵，当 n 为奇数时，$\boldsymbol{A}$ 的行列式的值为__________.

8. 二次型 $f(x_1,x_2,x_3)=x_1^2+x_2^2+x_3^2+4x_1x_2$ 的正惯性指数为__________.

9. 二次型 $f(x_1,x_2,x_3)=(x_1,x_2,x_3)\begin{pmatrix} 1 & 4 & 0 \\ 0 & 4 & 0 \\ 0 & 0 & 0 \end{pmatrix}\begin{pmatrix} x_1 \\ x_2 \\ x_3 \end{pmatrix}$ 的秩为__________.

10. 设 $\boldsymbol{\alpha}=(1,0,1)^{\mathrm{T}}$，$\boldsymbol{A}=\boldsymbol{\alpha}\boldsymbol{\alpha}^{\mathrm{T}}$. 若 $\boldsymbol{B}=(k\boldsymbol{E}+\boldsymbol{A})^*$ 是正定矩阵，则 k 的取值范围是__________.

习题解答 5

考研真题解析 5

第 6 章　线性空间与线性变换

前面几章中主要讨论线性代数的解析理论. 本章作为线性代数的几何理论，将向量、矩阵的线性运算概念加以拓展，得到线性空间的概念，而线性变换则反映了线性空间中各元素之间的线性联系.

线性空间与线性变换是线性代数中最基本、最重要也是最抽象的概念，有广泛的适用性.

本章主要介绍线性空间的定义与性质，基、维数与坐标，基变换与坐标变换，线性变换及其性质，线性变换的矩阵表示.

6.1　线性空间的定义与性质

6.1.1　线性空间的定义

设 F 是由一些数组成的集合，其中包含 0 和 1，如果 F 中任意两个数(这两个数也可以相同)的和、差、积、商(除数不为零)仍是 F 中的数，则称 F 为一个**数域**.

全体实数组成的集合 $\mathbf{R}$ 是一个数域，称为**实数域**.

归纳前面几章中向量、矩阵的线性运算(加法、数乘法)共有的属性，引入

定义 6.1　设 V 是一个非空集合，F 为一个数域，如果满足：

(i) V 对于所定义的加法运算封闭，即对于任意两个元素 $\boldsymbol{\alpha},\boldsymbol{\beta}\in V$，在 V 中都有唯一的一个元素与之对应，记作 $\boldsymbol{\alpha}+\boldsymbol{\beta}$(称为 $\boldsymbol{\alpha}$ 与 $\boldsymbol{\beta}$ 的和，或加法运算).

(ii) V 对于所定义的数乘运算封闭，即对于数 $k\in F$ 与任一元素 $\boldsymbol{\alpha}\in V$，在 V 中都有唯一的一个元素与之对应，记作 $k\boldsymbol{\alpha}$(称为 k 与 $\boldsymbol{\alpha}$ 的数量乘积，或数乘运算).

(iii) 上述两种运算(又称为**线性运算**)满足以下 8 条运算规律(设 $\boldsymbol{\alpha},\boldsymbol{\beta},\boldsymbol{\gamma}\in V$，$k,l\in F$)：

① 加法交换律 $\boldsymbol{\alpha}+\boldsymbol{\beta}=\boldsymbol{\beta}+\boldsymbol{\alpha}$；

② 加法结合律 $(\boldsymbol{\alpha}+\boldsymbol{\beta})+\boldsymbol{\gamma}=\boldsymbol{\alpha}+(\boldsymbol{\beta}+\boldsymbol{\gamma})$；

③ 在 V 中存在零元素 $\mathbf{0}$：对任何 $\boldsymbol{\alpha}\in V$，都有 $\boldsymbol{\alpha}+\mathbf{0}=\boldsymbol{\alpha}$；

④ 对任何 $\boldsymbol{\alpha}\in V$，都有负元素 $\boldsymbol{\eta}\in V$，使 $\boldsymbol{\alpha}+\boldsymbol{\eta}=\mathbf{0}$，又记 $\boldsymbol{\eta}=-\boldsymbol{\alpha}$，即 $\boldsymbol{\alpha}+(-\boldsymbol{\alpha})=\mathbf{0}$；

⑤ 单位数乘不变律 $1\boldsymbol{\alpha}=\boldsymbol{\alpha}$；

⑥ 数乘法结合律 $k(l\boldsymbol{\alpha})=(kl)\boldsymbol{\alpha}$；

⑦ 数乘法分配律$(k+l)\boldsymbol{\alpha}=k\boldsymbol{\alpha}+l\boldsymbol{\alpha}$；

⑧ 数乘法分配律 $k(\boldsymbol{\alpha}+\boldsymbol{\beta})=k\boldsymbol{\alpha}+k\boldsymbol{\beta}$.

则称 V **对所定义的线性运算构成数域** F **上的线性空间**(简称**线性空间**).

注 数域 F 上的线性空间将三个要素：集合 V、所指定的线性运算(加法与数乘法)及数域 F 作为一个统一整体的概念. 数域 F 上的线性空间的概念的核心是集合 V 上所定义的运算(线性运算：加法与数乘法，满足条件(i)～(iii)的结合. 线性运算反映了线性空间的本质.

一般而言，同一个集合若定义两个不同线性运算就构成不同的线性空间，所定义的运算不是线性运算(不都满足条件(i)～(iii))就不能构成线性空间.

例 1 判断下列集合，对于所定义的运算，在所指定的数域上是否构成线性空间：

(1) 全体实数组成的集合 $\mathbf{R}$，对于通常的实数的加法和乘法，构成实数域 $\mathbf{R}$ 上的线性空间；

(2) 全体实数组成的集合 $\mathbf{R}$，对于通常的实数的加法和乘法，构成复数域 $\mathbf{C}$ 上的线性空间；

(3) 所有 n 维向量组成的集合 $\mathbf{R}^n$，对于向量的线性运算(向量的加法和数乘法)，构成实数域 $\mathbf{R}$ 上的线性空间($n\geqslant 1$，正整数)；

(4) 所有 $m\times n$ 实矩阵组成的集合 $\mathbf{R}^{m\times n}$，对于矩阵的加法和数乘法，构成实数域 $\mathbf{R}$ 上的线性空间(m,n 为正整数).

解 (1) 逐条验证集合 $\mathbf{R}$ 满足定义 6.1 的每一个条件.

事实上，集合 $\mathbf{R}$ 非空，对于任意两个元素(数)$a,b\in\mathbf{R}$ 及数 $k\in\mathbf{R}$，满足条件(i)，(ii)：集合 $\mathbf{R}$ 对于所定义实数的加法和乘法封闭，即

$$a+b\in\mathbf{R},\quad ka\in\mathbf{R}.$$

条件(iii)：上述两种线性运算满足定义 6.1 中 8 条运算规律(实数的加法和乘法必满足，可省略). 由定义 6.1 知，全体实数组成的集合 $\mathbf{R}$，对于通常的实数的加法和乘法，构成实数域 $\mathbf{R}$ 上的线性空间.

(2) 只需指出 $\mathbf{R}$ 不满足定义 6.1 的某一条件即可.

事实上，集合 $\mathbf{R}$ 非空，对于任意元素(数)$a\in\mathbf{R}$ 及数 $k\in\mathbf{C}$，即

$$ka\notin\mathbf{R},$$

不满足条件(iii)：集合 $\mathbf{R}$ 对于所定义实数的乘法不封闭，由定义 6.1 知，全体实数组成的集合 $\mathbf{R}$，对于通常的实数的加法和乘法，不构成复数域 $\mathbf{C}$ 上的线性空间.

(3) 逐条验证集合 $\mathbf{R}^n$ 满足定义 6.1 的每一个条件.

事实上，集合 $\mathbf{R}^n$ 非空，对于任意两个元素(向量)$\boldsymbol{\alpha},\boldsymbol{\beta}\in\mathbf{R}^n$ 及数 $k\in\mathbf{R}$，满足条件(i)，(ii)：集合 $\mathbf{R}^n$ 对于所定义向量的加法和数乘法封闭，即

$$\boldsymbol{\alpha}+\boldsymbol{\beta}\in\mathbf{R}^n,\quad k\boldsymbol{\alpha}\in\mathbf{R}^n.$$

条件(iii):上述两种线性运算满足定义 6.1 的 8 条运算规律(向量的加法和数乘法必满足,可省略).由定义 6.1 知,所有 n 维向量组成的集合 $\mathbf{R}^n$,对于向量的线性运算(向量的加法和数乘法),构成实数域 $\mathbf{R}$ 上的线性空间(又称为 ***n* 维向量空间**).

(4) 逐条验证集合 $\mathbf{R}$ 满足定义 6.1 的每一个条件.

事实上,集合 $\mathbf{R}^{m\times n}$ 非空,对于任意两个元素(矩阵)$\boldsymbol{A},\boldsymbol{B}\in\mathbf{R}^{m\times n}$ 及数 $k\in\mathbf{R}$,满足条件(i),(ii):集合 $\mathbf{R}^{m\times n}$ 对于所定义矩阵的加法和乘法封闭,即

$$\boldsymbol{A}+\boldsymbol{B}\in\mathbf{R}^{m\times n},\quad k\boldsymbol{A}\in\mathbf{R}^{m\times n}.$$

条件(iii):上述两种线性运算满足定义 6.1 的 8 条运算规律(矩阵的加法和数乘法必满足,可省略).由定义 6.1 知,所有 $m\times n$ 实矩阵组成的集合 $\mathbf{R}^{m\times n}$,对于矩阵的加法和数乘法,构成实数域 $\mathbf{R}$ 上的线性空间(又称为**矩阵空间**).

注　向量空间也是线性空间,但线性空间不是向量空间,尽管线性空间中的元素一般也称为向量,但线性空间 V 中的向量不一定是有序数组,线性空间中的元素(向量)的含义要比向量空间中的向量广泛得多.

例 2　验证下列向量构成的集合

$$V_1=\{\boldsymbol{x}\mid\boldsymbol{x}=(0,x_2,\cdots,x_n)^{\mathrm{T}},x_2,\cdots,x_n\in\mathbf{R}\}$$

对于向量的加法和数乘法构成实数域 $\mathbf{R}$ 上的线性空间(n 为正整数).

解　逐条验证 V_1 满足定义 6.1 的每一个条件.

事实上,V_1 非空,对于任意两个元素 $\boldsymbol{\alpha}=(0,a_2,\cdots,a_n)^{\mathrm{T}}\in V_1$,$\boldsymbol{\beta}=(0,b_2,\cdots,b_n)^{\mathrm{T}}\in V_1$ 及数 $k\in\mathbf{R}$,满足条件(i),(ii):V_1 对于所定义的加法运算及数乘运算封闭,即

$$\boldsymbol{\alpha}+\boldsymbol{\beta}=(0,a_2+b_2,\cdots,a_n+b_n)^{\mathrm{T}}\in V_1,\quad k\boldsymbol{\alpha}=(0,ka_2,\cdots,ka_n)^{\mathrm{T}}\in V_1.$$

条件(iii):上述两种线性运算满足定义 6.1 的 8 条运算规律(对向量的线性运算必满足,可省略).由定义 6.1 知,V_1 对于向量的加法和数乘法构成实数域 $\mathbf{R}$ 上的线性空间.

例 3　验证下列向量构成的集合

$$V_2=\{\boldsymbol{x}\mid\boldsymbol{x}=(x_1,x_2,\cdots,x_n)^{\mathrm{T}},x_1x_2\cdots x_n=0,x_1,x_2,\cdots,x_n\in\mathbf{R}\}$$

对于向量的加法和数乘法不构成线性空间(n 为正整数).

解　只需指出 V_2 不满足定义 6.1 的某一条件即可.

事实上,取 $\boldsymbol{\alpha}=(1,0,\cdots,0)^{\mathrm{T}}\in V_2$,$\boldsymbol{\beta}=(0,1,\cdots,1)^{\mathrm{T}}\in V_2$,则

$$\boldsymbol{\alpha}+\boldsymbol{\beta}=(1,1,\cdots,1)^{\mathrm{T}}\notin V_2\quad(\text{因为各分量之积不为零})$$

不满足条件(ii):V_2 对于向量的加法运算不封闭,由定义 6.1 知,V_2 不是向量空间.

例 4　正实数的全体构成的集合记作 $\mathbf{R}^+$,在其中定义加法及数乘运算为

$$a\oplus b=ab,\quad k\circ a=a^k\quad(a,b\in\mathbf{R}^+,k\in\mathbf{R}),$$

验证 $\mathbf{R}^+$ 对上述加法与数乘运算构成实数域 $\mathbf{R}$ 上的线性空间.

解 逐条验证 $\mathbf{R}^+$ 满足定义 6.1 的每一个条件.

事实上,对于任意两个元素 $a\in\mathbf{R}^+$,$b\in\mathbf{R}^+$ 及数 $k\in\mathbf{R}$,满足条件(i),(ii):$\mathbf{R}^+$ 对于所定义的加法运算及数乘运算封闭,即

$$a\oplus b=ab\in\mathbf{R}^+,\quad k\circ a=a^k\in\mathbf{R}^+.$$

条件(iii):上述两种运算满足定义 6.1 的 8 条运算规律,即

① 加法交换律 $a\oplus b=ab=ba=b\oplus a$;

② 加法结合律 $(a\oplus b)\oplus c=(ab)c=a(bc)=a\oplus(b\oplus c)$;

③ 在 $\mathbf{R}^+$ 中存在零元素 1:对任何 $a\in\mathbf{R}^+$,都有 $a\oplus 1=a\times 1=a$;

④ 对任何 $a\in\mathbf{R}^+$,都有的负元素 $a^{-1}\in\mathbf{R}^+$,使 $a\oplus a^{-1}=a\times a^{-1}=1$;

⑤ 单位数乘不变律 $1\circ a=a^1=a$;

⑥ 数乘法结合律 $k\circ(l\circ a)=k\circ a^l=(a^l)^k=a^{lk}=a^{kl}=(kl)\circ a$;

⑦ 数乘法分配律 $(k\oplus l)\circ a=a^{k+l}=a^ka^l=a^k\oplus a^l=(k\circ a)\oplus(l\circ a)$;

⑧ 数乘法分配律 $k\circ(a\oplus b)=k\circ(ab)=(ab)^k=a^kb^k=a^k\oplus b^k=(k\circ a)\oplus(k\circ b)$.

由定义 6.1 知,$\mathbf{R}^+$ 对上述加法与数乘运算构成实数域 $\mathbf{R}$ 上的线性空间.

6.1.2 线性空间的性质

性质 1 线性空间 V 中的零元素是唯一的.

证明 假设 $\mathbf{0}_1$,$\mathbf{0}_2$ 是线性空间 V 中的两个零元素,由定义 6.1 知,对任何元素 $\boldsymbol{\alpha}\in V$,有

$$\boldsymbol{\alpha}+\mathbf{0}_1=\boldsymbol{\alpha},\quad \boldsymbol{\alpha}+\mathbf{0}_2=\boldsymbol{\alpha}.$$

因为 $\mathbf{0}_1$,$\mathbf{0}_2\in V$,于是 $\mathbf{0}_1+\mathbf{0}_2=\mathbf{0}_1$,$\mathbf{0}_2+\mathbf{0}_1=\mathbf{0}_2$,所以

$$\mathbf{0}_1=\mathbf{0}_1+\mathbf{0}_2=\mathbf{0}_2+\mathbf{0}_1=\mathbf{0}_2.$$

性质 2 线性空间 V 中的每个向量的负元素是唯一的.

性质 3 线性空间 V 中的元素满足:$0\boldsymbol{\alpha}=\mathbf{0}$,$(-1)\boldsymbol{\alpha}=-\boldsymbol{\alpha}$,$k\mathbf{0}=\mathbf{0}(k\in\mathbf{R})$.

性质 4 线性空间 V 中的元素满足:如果 $k\boldsymbol{\alpha}=\mathbf{0}$,则 $k=0$ 或 $\boldsymbol{\alpha}=\mathbf{0}$.

证明 如果 $k\boldsymbol{\alpha}=\mathbf{0}$,则 $k=0$ 或 $k\neq 0$.

当 $k\neq 0$ 时,由定义 6.1 及性质 3,得

$$\frac{1}{k}(k\boldsymbol{\alpha})=\frac{1}{k}\mathbf{0}\Rightarrow\left(\frac{1}{k}k\right)\boldsymbol{\alpha}=\mathbf{0}\Rightarrow 1\boldsymbol{\alpha}=\mathbf{0}\Rightarrow\boldsymbol{\alpha}=\mathbf{0}.$$

6.1.3 线性子空间

定义 6.2 设 V 是数域 F 上的一个线性空间,L 是 V 的一个非空子集,如果 L 对于 V 中所定义的线性运算(加法和数乘法两种运算)也构成一个线性空间,则称 L 构成 V 的**子空间**.

定理 6.1 数域 F 上的线性空间 V 的非空子集 L 构成 V 的子空间的充分必

要条件是：L 对于 V 的线性运算封闭.

证明　必要性. 由定义 6.1 直接推出.

充分性. 假设数域 F 上的线性空间 V 的非空子集 L 对于 V 的线性运算封闭，于是 L 满足定义 6.1 中条件(i)，(ii)及(iii)中运算规律①，②，⑤，⑥，⑦，⑧，只需证明 L 满足条件③，④ 即可，可证③成立：在 L 中存在零元素 $\mathbf{0}\in L$.

事实上，因为 L 非空，对任何 $\boldsymbol{\alpha}\in L$，取 $k=0\in F$，由假设及 6.1.2 节性质 3 知

$$k\boldsymbol{\alpha}=0\boldsymbol{\alpha}=\mathbf{0}\in L.$$

④ 成立：对任何 $\boldsymbol{\alpha}\in L$，都有的负元素 $-\boldsymbol{\alpha}\in L$.

事实上，因为 L 非空，对任何 $\boldsymbol{\alpha}\in L$，取 $k=-1\in F$，由假设及 6.1.2 节性质 3 知

$$k\boldsymbol{\alpha}=(-1)\boldsymbol{\alpha}=-\boldsymbol{\alpha}\in L.$$

综上所述，L 满足定义 6.1 中条件，于是 L 对于 V 中所定义的线性运算(加法和数乘法两种运算)也构成一个线性空间，再由定义 6.2 知 L 为 V 的子空间，充分性得证.

例 5　在数域 F 上的线性空间 V 中，以下两个子空间称为**平凡子空间**：

(1) 全体元素构成的子集 V 是线性空间 V 的子空间；

(2) 零元素 $\mathbf{0}$ 构成的子集 $\{\mathbf{0}\}$ 也是线性空间 V 的子空间，又称为**零空间**.

例 6　设 V 是数域 F 上的线性空间，$L=\{\boldsymbol{\alpha}\mid\boldsymbol{\alpha}=k_1\boldsymbol{\alpha}_1+k_2\boldsymbol{\alpha}_2,k_1,k_2\in F\}$ 是由 V 中的一组元素 $\boldsymbol{\alpha}_1,\boldsymbol{\alpha}_2$ 的线性组合构成的集合. 求证：L 构成 V 的一个子空间.

证明　逐条验证 L 满足定理 6.1 的每一个条件.

事实上，显然 L 是 V 的非空子集，任取 L 中两个向量

$$\boldsymbol{\alpha}=s_1\boldsymbol{\alpha}_1+s_2\boldsymbol{\alpha}_2\quad(s_1,s_2\in F),\quad\boldsymbol{\beta}=t_1\boldsymbol{\alpha}_1+t_2\boldsymbol{\alpha}_2\quad(t_1,t_2\in F)$$

及数 $k\in F$，且 L 对 V 的线性运算(向量的加法和数乘法)封闭，事实上

$$\begin{aligned}\boldsymbol{\alpha}+\boldsymbol{\beta}&=(s_1\boldsymbol{\alpha}_1+s_2\boldsymbol{\alpha}_2)+(t_1\boldsymbol{\alpha}_1+t_2\boldsymbol{\alpha}_2)\\&=(s_1+t_1)\boldsymbol{\alpha}_1+(s_2+t_2)\boldsymbol{\alpha}_2\in L\\&\quad(\text{因为 } s_1+t_1,s_2+t_2\in F),\end{aligned}$$

$$k\boldsymbol{\alpha}=k(s_1\boldsymbol{\alpha}_1+s_2\boldsymbol{\alpha}_2)=ks_1\boldsymbol{\alpha}_1+ks_2\boldsymbol{\alpha}_2\in L\quad(\text{因为 } ks_1,ks_2\in F).$$

由定理 6.1 知，L 构成 V 的一个子空间.

类似地，利用定理 6.1 可验证，下列结论：

(1) 齐次线性方程组 $\boldsymbol{AX}=\mathbf{0}$ 的全体解向量组成的集合 S，对向量的线性运算构成一个实数域 $\mathbf{R}$ 上线性空间(又称为线性方程组 $\boldsymbol{AX}=\mathbf{0}$ 的**解空间**)，S 也构成 **n 维向量空间 $\mathbf{R}^n$** 的一个子空间(n 为正整数)；

(2) 全体实函数组成的集合 V，对于通常的函数的加法和数与函数的乘法，构成实数域 $\mathbf{R}$ 上的线性空间，而闭区间 $[a,b]$ 全体连续实函数组成的集合 $C[a,b]$ 构成 V 的一个子空间.

习 题 6.1

1. 验证:次数不超过 n 的多项式的全体构成的集合

$$P[x]_n=\{p(x)\mid p(x)=a_nx^n+\cdots+a_1x+a_0,a_n,\cdots,a_1,a_0\in\mathbf{R}\}$$

对于通常的多项式的加法和数乘法构成实数域 $\mathbf{R}$ 上的线性空间(n 为正整数).

2. 验证 n 次的多项式的全体构成的集合

$$Q[x]_n=\{p(x)\mid p(x)=a_nx^n+\cdots+a_1x+a_0,a_n,\cdots,a_1,a_0\in\mathbf{R},a_n\neq 0\}$$

对于通常的多项式的加法和数乘法不构成线性空间(n 为正整数).

3. 验证:平面上的全体向量 $\boldsymbol{\alpha}$ 组成的集合,对于向量的加法和如下定义的数量乘法:$k\circ\boldsymbol{\alpha}=\boldsymbol{\alpha}$ 不构成线性空间.

4. 验证:n 维向量的全体构成的集合 $V=\{\boldsymbol{x}\mid\boldsymbol{x}=(x_1,x_2,\cdots,x_n)^{\mathrm{T}},x_1,x_2,\cdots,x_n\in\mathbf{R}\}$ 对于向量的加法及如下定义的数乘法 $k\boldsymbol{x}=k(x_1,x_2,\cdots,x_n)^{\mathrm{T}}=(0,0,\cdots,0)^{\mathrm{T}}$ 不构成线性空间(n 为正整数).

5. 验证:正弦函数构成的集合 $S[x]_n=\{s\mid s=a\sin(x+b),a,b\in\mathbf{R}\}$ 对于函数的加法和数与函数的乘法构成实数域 $\mathbf{R}$ 上的线性空间.

6. 证明性质 2:线性空间 V 中的每个元素的负元素是唯一的.

7. 证明性质 3:线性空间 V 中的元素满足:(1) $0\boldsymbol{\alpha}=\mathbf{0}$;(2) $(-1)\boldsymbol{\alpha}=-\boldsymbol{\alpha}$;(3) $k\mathbf{0}=\mathbf{0}(k\in\mathbf{R})$.

8. 证明:集合 $V=\{\boldsymbol{\alpha}\mid\boldsymbol{\alpha}=(a-3b,b-a,a,b)^{\mathrm{T}},a,b\in\mathbf{R}\}$ 是 $\mathbf{R}^4$ 的一个子空间.

9. 对于实数域 $\mathbf{R}$ 上的线性空间 $\mathbf{R}^{2\times 2}$,证明:其子集合 $L=\left\{\boldsymbol{A}\,\middle|\,\boldsymbol{A}=\begin{pmatrix}a&b\\0&c\end{pmatrix},a,b,c\in\mathbf{R}\right\}$ 构成 $\mathbf{R}^{2\times 2}$ 的一个子空间.

6.2 线性空间的基、维数与坐标

从 6.1 节讨论中我们知道,线性空间是向量空间的推广. 本节中,我们将向量空间中向量的线性相关性、等价、极大线性无关组、秩等概念推广到线性空间中,下面直接引用这些概念.

6.2.1 线性空间的基与维数

类比 **n 维向量空间 $\mathbf{R}^n$** 中下列概念:任一向量组均可由其极大线性无关组线性表示,且其表示法唯一,极大无关组不唯一,但其中所含向量个数(该向量组的秩)唯一,等等. 推广到线性空间中,引入:

定义 6.3 设 V 是数域 F 上的线性空间,如果在 V 中存在 n 个元素 $\boldsymbol{e}_1,\boldsymbol{e}_2,\cdots,\boldsymbol{e}_n$($n$ 为正整数),满足:

(i) $\boldsymbol{e}_1,\boldsymbol{e}_2,\cdots,\boldsymbol{e}_n$ 线性无关;

(ii) V 中任何元素 $\boldsymbol{\alpha}$ 均可由 $\boldsymbol{e}_1,\boldsymbol{e}_2,\cdots,\boldsymbol{e}_n$ 线性表示,

则称 $\boldsymbol{e}_1,\boldsymbol{e}_2,\cdots,\boldsymbol{e}_n$ 为**线性空间 V 的一个基**(或基底),基中所含的个数 n 称为**线性空间 V 的维数**,记为 $\dim V=n$.

零空间$\{\mathbf{0}\}$是不存在基的线性空间,其维数规定为 $\dim\{\mathbf{0}\}=0$.

维数为 n 的线性空间 V 的线性空间,记为 V_n,又称为 n 维线性空间(称 V_n 为有限维线性空间);若 V 中不存在任意有限个线性无关的元素,则称 V 是无限维线性空间.

可证,下列结论成立:

(1) n 维线性空间 V_n 中任何元素 $\boldsymbol{\alpha}$ 均可由 V 的基 $\boldsymbol{e}_1,\boldsymbol{e}_2,\cdots,\boldsymbol{e}_n$ 线性表示,且表示法唯一;

(2) n 维线性空间 V_n 中任意 n 个线性无关元素 $\boldsymbol{e}_1,\boldsymbol{e}_2,\cdots,\boldsymbol{e}_n$($n$ 为正整数)均可构成 V_n 的一个基(即基不唯一);

(3) 有限维线性空间的维数是唯一确定的.

6.2.2 线性空间的基与坐标

由定义 6.3 知,线性空间 V_n 可表示为

$$V_n=\{\boldsymbol{\alpha}\,|\,\boldsymbol{\alpha}=x_1\boldsymbol{e}_1+x_2\boldsymbol{e}_2+\cdots+x_n\boldsymbol{e}_n,x_i\in\mathbf{R},i=1,2,\cdots,n\}. \tag{6.2.1}$$

(6.2.1)式清楚地表明了 V_n 线性空间的结构,又称 V_n 为**由基 $\boldsymbol{e}_1,\boldsymbol{e}_2,\cdots,\boldsymbol{e}_n$ 生成的线性空间**.

(6.2.1)式表明:

(1) n 维线性空间 V_n 中的元素 $\boldsymbol{\alpha}$ 与 n 维向量空间 $\mathbf{R}^n$ 中的向量 $\boldsymbol{x}=(x_1,x_2,\cdots,x_n)^{\mathrm{T}}$ 一一对应.

(2) n 维线性空间 V_n 中的元素的线性运算与 n 维向量空间 $\mathbf{R}^n$ 中的向量的线性运算一一对应.

(3) 对 n 维线性空间 V_n 的讨论可归结为对 n 维向量空间 $\mathbf{R}^n$ 的讨论,又称 V_n 与 $\mathbf{R}^n$ 同构. 进一步,引出

定义 6.4　设 $\boldsymbol{e}_1,\boldsymbol{e}_2,\cdots,\boldsymbol{e}_n$ 为线性空间 V_n 的一个基(n 为正整数),如果对任一元素 $\boldsymbol{\alpha}\in V_n$,存在一个有序数组 $x_1,x_2,\cdots,x_n$,使得 $\boldsymbol{\alpha}$ 由基 $\boldsymbol{e}_1,\boldsymbol{e}_2,\cdots,\boldsymbol{e}_n$ 线性表示

$$\boldsymbol{\alpha}=x_1\boldsymbol{e}_1+x_2\boldsymbol{e}_2+\cdots+x_n\boldsymbol{e}_n=(\boldsymbol{e}_1,\boldsymbol{e}_2,\cdots,\boldsymbol{e}_n)\begin{pmatrix}x_1\\x_2\\\vdots\\x_n\end{pmatrix}=(\boldsymbol{e}_1,\boldsymbol{e}_2,\cdots,\boldsymbol{e}_n)\boldsymbol{x}, \tag{6.2.2}$$

则称有序数组 $x_1,x_2,\cdots,x_n$($x_i\in\mathbf{R},i=1,2,\cdots,n$)为**元素 $\boldsymbol{\alpha}$ 在基 $\boldsymbol{e}_1,\boldsymbol{e}_2,\cdots,\boldsymbol{e}_n$ 下的坐标**,记为

$$\boldsymbol{x}=(x_1,x_2,\cdots,x_n)^{\mathrm{T}}=\begin{pmatrix}x_1\\x_2\\\vdots\\x_n\end{pmatrix}.$$

定理 6.2 对 n 维线性空间 V_n 中任一元素 $\boldsymbol{\alpha}$，总有唯一一个有序数组 $x_1,x_2,\cdots,x_n$，使得 $\boldsymbol{\alpha}$ 可由基 $\boldsymbol{e}_1,\boldsymbol{e}_2,\cdots,\boldsymbol{e}_n$ 线性表示，且表达式 $\boldsymbol{\alpha}=x_1\boldsymbol{e}_1+x_2\boldsymbol{e}_2+\cdots+x_n\boldsymbol{e}_n$ 唯一，即 V_n 中任何元素 $\boldsymbol{\alpha}$ 在同一个基 $\boldsymbol{e}_1,\boldsymbol{e}_2,\cdots,\boldsymbol{e}_n$ 下的坐标是唯一的.

证明 由定义 6.3 知，n 维线性空间 V_n 中任一元素 $\boldsymbol{\alpha}$ 均可由基 $\boldsymbol{e}_1,\boldsymbol{e}_2,\cdots,\boldsymbol{e}_n$ 线性表示，假设其表达式有两个：

$$\boldsymbol{\alpha}=x_1\boldsymbol{e}_1+x_2\boldsymbol{e}_2+\cdots+x_n\boldsymbol{e}_n=x_1'\boldsymbol{e}_1+x_2'\boldsymbol{e}_2+\cdots+x_n'\boldsymbol{e}_n,$$

则

$$(x_1-x_1')\boldsymbol{e}_1+(x_2-x_2')\boldsymbol{e}_2+\cdots+(x_n-x_n')\boldsymbol{e}_n=\boldsymbol{0}.$$

再由定义 6.3 知，基 $\boldsymbol{e}_1,\boldsymbol{e}_2,\cdots,\boldsymbol{e}_n$ 线性无关，于是

$$x_1-x_1'=x_2-x_2'=\cdots=x_n-x_n'=0,$$

即

$$x_1=x_1',\quad x_2=x_2',\quad \cdots,\quad x_n=x_n'.$$

所以，$\boldsymbol{\alpha}$ 可由基 $\boldsymbol{e}_1,\boldsymbol{e}_2,\cdots,\boldsymbol{e}_n$ 线性表示，且表达式唯一.

由此可知，n 维线性空间 V_n 中的元素 $\boldsymbol{\alpha}$ 与其在基 $\boldsymbol{e}_1,\boldsymbol{e}_2,\cdots,\boldsymbol{e}_n$ 下的坐标 $\boldsymbol{x}=(x_1,x_2,\cdots,x_n)^{\mathrm{T}}$ 一一对应.

例 1 求实数域 $\mathbf{R}$ 上的线性空间(又称为 ***n* 维向量空间**)$\mathbf{R}^n$ 的一个基和维数，并求 $\mathbf{R}^n$ 中的元素 $\boldsymbol{\alpha}=(a_1,a_2,\cdots,a_n)^{\mathrm{T}}$ 在该基下的坐标.

解 设 $\boldsymbol{\alpha}=(a_1,a_2,\cdots,a_n)^{\mathrm{T}}$ 为 $\mathbf{R}^n$ 的任意元素(向量)，由向量的线性运算知，可将其表示成 $\mathbf{R}^n$ 中某些元素的线性组合：

$$\begin{aligned}\boldsymbol{\alpha}&=(a_1,a_2,\cdots,a_n)^{\mathrm{T}}=(a_1,0,\cdots,0)^{\mathrm{T}}+(0,a_2,\cdots,0)^{\mathrm{T}}+\cdots+(0,0,\cdots,a_n)^{\mathrm{T}}\\&=a_1(1,0,\cdots,0)^{\mathrm{T}}+a_2(0,1,\cdots,0)^{\mathrm{T}}+\cdots+a_n(0,0,\cdots,1)^{\mathrm{T}}\\&=a_1\boldsymbol{\varepsilon}_1+a_2\boldsymbol{\varepsilon}_2+\cdots+a_n\boldsymbol{\varepsilon}_n=(\boldsymbol{\varepsilon}_1,\boldsymbol{\varepsilon}_2,\cdots,\boldsymbol{\varepsilon}_n)\begin{pmatrix}a_1\\a_2\\\vdots\\a_n\end{pmatrix}.\end{aligned}$$

注意到，$\boldsymbol{\varepsilon}_1,\boldsymbol{\varepsilon}_2,\cdots,\boldsymbol{\varepsilon}_n\in\mathbf{R}^n$ 且线性无关.

由定义 6.3 知，$\boldsymbol{\varepsilon}_1,\boldsymbol{\varepsilon}_2,\cdots,\boldsymbol{\varepsilon}_n$($n$ 维单位向量组)是 $\mathbf{R}^n$ 一个基(又称为**自然基**)，基 $\boldsymbol{\varepsilon}_1,\boldsymbol{\varepsilon}_2,\cdots,\boldsymbol{\varepsilon}_n$ 中所含元素的个数为 $\mathbf{R}^n$ 的维数，即 $\dim\mathbf{R}^n=n$.

再由定义 6.4 知，$\mathbf{R}^n$ 的任意元素(向量)$\boldsymbol{\alpha}=(a_1,a_2,\cdots,a_n)^{\mathrm{T}}$ 在基 $\boldsymbol{\varepsilon}_1,\boldsymbol{\varepsilon}_2,\cdots,\boldsymbol{\varepsilon}_n$ 下的坐标为$(a_1,a_2,\cdots,a_n)^{\mathrm{T}}$.

同理可证 $\boldsymbol{e}_1=(1,1,\cdots,1,1)^{\mathrm{T}},\boldsymbol{e}_2=(0,1,\cdots,1,1)^{\mathrm{T}},\cdots,\boldsymbol{e}_n=(0,0,\cdots,0,1)^{\mathrm{T}}$ 也是 $\mathbf{R}^n$ 一个基，且 $\mathbf{R}^n$ 的任意元素（向量）$\boldsymbol{\alpha}=(a_1,a_2,\cdots,a_n)^{\mathrm{T}}$ 在基 $\boldsymbol{e}_1,\boldsymbol{e}_2,\cdots,\boldsymbol{e}_n$ 下的坐标为 $(a_1,a_2-a_1,\cdots,a_n-a_{n-1})^{\mathrm{T}}$.

这样，我们又得到一个结论：线性空间中的元素在不同的基下的坐标是不同的.

例 2　元素 $\boldsymbol{\alpha}=(1,6)^{\mathrm{T}}$ 可由 $\mathbf{R}^2$ 中两个基 $\boldsymbol{e}_1=(1,0)^{\mathrm{T}},\boldsymbol{e}_2=(0,1)^{\mathrm{T}}$ 与 $\boldsymbol{e}_1'=(1,0)^{\mathrm{T}},\boldsymbol{e}_2'=(1,2)^{\mathrm{T}}$ 线性表示为

$$\boldsymbol{\alpha}=\boldsymbol{e}_1+6\boldsymbol{e}_2=(\boldsymbol{e}_1,\boldsymbol{e}_2)\begin{pmatrix}1\\6\end{pmatrix},\quad \boldsymbol{\alpha}=-2\boldsymbol{e}_1'+3\boldsymbol{e}_2'=(\boldsymbol{e}_1',\boldsymbol{e}_2')\begin{pmatrix}-2\\3\end{pmatrix}.$$

由定义 6.4 知，元素 $\boldsymbol{\alpha}$ 在基 $\boldsymbol{e}_1,\boldsymbol{e}_2$ 下的坐标为 $\boldsymbol{x}=(x_1,x_2)^{\mathrm{T}}=(1,6)^{\mathrm{T}}$，元素 $\boldsymbol{\alpha}$ 在基 $\boldsymbol{e}_1',\boldsymbol{e}_2'$ 下的坐标为 $\boldsymbol{x}'=(x_1',x_2')^{\mathrm{T}}=(-2,3)^{\mathrm{T}}$，如图 6-1 所示.

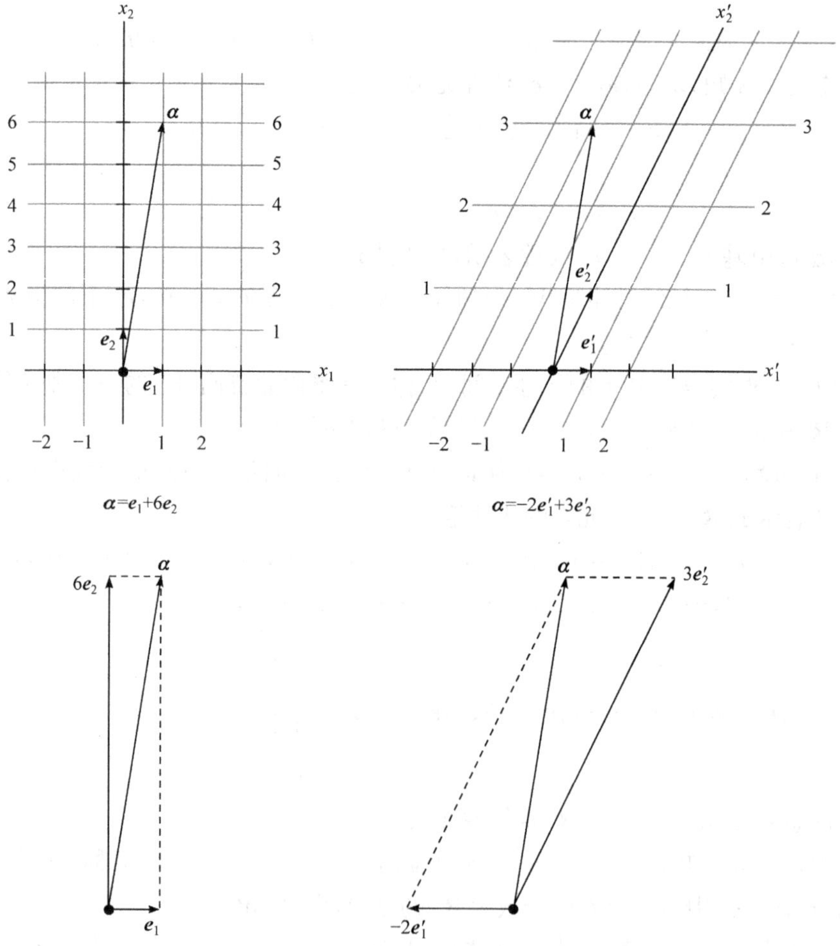

图 6-1

例 3 $\mathbf{R}^3$ 的子空间可用维数分类，如图 6-2 所示.

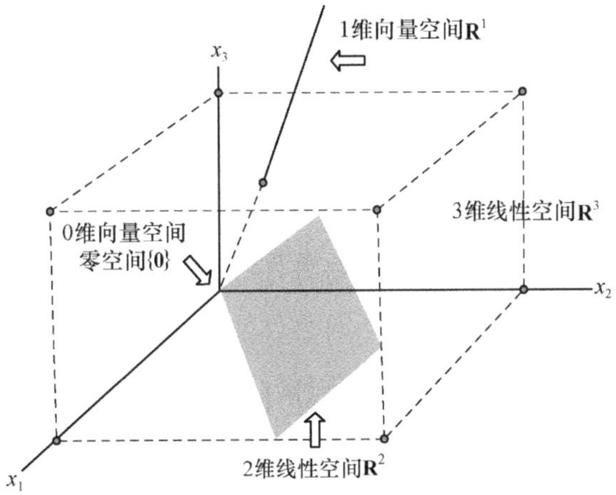

图 6-2

例 4 求证：元素（向量）$\boldsymbol{\alpha}_1=(-2,4,1)^{\mathrm{T}}$，$\boldsymbol{\alpha}_2=(-1,3,5)^{\mathrm{T}}$，$\boldsymbol{\alpha}_3=(2,-3,1)^{\mathrm{T}}$ 是线性空间 $\mathbf{R}^3$（3 维向量空间）的一个基，并求 $\mathbf{R}^3$ 中元素（向量）$\boldsymbol{\beta}=(1,1,3)^{\mathrm{T}}$ 在这个基下的坐标.

证明 设元素（向量）$\boldsymbol{\beta}$ 可由元素（向量）$\boldsymbol{\alpha}_1,\boldsymbol{\alpha}_2,\boldsymbol{\alpha}_3$ 线性表示：

$$\boldsymbol{\beta}=x_1\boldsymbol{\alpha}_1+x_2\boldsymbol{\alpha}_2+x_3\boldsymbol{\alpha}_3\quad(x_1,x_2,x_3\in\mathbf{R}),$$

即得线性方程组

$$x_1\boldsymbol{\alpha}_1+x_2\boldsymbol{\alpha}_2+x_3\boldsymbol{\alpha}_3=\boldsymbol{\beta}.$$

将其增广矩阵施行初等行变换化为行简化阶梯形矩阵

$$(\boldsymbol{\alpha}_1,\boldsymbol{\alpha}_2,\boldsymbol{\alpha}_3,\boldsymbol{\beta})=\left(\begin{array}{ccc:c}-2&-1&2&1\\4&3&-3&1\\1&5&1&3\end{array}\right)\to\left(\begin{array}{ccc:c}-2&-1&2&1\\0&1&1&3\\1&5&1&3\end{array}\right)\to\left(\begin{array}{ccc:c}1&5&1&3\\0&1&1&3\\-2&-1&2&1\end{array}\right)$$

$$\to\left(\begin{array}{ccc:c}1&5&1&3\\0&1&1&3\\0&9&4&7\end{array}\right)\to\left(\begin{array}{ccc:c}1&5&1&3\\0&1&1&3\\0&0&-5&-20\end{array}\right)\to\left(\begin{array}{ccc:c}1&5&1&3\\0&1&1&3\\0&0&1&4\end{array}\right)$$

$$\to\left(\begin{array}{ccc:c}1&5&0&-1\\0&1&0&-1\\0&0&1&4\end{array}\right)\to\left(\begin{array}{ccc:c}1&0&0&4\\0&1&0&-1\\0&0&1&4\end{array}\right).$$

由此可知，元素（向量）$\boldsymbol{\alpha}_1,\boldsymbol{\alpha}_2,\boldsymbol{\alpha}_3$ 线性无关，注意到 $\mathbf{R}^3$ 的维数为 $\dim\mathbf{R}^3=3$，再利用已知结论（n 维线性空间 V_n 中任意 n 个线性无关元素均可构成 V_n 的一个基）得，元素（向量）$\boldsymbol{\alpha}_1,\boldsymbol{\alpha}_2,\boldsymbol{\alpha}_3$ 是线性空间 $\mathbf{R}^3$（3 维向量空间）的一个基.

再由行简化阶梯形矩阵得，$x_1=4$，$x_2=-1$，$x_3=4$，即元素（向量）$\boldsymbol{\beta}$ 可基 $\boldsymbol{\alpha}_1$，

$\boldsymbol{\alpha}_2,\boldsymbol{\alpha}_3$ 线性表示：

$$\boldsymbol{\beta}=4\boldsymbol{\alpha}_1-\boldsymbol{\alpha}_2+4\boldsymbol{\alpha}_3=(\boldsymbol{\alpha}_1,\boldsymbol{\alpha}_2,\boldsymbol{\alpha}_3)\begin{pmatrix}4\\-1\\4\end{pmatrix}.$$

最后由定义 6.4 知，元素(向量)$\boldsymbol{\beta}=(1,1,3)^{\mathrm{T}}$ 在这个基下的坐标为 $\boldsymbol{\beta}=(4,-1,4)^{\mathrm{T}}$.

例 5　所有 2 阶实对称矩阵的全体构成的集合 V，对矩阵的加法和数乘法构成数域 $\mathbf{R}$ 上的线性空间，求 V 的一个基和维数，并求 V 中的元素 $\boldsymbol{A}=\begin{pmatrix}a&c\\c&b\end{pmatrix}$ 在该基下的坐标.

解　设 $\boldsymbol{A}=\begin{pmatrix}a&c\\c&b\end{pmatrix}$ 为 V 中的任意元素 $(a,b,c\in\mathbf{R})$，由矩阵的加法和数乘法知，可将其表示成 V 中某些元素的线性组合：

$$\begin{aligned}\boldsymbol{A}&=\begin{pmatrix}a&c\\c&b\end{pmatrix}=\begin{pmatrix}a&0\\0&b\end{pmatrix}+\begin{pmatrix}0&c\\c&0\end{pmatrix}=\begin{pmatrix}a&0\\0&0\end{pmatrix}+\begin{pmatrix}0&0\\0&b\end{pmatrix}+\begin{pmatrix}0&c\\c&0\end{pmatrix}\\&=a\begin{pmatrix}1&0\\0&0\end{pmatrix}+b\begin{pmatrix}0&0\\0&1\end{pmatrix}+c\begin{pmatrix}0&1\\1&0\end{pmatrix}\\&=\left(\begin{pmatrix}1&0\\0&0\end{pmatrix},\begin{pmatrix}0&0\\0&1\end{pmatrix},\begin{pmatrix}0&1\\1&0\end{pmatrix}\right)\begin{pmatrix}a\\b\\c\end{pmatrix},\end{aligned}$$

记

$$\boldsymbol{E}_1=\begin{pmatrix}1&0\\0&0\end{pmatrix},\quad \boldsymbol{E}_2=\begin{pmatrix}0&0\\0&1\end{pmatrix},\quad \boldsymbol{E}_3=\begin{pmatrix}0&1\\1&0\end{pmatrix}.$$

可证，$\boldsymbol{E}_1,\boldsymbol{E}_2,\boldsymbol{E}_3\in V$ 且线性无关(推导见题注).

由定义 6.3 知，$\boldsymbol{E}_1,\boldsymbol{E}_2,\boldsymbol{E}_3$ 是 V 一个基，基中所含元素的个数为 V 的维数，即 $\dim V=3$.

再由定义 6.4 知，V 中任意元素 $\boldsymbol{A}=\begin{pmatrix}a&c\\c&b\end{pmatrix}$ 在基 $\boldsymbol{E}_1,\boldsymbol{E}_2,\boldsymbol{E}_3$ 下的坐标为 $(a,b,c)^{\mathrm{T}}$.

注　只要将线性空间中的元素类比为向量空间中的向量，类似于判断向量组的线性相关性的判别方法，即可判别线性空间中的元素的线性相关性. 本例中，判别线性空间 V 中元素 $\boldsymbol{E}_1,\boldsymbol{E}_2,\boldsymbol{E}_3$ 线性无关，方法如下：

设存在 $k_1,k_2,k_3\in\mathbf{R}$，使得

$$k_1\boldsymbol{E}_1+k_2\boldsymbol{E}_2+k_3\boldsymbol{E}_3=\boldsymbol{O},$$

其中 $\boldsymbol{O}=\begin{pmatrix}0&0\\0&0\end{pmatrix}$ 为线性空间 V 中的零元素，

$$k_1\begin{pmatrix}1&0\\0&0\end{pmatrix}+k_2\begin{pmatrix}0&0\\0&1\end{pmatrix}+k_3\begin{pmatrix}0&1\\1&0\end{pmatrix}=\begin{pmatrix}0&0\\0&0\end{pmatrix},$$

化简，得

$$\begin{pmatrix}k_1&k_3\\k_3&k_2\end{pmatrix}=\begin{pmatrix}0&0\\0&0\end{pmatrix}.$$

解出 $k_1=0,k_2=0,k_3=0$，所以线性空间 V 中元素 $\boldsymbol{E}_1,\boldsymbol{E}_2,\boldsymbol{E}_3$ 线性无关.

例 6 次数不超过 3 的多项式的全体构成的集合

$$P[x]_3=\{p(x)\mid p(x)=a_3x^3+a_2x^2+a_1x+a_0,a_3,a_2,a_1,a_0\in\mathbf{R}\},$$

对于通常的多项式的加法和数乘法构成实数域 $\mathbf{R}$ 上的线性空间. 求证：

(1) $1,x,x^2,x^3$ 是 $P[x]_3$ 的一个基，$P[x]_3$ 中的元素 $p(x)$ 在该基下的坐标为 $(a_0,a_1,a_2,a_3)^{\mathrm{T}}$；

(2) $1,x-1,x^2-3x+2,x^3$ 是 $P[x]_3$ 的一个基，$P[x]_3$ 中的元素 $p(x)=1+x+x^2+x^3$ 在该基下的坐标为 $(3,4,1,1)^{\mathrm{T}}$.

证明 (1) 设 $p(x)=a_3x^3+a_2x^2+a_1x+a_0$ 为 $P[x]_3$ 的任意元素，由多项式的加法和数乘法知，可将其表示成 $P[x]_3$ 中元素 $1,x,x^2,x^3$ 的线性组合：

$$p(x)=a_3x^3+a_2x^2+a_1x+a_0=a_0+a_1x+a_2x^2+a_3x^3=(1,x,x^2,x^3)\begin{pmatrix}a_0\\a_1\\a_2\\a_3\end{pmatrix}.$$

可证，$1,x,x^2,x^3$ 线性无关，方法如下：

设存在 $k_0,k_1,k_2,k_3\in\mathbf{R}$，使得

$$k_0+k_1x+k_2x^2+k_3x^3=0\quad(0\text{ 为线性空间 }P[x]_3\text{ 中的零元素}).$$

解出 $k_0=0,k_1=0,k_2=0,k_3=0$，所以线性空间 $P[x]_3$ 中元素 $1,x,x^2,x^3$ 线性无关.

由定义 6.3 知，$1,x,x^2,x^3$ 是 $P[x]_3$ 一个基，再由定义 6.4 知，$P[x]_3$ 的任意元素 $p(x)=a_3x^3+a_2x^2+a_1x+a_0$ 在基 $1,x,x^2,x^3$ 下的坐标为 $(a_0,a_1,a_2,a_3)^{\mathrm{T}}$. $P[x]_3$ 的维数为 $\dim P[x]_3=4$.

(2) 先证 $1,x-1,x^2-3x+2,x^3$ 是 $P[x]_3$ 一个基.

类似于(1)可证，$1,x-1,x^2-3x+2,x^3$ 线性无关(推导见题注).

注意到由(1)知 $P[x]_3$ 的维数为 $\dim P[x]_3=4$，再利用已知结论(n 维线性空间 V_n 中任意 n 个线性无关元素均可构成 V_n 的一个基)得，$1,x-1,x^2-3x+2,x^3$ 是 $P[x]_3$ 一个基.

再用**待定系数法**求出 $P[x]_3$ 中的元素 $p(x)=1+x+x^2+x^3$ 在该基下的坐标.

设元素 $p(x)=1+x+x^2+x^3$ 可表示成基 $1,x-1,x^2-3x+2,x^3$ 的线性组合，即

$$p(x)=k_0+k_1(x-1)+k_2(x^2-3x+2)+k_3x^3$$
$$=(1,x-1,x^2-3x+2,x^3)\begin{pmatrix}k_0\\k_1\\k_2\\k_3\end{pmatrix}\quad(k_0,k_1,k_2,k_3\text{ 未知}).$$

下面用**待定系数法**求出 k_0,k_1,k_2,k_3，因为

$$k_0+k_1(x-1)+k_2(x^2-3x+2)+k_3x^3=1+x+x^2+x^3,$$

化简，得

$$(k_0-k_1+2k_2)+(k_1-3k_2)x+k_2x^2+k_3x^3=1+x+x^2+x^3.$$

比较两端关于 x 的同次幂项系数，得

$$\begin{cases}k_0-k_1+2k_2=1,\\k_1-3k_2=1,\\k_2=1,\\k_3=1,\end{cases}$$

解出 $k_0=3,k_1=4,k_2=1,k_3=1$，最后由定义 6.4 知，$P[x]_3$ 的元素 $p(x)=1+x+x^2+x^3$ 在该基下的坐标为 $(k_0,k_1,k_2,k_3)^{\mathrm{T}}=(3,4,1,1)^{\mathrm{T}}$.

注　判别线性空间 $P[x]_3$ 中元素 $1,x-1,x^2-3x+2,x^3$ 线性无关，方法如下：

设存在 $k_1',k_2',k_3',k_4'\in\mathbf{R}$，使得

$$k_1'1+k_2'(x-1)+k_3'(x^2-3x+2)+k_4'x^3=0$$

（0 为线性空间 $P[x]_3$ 中的零元素）. 解出 $k_1'=k_2'=k_3'=k_4'=0$，所以线性空间 $P[x]_3$ 中元素 $1,x-1,x^2-3x+2,x^3$ 线性无关.

例 7　已知集合是 $V=\{\boldsymbol{\alpha}\,|\,\boldsymbol{\alpha}=(a+2c,a-b-3c,-2a,b,c)^{\mathrm{T}},a,b,c\in\mathbf{R}\}$ 是 $\mathbf{R}^5$ 的一个子空间，求 V 的一个基和维数，并求 V 中的元素 $\boldsymbol{\alpha}$ 在该基下的坐标.

解　设 $\boldsymbol{\alpha}=(a+2c,a-b-3c,-2a,b,c)^{\mathrm{T}}$ 为 V 中任一元素，由向量的线性运算知，可将其表示成 V 中某些元素的线性组合：

$$\boldsymbol{\alpha}=(a+2c,a-b-3c,-2a,b,c)^{\mathrm{T}}=\begin{pmatrix}a+2c\\a-b-3c\\-2a\\b\\c\end{pmatrix}=\begin{pmatrix}a+0b+2c\\a-b-3c\\-2a+0b+0c\\0a+b+0c\\0a+0b+c\end{pmatrix}$$

$$= a\begin{pmatrix}1\\1\\-2\\0\\0\end{pmatrix}+b\begin{pmatrix}0\\-1\\0\\1\\0\end{pmatrix}+c\begin{pmatrix}2\\-3\\0\\0\\1\end{pmatrix}$$

$$= a(1,1,-2,0,0)^{T}+b(0,-1,0,1,0)^{T}+c(2,-3,0,0,1)^{T}$$

$$= a\boldsymbol{e}_1+b\boldsymbol{e}_2+c\boldsymbol{e}_3=(\boldsymbol{e}_1,\boldsymbol{e}_2,\boldsymbol{e}_3)\begin{pmatrix}a\\b\\c\end{pmatrix}\quad(a,b,c\in\mathbf{R}).$$

注意到，$\boldsymbol{e}_1=(1,1,-2,0,0)^{T}$，$\boldsymbol{e}_2=(0,-1,0,1,0)^{T}$，$\boldsymbol{e}_2=(2,-3,0,0,1)^{T}\in V$ 且线性无关.

由定义 6.3 知，$\boldsymbol{e}_1,\boldsymbol{e}_2,\boldsymbol{e}_3$ 是 V 一个基，基 $\boldsymbol{e}_1,\boldsymbol{e}_2,\boldsymbol{e}_3$ 中所含元素的个数为 V 的维数，即 $\dim V=3$. 再由定义 6.4 知，V 的任意元素 $\boldsymbol{\alpha}=(a+2c,a-b-3c,-2a,b,c)^{T}$ 在基 $\boldsymbol{e}_1,\boldsymbol{e}_2,\boldsymbol{e}_3$ 下的坐标为 $(a,b,c)^{T}$.

习 题 6.2

1. 求证：元素（向量）$\boldsymbol{e}_1=(1,0,0)^{T}$，$\boldsymbol{e}_2=(1,1,0)^{T}$，$\boldsymbol{e}_3=(1,1,1)^{T}$ 是线性空间 $\mathbf{R}^3$（3 维向量空间）的一个基，并求 $\mathbf{R}^3$ 中元素（向量）$\boldsymbol{\alpha}=(a,b,c)^{T}$ 在这个基下的坐标.

2. 已知 $\mathbf{R}^3$ 中元素（向量）$\boldsymbol{\eta}=(1,0,0)^{T}$，求：

(1) 该元素在 $\mathbf{R}^3$ 的基 $\boldsymbol{\alpha}_1=(1,1,1)^{T}$，$\boldsymbol{\alpha}_2=(1,0,-1)^{T}$，$\boldsymbol{\alpha}_3=(1,0,1)^{T}$ 下的坐标；

(2) 该元素在 $\mathbf{R}^3$ 的基 $\boldsymbol{\beta}_1=(1,2,1)^{T}$，$\boldsymbol{\beta}_2=(2,3,4)^{T}$，$\boldsymbol{\beta}_3=(3,4,3)^{T}$ 下的坐标.

3. 所有二阶实矩阵组成的集合 $\mathbf{R}^{2\times 2}$，对于矩阵的加法和数乘法，构成实数域 $\mathbf{R}$ 上的线性空间，求：(1) $\mathbf{R}^{2\times 2}$ 的一个基和维数；(2) $\mathbf{R}^{2\times 2}$ 中的元素 $\mathbf{A}=\begin{pmatrix}a_{11}&a_{12}\\a_{21}&a_{22}\end{pmatrix}$ 在该基下的坐标.

4. 线性空间 $P[x]_n=\{p(x)\mid p(x)=a_nx^n+a_{n-1}x^{n-1}+\cdots+a_1x+a_0,a_n,a_{n-1},\cdots,a_1,a_0\in\mathbf{R}\}$，求证：

(1) $x^n,x^{n-1},\cdots,x,1$ 是 $P[x]_n$ 的一个基；

(2) $P[x]_n$ 中的元素 $p(x)=a_nx^n+a_{n-1}x^{n-1}+\cdots+a_1x+a_0$ 在该基下的坐标为 $(a_n,a_{n-1},\cdots,a_1,a_0)^{T}$.

5. 已知线性空间 $P[x]_4=\{p(x)\mid p(x)=a_4x^4+a_3x^3+a_2x^2+a_1x+a_0,a_4,a_3,a_2,a_1,a_0\in\mathbf{R}\}$ 的一个基 $1,1+x,2x^2,x^3,x^4$，求证：$P[x]_4$ 中的元素 $p(x)=a_4x^4+a_3x^3+a_2x^2+a_1x+a_0$ 在该基下的坐标为 $\left(a_0-a_1,a_1,\dfrac{1}{2}a_2,a_3,a_4\right)^{T}$.

6. 已知集合 $V=\{\boldsymbol{\alpha}\mid\boldsymbol{\alpha}=(a-3b,b-a,a,b)^{T},a,b\in\mathbf{R}\}$ 是 $\mathbf{R}^4$ 的一个子空间，求 V 的一个基和维数，并求 V 中的元素 $\boldsymbol{\alpha}$ 在该基下的坐标.

7. n 元齐次线性方程组 $\mathbf{A}\boldsymbol{x}=\mathbf{0}$ 的全体解向量组成的集合 S，对向量的线性运算构成一个实

数域 $\mathbf{R}$ 上线性空间(又称为线性方程组 $\boldsymbol{Ax}=\mathbf{0}$ 的**解空间**).求证:(1) 若 $r(\boldsymbol{A})=r$,则 $\boldsymbol{Ax}=\mathbf{0}$ 的基础解系 $\boldsymbol{\xi}_1,\boldsymbol{\xi}_2,\cdots,\boldsymbol{\xi}_{n-r}$ 就是解空间 S 的一个基;(2)解空间 S 的维数为 $n-r$.

6.3　基变换与坐标变换

6.2 节的讨论中我们看到,n 维线性空间 V_n 中任一元素都可由基线性表示,不同的基下,元素的坐标也会不同.本节中,我们将讨论不同基下,元素的坐标的变化规律.

6.3.1　基变换公式

1. 由旧基 $\boldsymbol{e}_1,\boldsymbol{e}_2,\cdots,\boldsymbol{e}_n$ 到新基 $\boldsymbol{e}_1',\boldsymbol{e}_2',\cdots,\boldsymbol{e}_n'$ 的基变换公式与过渡矩阵

设数域 F 上的 n 维线性空间 V_n 中的有两个基:旧基 $\boldsymbol{e}_1,\boldsymbol{e}_2,\cdots,\boldsymbol{e}_n$ 与新基 $\boldsymbol{e}_1'$, $\boldsymbol{e}_2',\cdots,\boldsymbol{e}_n'$,如果任意一个新基 $\boldsymbol{e}_j'(j=1,2,\cdots,n)$ 均可由旧基 $\boldsymbol{e}_1,\boldsymbol{e}_2,\cdots,\boldsymbol{e}_n$ 线性表示,**即由旧基 $\boldsymbol{e}_1,\boldsymbol{e}_2,\cdots,\boldsymbol{e}_n$ 到新基 $\boldsymbol{e}_1',\boldsymbol{e}_2',\cdots,\boldsymbol{e}_n'$ 的基变换公式**:

$$\begin{cases}\boldsymbol{e}_1'=a_{11}\boldsymbol{e}_1+a_{21}\boldsymbol{e}_2+\cdots+a_{n1}\boldsymbol{e}_n,\\ \boldsymbol{e}_2'=a_{12}\boldsymbol{e}_1+a_{22}\boldsymbol{e}_2+\cdots+a_{n2}\boldsymbol{e}_n,\\ \qquad\cdots\cdots\\ \boldsymbol{e}_n'=a_{1n}\boldsymbol{e}_1+a_{2n}\boldsymbol{e}_2+\cdots+a_{nn}\boldsymbol{e}_n,\end{cases}$$

可用矩阵表示为

$$\begin{pmatrix}\boldsymbol{e}_1'\\ \boldsymbol{e}_2'\\ \vdots\\ \boldsymbol{e}_n'\end{pmatrix}=\begin{pmatrix}a_{11}&a_{21}&\cdots&a_{n1}\\ a_{12}&a_{22}&\cdots&a_{n2}\\ \vdots&\vdots&&\vdots\\ a_{1n}&a_{2n}&\cdots&a_{nn}\end{pmatrix}\begin{pmatrix}\boldsymbol{e}_1\\ \boldsymbol{e}_2\\ \vdots\\ \boldsymbol{e}_n\end{pmatrix}$$

$$\Leftrightarrow(\boldsymbol{e}_1',\boldsymbol{e}_2',\cdots,\boldsymbol{e}_n')=(\boldsymbol{e}_1,\boldsymbol{e}_2,\cdots,\boldsymbol{e}_n)\begin{pmatrix}a_{11}&a_{12}&\cdots&a_{1n}\\ a_{21}&a_{22}&\cdots&a_{2n}\\ \vdots&\vdots&&\vdots\\ a_{n1}&a_{n2}&\cdots&a_{nn}\end{pmatrix},$$

简记为

$$(\boldsymbol{e}_1',\boldsymbol{e}_2',\cdots,\boldsymbol{e}_n')=(\boldsymbol{e}_1,\boldsymbol{e}_2,\cdots,\boldsymbol{e}_n)\boldsymbol{A},\tag{6.3.1}$$

又称

$$\boldsymbol{A}=\begin{pmatrix}a_{11}&a_{12}&\cdots&a_{1n}\\ a_{21}&a_{22}&\cdots&a_{2n}\\ \vdots&\vdots&&\vdots\\ a_{n1}&a_{n2}&\cdots&a_{nn}\end{pmatrix}=(a_{ij})_{n\times n}\quad(a_{ij}\in F,i,j=1,2,\cdots,n)$$

为**由旧基** $\boldsymbol{e}_1,\boldsymbol{e}_2,\cdots,\boldsymbol{e}_n$ **到新基** $\boldsymbol{e}_1',\boldsymbol{e}_2',\cdots,\boldsymbol{e}_n'$**的过渡矩阵**.

注意到,由旧基 $\boldsymbol{e}_1,\boldsymbol{e}_2,\cdots,\boldsymbol{e}_n$ 到新基 $\boldsymbol{e}_1',\boldsymbol{e}_2',\cdots,\boldsymbol{e}_n'$的过渡矩阵 $\boldsymbol{A}$ 的第 j 列元素,恰好是新基中第 j 个元素 $\boldsymbol{e}_j'$在旧基 $\boldsymbol{e}_1,\boldsymbol{e}_2,\cdots,\boldsymbol{e}_n$ 下的坐标($j=1,2,\cdots,n$),即

$$\boldsymbol{e}_j'=(\boldsymbol{e}_1,\boldsymbol{e}_2,\cdots,\boldsymbol{e}_n)\begin{pmatrix}a_{1j}\\a_{2j}\\\vdots\\a_{nj}\end{pmatrix}. \tag{6.3.2}$$

可证:过渡矩阵 $\boldsymbol{A}$ 是可逆矩阵.

事实上,设 $\boldsymbol{X}=(k_1,k_2,\cdots,k_n)^{\mathrm{T}}$ 是 n 元齐次线性方程组 $\boldsymbol{Ax}=\boldsymbol{0}$ 的任意一个解,则

$$\begin{aligned}k_1\boldsymbol{e}_1'+k_2\boldsymbol{e}_2'+\cdots+k_n\boldsymbol{e}_n'&=(\boldsymbol{e}_1',\boldsymbol{e}_2',\cdots,\boldsymbol{e}_n')\begin{pmatrix}k_1\\k_2\\\vdots\\k_n\end{pmatrix}=(\boldsymbol{e}_1,\boldsymbol{e}_2,\cdots,\boldsymbol{e}_n)\boldsymbol{A}\begin{pmatrix}k_1\\k_2\\\vdots\\k_n\end{pmatrix}\\&=(\boldsymbol{e}_1,\boldsymbol{e}_2,\cdots,\boldsymbol{e}_n)\boldsymbol{AX}=(\boldsymbol{e}_1,\boldsymbol{e}_2,\cdots,\boldsymbol{e}_n)\boldsymbol{0}=\boldsymbol{0},\end{aligned}$$

即

$$k_1\boldsymbol{e}_1'+k_2\boldsymbol{e}_2'+\cdots+k_n\boldsymbol{e}_n'=\boldsymbol{0}.$$

由于 $\boldsymbol{e}_1',\boldsymbol{e}_2',\cdots,\boldsymbol{e}_n'$线性无关,因此由上式只能推出 $k_1=k_2=\cdots=k_n=0$,于是 n 元齐次线性方程组 $\boldsymbol{Ax}=\boldsymbol{0}$ 只有零解,所以其系数行列式 $|\boldsymbol{A}|\neq0$,故 $\boldsymbol{A}$ 是可逆矩阵.

2. 由新基 $\boldsymbol{e}_1',\boldsymbol{e}_2',\cdots,\boldsymbol{e}_n'$到旧基 $\boldsymbol{e}_1,\boldsymbol{e}_2,\cdots,\boldsymbol{e}_n$ 的基变换公式与过渡矩阵

进一步,由(6.3.1)式得,**由新基** $\boldsymbol{e}_1',\boldsymbol{e}_2',\cdots,\boldsymbol{e}_n'$**到旧基** $\boldsymbol{e}_1,\boldsymbol{e}_2,\cdots,\boldsymbol{e}_n$ **的基变换公式**

$$(\boldsymbol{e}_1,\boldsymbol{e}_2,\cdots,\boldsymbol{e}_n)=(\boldsymbol{e}_1',\boldsymbol{e}_2',\cdots,\boldsymbol{e}_n')\boldsymbol{A}^{-1}, \tag{6.3.3}$$

即,若**由旧基** $\boldsymbol{e}_1,\boldsymbol{e}_2,\cdots,\boldsymbol{e}_n$ **到新基** $\boldsymbol{e}_1',\boldsymbol{e}_2',\cdots,\boldsymbol{e}_n'$**的过渡矩阵为** $\boldsymbol{A}$,则**由新基** $\boldsymbol{e}_1',\boldsymbol{e}_2',\cdots,\boldsymbol{e}_n'$**到旧基** $\boldsymbol{e}_1,\boldsymbol{e}_2,\cdots,\boldsymbol{e}_n$ **的过渡矩阵为** $\boldsymbol{A}^{-1}$.

6.3.2 坐标变换公式

定理 6.3 设在数域 F 上的 n 维线性空间 V_n 中,由旧基 $\boldsymbol{e}_1,\boldsymbol{e}_2,\cdots,\boldsymbol{e}_n$ 到新基 $\boldsymbol{e}_1',\boldsymbol{e}_2',\cdots,\boldsymbol{e}_n'$的过渡矩阵为 $\boldsymbol{A}$,如果 V_n 中元素 $\boldsymbol{\alpha}$ 在旧基的坐标为 $\boldsymbol{x}=(x_1,x_2,\cdots,x_n)^{\mathrm{T}}$,在新基下的坐标为 $\boldsymbol{x}'=(x_1',x_2',\cdots,x_n')^{\mathrm{T}}$,则有下列**坐标变换公式**:

$$\begin{pmatrix}x_1\\x_2\\\vdots\\x_n\end{pmatrix}=\boldsymbol{A}\begin{pmatrix}x_1'\\x_2'\\\vdots\\x_n'\end{pmatrix}\quad 或\quad\begin{pmatrix}x_1'\\x_2'\\\vdots\\x_n'\end{pmatrix}=\boldsymbol{A}^{-1}\begin{pmatrix}x_1\\x_2\\\vdots\\x_n\end{pmatrix}, \tag{6.3.4}$$

简记为

$$x = Ax' \quad 或 \quad x' = A^{-1}x.$$

证明　由(6.2.2)式及(6.3.2)式,得

$$(e_1, e_2, \cdots, e_n)\begin{pmatrix} x_1 \\ x_2 \\ \vdots \\ x_n \end{pmatrix} = \alpha = (e_1', e_2', \cdots, e_n')\begin{pmatrix} x_1' \\ x_2' \\ \vdots \\ x_n' \end{pmatrix} = (e_1, e_2, \cdots, e_n)A\begin{pmatrix} x_1' \\ x_2' \\ \vdots \\ x_n' \end{pmatrix}.$$

由于元素 α 在同一个基 $e_1, e_2, \cdots, e_n$ 下的坐标唯一,所以

$$\begin{pmatrix} x_1 \\ x_2 \\ \vdots \\ x_n \end{pmatrix} = A\begin{pmatrix} x_1' \\ x_2' \\ \vdots \\ x_n' \end{pmatrix},$$

又因为过渡矩阵 A 是可逆矩阵,上式两端左乘 A^{-1},得

$$\begin{pmatrix} x_1' \\ x_2' \\ \vdots \\ x_n' \end{pmatrix} = A^{-1}\begin{pmatrix} x_1 \\ x_2 \\ \vdots \\ x_n \end{pmatrix}.$$

例 1　已知线性空间 $\mathbf{R}^3$ 中的两个基:

$$e_1 = \begin{pmatrix} 1 \\ 1 \\ 1 \end{pmatrix}, \quad e_2 = \begin{pmatrix} 1 \\ 0 \\ -1 \end{pmatrix}, \quad e_3 = \begin{pmatrix} 1 \\ 0 \\ 1 \end{pmatrix}, \quad e_1' = \begin{pmatrix} 1 \\ 2 \\ 1 \end{pmatrix}, \quad e_2' = \begin{pmatrix} 2 \\ 3 \\ 4 \end{pmatrix}, \quad e_3' = \begin{pmatrix} 3 \\ 4 \\ 3 \end{pmatrix}.$$

(1) 求由基 e_1, e_2, e_3 到基 e_1', e_2', e_3' 的基变换公式与过渡矩阵;

(2) 求由基 e_1', e_2', e_3' 到基 e_1, e_2, e_3 的基变换公式与过渡矩阵;

(3) 分别求元素 $\alpha = (1, 0, 0)^{\mathrm{T}}$ 在这两个基下的坐标;

(4)求在这两个基下有相同坐标的元素 β.

解　先用基变换公式求出过渡矩阵.

(1) 设由基 e_1, e_2, e_3 到基 e_1', e_2', e_3' 的基变换公式为

$$(e_1', e_2', e_3') = (e_1, e_2, e_3)A, \tag{6.3.5}$$

于是,由基 e_1, e_2, e_3 到基 e_1', e_2', e_3' 的过渡矩阵为

$$A = (e_1, e_2, e_3)^{-1}(e_1', e_2', e_3').$$

而 $(e_1, e_2, e_3)^{-1}(e_1', e_2', e_3')$ 可通过矩阵的初等行变换求解,因为

$$(e_1, e_2, e_3 \,\vdots\, e_1', e_2', e_3') = \left(\begin{array}{ccc:ccc} 1 & 1 & 1 & 1 & 2 & 3 \\ 1 & 0 & 0 & 2 & 3 & 4 \\ 1 & -1 & 1 & 1 & 4 & 3 \end{array}\right) \to \left(\begin{array}{ccc:ccc} 1 & 0 & 0 & 2 & 3 & 4 \\ 1 & 1 & 1 & 1 & 2 & 3 \\ 1 & -1 & 1 & 1 & 4 & 3 \end{array}\right)$$

$$\to\left(\begin{array}{ccc|ccc}1&0&0&2&3&4\\0&1&1&-1&-1&-1\\0&-1&1&-1&1&-1\end{array}\right)\to\left(\begin{array}{ccc|ccc}1&0&0&2&3&4\\0&1&1&-1&-1&-1\\0&0&2&-2&0&-2\end{array}\right)$$

$$\to\left(\begin{array}{ccc|ccc}1&0&0&2&3&4\\0&1&1&-1&-1&-1\\0&0&1&-1&0&-1\end{array}\right)\to\left(\begin{array}{ccc|ccc}1&0&0&2&3&4\\0&1&0&0&-1&0\\0&0&1&-1&0&-1\end{array}\right).$$

所以，由基 $\boldsymbol{e}_1,\boldsymbol{e}_2,\boldsymbol{e}_3$ 到基 $\boldsymbol{e}_1',\boldsymbol{e}_2',\boldsymbol{e}_3'$的过渡矩阵

$$\boldsymbol{A}=(\boldsymbol{e}_1,\boldsymbol{e}_2,\boldsymbol{e}_3)^{-1}(\boldsymbol{e}_1',\boldsymbol{e}_2',\boldsymbol{e}_3')=\begin{pmatrix}2&3&4\\0&-1&0\\-1&0&-1\end{pmatrix}.$$

(2) 用基变换公式(6.3.5)得，由基 $\boldsymbol{e}_1',\boldsymbol{e}_2',\boldsymbol{e}_3'$到基 $\boldsymbol{e}_1,\boldsymbol{e}_2,\boldsymbol{e}_3$ 的基变换公式为

$$(\boldsymbol{e}_1,\boldsymbol{e}_2,\boldsymbol{e}_3)=(\boldsymbol{e}_1',\boldsymbol{e}_2',\boldsymbol{e}_3')\boldsymbol{A}^{-1},\tag{6.3.6}$$

所以，由基 $\boldsymbol{e}_1',\boldsymbol{e}_2',\boldsymbol{e}_3'$到基 $\boldsymbol{e}_1,\boldsymbol{e}_2,\boldsymbol{e}_3$ 的过渡矩阵为

$$\boldsymbol{A}^{-1}=\begin{pmatrix}2&3&4\\0&-1&0\\-1&0&-1\end{pmatrix}^{-1}=\begin{pmatrix}-\frac{1}{2}&-\frac{3}{2}&-2\\0&-1&0\\\frac{1}{2}&\frac{3}{2}&1\end{pmatrix}.$$

(3) **方法 1** 先设元素 $\boldsymbol{\alpha}=(1,0,0)^{\mathrm{T}}$ 在旧基 $\boldsymbol{e}_1,\boldsymbol{e}_2,\boldsymbol{e}_3$ 下的坐标为 $\boldsymbol{x}=(x_1,x_2,x_3)^{\mathrm{T}}$，即

$$\boldsymbol{\alpha}=(\boldsymbol{e}_1,\boldsymbol{e}_2,\boldsymbol{e}_3)\boldsymbol{x},\tag{6.3.7}$$

求出

$$\boldsymbol{x}=(\boldsymbol{e}_1,\boldsymbol{e}_2,\boldsymbol{e}_3)^{-1}\boldsymbol{\alpha}=\begin{pmatrix}1&1&1\\1&0&0\\1&-1&1\end{pmatrix}^{-1}\begin{pmatrix}1\\0\\0\end{pmatrix}=\frac{1}{2}\begin{pmatrix}0&2&0\\1&0&-1\\1&-2&1\end{pmatrix}\begin{pmatrix}1\\0\\0\end{pmatrix}=\begin{pmatrix}0\\\frac{1}{2}\\\frac{1}{2}\end{pmatrix}.$$

又设元素 $\boldsymbol{\alpha}=(1,0,0)^{\mathrm{T}}$ 在新基 $\boldsymbol{e}_1',\boldsymbol{e}_2',\boldsymbol{e}_3'$下的坐标为 $\boldsymbol{x}'=(x_1',x_2',x_3')^{\mathrm{T}}$，即

$$\boldsymbol{\alpha}=(\boldsymbol{e}_1',\boldsymbol{e}_2',\boldsymbol{e}_3')\boldsymbol{x}',\tag{6.3.8}$$

求出

$$\boldsymbol{x}'=(\boldsymbol{e}_1',\boldsymbol{e}_2',\boldsymbol{e}_3')^{-1}\boldsymbol{\alpha}=\begin{pmatrix}1&2&3\\2&3&4\\1&4&3\end{pmatrix}^{-1}\begin{pmatrix}1\\0\\0\end{pmatrix}=\frac{1}{4}\begin{pmatrix}-7&6&-1\\-2&0&2\\5&-2&-1\end{pmatrix}\begin{pmatrix}1\\0\\0\end{pmatrix}=\begin{pmatrix}-\frac{7}{4}\\-\frac{1}{2}\\\frac{5}{4}\end{pmatrix}.$$

方法 2 也可用坐标变换公式求出，事实上，由(6.3.7)或与(6.3.8)式，得

$$(\boldsymbol{e}_1,\boldsymbol{e}_2,\boldsymbol{e}_3)\boldsymbol{x}=\boldsymbol{\alpha}=(\boldsymbol{e}_1',\boldsymbol{e}_2',\boldsymbol{e}_3')\boldsymbol{x}'.$$

再由(6.3.6)式知

$$(\boldsymbol{e}_1',\boldsymbol{e}_2',\boldsymbol{e}_3')\boldsymbol{A}^{-1}\boldsymbol{x}=\boldsymbol{\alpha}=(\boldsymbol{e}_1',\boldsymbol{e}_2',\boldsymbol{e}_3')\boldsymbol{x}',$$

所以

$$\boldsymbol{x}'=\boldsymbol{A}^{-1}\boldsymbol{x}=\begin{pmatrix}2&3&4\\0&-1&0\\-1&0&-1\end{pmatrix}^{-1}\begin{pmatrix}0\\\frac{1}{2}\\\frac{1}{2}\end{pmatrix}=\begin{pmatrix}-\frac{1}{2}&-\frac{3}{2}&-2\\0&-1&0\\\frac{1}{2}&\frac{3}{2}&1\end{pmatrix}\begin{pmatrix}0\\\frac{1}{2}\\\frac{1}{2}\end{pmatrix}=\begin{pmatrix}-\frac{7}{4}\\-\frac{1}{2}\\\frac{5}{4}\end{pmatrix}.$$

(4) 设元素 $\boldsymbol{\beta}$ 在这两个基下的坐标分别为 $\boldsymbol{x}=(x_1,x_2,x_3)^{\mathrm{T}}$ 与 $\boldsymbol{x}'=(x_1,x_2,x_3)^{\mathrm{T}}$(坐标相同),由坐标变换公式,得

$$\boldsymbol{x}=\boldsymbol{A}\boldsymbol{x}'\Rightarrow\begin{pmatrix}x_1\\x_2\\x_3\end{pmatrix}=\boldsymbol{A}\begin{pmatrix}x_1\\x_2\\x_3\end{pmatrix}\Rightarrow(\boldsymbol{A}-\boldsymbol{E})\begin{pmatrix}x_1\\x_2\\x_3\end{pmatrix}=\begin{pmatrix}0\\0\\0\end{pmatrix}\Rightarrow\begin{pmatrix}1&3&4\\0&-2&0\\-1&0&-2\end{pmatrix}\begin{pmatrix}x_1\\x_2\\x_3\end{pmatrix}=\begin{pmatrix}0\\0\\0\end{pmatrix}.$$

求出该齐次线性方程组只有零解 $\boldsymbol{x}=\boldsymbol{x}'=(0,0,0)^{\mathrm{T}}$,于是元素 $\boldsymbol{\beta}$ 的坐标为$(0,0,0)^{\mathrm{T}}$,即

$$\boldsymbol{\beta}=x_1\boldsymbol{e}_1+x_2\boldsymbol{e}_2+x_3\boldsymbol{e}_3=(\boldsymbol{e}_1,\boldsymbol{e}_2,\boldsymbol{e}_3)\begin{pmatrix}x_1\\x_2\\x_3\end{pmatrix}=(\boldsymbol{e}_1,\boldsymbol{e}_2,\boldsymbol{e}_3)\begin{pmatrix}0\\0\\0\end{pmatrix}=\begin{pmatrix}0\\0\\0\end{pmatrix}.$$

所以,这两个基下有相同坐标的元素 $\boldsymbol{\beta}=(0,0,0)^{\mathrm{T}}$.

注　区别“元素 $\boldsymbol{\beta}=(0,0,0)^{\mathrm{T}}$”与“元素 $\boldsymbol{\beta}$ 的坐标为$(0,0,0)^{\mathrm{T}}$”,不能把前者(向量空间中的向量)与后者(向量的坐标)的概念混淆,尽管两者在形式上一模一样.

例 2　已知线性空间 $P[x]_2=\{p(x)\mid p(x)=a_2x^2+a_1x+a_0,a_2,a_1,a_0\in\mathbf{R}\}$中的两个基:

$$\boldsymbol{e}_1=x^2+2x,\quad \boldsymbol{e}_2=2x^2+1,\quad \boldsymbol{e}_3=3x-1$$

与

$$\boldsymbol{e}_1'=2x^2+2x,\quad \boldsymbol{e}_2'=2x^2+x+1,\quad \boldsymbol{e}_3'=3x.$$

(1) 求由基 $\boldsymbol{e}_1,\boldsymbol{e}_2,\boldsymbol{e}_3$ 到基 $\boldsymbol{e}_1',\boldsymbol{e}_2',\boldsymbol{e}_3'$的基变换公式与过渡矩阵;

(2) 求由基 $\boldsymbol{e}_1',\boldsymbol{e}_2',\boldsymbol{e}_3'$到基 $\boldsymbol{e}_1,\boldsymbol{e}_2,\boldsymbol{e}_3$ 的基变换公式与过渡矩阵;

(3) 分别求 $P[x]_2$ 的元素 $p(x)=a_2x^2+a_1x+a_0$ 在这两个基下的坐标.

解　先找 $P[x]_2$ 的一个基 $x^2,x,1$ 作为中间基.

(1) 先将基 $\boldsymbol{e}_1,\boldsymbol{e}_2,\boldsymbol{e}_3$ 用中间基 $x^2,x,1$ 线性表示为

$$\boldsymbol{e}_1=x^2+2x=1\times x^2+2\times x+0\times 1,$$
$$\boldsymbol{e}_2=2x^2+1=2\times x^2+0\times x+1\times 1,$$
$$\boldsymbol{e}_3=3x-1=0\times x^2+3\times x+(-1)\times 1,$$

写出中间基 $x^2,x,1$ 到基 $\boldsymbol{e}_1,\boldsymbol{e}_2,\boldsymbol{e}_3$ 的基变换公式为

$$(\boldsymbol{e}_1,\boldsymbol{e}_2,\boldsymbol{e}_3)=(x^2+2x,2x^2+1,3x-1)=(x^2,x,1)\begin{pmatrix}1&2&0\\2&0&3\\0&1&-1\end{pmatrix}=(x^2,x,1)\boldsymbol{A}_1.\tag{6.3.9}$$

同理,写出中间基 $x^2,x,1$ 到基 $\boldsymbol{e}_1',\boldsymbol{e}_2',\boldsymbol{e}_3'$的基变换公式为

$$(\boldsymbol{e}_1',\boldsymbol{e}_2',\boldsymbol{e}_3')=(2x^2+2x,2x^2+x+1,3x)=(x^2,x,1)\begin{pmatrix}2&2&0\\2&1&3\\0&1&0\end{pmatrix}=(x^2,x,1)\boldsymbol{A}_2,\tag{6.3.10}$$

其中 $\boldsymbol{A}_1,\boldsymbol{A}_2$ 分别为(6.3.9),(6.3.10)式对应的过渡矩阵,且均为可逆矩阵,由(6.3.9)式得

$$(x^2,x,1)=(\boldsymbol{e}_1,\boldsymbol{e}_2,\boldsymbol{e}_3)\boldsymbol{A}_1^{-1}.\tag{6.3.11}$$

将(6.3.11)式代入(6.3.10)式得,由基 $\boldsymbol{e}_1,\boldsymbol{e}_2,\boldsymbol{e}_3$ 到基 $\boldsymbol{e}_1',\boldsymbol{e}_2',\boldsymbol{e}_3'$的基变换公式为

$$(\boldsymbol{e}'_1,\boldsymbol{e}'_2,\boldsymbol{e}'_3)=(\boldsymbol{e}_1,\boldsymbol{e}_2,\boldsymbol{e}_3)\boldsymbol{A}_1^{-1}\boldsymbol{A}_2=(\boldsymbol{e}_1,\boldsymbol{e}_2,\boldsymbol{e}_3)\boldsymbol{A}.\tag{6.3.12}$$

于是,由基 $\boldsymbol{e}_1,\boldsymbol{e}_2,\boldsymbol{e}_3$ 到基 $\boldsymbol{e}_1',\boldsymbol{e}_2',\boldsymbol{e}_3'$的过渡矩阵为 $\boldsymbol{A}=\boldsymbol{A}_1^{-1}\boldsymbol{A}_2$.

而 $\boldsymbol{A}_1^{-1}\boldsymbol{A}_2$ 可通过矩阵的初等行变换求解,因为

$$\begin{aligned}(\boldsymbol{A}_1 \vdots \boldsymbol{A}_2)&=\left(\begin{array}{ccc:ccc}1&2&0&2&2&0\\2&0&3&2&1&3\\0&1&-1&0&1&0\end{array}\right)\to\left(\begin{array}{ccc:ccc}1&2&0&2&2&0\\0&-4&3&-2&-3&3\\0&1&-1&0&1&0\end{array}\right)\\&\to\left(\begin{array}{ccc:ccc}1&2&0&2&2&0\\0&1&-1&0&1&0\\0&-4&3&-2&-3&3\end{array}\right)\to\left(\begin{array}{ccc:ccc}1&2&0&2&2&0\\0&1&-1&0&1&0\\0&0&-1&-2&1&3\end{array}\right)\\&\to\left(\begin{array}{ccc:ccc}1&2&0&2&2&0\\0&1&-1&0&1&0\\0&0&1&2&-1&-3\end{array}\right)\to\left(\begin{array}{ccc:ccc}1&2&0&2&2&0\\0&1&0&2&0&-3\\0&0&1&2&-1&-3\end{array}\right)\\&\to\left(\begin{array}{ccc:ccc}1&0&0&-2&2&6\\0&1&0&2&0&-3\\0&0&1&2&-1&-3\end{array}\right),\end{aligned}$$

所以,由基 $\boldsymbol{e}_1,\boldsymbol{e}_2,\boldsymbol{e}_3$ 到基 $\boldsymbol{e}_1',\boldsymbol{e}_2',\boldsymbol{e}_3'$的过渡矩阵

$$\boldsymbol{A}=\boldsymbol{A}_1^{-1}\boldsymbol{A}_2=\begin{pmatrix}-2&2&6\\2&0&-3\\2&-1&-3\end{pmatrix}.$$

(2)由(6.3.12)式得,由基 $\boldsymbol{e}_1',\boldsymbol{e}_2',\boldsymbol{e}_3'$到基 $\boldsymbol{e}_1,\boldsymbol{e}_2,\boldsymbol{e}_3$ 的基变换公式为

$$(\boldsymbol{e}_1,\boldsymbol{e}_2,\boldsymbol{e}_3)=(\boldsymbol{e}'_1,\boldsymbol{e}'_2,\boldsymbol{e}'_3)\boldsymbol{A}^{-1},$$

于是，由基 $\boldsymbol{e}_1', \boldsymbol{e}_2', \boldsymbol{e}_3'$ 到基 $\boldsymbol{e}_1, \boldsymbol{e}_2, \boldsymbol{e}_3$ 的过渡矩阵为

$$\boldsymbol{A}^{-1} = \begin{pmatrix} -2 & 2 & 6 \\ 2 & 0 & -3 \\ 2 & -1 & -3 \end{pmatrix}^{-1} = \begin{pmatrix} \frac{1}{2} & 0 & 1 \\ 0 & 1 & -1 \\ \frac{1}{3} & -\frac{1}{3} & \frac{2}{3} \end{pmatrix}.$$

(3) 先写出元素 $p(x)=a_2x^2+a_1x+a_0$ 在中间基 $x^2, x, 1$ 下的坐标为 $\boldsymbol{x}_0=(a_2, a_1, a_0)^{\mathrm{T}}$，即

$$p(x) = a_2x^2 + a_1x + a_0 = (x^2, x, 1)\begin{pmatrix} a_2 \\ a_1 \\ a_0 \end{pmatrix} = (x^2, x, 1)\boldsymbol{x}_0, \quad (6.3.13)$$

又设元素 $p(x)=a_2x^2+a_1x+a_0$ 在基 $\boldsymbol{e}_1, \boldsymbol{e}_2, \boldsymbol{e}_3$ 下的坐标为 $\boldsymbol{x}=(x_1, x_2, x_3)^{\mathrm{T}}$，即

$$p(x) = a_2x^2 + a_1x + a_0 = (\boldsymbol{e}_1, \boldsymbol{e}_2, \boldsymbol{e}_3)\begin{pmatrix} x_1 \\ x_2 \\ x_3 \end{pmatrix} = (\boldsymbol{e}_1, \boldsymbol{e}_2, \boldsymbol{e}_3)\boldsymbol{x}, \quad (6.3.14)$$

再设元素 $p(x)=a_2x^2+a_1x+a_0$ 在基 $\boldsymbol{e}_1', \boldsymbol{e}_2', \boldsymbol{e}_3'$ 下的坐标为 $\boldsymbol{x}'=(x_1', x_2', x_3')^{\mathrm{T}}$，即

$$p(x) = a_2x^2 + a_1x + a_0 = (\boldsymbol{e}_1', \boldsymbol{e}_2', \boldsymbol{e}_3')\begin{pmatrix} x_1' \\ x_2' \\ x_3' \end{pmatrix} = (\boldsymbol{e}_1', \boldsymbol{e}_2', \boldsymbol{e}_3')\boldsymbol{x}', \quad (6.3.15)$$

由(6.3.13)，(6.3.14)两式，得

$$(x^2, x, 1)\boldsymbol{x}_0 = (\boldsymbol{e}_1, \boldsymbol{e}_2, \boldsymbol{e}_3)\boldsymbol{x}.$$

利用(6.3.9)式，将 $(\boldsymbol{e}_1, \boldsymbol{e}_2, \boldsymbol{e}_3)=(x^2, x, 1)\boldsymbol{A}_1 \Leftrightarrow (x^2, x, 1)=(\boldsymbol{e}_1, \boldsymbol{e}_2, \boldsymbol{e}_3)\boldsymbol{A}_1^{-1}$ 代入上式得

$$(\boldsymbol{e}_1, \boldsymbol{e}_2, \boldsymbol{e}_3)\boldsymbol{A}_1^{-1}\boldsymbol{x}_0 = (\boldsymbol{e}_1, \boldsymbol{e}_2, \boldsymbol{e}_3)\boldsymbol{x} \Leftrightarrow \boldsymbol{x} = \boldsymbol{A}_1^{-1}\boldsymbol{x}_0.$$

解出

$$\boldsymbol{x} = \boldsymbol{A}_1^{-1}\boldsymbol{x}_0 = \begin{pmatrix} 1 & 2 & 0 \\ 2 & 0 & 3 \\ 0 & 1 & -1 \end{pmatrix}^{-1}\begin{pmatrix} a_2 \\ a_1 \\ a_0 \end{pmatrix} = \begin{pmatrix} -3 & 2 & 6 \\ 2 & -1 & -3 \\ 2 & -1 & -4 \end{pmatrix}\begin{pmatrix} a_2 \\ a_1 \\ a_0 \end{pmatrix}$$

$$= \begin{pmatrix} -3a_2 + 2a_1 + 6a_0 \\ 2a_2 - a_1 - 3a_0 \\ 2a_2 - a_1 - 4a_0 \end{pmatrix}.$$

同理，由(6.3.13)，(6.3.15)两式，得

$$(x^2, x, 1)\boldsymbol{x}_0 = (\boldsymbol{e}_1', \boldsymbol{e}_2', \boldsymbol{e}_3')\boldsymbol{x}',$$

利用(6.3.10)式，将 $(\boldsymbol{e}_1', \boldsymbol{e}_2', \boldsymbol{e}_3')=(x^2, x, 1)\boldsymbol{A}_2 \Leftrightarrow (x^2, x, 1)=(\boldsymbol{e}_1', \boldsymbol{e}_2', \boldsymbol{e}_3')\boldsymbol{A}_2^{-1}$ 代入上式得

$$(\boldsymbol{e}_1', \boldsymbol{e}_2', \boldsymbol{e}_3')\boldsymbol{A}_2^{-1}\boldsymbol{x}_0 = (\boldsymbol{e}_1', \boldsymbol{e}_2', \boldsymbol{e}_3')\boldsymbol{x}' \Leftrightarrow \boldsymbol{x}' = \boldsymbol{A}_2^{-1}\boldsymbol{x}_0,$$

解出

$$x' = A_2^{-1}x_0 = \begin{pmatrix} 2 & 2 & 0 \\ 2 & 1 & 3 \\ 0 & 1 & 0 \end{pmatrix}^{-1} \begin{pmatrix} a_2 \\ a_1 \\ a_0 \end{pmatrix}$$

$$= \begin{pmatrix} \frac{1}{2} & 0 & -1 \\ 0 & 0 & 1 \\ -\frac{1}{3} & \frac{1}{3} & \frac{1}{3} \end{pmatrix} \begin{pmatrix} a_2 \\ a_1 \\ a_0 \end{pmatrix} = \begin{pmatrix} \frac{1}{2}a_2 - a_0 \\ a_0 \\ -\frac{1}{3}a_2 + \frac{1}{3}a_1 + \frac{1}{3}a_0 \end{pmatrix}.$$

x'也可用坐标变换公式求出. 事实上,由(6.3.14)式与(6.3.15)式,得

$$(e_1, e_2, e_3)x = p(x) = (e_1', e_2', e_3')x',$$

再由(6.3.12)式知$(e_1', e_2', e_3') = (e_1, e_2, e_3)A$,于是

$$(e_1, e_2, e_3)x = (e_1, e_2, e_3)Ax' \Leftrightarrow x = Ax' \Leftrightarrow x' = A^{-1}x,$$

解出

$$x' = A^{-1}x = A^{-1}A_1^{-1}x_0 = (A_1^{-1}A_2)^{-1}A_1^{-1}x_0 = A_2^{-1}A_1A_1^{-1}x_0$$

$$= A_2^{-1}x_0 = \begin{pmatrix} \frac{1}{2}a_2 - a_0 \\ a_0 \\ -\frac{1}{3}a_2 + \frac{1}{3}a_1 + \frac{1}{3}a_0 \end{pmatrix}.$$

例 3 已知线性空间 $\mathbf{R}^{2\times 2}$中的两个基:

$$e_1 = \begin{pmatrix} 1 & 0 \\ 0 & 0 \end{pmatrix}, \quad e_2 = \begin{pmatrix} 0 & 1 \\ 0 & 0 \end{pmatrix}, \quad e_3 = \begin{pmatrix} 0 & 0 \\ 1 & 0 \end{pmatrix}, \quad e_4 = \begin{pmatrix} 0 & 0 \\ 0 & 1 \end{pmatrix},$$

$$e_1' = \begin{pmatrix} 0 & 1 \\ 1 & 1 \end{pmatrix}, \quad e_2' = \begin{pmatrix} 1 & 0 \\ 1 & 1 \end{pmatrix}, \quad e_3' = \begin{pmatrix} 1 & 1 \\ 0 & 1 \end{pmatrix}, \quad e_4' = \begin{pmatrix} 1 & 1 \\ 1 & 0 \end{pmatrix}.$$

(1) 求由基 e_1, e_2, e_3, e_4 到基 e_1', e_2', e_3', e_4'的基变换公式与过渡矩阵;

(2) 求由基 e_1', e_2', e_3', e_4'到基 e_1, e_2, e_3, e_4 的基变换公式与过渡矩阵;

(3) 分别求 $\mathbf{R}^{2\times 2}$的元素$B = \begin{pmatrix} 0 & 1 \\ 2 & -3 \end{pmatrix}$在这两个基下的坐标.

解 (1) 先将基 e_1', e_2', e_3', e_4'用基 e_1, e_2, e_3, e_4 线性表示:

$$e_1' = 0\times e_1 + 1\times e_2 + 1\times e_3 + 1\times e_4,$$
$$e_2' = 1\times e_1 + 0\times e_2 + 1\times e_3 + 1\times e_4,$$
$$e_3' = 1\times e_1 + 1\times e_2 + 0\times e_3 + 1\times e_4,$$
$$e_4' = 1\times e_1 + 1\times e_2 + 1\times e_3 + 0\times e_4,$$

写出基 e_1, e_2, e_3, e_4 到基 e_1', e_2', e_3', e_4'的基变换公式为

$$(\boldsymbol{e}_1',\boldsymbol{e}_2',\boldsymbol{e}_3',\boldsymbol{e}_4')=(\boldsymbol{e}_1,\boldsymbol{e}_2,\boldsymbol{e}_3,\boldsymbol{e}_4)\begin{pmatrix}0&1&1&1\\1&0&1&1\\1&1&0&1\\1&1&1&0\end{pmatrix}=(\boldsymbol{e}_1,\boldsymbol{e}_2,\boldsymbol{e}_3,\boldsymbol{e}_4)\boldsymbol{A},\tag{6.3.16}$$

所以，由基 $\boldsymbol{e}_1,\boldsymbol{e}_2,\boldsymbol{e}_3,\boldsymbol{e}_4$ 到基 $\boldsymbol{e}'_1,\boldsymbol{e}_2',\boldsymbol{e}_3',\boldsymbol{e}_4'$的过渡矩阵为

$$\boldsymbol{A}=\begin{pmatrix}0&1&1&1\\1&0&1&1\\1&1&0&1\\1&1&1&0\end{pmatrix}.$$

(2) 由(6.3.16)式得，由基 $\boldsymbol{e}_1',\boldsymbol{e}_2',\boldsymbol{e}_3',\boldsymbol{e}_4'$到基 $\boldsymbol{e}_1,\boldsymbol{e}_2,\boldsymbol{e}_3,\boldsymbol{e}_4$ 的基变换公式为

$$(\boldsymbol{e}_1,\boldsymbol{e}_2,\boldsymbol{e}_3,\boldsymbol{e}_4)=(\boldsymbol{e}_1',\boldsymbol{e}_2',\boldsymbol{e}_3',\boldsymbol{e}_4')\boldsymbol{A}^{-1},$$

所以，由基 $\boldsymbol{e}_1',\boldsymbol{e}_2',\boldsymbol{e}_3',\boldsymbol{e}_4'$到基 $\boldsymbol{e}_1,\boldsymbol{e}_2,\boldsymbol{e}_3,\boldsymbol{e}_4$ 的过渡矩阵为

$$\boldsymbol{A}^{-1}=\begin{pmatrix}0&1&1&1\\1&0&1&1\\1&1&0&1\\1&1&1&0\end{pmatrix}^{-1}=\frac{1}{3}\begin{pmatrix}-2&1&1&1\\1&-2&1&1\\1&1&-2&1\\1&1&1&-2\end{pmatrix}.$$

(3) 先将元素 $\boldsymbol{B}=\begin{pmatrix}0&1\\2&-3\end{pmatrix}$表示成基 $\boldsymbol{e}_1,\boldsymbol{e}_2,\boldsymbol{e}_3,\boldsymbol{e}_4$ 的线性组合，即

$$\begin{aligned}\boldsymbol{B}=\begin{pmatrix}0&1\\2&-3\end{pmatrix}&=0\times\begin{pmatrix}1&0\\0&0\end{pmatrix}+1\times\begin{pmatrix}0&1\\0&0\end{pmatrix}+2\times\begin{pmatrix}0&0\\1&0\end{pmatrix}+(-3)\times\begin{pmatrix}0&0\\0&1\end{pmatrix}\\&=0\times\boldsymbol{e}_1+1\times\boldsymbol{e}_2+2\times\boldsymbol{e}_3+(-3)\times\boldsymbol{e}_4=(\boldsymbol{e}_1,\boldsymbol{e}_2,\boldsymbol{e}_3,\boldsymbol{e}_4)\begin{pmatrix}0\\1\\2\\-3\end{pmatrix},\end{aligned}$$

故元素 $\boldsymbol{B}$ 在基 $\boldsymbol{e}_1,\boldsymbol{e}_2,\boldsymbol{e}_3,\boldsymbol{e}_4$ 下的坐标为

$$\boldsymbol{x}=(x_1,x_2,x_3,x_4)^{\mathrm{T}}=(0,1,2,-3)^{\mathrm{T}}.$$

又设元素 $\boldsymbol{B}=\begin{pmatrix}0&1\\2&-3\end{pmatrix}$在基 $\boldsymbol{e}_1',\boldsymbol{e}_2',\boldsymbol{e}_3',\boldsymbol{e}_4'$下的坐标为 $\boldsymbol{x}'=(x_1',x_2',x_3',x_4')^{\mathrm{T}}$，由坐标变换公式，得

$$\boldsymbol{x}'=\boldsymbol{A}^{-1}\boldsymbol{x}=\begin{pmatrix}0&1&1&1\\1&0&1&1\\1&1&0&1\\1&1&1&0\end{pmatrix}^{-1}\begin{pmatrix}0\\1\\2\\-3\end{pmatrix}=\frac{1}{3}\begin{pmatrix}-2&1&1&1\\1&-2&1&1\\1&1&-2&1\\1&1&1&-2\end{pmatrix}\begin{pmatrix}0\\1\\2\\-3\end{pmatrix}=\begin{pmatrix}0\\-1\\-2\\3\end{pmatrix}.$$

习 题 6.3

1. 已知线性空间 $\mathbf{R}^2$ 中的两个基：$\boldsymbol{e}_1=\begin{pmatrix}1\\0\end{pmatrix}$，$\boldsymbol{e}_2=\begin{pmatrix}0\\1\end{pmatrix}$与 $\boldsymbol{e}_1'=\begin{pmatrix}2\\1\end{pmatrix}$，$\boldsymbol{e}_2'=\begin{pmatrix}-1\\3\end{pmatrix}$.

(1) 求由基 $\boldsymbol{e}_1,\boldsymbol{e}_2$ 到基 $\boldsymbol{e}_1',\boldsymbol{e}_2'$的基变换公式与过渡矩阵；

(2) 求由基 $\boldsymbol{e}_1',\boldsymbol{e}_2'$到基 $\boldsymbol{e}_1,\boldsymbol{e}_2$ 的基变换公式与过渡矩阵；

(3) 分别求元素 $\boldsymbol{\alpha}=(7,21)^{\mathrm{T}}\in\mathbf{R}^2$ 在这两个基下的坐标.

2. 设 $\boldsymbol{e}_1,\boldsymbol{e}_2,\boldsymbol{e}_3$ 是线性空间 $\mathbf{R}^3$ 中的一个基，已知 $\boldsymbol{e}_1'=\boldsymbol{e}_1+\boldsymbol{e}_2-2\boldsymbol{e}_3$，$\boldsymbol{e}_2'=\boldsymbol{e}_1-\boldsymbol{e}_2-\boldsymbol{e}_3$，$\boldsymbol{e}_3'=\boldsymbol{e}_1+\boldsymbol{e}_3$.

(1) 验证 $\boldsymbol{e}_1',\boldsymbol{e}_2',\boldsymbol{e}_3'$也是线性空间 $\mathbf{R}^3$ 的一个基；

(2) 求基 $\boldsymbol{e}_1,\boldsymbol{e}_2,\boldsymbol{e}_3$ 到基 $\boldsymbol{e}_1',\boldsymbol{e}_2',\boldsymbol{e}_3'$的过渡矩阵；

(3) 求 $\mathbf{R}^3$ 的元素 $\boldsymbol{\alpha}=6\boldsymbol{e}_1-\boldsymbol{e}_2-\boldsymbol{e}_3$ 在基 $\boldsymbol{e}_1',\boldsymbol{e}_2',\boldsymbol{e}_3'$下的坐标.

3. 已知 $P[x]_2$ 中基 $\boldsymbol{e}_1,\boldsymbol{e}_2,\boldsymbol{e}_3$ 到基 $\boldsymbol{e}_1'=2-x^2$，$\boldsymbol{e}_2'=1+3x+2x^2$，$\boldsymbol{e}_3'=-2+x+x^2$ 的过渡矩阵为 $\boldsymbol{A}=\begin{pmatrix}1&2&3\\0&1&4\\0&0&1\end{pmatrix}$. 求：

(1) 由基 $\boldsymbol{e}_1',\boldsymbol{e}_2',\boldsymbol{e}_3'$到基 $\boldsymbol{e}_1,\boldsymbol{e}_2,\boldsymbol{e}_3$ 的过渡矩阵；

(2) 基 $\boldsymbol{e}_1,\boldsymbol{e}_2,\boldsymbol{e}_3$；

(3) $P[x]_2$ 的元素 $p(x)=5x^2+5x+5$ 在这两个基下的坐标.

4. 已知线性空间 $\mathbf{R}^{2\times2}$ 中的一个基：$\boldsymbol{e}_1=\begin{pmatrix}1&0\\0&0\end{pmatrix}$，$\boldsymbol{e}_2=\begin{pmatrix}1&1\\0&0\end{pmatrix}$，$\boldsymbol{e}_3=\begin{pmatrix}1&1\\1&0\end{pmatrix}$，$\boldsymbol{e}_4=\begin{pmatrix}1&1\\1&1\end{pmatrix}$，求 $\mathbf{R}^{2\times2}$的元素 $\boldsymbol{B}=\begin{pmatrix}1&2\\3&6\end{pmatrix}$在这个基下的坐标.

6.4 线性变换

为反映线性空间中各元素之间的联系，引入了变换的概念，线性变换是最基本也是最重要的变换.

6.4.1 线性变换的定义

定义 6.5 设 V 是数域 F 上的线性空间，若存在一个规则 T，对 V 中每一个元素 $\boldsymbol{\alpha}$(源)，根据此规则，都有 V 中的唯一元素 $T(\boldsymbol{\alpha})$(像)与之对应(记为 $\boldsymbol{\alpha}\mapsto T(\boldsymbol{\alpha})$)，则称规则 T 为一个**变换**，如果变换 T 保持 V 中所定义的加法和数乘法，即满足：

(i) 任给 $\boldsymbol{\alpha}_1,\boldsymbol{\alpha}_2\in V$，$T(\boldsymbol{\alpha}_1+\boldsymbol{\alpha}_2)=T(\boldsymbol{\alpha}_1)+T(\boldsymbol{\alpha}_2)$；

(ii) 任给 $\boldsymbol{\alpha}\in V,k\in F$，$T(k\boldsymbol{\alpha})=kT(\boldsymbol{\alpha})$，

则称变换 T 为**线性空间 V 中的一个线性变换.**

由定义 6.5 可知，变换(又称为映射)是函数概念的推广，而线性变换就是保持线性运算(加法与数乘法)的变换.

例 1　验证下列线性空间中的变换 T 是线性变换：

(1) 在线性空间 $\mathbf{R}$ 中定义的变换 T：$T(\boldsymbol{x})=-3\boldsymbol{x}=-3x_1$，$\forall \boldsymbol{x}=(x_1)=x_1\in\mathbf{R}$.

(2) 给定二阶矩阵 $\mathbf{A}=\begin{pmatrix}0&1\\-1&0\end{pmatrix}$，在线性空间 $\mathbf{R}^2$ 中定义的变换 T：$T(\boldsymbol{x})=\mathbf{A}\boldsymbol{x}$，$\forall \boldsymbol{x}=\begin{pmatrix}x_1\\x_2\end{pmatrix}\in\mathbf{R}^2$.

(3) 在线性空间 $\mathbf{R}^3$ 中定义的变换 T：$T(\boldsymbol{x})=T\begin{pmatrix}x_1\\x_2\\x_3\end{pmatrix}=\begin{pmatrix}x_1\\x_2\\-x_3\end{pmatrix}$，$\forall \boldsymbol{x}=\begin{pmatrix}x_1\\x_2\\x_3\end{pmatrix}\in\mathbf{R}^3$.

解　(1) 逐条验证变换 T 满足定义 6.5 的条件(i)，(ii).

事实上，对于任意两个元素 $a,b\in\mathbf{R}$ 及数 $k\in\mathbf{R}$，满足

$$T(a+b)=-3(a+b)=-3a-3b=T(a)+T(b),$$
$$T(ka)=-3(ka)=k(-3a)=kT(a).$$

由定义 6.5 知，变换 T 是线性空间 $\mathbf{R}$ 中的一个线性变换.

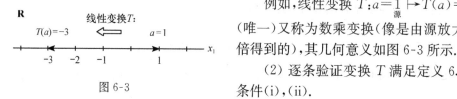

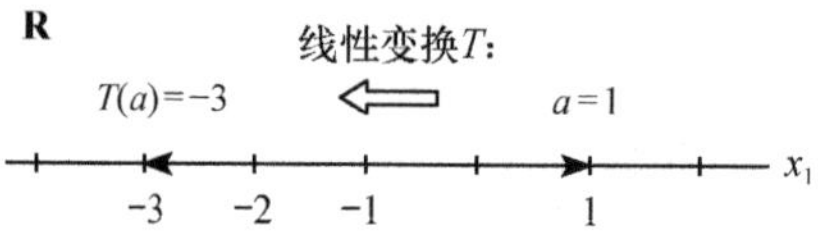

图 6-3

例如，线性变换 T：$\underset{源}{a=1}\mapsto \underset{像}{T(a)=-3}$（唯一）又称为数乘变换（像是由源放大 -3 倍得到的），其几何意义如图 6-3 所示.

(2) 逐条验证变换 T 满足定义 6.5 的条件(i)，(ii).

事实上，对于任意两个元素 $\boldsymbol{\alpha},\boldsymbol{\beta}\in\mathbf{R}^2$ 及数 $k\in\mathbf{R}$，满足

$$T(\boldsymbol{\alpha}+\boldsymbol{\beta})=\mathbf{A}(\boldsymbol{\alpha}+\boldsymbol{\beta})=\mathbf{A}\boldsymbol{\alpha}+\mathbf{A}\boldsymbol{\beta}=T(\boldsymbol{\alpha})+T(\boldsymbol{\beta}),$$
$$T(k\boldsymbol{\alpha})=\mathbf{A}(k\boldsymbol{\alpha})=k(\mathbf{A}\boldsymbol{\alpha})=kT(\boldsymbol{\alpha}).$$

由定义 6.5 知，变换 T 是线性空间 $\mathbf{R}^2$ 中的一个线性变换.

例如，线性变换 T：$\boldsymbol{\alpha}=\underset{源}{\begin{pmatrix}2\\1\end{pmatrix}}\mapsto T(\boldsymbol{\alpha})=\mathbf{A}\boldsymbol{\alpha}=\begin{pmatrix}0&1\\-1&0\end{pmatrix}\begin{pmatrix}2\\1\end{pmatrix}=\underset{像}{\begin{pmatrix}1\\-2\end{pmatrix}}$（唯一）又称为旋转变换（像是由源旋转 90°角得到），其几何意义如图 6-4 所示.

(3) 逐条验证变换 T 满足定义 6.5 的条件(i)，(ii).

事实上，对于任意两个元素 $\boldsymbol{\alpha}=\begin{pmatrix}a_1\\a_2\\a_3\end{pmatrix}$，$\boldsymbol{\beta}=\begin{pmatrix}b_1\\b_2\\b_3\end{pmatrix}\in\mathbf{R}^3$ 及数 $k\in\mathbf{R}$，满足

$$T(\boldsymbol{\alpha}+\boldsymbol{\beta})=T\left[\begin{pmatrix}a_1\\a_2\\a_3\end{pmatrix}+\begin{pmatrix}b_1\\b_2\\b_3\end{pmatrix}\right]=T\begin{pmatrix}a_1+b_1\\a_2+b_2\\a_3+b_3\end{pmatrix}=\begin{pmatrix}a_1+b_1\\a_2+b_2\\-a_3-b_3\end{pmatrix}$$

$$= \begin{pmatrix} a_1 \\ a_2 \\ -a_3 \end{pmatrix} + \begin{pmatrix} b_1 \\ b_2 \\ -b_3 \end{pmatrix} = T(\boldsymbol{\alpha}) + T(\boldsymbol{\beta}),$$

$$T(k\boldsymbol{\alpha}) = T\left[k\begin{pmatrix} a_1 \\ a_2 \\ a_3 \end{pmatrix}\right] = T\begin{pmatrix} ka_1 \\ ka_2 \\ ka_3 \end{pmatrix} = \begin{pmatrix} ka_1 \\ ka_2 \\ -ka_3 \end{pmatrix} = k\begin{pmatrix} a_1 \\ a_2 \\ -a_3 \end{pmatrix} = kT(\boldsymbol{\alpha}).$$

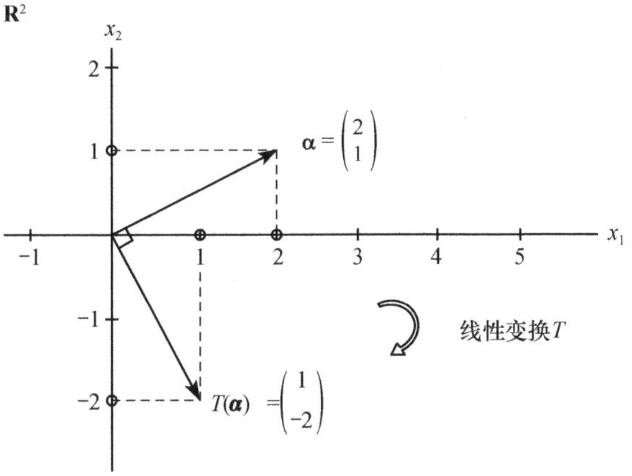

图 6-4

由定义 6.5 知,变换 T 是线性空间 $\mathbf{R}^3$ 中的一个线性变换.

线性变换 $T: \underset{源}{\boldsymbol{\alpha}} \mapsto T(\underset{像}{\boldsymbol{\alpha}})$(唯一)又称为镜像变换(像与源关于 x_1Ox_2 平面对称),其几何意义如图 6-5 所示.

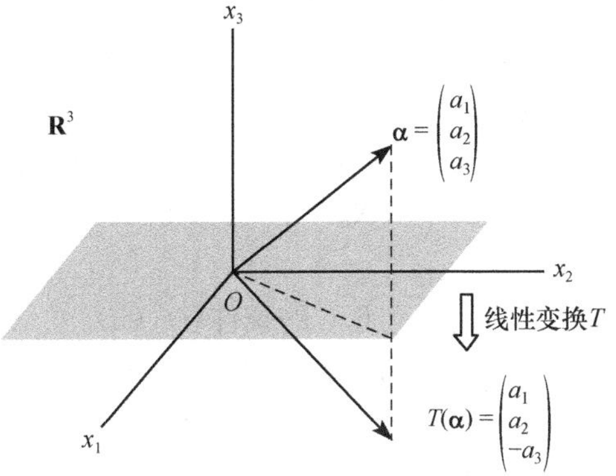

图 6-5

例 2　验证下列线性空间中的变换 T 不是线性变换:

(1) 在线性空间 $\mathbf{R}^2$ 中定义的变换 $T: T(\boldsymbol{\alpha}) = T\begin{pmatrix} a \\ b \end{pmatrix} = \begin{pmatrix} a^2 \\ a-b \end{pmatrix}, \forall \boldsymbol{\alpha} = \begin{pmatrix} a \\ b \end{pmatrix} \in \mathbf{R}^2.$

(2) 在线性空间 $\mathbf{R}^3$ 中定义的变换 T：$T(\boldsymbol{\alpha})=T\begin{pmatrix}a\\b\\c\end{pmatrix}=\begin{pmatrix}a+1\\a+b\\c\end{pmatrix}$，$\forall\boldsymbol{\alpha}=\begin{pmatrix}a\\b\\c\end{pmatrix}\in\mathbf{R}^3$.

(3) 在线性空间 $P[x]_n$ 中定义的变换 T：$T[p(x)]=1$，$\forall p(x)\in P[x]_n$.

解　(1) 只需验证变换 T 不满足定义 6.5 的条件(i)，(ii)之一即可.

事实上，$\forall\boldsymbol{\alpha}=\begin{pmatrix}a\\b\end{pmatrix}\in\mathbf{R}^2$，变换 T 不满足定义 6.5 的条件(ii)，即

$$T(2\boldsymbol{\alpha})=T\begin{pmatrix}2a\\2b\end{pmatrix}=\begin{pmatrix}(2a)^2\\2a-2b\end{pmatrix}=\begin{pmatrix}4a^2\\2a-2b\end{pmatrix}\neq 2\begin{pmatrix}a^2\\a-b\end{pmatrix}=2T\begin{pmatrix}a\\b\end{pmatrix}=2T(\boldsymbol{\alpha}),$$

由定义 6.5 知，变换 T 不是线性变换.

(2) 只需验证变换 T 不满足定义 6.5 的条件(i)，(ii)之一即可.

事实上，$\boldsymbol{\alpha}=\begin{pmatrix}1\\1\\1\end{pmatrix}\in\mathbf{R}^3$，变换 T 不满足定义 6.5 的条件(ii)，注意到

$$T(2\boldsymbol{\alpha})=T\begin{pmatrix}2\\2\\2\end{pmatrix}=\begin{pmatrix}2+1\\2+2\\2\end{pmatrix}=\begin{pmatrix}3\\4\\2\end{pmatrix},$$

$$2T(\boldsymbol{\alpha})=2T\begin{pmatrix}1\\1\\1\end{pmatrix}=2\begin{pmatrix}1+1\\1+1\\1\end{pmatrix}=2\begin{pmatrix}2\\2\\1\end{pmatrix}=\begin{pmatrix}4\\4\\2\end{pmatrix},$$

即 $T(2\boldsymbol{\alpha})\neq 2T(\boldsymbol{\alpha})$，由定义 6.5 知，变换 T 不是线性变换.

(3) 只需验证变换 T 不满足定义 6.5 的条件(i)，(ii)之一即可.

事实上，$\forall p_1(x),p_2(x)\in P[x]_n$，变换 T 不满足定义 6.5 的条件(i)，即

$$T[p_1(x)+p_2(x)]=1\neq 1+1=T[p_1(x)]+T[p_2(x)],$$

由定义 6.5 知，变换 T 不是线性变换.

例 3　给定二阶可逆矩阵 $\boldsymbol{P}$，验证：在线性空间 $\mathbf{R}^{2\times 2}$ 中定义的变换 T：

$$T(\boldsymbol{X})=\boldsymbol{P}\boldsymbol{X}\boldsymbol{P}^{-1},\quad\forall\boldsymbol{X}\in\mathbf{R}^{2\times 2}$$

是线性变换.

解　逐条验证变换 T 满足定义 6.5 的条件(i)，(ii).

事实上，对于任意两个元素 $\boldsymbol{X},\boldsymbol{Y}\in\mathbf{R}^{2\times 2}$ 及数 $k\in\mathbf{R}$，满足

$$T(\boldsymbol{X}+\boldsymbol{Y})=\boldsymbol{P}(\boldsymbol{X}+\boldsymbol{Y})\boldsymbol{P}^{-1}=\boldsymbol{P}\boldsymbol{X}\boldsymbol{P}^{-1}+\boldsymbol{P}\boldsymbol{Y}\boldsymbol{P}^{-1}=T(\boldsymbol{X})+T(\boldsymbol{Y}),$$

$$T(k\boldsymbol{X})=\boldsymbol{P}(k\boldsymbol{X})\boldsymbol{P}^{-1}=k(\boldsymbol{P}\boldsymbol{X}\boldsymbol{P}^{-1})=kT(\boldsymbol{X}).$$

由定义 6.5 知，变换 T 是线性空间 $\mathbf{R}^{2\times 2}$ 中的一个线性变换.

类似地，利用定义 6.5 可验证，下列常见的变换都是线性变换：

(1) 线性空间 V 中的零变换 T：$T(\boldsymbol{\alpha})=\boldsymbol{0}$，$\forall\boldsymbol{\alpha}\in V$；

(2) 线性空间 V 中的恒等变换(单位变换)T：$T(\boldsymbol{\alpha})=\boldsymbol{\alpha}$，$\forall\boldsymbol{\alpha}\in V$；

(3) 线性空间 $\mathbf{R}^n$ 中的数乘变换 T:$T(\boldsymbol{\alpha})=c\boldsymbol{\alpha},\forall\boldsymbol{\alpha}\in\mathbf{R}^n$($c$ 为给定的实数);

(4) 线性空间 $\mathbf{R}^n$ 中的矩阵变换 T:$T(\boldsymbol{\alpha})=\mathbf{A}\boldsymbol{\alpha},\forall\boldsymbol{\alpha}\in\mathbf{R}^n$($\mathbf{A}$ 为给定的 n 阶矩阵);

(5) 线性空间 $P[x]_n$ 中的微分变换 T:$T[p(x)]=\dfrac{\mathrm{d}p(x)}{\mathrm{d}x},\forall p(x)\in P[x]_n$;

(6) 线性空间 $C[a,b]$中的积分变换 T: $T[f(x)]=\int_a^x f(t)\mathrm{d}t,\forall f(x)\in C[a,b]$($a,b$ 为给定的实数).

6.4.2 线性变换的性质

设 V 是数域 F 上的线性空间,若 T 是 V 的线性变换,则有下述性质:

性质 1 $T(\mathbf{0})=\mathbf{0}$;$T(-\boldsymbol{\alpha})=-T(\boldsymbol{\alpha})$;$\forall\boldsymbol{\alpha}\in V$.

性质 2 线性变换保持线性组合关系不变,即对 V 中任意元素 $\boldsymbol{\alpha}_1,\boldsymbol{\alpha}_2,\cdots,\boldsymbol{\alpha}_r$ 及数域 F 中的数 $k_1,k_2,\cdots,k_r$,有

$$T(k_1\boldsymbol{\alpha}_1+k_2\boldsymbol{\alpha}_2+\cdots+k_r\boldsymbol{\alpha}_r)=k_1T(\boldsymbol{\alpha}_1)+k_2T(\boldsymbol{\alpha}_2)+\cdots+k_rT(\boldsymbol{\alpha}_r).$$

性质 3 线性变换保持线性相关关系不变,即若 V 中任意元素 $\boldsymbol{\alpha}_1,\boldsymbol{\alpha}_2,\cdots,\boldsymbol{\alpha}_r$ 线性相关,则 $T(\boldsymbol{\alpha}_1),T(\boldsymbol{\alpha}_2),\cdots,T(\boldsymbol{\alpha}_r)$线性相关.

证明 若 V 中任意元素 $\boldsymbol{\alpha}_1,\boldsymbol{\alpha}_2,\cdots,\boldsymbol{\alpha}_r$ 线性相关,则存在数域 F 中的不全为零的数 $k_1,k_2,\cdots,k_r$,使

$$k_1\boldsymbol{\alpha}_1+k_2\boldsymbol{\alpha}_2+\cdots+k_r\boldsymbol{\alpha}_r=\mathbf{0}.$$

利用性质 2 及性质 1,得

$$k_1T(\boldsymbol{\alpha}_1)+k_2T(\boldsymbol{\alpha}_2)+\cdots+k_rT(\boldsymbol{\alpha}_r)=T(k_1\boldsymbol{\alpha}_1+k_2\boldsymbol{\alpha}_2+\cdots+k_r\boldsymbol{\alpha}_r)=T(\mathbf{0})=\mathbf{0}.$$

所以,$T(\boldsymbol{\alpha}_1),T(\boldsymbol{\alpha}_2),\cdots,T(\boldsymbol{\alpha}_r)$线性相关.

注 本结论对线性无关的情形不一定成立,见总习题 6(B)第一题中第 9 小题.

性质 4 一个线性变换完全由它在一组基上的像完全确定,设 $\boldsymbol{e}_1,\boldsymbol{e}_2,\cdots,\boldsymbol{e}_n$ 是 n 维线性空间 V_n 的一个基,如果 V_n 中的两个线性变换 T_1 与 T_2 在这组基上的像相同:$T_1(\boldsymbol{e}_i)=T_2(\boldsymbol{e}_i)(i=1,2,\cdots,n)$,则对 V_n 中任意元素 $\boldsymbol{\alpha}$,有

$$T_1(\boldsymbol{\alpha})=T_2(\boldsymbol{\alpha}).$$

换言之,T_1 与 T_2 是相同的线性变换,又记为 $T_1=T_2$.

证明 设 $\boldsymbol{\alpha}$ 为 V_n 中任意元素,由定理 6.2 知,$\boldsymbol{\alpha}$ 可唯一地线性表示为

$$\boldsymbol{\alpha}=x_1\boldsymbol{e}_1+x_2\boldsymbol{e}_2+\cdots+x_n\boldsymbol{e}_n.$$

由性质 3 知,线性变换保持线性相关关系不变,即

$$T_1(\boldsymbol{\alpha})=x_1T_1(\boldsymbol{e}_1)+x_2T_1(\boldsymbol{e}_2)+\cdots+x_nT_1(\boldsymbol{e}_n),$$
$$T_2(\boldsymbol{\alpha})=x_1T_2(\boldsymbol{e}_1)+x_2T_2(\boldsymbol{e}_2)+\cdots+x_nT_2(\boldsymbol{e}_n).$$

再由 $T_1(\boldsymbol{e}_i)=T_2(\boldsymbol{e}_i)(i=1,2,\cdots,n)$,得

$$T_1(\boldsymbol{\alpha})=T_2(\boldsymbol{\alpha}).$$

性质 5　设 $e_1,e_2,\cdots,e_n$ 是 n 维线性空间 V_n 的一个基，$\boldsymbol{\alpha}_1,\boldsymbol{\alpha}_2,\cdots,\boldsymbol{\alpha}_n$ 是 V_n 中任意 n 个元素，则存在唯一的线性变换 T，使得基 $\boldsymbol{e}_1,\boldsymbol{e}_2,\cdots,\boldsymbol{e}_n$ 的像恰为 $\boldsymbol{\alpha}_1,\boldsymbol{\alpha}_2,\cdots,\boldsymbol{\alpha}_n$，即

$$T(\boldsymbol{e}_i)=\boldsymbol{\alpha}_i \quad (i=1,2,\cdots,n).$$

证明　设 $\boldsymbol{\alpha}$ 为 V_n 中任意元素，由定理 6.2 知，$\boldsymbol{\alpha}$ 可唯一地线性表示为

$$\boldsymbol{\alpha}=x_1\boldsymbol{e}_1+x_2\boldsymbol{e}_2+\cdots+x_n\boldsymbol{e}_n, \tag{6.4.1}$$

由此定义 V_n 的一个变换 T：

$$T(\boldsymbol{\alpha})=x_1\boldsymbol{\alpha}_1+x_2\boldsymbol{\alpha}_2+\cdots+x_n\boldsymbol{\alpha}_n, \quad \forall \boldsymbol{\alpha}\in V_n. \tag{6.4.2}$$

不难证明 T 是一个线性变换，在(6.4.1)式中取 $\boldsymbol{\alpha}=\boldsymbol{e}_i(i=1,2,\cdots,n)$，得

$$\boldsymbol{e}_i=0\boldsymbol{e}_1+\cdots+0\boldsymbol{e}_{i-1}+1\boldsymbol{e}_i+0\boldsymbol{e}_{i+1}+\cdots+0\boldsymbol{e}_n,$$

按(6.4.2)式得

$$T(\boldsymbol{e}_i)=0\boldsymbol{\alpha}_1+\cdots+0\boldsymbol{\alpha}_{i-1}+1\boldsymbol{\alpha}_i+0\boldsymbol{\alpha}_{i+1}+\cdots+0\boldsymbol{\alpha}_n,$$

即

$$T(\boldsymbol{e}_i)=\boldsymbol{\alpha}_i \quad (i=1,2,\cdots,n).$$

进而由性质 4 知，以上定义的线性变换 T 是唯一的.

在性质 5 的证明中，还可看出：基在不同的线性变换下的像不同的.

6.4.3　线性变换的值域与核

定义 6.6　设 T 是线性空间 V 的一个线性变换，由 T 的全体像组成的集合称为**线性变换 T 的值域**(或像集)，记为

$$T(V)=\{T(\boldsymbol{\alpha})\mid \boldsymbol{\alpha}\in V\},$$

由所有被 T 变成零元素的元素组成的集合称为**线性变换 T 的核**(或零空间)，记为

$$N(T)=\{\boldsymbol{\alpha}\mid T(\boldsymbol{\alpha})=\boldsymbol{0},\boldsymbol{\alpha}\in V\}.$$

利用定理 6.1 不难证明：$T(V)$ 与 $N(T)$ 都是线性空间 V 的子空间(见总习题 6(A)第 12 题)如图 6-6 所示.

例 4　给定矩阵

$$\boldsymbol{A}=\begin{pmatrix} a_{11} & a_{12} & \cdots & a_{1n}\\ a_{21} & a_{22} & \cdots & a_{2n}\\ \vdots & \vdots & & \vdots\\ a_{n1} & a_{n2} & \cdots & a_{nn}\end{pmatrix}=(\boldsymbol{\alpha}_1,\boldsymbol{\alpha}_2,\cdots,\boldsymbol{\alpha}_n), \quad \boldsymbol{\alpha}_i=\begin{pmatrix} a_{1i}\\ a_{2i}\\ \vdots\\ a_{ni}\end{pmatrix} \quad (i=1,2,\cdots,n),$$

求在线性空间 $\mathbf{R}^n$ 中定义的线性变换 $T:T(\boldsymbol{\alpha})=\boldsymbol{A}\boldsymbol{\alpha},\forall \boldsymbol{\alpha}\in\mathbf{R}^n$ 的值域与核.

解　由定义 6.6 知，线性变换 T 的值域(或像集)为

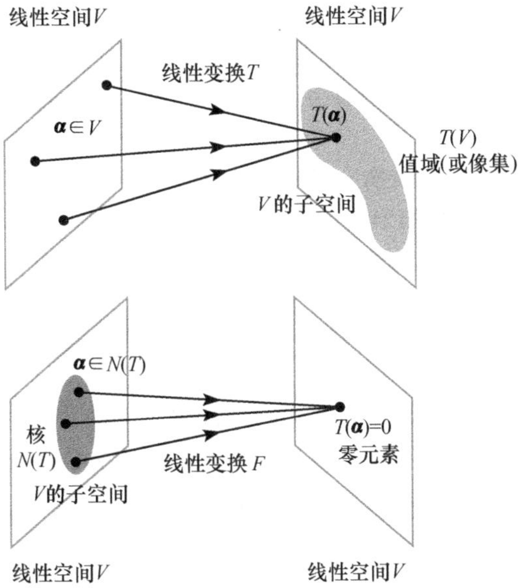

图 6-6

$$
\begin{aligned}
T(\mathbf{R}^n) &= \{T(\boldsymbol{\alpha}) \mid T(\boldsymbol{\alpha}) = \boldsymbol{A\alpha}, \boldsymbol{\alpha} \in \mathbf{R}^n\} \\
&= \left\{T(\boldsymbol{\alpha}) \mid T(\boldsymbol{\alpha}) = (\boldsymbol{\alpha}_1, \boldsymbol{\alpha}_2, \cdots, \boldsymbol{\alpha}_n)\begin{pmatrix} x_1 \\ x_2 \\ \vdots \\ x_n \end{pmatrix}, x_1, x_2, \cdots, x_n \in \mathbf{R}\right\} \quad \left(\boldsymbol{\alpha} = \begin{pmatrix} x_1 \\ x_2 \\ \vdots \\ x_n \end{pmatrix}\right) \\
&= \{T(\boldsymbol{\alpha}) \mid T(\boldsymbol{\alpha}) = x_1\boldsymbol{\alpha}_1 + x_2\boldsymbol{\alpha}_2 + \cdots + x_n\boldsymbol{\alpha}_n, x_1, x_2, \cdots, x_n \in \mathbf{R}\},
\end{aligned}
$$

即线性变换 T 的值域(或像集)为由 $\mathbf{R}^n$ 中元素 $\boldsymbol{\alpha}_1, \boldsymbol{\alpha}_2, \cdots, \boldsymbol{\alpha}_n$ 生成的线性空间,也是 $\mathbf{R}^n$ 的子空间.

线性变换 T 的核(或零空间)为

$$N(T) = \{\boldsymbol{\alpha} \mid T(\boldsymbol{\alpha}) = \mathbf{0}, \boldsymbol{\alpha} \in V\} = \{\boldsymbol{\alpha} \mid \boldsymbol{A\alpha} = \mathbf{0}, \boldsymbol{\alpha} \in V\},$$

即为齐次线性方程组 $\boldsymbol{AX}=\mathbf{0}$ 的解向量 $\boldsymbol{X}=\boldsymbol{\alpha}$ 构成的集合(齐次线性方程组 $\boldsymbol{AX}=\mathbf{0}$ 的解空间),也是 $\mathbf{R}^n$ 的子空间.

习 题 6.4

1. 判断下列变换是否为线性变换:

(1) 在 xOy 坐标平面上任取一向量 $\boldsymbol{\alpha}=(x,y)^{\mathrm{T}}\in\mathbf{R}^2$ 绕原点按逆时针旋转 θ 角的变换,即在线性空间 $\mathbf{R}^2$ 中定义的变换 T: $T(\boldsymbol{\alpha})=T\begin{pmatrix} x \\ y \end{pmatrix}=\begin{pmatrix} \cos\theta & -\sin\theta \\ \sin\theta & \cos\theta \end{pmatrix}\begin{pmatrix} x \\ y \end{pmatrix}$; $\forall\boldsymbol{\alpha}=\begin{pmatrix} x \\ y \end{pmatrix}\in\mathbf{R}^2$ $(\theta\in[0,2\pi]$

为给定角度)；

(2) 在线性空间 $\mathbf{R}^2$ 中定义的变换 $T: T(\boldsymbol{\alpha})=T\begin{pmatrix}a\\b\\c\end{pmatrix}=\begin{pmatrix}a^2\\b+c\\c\end{pmatrix}, \forall \boldsymbol{\alpha}=\begin{pmatrix}a\\b\\c\end{pmatrix}\in\mathbf{R}^3$；

(3) 在线性空间 V 中定义的变换 $T: T(\boldsymbol{\alpha})=\boldsymbol{\alpha}+\boldsymbol{\beta}, \forall \boldsymbol{\alpha}\in V(\boldsymbol{\beta}\in V$ 为给定元素)；

(4) 给定二阶实矩阵 $\boldsymbol{A},\boldsymbol{B}$,在线性空间 $\mathbf{R}^{2\times 2}$ 中定义的变换 $T: T(\boldsymbol{X})=\boldsymbol{AX}-\boldsymbol{XB}, \forall \boldsymbol{X}\in\mathbf{R}^{2\times 2}$.

2. 验证在线性空间 $\mathbf{R}^2$ 中定义的变换 $T: T(\boldsymbol{\alpha})=\boldsymbol{A\alpha}, \forall \boldsymbol{\alpha}\in\mathbf{R}^2$ 是线性变换,并说明其几何意义,其中

(1) $\boldsymbol{A}=\begin{pmatrix}1&0\\0&-1\end{pmatrix}$； (2) $\boldsymbol{A}=\begin{pmatrix}0&0\\0&1\end{pmatrix}$； (3) $\boldsymbol{A}=\begin{pmatrix}0&1\\1&0\end{pmatrix}$； (4) $\boldsymbol{A}=\begin{pmatrix}1&0\\0&1\end{pmatrix}$.

3. 设 V 是数域 F 上的线性空间,若 T 是 V 的线性变换,证明性质 1：

$$T(\mathbf{0})=\mathbf{0}, \quad T(-\boldsymbol{\alpha})=-T(\boldsymbol{\alpha}), \quad \forall \boldsymbol{\alpha}\in V.$$

4. n 阶对称矩阵的全体构成的集合 V 对于矩阵的线性运算构成一个$\frac{n(n+1)}{2}$维线性空间,给定 n 阶可逆矩阵 $\boldsymbol{P}$,验证:在线性空间 V 中定义的变换 T：

$$T(\boldsymbol{A})=\boldsymbol{P}^{\mathrm{T}}\boldsymbol{AP}, \quad \forall \boldsymbol{A}\in V$$

是线性变换(又称为合同变换).

5. 求证:线性空间 $\mathbf{R}^n$ 中定义的矩阵变换 $T: T(\boldsymbol{\alpha})=\boldsymbol{A\alpha}, \forall \boldsymbol{\alpha}\in\mathbf{R}^n$($\boldsymbol{A}$ 为给定的 n 阶矩阵)是线性变换.

6. 求证:线性空间 $P[x]_n$ 中定义的微分变换 $T: T[p(x)]=\frac{\mathrm{d}p(x)}{\mathrm{d}x}, \forall p(x)\in P[x]_n$ 是线性变换.

7. 闭区间$[a,b]$全体连续实函数组成的集合 $C[a,b]$,对于通常的函数的加法和数与函数的乘法,构成实数域 $\mathbf{R}$ 上的线性空间. 求证:在线性空间 $C[a,b]$中定义的积分变换 T: $T(f(x))=\int_a^x f(t)\mathrm{d}t(x\in[a,b]), \forall f(x)\in C[a,b]$ 是线性变换.

6.5 线性变换的矩阵表示

6.5.1 线性变换的矩阵

设 T 是数域 F 上的 n 维线性空间 V_n 上的一个线性变换,在 V_n 中取定一个基 $\boldsymbol{e}_1,\boldsymbol{e}_2,\cdots,\boldsymbol{e}_n$,则由定理 6.2 知,该基在线性变换 T 下的像可唯一地表示为该基的线性组合：

$$\begin{cases}T(\boldsymbol{e}_1)=a_{11}\boldsymbol{e}_1+a_{21}\boldsymbol{e}_2+\cdots+a_{n1}\boldsymbol{e}_n,\\T(\boldsymbol{e}_2)=a_{12}\boldsymbol{e}_1+a_{22}\boldsymbol{e}_2+\cdots+a_{n2}\boldsymbol{e}_n,\\\quad\cdots\cdots\\T(\boldsymbol{e}_n)=a_{1n}\boldsymbol{e}_1+a_{2n}\boldsymbol{e}_2+\cdots+a_{nn}\boldsymbol{e}_n\end{cases}\Leftrightarrow\begin{pmatrix}T(\boldsymbol{e}_1)\\T(\boldsymbol{e}_2)\\\vdots\\T(\boldsymbol{e}_n)\end{pmatrix}=\begin{pmatrix}a_{11}&a_{21}&\cdots&a_{n1}\\a_{12}&a_{22}&\cdots&a_{n2}\\\vdots&\vdots&&\vdots\\a_{1n}&a_{2n}&\cdots&a_{nn}\end{pmatrix}\begin{pmatrix}\boldsymbol{e}_1\\\boldsymbol{e}_2\\\vdots\\\boldsymbol{e}_n\end{pmatrix},$$

即

$$(T(\boldsymbol{e}_1),T(\boldsymbol{e}_2),\cdots,T(\boldsymbol{e}_n))=(\boldsymbol{e}_1,\boldsymbol{e}_2,\cdots,\boldsymbol{e}_n)\begin{pmatrix}a_{11}&a_{12}&\cdots&a_{1n}\\a_{21}&a_{22}&\cdots&a_{2n}\\\vdots&\vdots&&\vdots\\a_{n1}&a_{n2}&\cdots&a_{nn}\end{pmatrix},$$

简记为

$$(T(\boldsymbol{e}_1),T(\boldsymbol{e}_2),\cdots,T(\boldsymbol{e}_n))=(\boldsymbol{e}_1,\boldsymbol{e}_2,\cdots,\boldsymbol{e}_n)\boldsymbol{A}.$$

若记

$$T(\boldsymbol{e}_1,\boldsymbol{e}_2,\cdots,\boldsymbol{e}_n)=(T(\boldsymbol{e}_1),T(\boldsymbol{e}_2),\cdots,T(\boldsymbol{e}_n)),$$

则

$$T(\boldsymbol{e}_1,\boldsymbol{e}_2,\cdots,\boldsymbol{e}_n)=(\boldsymbol{e}_1,\boldsymbol{e}_2,\cdots,\boldsymbol{e}_n)\boldsymbol{A},$$

其中矩阵

$$\boldsymbol{A}=\begin{pmatrix}a_{11}&a_{12}&\cdots&a_{1n}\\a_{21}&a_{22}&\cdots&a_{2n}\\\vdots&\vdots&&\vdots\\a_{n1}&a_{n2}&\cdots&a_{nn}\end{pmatrix}=(a_{ij})_{n\times n}\quad(a_{ij}\in F,i,j=1,2,\cdots,n).$$

由以上讨论,引出

定义 6.7 设 T 是数域 F 上的 n 维线性空间 V_n 上的一个线性变换,在 V_n 中取定一个基 $\boldsymbol{e}_1,\boldsymbol{e}_2,\cdots,\boldsymbol{e}_n$,于是该基在线性变换 T 下的像 $T(\boldsymbol{e}_1),T(\boldsymbol{e}_2),\cdots,T(\boldsymbol{e}_n)$ 由该基唯一地线性表示为

$$(T(\boldsymbol{e}_1),T(\boldsymbol{e}_2),\cdots,T(\boldsymbol{e}_n))=T(\boldsymbol{e}_1,\boldsymbol{e}_2,\cdots,\boldsymbol{e}_n)=(\boldsymbol{e}_1,\boldsymbol{e}_2,\cdots,\boldsymbol{e}_n)\boldsymbol{A},\tag{6.5.1}$$

则称 $\boldsymbol{A}$ 为线性变换 T 在基 $\boldsymbol{e}_1,\boldsymbol{e}_2,\cdots,\boldsymbol{e}_n$ 下的矩阵.

线性变换 T 在基 $\boldsymbol{e}_1,\boldsymbol{e}_2,\cdots,\boldsymbol{e}_n$ 下的矩阵 $\boldsymbol{A}$ 的第 j 列元素,恰好是基 $\boldsymbol{e}_1,\boldsymbol{e}_2,\cdots,\boldsymbol{e}_n$ 中第 j 个元素 $\boldsymbol{e}_j$ 的像 $T(\boldsymbol{e}_j)$在基 $\boldsymbol{e}_1,\boldsymbol{e}_2,\cdots,\boldsymbol{e}_n$ 下的坐标($j=1,2,\cdots,n$),即

$$T(\boldsymbol{e}_j)=(\boldsymbol{e}_1,\boldsymbol{e}_2,\cdots,\boldsymbol{e}_n)\begin{pmatrix}a_{1j}\\a_{2j}\\\vdots\\a_{nj}\end{pmatrix}.\tag{6.5.2}$$

例 1 在线性空间 $\mathbf{R}^3$ 中定义线性变换 T:$T(\boldsymbol{\alpha})=T\begin{pmatrix}a_1\\a_2\\a_3\end{pmatrix}=\begin{pmatrix}a_1\\a_2\\0\end{pmatrix}$,$\forall\boldsymbol{\alpha}=\begin{pmatrix}a_1\\a_2\\a_3\end{pmatrix}\in\mathbf{R}^3$,求:

(1) T 在基 $\boldsymbol{e}_1=(1,0,0)^{\mathrm{T}},\boldsymbol{e}_2=(0,1,0)^{\mathrm{T}},\boldsymbol{e}_3=(0,0,1)^{\mathrm{T}}$ 下的矩阵;

(2) T 在基 $\boldsymbol{e}_1'=(1,1,1)^{\mathrm{T}},\boldsymbol{e}_2'=(1,1,0)^{\mathrm{T}},\boldsymbol{e}_3'=(1,0,0)^{\mathrm{T}}$ 下的矩阵.

解　(1) 先求出基 $\boldsymbol{e}_1,\boldsymbol{e}_2,\boldsymbol{e}_3$ 在线性变换 T 下的像为

$$T(\boldsymbol{e}_1)=T\begin{pmatrix}1\\0\\0\end{pmatrix}=\begin{pmatrix}1\\0\\0\end{pmatrix},\quad T(\boldsymbol{e}_2)=T\begin{pmatrix}0\\1\\0\end{pmatrix}=\begin{pmatrix}0\\1\\0\end{pmatrix},\quad T(\boldsymbol{e}_3)=T\begin{pmatrix}0\\0\\1\end{pmatrix}=\begin{pmatrix}0\\0\\0\end{pmatrix}.$$

利用(6.5.1)式,再将像 $T(\boldsymbol{e}_1),T(\boldsymbol{e}_2),T(\boldsymbol{e}_3)$用基 $\boldsymbol{e}_1,\boldsymbol{e}_2,\boldsymbol{e}_3$ 线性表示为

$$(T(\boldsymbol{e}_1),T(\boldsymbol{e}_2),T(\boldsymbol{e}_3))=(\boldsymbol{e}_1,\boldsymbol{e}_2,\boldsymbol{e}_3)\boldsymbol{A},$$

所以,T 在 $\boldsymbol{e}_1,\boldsymbol{e}_2,\boldsymbol{e}_3$ 下的矩阵为

$$\begin{aligned}\boldsymbol{A}&=(\boldsymbol{e}_1,\boldsymbol{e}_2,\boldsymbol{e}_3)^{-1}(T(\boldsymbol{e}_1),T(\boldsymbol{e}_2),T(\boldsymbol{e}_3))=(T(\boldsymbol{e}_1),T(\boldsymbol{e}_2),T(\boldsymbol{e}_3))\\&=\begin{pmatrix}1&0&0\\0&1&0\\0&0&0\end{pmatrix}\quad\left((\boldsymbol{e}_1,\boldsymbol{e}_2,\boldsymbol{e}_3)^{-1}=\begin{pmatrix}1&0&0\\0&1&0\\0&0&1\end{pmatrix}^{-1}=\begin{pmatrix}1&0&0\\0&1&0\\0&0&1\end{pmatrix}=\boldsymbol{E}\right).\end{aligned}$$

(2) 先求出基 $\boldsymbol{e}_1',\boldsymbol{e}_2',\boldsymbol{e}_3'$在线性变换 T 下的像为

$$T(\boldsymbol{e}_1')=T\begin{pmatrix}1\\1\\1\end{pmatrix}=\begin{pmatrix}1\\1\\0\end{pmatrix},\quad T(\boldsymbol{e}_2')=T\begin{pmatrix}1\\1\\0\end{pmatrix}=\begin{pmatrix}1\\1\\0\end{pmatrix},\quad T(\boldsymbol{e}_3')=T\begin{pmatrix}1\\0\\0\end{pmatrix}=\begin{pmatrix}1\\0\\0\end{pmatrix}.$$

利用(6.5.1)式,再将像 $T(\boldsymbol{e}_1'),T(\boldsymbol{e}_2'),T(\boldsymbol{e}_3')$用基 $\boldsymbol{e}_1',\boldsymbol{e}_2',\boldsymbol{e}_3'$线性表示为

$$(T(\boldsymbol{e}_1'),T(\boldsymbol{e}_2'),T(\boldsymbol{e}_3'))=(\boldsymbol{e}_1',\boldsymbol{e}_2',\boldsymbol{e}_3')\boldsymbol{B}.$$

于是,T 在 $\boldsymbol{e}_1',\boldsymbol{e}_2',\boldsymbol{e}_3'$下的矩阵为

$$\boldsymbol{B}=(\boldsymbol{e}_1',\boldsymbol{e}_2',\boldsymbol{e}_3')^{-1}(T(\boldsymbol{e}_1'),T(\boldsymbol{e}_2'),T(\boldsymbol{e}_3')).$$

而$(\boldsymbol{e}_1',\boldsymbol{e}_2',\boldsymbol{e}_3')^{-1}(T(\boldsymbol{e}_1'),T(\boldsymbol{e}_2'),T(\boldsymbol{e}_3'))$可通过矩阵的初等行变换求解,因为

$$\begin{aligned}(\boldsymbol{e}_1',\boldsymbol{e}_2',\boldsymbol{e}_3'\ \vdots\ T(\boldsymbol{e}_1'),T(\boldsymbol{e}_2'),T(\boldsymbol{e}_3'))&=\left(\begin{array}{ccc:ccc}1&1&1&1&1&1\\1&1&0&1&1&0\\1&0&0&0&0&0\end{array}\right)\to\left(\begin{array}{ccc:ccc}1&0&0&0&0&0\\1&1&0&1&1&0\\1&1&1&1&1&1\end{array}\right)\\&\to\left(\begin{array}{ccc:ccc}1&0&0&0&0&0\\0&1&0&1&1&0\\0&1&1&1&1&1\end{array}\right)\to\left(\begin{array}{ccc:ccc}1&0&0&0&0&0\\0&1&0&1&1&0\\0&0&1&0&0&1\end{array}\right),\end{aligned}$$

所以,线性变换 T 在 $\boldsymbol{e}_1',\boldsymbol{e}_2',\boldsymbol{e}_3'$下的矩阵为

$$\boldsymbol{B}=(\boldsymbol{e}_1',\boldsymbol{e}_2',\boldsymbol{e}_3')^{-1}(T(\boldsymbol{e}_1'),T(\boldsymbol{e}_2'),T(\boldsymbol{e}_3'))=\begin{pmatrix}0&0&0\\1&1&0\\0&0&1\end{pmatrix}.$$

本例说明:对于不同的基,同一线性变换的矩阵可能不同.

例 2　所有 2 阶实对称矩阵的全体构成的集合 V,对矩阵的加法和数乘法构成数域 $\mathbf{R}$ 上的 3 维线性空间,在 V 上定义线性变换 T:$T(\boldsymbol{A})=\begin{pmatrix}1&0\\1&1\end{pmatrix}\boldsymbol{A}\begin{pmatrix}1&1\\0&1\end{pmatrix}$,

$\forall \boldsymbol{A}\in V$,求 T 在 V 的一个基 $\boldsymbol{A}_1=\begin{pmatrix}1&0\\0&0\end{pmatrix}$,$\boldsymbol{A}_2=\begin{pmatrix}0&1\\1&0\end{pmatrix}$,$\boldsymbol{A}_3=\begin{pmatrix}0&0\\0&1\end{pmatrix}$下的矩阵.

解 先求出基 $\boldsymbol{A}_1,\boldsymbol{A}_2,\boldsymbol{A}_3$ 在线性变换 T 下的像为

$$T(\boldsymbol{A}_1)=\begin{pmatrix}1&0\\1&1\end{pmatrix}\boldsymbol{A}_1\begin{pmatrix}1&1\\0&1\end{pmatrix}=\begin{pmatrix}1&0\\1&1\end{pmatrix}\begin{pmatrix}1&0\\0&0\end{pmatrix}\begin{pmatrix}1&1\\0&1\end{pmatrix}=\begin{pmatrix}1&0\\1&0\end{pmatrix}\begin{pmatrix}1&1\\0&1\end{pmatrix}=\begin{pmatrix}1&1\\1&1\end{pmatrix},$$

$$T(\boldsymbol{A}_2)=\begin{pmatrix}1&0\\1&1\end{pmatrix}\boldsymbol{A}_2\begin{pmatrix}1&1\\0&1\end{pmatrix}=\begin{pmatrix}1&0\\1&1\end{pmatrix}\begin{pmatrix}0&1\\1&0\end{pmatrix}\begin{pmatrix}1&1\\0&1\end{pmatrix}=\begin{pmatrix}0&1\\1&1\end{pmatrix}\begin{pmatrix}1&1\\0&1\end{pmatrix}=\begin{pmatrix}0&1\\1&2\end{pmatrix},$$

$$T(\boldsymbol{A}_3)=\begin{pmatrix}1&0\\1&1\end{pmatrix}\boldsymbol{A}_3\begin{pmatrix}1&1\\0&1\end{pmatrix}=\begin{pmatrix}1&0\\1&1\end{pmatrix}\begin{pmatrix}0&0\\0&1\end{pmatrix}\begin{pmatrix}1&1\\0&1\end{pmatrix}=\begin{pmatrix}0&0\\0&1\end{pmatrix}\begin{pmatrix}1&1\\0&1\end{pmatrix}=\begin{pmatrix}0&0\\0&1\end{pmatrix}.$$

利用(6.5.1)式,再将像 $T(\boldsymbol{A}_1)$,$T(\boldsymbol{A}_2)$,$T(\boldsymbol{A}_3)$用基 $\boldsymbol{A}_1,\boldsymbol{A}_2,\boldsymbol{A}_3$ 线性表示为

$$T(\boldsymbol{A}_1)=\begin{pmatrix}1&1\\1&1\end{pmatrix}=\begin{pmatrix}1&0\\0&0\end{pmatrix}+\begin{pmatrix}0&1\\1&0\end{pmatrix}+\begin{pmatrix}0&0\\0&1\end{pmatrix}=\boldsymbol{A}_1+\boldsymbol{A}_2+\boldsymbol{A}_3,$$

$$T(\boldsymbol{A}_2)=\begin{pmatrix}0&1\\1&2\end{pmatrix}=\begin{pmatrix}0&1\\1&0\end{pmatrix}+2\begin{pmatrix}0&0\\0&1\end{pmatrix}=\boldsymbol{A}_2+2\boldsymbol{A}_3,$$

$$T(\boldsymbol{A}_3)=\begin{pmatrix}0&0\\0&1\end{pmatrix}=\boldsymbol{A}_3,$$

用矩阵表示为

$$(T(\boldsymbol{A}_1),T(\boldsymbol{A}_2),T(\boldsymbol{A}_3))=(\boldsymbol{A}_1,\boldsymbol{A}_2,\boldsymbol{A}_3)\begin{pmatrix}1&0&0\\1&1&0\\1&2&1\end{pmatrix}.$$

所以,T 在 $\boldsymbol{A}_1,\boldsymbol{A}_2,\boldsymbol{A}_3$ 下的矩阵为

$$\boldsymbol{B}=\begin{pmatrix}1&0&0\\1&1&0\\1&2&1\end{pmatrix}.$$

例 3 在线性空间 $P[x]_2=\{p(x)\,|\,p(x)=a_2x^2+a_1x+a_0,a_2,a_1,a_0\in\mathbf{R}\}$中定义线性变换(微分变换)$T$:$T[p(x)]=\dfrac{\mathrm{d}p(x)}{\mathrm{d}x}$,$\forall\, p(x)\in P[x]_2$,已知 $\boldsymbol{e}_1=x^2+2x$,$\boldsymbol{e}_2=2x^2+1$,$\boldsymbol{e}_3=3x-1$ 是 $P[x]_2$ 的一个基,求:

(1) 基 $\boldsymbol{e}_1,\boldsymbol{e}_2,\boldsymbol{e}_3$ 在线性变换 T 下的像;

(2) 线性变换 T 在基 $\boldsymbol{e}_1,\boldsymbol{e}_2,\boldsymbol{e}_3$ 下的矩阵;

(3) 将像 $T(\boldsymbol{e}_1)$,$T(\boldsymbol{e}_2)$,$T(\boldsymbol{e}_3)$用基 $\boldsymbol{e}_1,\boldsymbol{e}_2,\boldsymbol{e}_3$ 线性表示.

解 (1) 基 $\boldsymbol{e}_1,\boldsymbol{e}_2,\boldsymbol{e}_3$ 在线性变换 T 下的像为

$$T(\boldsymbol{e}_1)=\frac{\mathrm{d}\boldsymbol{e}_1}{\mathrm{d}x}=\frac{\mathrm{d}(x^2+2x)}{\mathrm{d}x}=2x+2,$$

$$T(\boldsymbol{e}_2)=\frac{\mathrm{d}\boldsymbol{e}_2}{\mathrm{d}x}=\frac{\mathrm{d}(2x^2+1)}{\mathrm{d}x}=4x,$$

$$T(\boldsymbol{e}_3)=\frac{\mathrm{d}\boldsymbol{e}_3}{\mathrm{d}x}=\frac{\mathrm{d}(3x-1)}{\mathrm{d}x}=3.$$

(2) 先找 $P[x]_2$ 的一个基 $x^2,x,1$ 作为中间基，先将基 $\boldsymbol{e}_1,\boldsymbol{e}_2,\boldsymbol{e}_3$ 用中间基 $x^2,x,1$ 线性表示为

$$\begin{aligned}(\boldsymbol{e}_1,\boldsymbol{e}_2,\boldsymbol{e}_3)&=(x^2+2x,2x^2+1,3x-1)\\&=(x^2,x,1)\begin{pmatrix}1&2&0\\2&0&3\\0&1&-1\end{pmatrix}=(x^2,x,1)\boldsymbol{A}_1,\end{aligned}\tag{6.5.3}$$

其中 $\boldsymbol{A}_1=\begin{pmatrix}1&2&0\\2&0&3\\0&1&-1\end{pmatrix}$ 是中间基 $x^2,x,1$ 到基 $\boldsymbol{e}_1,\boldsymbol{e}_2,\boldsymbol{e}_3$ 的过渡矩阵，且 $\boldsymbol{A}_1$ 为可逆矩阵.

再将像 $T(\boldsymbol{e}_1),T(\boldsymbol{e}_2),T(\boldsymbol{e}_3)$ 用中间基 $x^2,x,1$ 线性表示为

$$\begin{aligned}(T(\boldsymbol{e}_1),T(\boldsymbol{e}_2),T(\boldsymbol{e}_3))&=(2x+2,4x,3)\\&=(x^2,x,1)\begin{pmatrix}0&0&0\\2&4&0\\2&0&3\end{pmatrix}=(x^2,x,1)\boldsymbol{A}_2,\end{aligned}\tag{6.5.4}$$

其中 $\boldsymbol{A}_2=\begin{pmatrix}0&0&0\\2&4&0\\2&0&3\end{pmatrix}$ 是线性变换 T 在中间基 $x^2,x,1$ 下的矩阵. 由(6.5.3)式得

$$(x^2,x,1)=(\boldsymbol{e}_1,\boldsymbol{e}_2,\boldsymbol{e}_3)\boldsymbol{A}_1^{-1},\tag{6.5.5}$$

将(6.5.5)式代入(6.5.4)式得，将像 $T(\boldsymbol{e}_1),T(\boldsymbol{e}_2),T(\boldsymbol{e}_3)$ 由基 $\boldsymbol{e}_1,\boldsymbol{e}_2,\boldsymbol{e}_3$ 线性表示为

$$(T(\boldsymbol{e}_1),T(\boldsymbol{e}_2),T(\boldsymbol{e}_3))=(\boldsymbol{e}_1,\boldsymbol{e}_2,\boldsymbol{e}_3)\boldsymbol{A}_1^{-1}\boldsymbol{A}_2=(\boldsymbol{e}_1,\boldsymbol{e}_2,\boldsymbol{e}_3)\boldsymbol{A}.\tag{6.5.6}$$

于是，线性变换 T 在基 $\boldsymbol{e}_1,\boldsymbol{e}_2,\boldsymbol{e}_3$ 下的矩阵为

$$\boldsymbol{A}=\boldsymbol{A}_1^{-1}\boldsymbol{A}_2.$$

而 $\boldsymbol{A}_1^{-1}\boldsymbol{A}_2$ 可通过矩阵的初等行变换求解，因为

$$\begin{aligned}(\boldsymbol{A}_1\mid\boldsymbol{A}_2)&=\left(\begin{array}{ccc|ccc}1&2&0&0&0&0\\2&0&3&2&4&0\\0&1&-1&2&0&3\end{array}\right)\to\left(\begin{array}{ccc|ccc}1&2&0&0&0&0\\0&-4&3&2&4&0\\0&1&-1&2&0&3\end{array}\right)\\&\to\left(\begin{array}{ccc|ccc}1&2&0&0&0&0\\0&1&-1&2&0&3\\0&-4&3&2&4&0\end{array}\right)\to\left(\begin{array}{ccc|ccc}1&2&0&0&0&0\\0&1&-1&2&0&3\\0&0&-1&10&4&12\end{array}\right)\\&\to\left(\begin{array}{ccc|ccc}1&2&0&0&0&0\\0&1&-1&2&0&3\\0&0&1&-10&-4&-12\end{array}\right)\to\left(\begin{array}{ccc|ccc}1&2&0&0&0&0\\0&1&0&-8&-4&-9\\0&0&1&-10&-4&-12\end{array}\right)\end{aligned}$$

$$\rightarrow\left(\begin{array}{ccc:ccc}1&0&0&16&8&18\\0&1&0&-8&-4&-9\\0&0&1&-10&-4&-12\end{array}\right),$$

所以,线性变换 T 在基 $\boldsymbol{e}_1,\boldsymbol{e}_2,\boldsymbol{e}_3$ 下的矩阵为

$$\boldsymbol{A}=\boldsymbol{A}_1^{-1}\boldsymbol{A}_2=\begin{pmatrix}16&8&18\\-8&-4&-9\\-10&-4&-12\end{pmatrix}.$$

(3) 利用(6.5.2)式,将像 $T(\boldsymbol{e}_1),T(\boldsymbol{e}_2),T(\boldsymbol{e}_3)$用基 $\boldsymbol{e}_1,\boldsymbol{e}_2,\boldsymbol{e}_3$ 线性表示为

$$T(\boldsymbol{e}_1)=(\boldsymbol{e}_1,\boldsymbol{e}_2,\boldsymbol{e}_3)\begin{pmatrix}16\\-8\\-10\end{pmatrix}=16\boldsymbol{e}_1-8\boldsymbol{e}_2-10\boldsymbol{e}_3,$$

$$T(\boldsymbol{e}_2)=(\boldsymbol{e}_1,\boldsymbol{e}_2,\boldsymbol{e}_3)\begin{pmatrix}8\\-4\\-4\end{pmatrix}=8\boldsymbol{e}_1-4\boldsymbol{e}_2-4\boldsymbol{e}_3,$$

$$T(\boldsymbol{e}_3)=(\boldsymbol{e}_1,\boldsymbol{e}_2,\boldsymbol{e}_3)\begin{pmatrix}18\\-9\\-12\end{pmatrix}=18\boldsymbol{e}_1-9\boldsymbol{e}_2-12\boldsymbol{e}_3.$$

例 4 在 n 维线性空间 V_n 上定义线性变换(零变换)T:$T(\boldsymbol{\alpha})=\boldsymbol{0},\forall\boldsymbol{\alpha}\in V_n$,求证:零变换 T 在 V_n 的任意一个基 $\boldsymbol{e}_1,\boldsymbol{e}_2,\cdots,\boldsymbol{e}_n$ 下的矩阵都是零矩阵 $\boldsymbol{O}_n$.

证明 设 $\boldsymbol{e}_1,\boldsymbol{e}_2,\cdots,\boldsymbol{e}_n$ 是 n 维线性空间 V_n 的任意一个基,利用(6.5.1)式,将基的像 $T(\boldsymbol{e}_1),T(\boldsymbol{e}_2),\cdots,T(\boldsymbol{e}_n)$用基 $\boldsymbol{e}_1,\boldsymbol{e}_2,\cdots,\boldsymbol{e}_n$ 线性表示为

$$(T(\boldsymbol{e}_1),T(\boldsymbol{e}_2),\cdots,T(\boldsymbol{e}_n))=(\boldsymbol{0},\boldsymbol{0},\cdots,\boldsymbol{0})=(\boldsymbol{e}_1,\boldsymbol{e}_2,\cdots,\boldsymbol{e}_n)\begin{pmatrix}0&0&\cdots&0\\0&0&\cdots&0\\\vdots&\vdots&&\vdots\\0&0&\cdots&0\end{pmatrix}_{n\times n}$$

$$=(\boldsymbol{e}_1,\boldsymbol{e}_2,\cdots,\boldsymbol{e}_n)\boldsymbol{O}_n,$$

所以,线性变换 T 在基 $\boldsymbol{e}_1,\boldsymbol{e}_2,\cdots,\boldsymbol{e}_n$ 下的矩阵为

$$\boldsymbol{A}=\begin{pmatrix}0&0&\cdots&0\\0&0&\cdots&0\\\vdots&\vdots&&\vdots\\0&0&\cdots&0\end{pmatrix}_{n\times n}=\boldsymbol{O}_n.$$

例 5 在 n 维线性空间 V_n 上定义线性变换(恒等变换或单位变换)T:$T(\boldsymbol{\alpha})=\boldsymbol{\alpha},\forall\boldsymbol{\alpha}\in V_n$,求证:恒等变换 T 在 V_n 的任意一个基 $\boldsymbol{e}_1,\boldsymbol{e}_2,\cdots,\boldsymbol{e}_n$ 下的矩阵都是单位矩阵 $\boldsymbol{E}_n$.

证明 设 $\boldsymbol{e}_1,\boldsymbol{e}_2,\cdots,\boldsymbol{e}_n$ 是 n 维线性空间 V_n 的任意一个基,利用(6.5.1)式,将

基的像 $T(\boldsymbol{e}_1),T(\boldsymbol{e}_2),\cdots,T(\boldsymbol{e}_n)$ 用基 $\boldsymbol{e}_1,\boldsymbol{e}_2,\cdots,\boldsymbol{e}_n$ 线性表示为

$$(T(\boldsymbol{e}_1),T(\boldsymbol{e}_2),\cdots,T(\boldsymbol{e}_n))=(\boldsymbol{e}_1,\boldsymbol{e}_2,\cdots,\boldsymbol{e}_n)=(\boldsymbol{e}_1,\boldsymbol{e}_2,\cdots,\boldsymbol{e}_n)\begin{pmatrix}1&0&\cdots&0\\0&1&\cdots&0\\\vdots&\vdots&&\vdots\\0&0&\cdots&1\end{pmatrix}_{n\times n},$$

所以,线性变换 T 在基 $\boldsymbol{e}_1,\boldsymbol{e}_2,\cdots,\boldsymbol{e}_n$ 下的矩阵为

$$\boldsymbol{A}=\begin{pmatrix}1&0&\cdots&0\\0&1&\cdots&0\\\vdots&\vdots&&\vdots\\0&0&\cdots&1\end{pmatrix}_{n\times n}=\boldsymbol{E}_n.$$

例 6　设 $\boldsymbol{e}_1,\boldsymbol{e}_2,\cdots,\boldsymbol{e}_n$ 是数域 F 上的 n 维线性空间 V_n 中的一个基,V_n 中的线性变换 T 在基 $\boldsymbol{e}_1,\boldsymbol{e}_2,\cdots,\boldsymbol{e}_n$ 下的矩阵为 $\boldsymbol{A}$,如果元素 $\boldsymbol{\alpha}\in V_n$ 与其像 $T(\boldsymbol{\alpha})$ 在基 $\boldsymbol{e}_1,\boldsymbol{e}_2,\cdots,\boldsymbol{e}_n$ 下的坐标分别为 $\boldsymbol{x}=(x_1,x_2,\cdots,x_n)^{\mathrm{T}}$ 和 $\boldsymbol{x}'=(x_1',x_2',\cdots,x_n')^{\mathrm{T}}$,则有

$$\begin{pmatrix}x_1'\\x_2'\\\vdots\\x_n'\end{pmatrix}=\boldsymbol{A}\begin{pmatrix}x_1\\x_2\\\vdots\\x_n\end{pmatrix}\quad 或\quad \boldsymbol{x}'=\boldsymbol{A}\boldsymbol{x}. \tag{6.5.7}$$

证明　由假设,得

$$T(\boldsymbol{e}_1,\boldsymbol{e}_2,\cdots,\boldsymbol{e}_n)=(T(\boldsymbol{e}_1),T(\boldsymbol{e}_2),\cdots,T(\boldsymbol{e}_n))=(\boldsymbol{e}_1,\boldsymbol{e}_2,\cdots,\boldsymbol{e}_n)\boldsymbol{A},$$

$$\boldsymbol{\alpha}=(\boldsymbol{e}_1,\boldsymbol{e}_2,\cdots,\boldsymbol{e}_n)\boldsymbol{x},$$

$$T(\boldsymbol{\alpha})=(\boldsymbol{e}_1,\boldsymbol{e}_2,\cdots,\boldsymbol{e}_n)\boldsymbol{x}'.$$

于是

$$\begin{aligned}(\boldsymbol{e}_1,\boldsymbol{e}_2,\cdots,\boldsymbol{e}_n)\boldsymbol{x}'&=T(\boldsymbol{\alpha})=T[(\boldsymbol{e}_1,\boldsymbol{e}_2,\cdots,\boldsymbol{e}_n)\boldsymbol{x}]=T(\boldsymbol{e}_1,\boldsymbol{e}_2,\cdots,\boldsymbol{e}_n)\boldsymbol{x}\\&=(\boldsymbol{e}_1,\boldsymbol{e}_2,\cdots,\boldsymbol{e}_n)\boldsymbol{A}\boldsymbol{x}.\end{aligned}$$

又因为基 $\boldsymbol{e}_1,\boldsymbol{e}_2,\cdots,\boldsymbol{e}_n$ 线性无关,所以

$$\boldsymbol{x}'=\boldsymbol{A}\boldsymbol{x}.$$

注　V_n 中的线性变换 T 在基 $\boldsymbol{e}_1,\boldsymbol{e}_2,\cdots,\boldsymbol{e}_n$ 下的矩阵 $\boldsymbol{A}$ 不一定是可逆矩阵.

6.5.2　线性变换与矩阵的关系

1. 线性变换与矩阵是一一对应的

定理 6.4　设 $\boldsymbol{e}_1,\boldsymbol{e}_2,\cdots,\boldsymbol{e}_n$ 是数域 F 上的 n 维线性空间 V_n 的一个基,已知任意一个 n 阶矩阵 $\boldsymbol{A}=(a_{ij})_{n\times n}(a_{ij}\in F,i,j=1,2,\cdots,n)$,则在 V_n 中存在唯一一个线性变换 T,使得 T 在基 $\boldsymbol{e}_1,\boldsymbol{e}_2,\cdots,\boldsymbol{e}_n$ 下的矩阵为 $\boldsymbol{A}$,即

$$T(\boldsymbol{e}_1,\boldsymbol{e}_2,\cdots,\boldsymbol{e}_n)=(T(\boldsymbol{e}_1),T(\boldsymbol{e}_2),\cdots,T(\boldsymbol{e}_n))=(\boldsymbol{e}_1,\boldsymbol{e}_2,\cdots,\boldsymbol{e}_n)\boldsymbol{A}.$$

证明 在 V_n 中,取一组元素 $\boldsymbol{\alpha}_1,\boldsymbol{\alpha}_2,\cdots,\boldsymbol{\alpha}_n$,满足

$$(\boldsymbol{\alpha}_1,\boldsymbol{\alpha}_2,\cdots,\boldsymbol{\alpha}_n)=(\boldsymbol{e}_1,\boldsymbol{e}_2,\cdots,\boldsymbol{e}_n)\boldsymbol{A}=(\boldsymbol{e}_1,\boldsymbol{e}_2,\cdots,\boldsymbol{e}_n)\begin{pmatrix}a_{11} & a_{12} & \cdots & a_{1n}\\ a_{21} & a_{22} & \cdots & a_{2n}\\ \vdots & \vdots & & \vdots\\ a_{n1} & a_{n2} & \cdots & a_{nn}\end{pmatrix},$$

即

$$\boldsymbol{\alpha}_j=a_{1j}\boldsymbol{e}_1+a_{2j}\boldsymbol{e}_2+\cdots+a_{nj}\boldsymbol{e}_n\quad(j=1,2,\cdots,n).$$

由 6.4.2 节性质 5 知,V_n 中存在唯一的线性变换 T,使得

$$T(\boldsymbol{e}_j)=\boldsymbol{\alpha}_j\quad(j=1,2,\cdots,n),$$

所以

$$\begin{aligned}T(\boldsymbol{e}_1,\boldsymbol{e}_2,\cdots,\boldsymbol{e}_n)&=(T(\boldsymbol{e}_1),T(\boldsymbol{e}_2),\cdots,T(\boldsymbol{e}_n))\\&=(\boldsymbol{\alpha}_1,\boldsymbol{\alpha}_2,\cdots,\boldsymbol{\alpha}_n)=(\boldsymbol{e}_1,\boldsymbol{e}_2,\cdots,\boldsymbol{e}_n)\boldsymbol{A}.\end{aligned}$$

由定义 6.7 知,n 维线性空间 V_n 上取定一组基后,V_n 中每一个线性变换 T 都对应于一个 n 阶矩阵 $\boldsymbol{A}$;另一方面,根据定理 6.4,任给一个 n 阶矩阵 $\boldsymbol{A}$,则在 V_n 中存在唯一一个线性变换 T,使得 T 在基 $\boldsymbol{e}_1,\boldsymbol{e}_2,\cdots,\boldsymbol{e}_n$ 下的矩阵为 $\boldsymbol{A}$.

于是得出结论:线性变换与矩阵是一一对应的.

因此可以利用矩阵来讨论线性变换.

例 7 设 $\boldsymbol{e}_1=(1,1)^{\mathrm{T}},\boldsymbol{e}_2=(-1,0)^{\mathrm{T}}$ 是线性空间 $\mathbf{R}^2$ 的一个基,求 $\mathbf{R}^2$ 的一个线性变换 T,使 T 在 $\boldsymbol{e}_1,\boldsymbol{e}_2$ 下的矩阵为 $\boldsymbol{A}=\begin{pmatrix}2 & -1\\ 3 & 1\end{pmatrix}$.

解 利用定理 6.4 及 6.4.2 节性质 5 的证明方法,在 $\mathbf{R}^n$ 中,取一组元素 $\boldsymbol{\alpha}_1$,$\boldsymbol{\alpha}_2$,满足

$$(\boldsymbol{\alpha}_1,\boldsymbol{\alpha}_2)=(\boldsymbol{e}_1,\boldsymbol{e}_2)\boldsymbol{A}=(\boldsymbol{e}_1,\boldsymbol{e}_2)\begin{pmatrix}2 & -1\\ 3 & 1\end{pmatrix},$$

即

$$\begin{aligned}\boldsymbol{\alpha}_1&=2\boldsymbol{e}_1+3\boldsymbol{e}_2=2(1,1)^{\mathrm{T}}+3(-1,0)^{\mathrm{T}}=(-1,2)^{\mathrm{T}},\\ \boldsymbol{\alpha}_2&=-\boldsymbol{e}_1+\boldsymbol{e}_2=-(1,1)^{\mathrm{T}}+(-1,0)^{\mathrm{T}}=(-2,-1)^{\mathrm{T}}.\end{aligned}$$

设 $\boldsymbol{\alpha}=(x_1,x_2)^{\mathrm{T}}$ 为 $\mathbf{R}^n$ 中任意元素,由定理 6.2 知,$\boldsymbol{\alpha}$ 可唯一地线性表示为

$$\boldsymbol{\alpha}=x_1\boldsymbol{e}_1+x_2\boldsymbol{e}_2,$$

由此定义 $\mathbf{R}^n$ 的一个变换 T:

$$T(\boldsymbol{\alpha})=x_1\boldsymbol{\alpha}_1+x_2\boldsymbol{\alpha}_2,\quad\forall\,\boldsymbol{\alpha}\in\mathbf{R}^n.$$

由 6.4.2 节性质 5 知,T 是一个线性变换,且

$$T(\boldsymbol{e}_j)=\boldsymbol{\alpha}_j\quad(j=1,2).$$

于是

$$T(\boldsymbol{e}_1,\boldsymbol{e}_2)=(T(\boldsymbol{e}_1),T(\boldsymbol{e}_2))=(\boldsymbol{\alpha}_1,\boldsymbol{\alpha}_2)=(\boldsymbol{e}_1,\boldsymbol{e}_2)\boldsymbol{A}=(\boldsymbol{e}_1,\boldsymbol{e}_2)\begin{pmatrix}2&-1\\3&1\end{pmatrix},$$

即 T 在 $\boldsymbol{e}_1,\boldsymbol{e}_2$ 下的矩阵为 $\boldsymbol{A}=\begin{pmatrix}2&-1\\3&1\end{pmatrix}$. 所以,上述定义的变换 T 是所求的线性变换.

2. 在不同的基下同一线性变换的矩阵之间的关系

在 6.5.1 节例 1 中我们看到:对于不同的基,同一线性变换的矩阵可能不同,下面讨论它们的关系.

定理 6.5 设 $\boldsymbol{e}_1,\boldsymbol{e}_2,\cdots,\boldsymbol{e}_n$ 与 $\boldsymbol{e}_1',\boldsymbol{e}_2',\cdots,\boldsymbol{e}_n'$ 是数域 F 上的 n 维线性空间 V_n 中的两个基,由基 $\boldsymbol{e}_1,\boldsymbol{e}_2,\cdots,\boldsymbol{e}_n$ 到基 $\boldsymbol{e}_1',\boldsymbol{e}_2',\cdots,\boldsymbol{e}_n'$ 的过渡矩阵为 $\boldsymbol{P}$,如果 V_n 中的线性变换 T 在这两个基下的矩阵分别为 $\boldsymbol{A}$ 与 $\boldsymbol{B}$,则

$$\boldsymbol{B}=\boldsymbol{P}^{-1}\boldsymbol{A}\boldsymbol{P}.$$

证明 由定理假设,得

$$(\boldsymbol{e}_1',\boldsymbol{e}_2',\cdots,\boldsymbol{e}_n')=(\boldsymbol{e}_1,\boldsymbol{e}_2,\cdots,\boldsymbol{e}_n)\boldsymbol{P},$$
$$T(\boldsymbol{e}_1,\boldsymbol{e}_2,\cdots,\boldsymbol{e}_n)=(T(\boldsymbol{e}_1),T(\boldsymbol{e}_2),\cdots,T(\boldsymbol{e}_n))=(\boldsymbol{e}_1,\boldsymbol{e}_2,\cdots,\boldsymbol{e}_n)\boldsymbol{A},$$
$$T(\boldsymbol{e}_1',\boldsymbol{e}_2',\cdots,\boldsymbol{e}_n')=(T(\boldsymbol{e}_1'),T(\boldsymbol{e}_2'),\cdots,T(\boldsymbol{e}_n'))=(\boldsymbol{e}_1',\boldsymbol{e}_2',\cdots,\boldsymbol{e}_n')\boldsymbol{B}.$$

于是

$$\begin{aligned}(\boldsymbol{e}_1',\boldsymbol{e}_2',\cdots,\boldsymbol{e}_n')\boldsymbol{B}&=T(\boldsymbol{e}_1',\boldsymbol{e}_2',\cdots,\boldsymbol{e}_n')=T[(\boldsymbol{e}_1,\boldsymbol{e}_2,\cdots,\boldsymbol{e}_n)\boldsymbol{P}]=T(\boldsymbol{e}_1,\boldsymbol{e}_2,\cdots,\boldsymbol{e}_n)\boldsymbol{P}\\&=(\boldsymbol{e}_1,\boldsymbol{e}_2,\cdots,\boldsymbol{e}_n)\boldsymbol{A}\boldsymbol{P}=(\boldsymbol{e}_1',\boldsymbol{e}_2',\cdots,\boldsymbol{e}_n')\boldsymbol{P}^{-1}\boldsymbol{A}\boldsymbol{P}.\end{aligned}$$

又因为基 $\boldsymbol{e}_1',\boldsymbol{e}_2',\cdots,\boldsymbol{e}_n'$ 线性无关,所以

$$\boldsymbol{B}=\boldsymbol{P}^{-1}\boldsymbol{A}\boldsymbol{P}.$$

定理 6.5 表明:同一线性变换在不同基下的矩阵是相似的,且相似变换矩阵恰为这两个基的过渡矩阵.

例 8 设 $\mathbf{R}^3$ 的一个线性变换 T 在基 $\boldsymbol{e}_1=(1,0,0)^{\mathrm{T}},\boldsymbol{e}_2=(0,1,0)^{\mathrm{T}},\boldsymbol{e}_3=(0,0,1)^{\mathrm{T}}$ 下的矩阵为 $\boldsymbol{A}=\begin{pmatrix}0&2&1\\1&-4&0\\3&0&0\end{pmatrix}$,求:

(1) T 在基 $\boldsymbol{e}_1'=(1,1,1)^{\mathrm{T}},\boldsymbol{e}_2'=(1,1,0)^{\mathrm{T}},\boldsymbol{e}_3'=(1,0,0)^{\mathrm{T}}$ 下的矩阵;

(2) T 在基 $\boldsymbol{e}_3,\boldsymbol{e}_2,\boldsymbol{e}_1$ 下的矩阵.

解 (1) 先将基 $\boldsymbol{e}'_1,\boldsymbol{e}'_2,\boldsymbol{e}'_3$ 用基 $\boldsymbol{e}_1,\boldsymbol{e}_2,\boldsymbol{e}_3$ 线性表示

$$\boldsymbol{e}_1'=1\times\boldsymbol{e}_1+1\times\boldsymbol{e}_2+1\times\boldsymbol{e}_3,$$
$$\boldsymbol{e}_2'=1\times\boldsymbol{e}_1+1\times\boldsymbol{e}_2+0\times\boldsymbol{e}_3,$$
$$\boldsymbol{e}_3'=1\times\boldsymbol{e}_1+0\times\boldsymbol{e}_2+0\times\boldsymbol{e}_3.$$

写出基 $\boldsymbol{e}_1,\boldsymbol{e}_2,\boldsymbol{e}_3$ 到基 $\boldsymbol{e}_1',\boldsymbol{e}_2',\boldsymbol{e}_3'$ 的基变换公式

$$(e_1',e_2',e_3')=(e_1,e_2,e_3)\begin{pmatrix}1&1&1\\1&1&0\\1&0&0\end{pmatrix}=(e_1,e_2,e_3)P,$$

得到，由基 e_1,e_2,e_3 到基 e_1',e_2',e_3' 的过渡矩阵为

$$P=\begin{pmatrix}1&1&1\\1&1&0\\1&0&0\end{pmatrix}.$$

利用定理 6.5，求出 T 在基 $e_1'=(1,1,1)^{\mathrm{T}},e_2'=(1,1,0)^{\mathrm{T}},e_3'=(1,0,0)^{\mathrm{T}}$ 下的矩阵：

$$\begin{aligned}B=P^{-1}AP&=\begin{pmatrix}1&1&1\\1&1&0\\1&0&0\end{pmatrix}^{-1}\begin{pmatrix}0&2&1\\1&-4&0\\3&0&0\end{pmatrix}\begin{pmatrix}1&1&1\\1&1&0\\1&0&0\end{pmatrix}\\&=\begin{pmatrix}0&0&1\\0&1&-1\\1&-1&0\end{pmatrix}\begin{pmatrix}0&2&1\\1&-4&0\\3&0&0\end{pmatrix}\begin{pmatrix}1&1&1\\1&1&0\\1&0&0\end{pmatrix}\\&=\begin{pmatrix}3&0&0\\-2&-4&0\\-1&6&1\end{pmatrix}\begin{pmatrix}1&1&1\\1&1&0\\1&0&0\end{pmatrix}=\begin{pmatrix}3&3&3\\-6&-6&-2\\6&5&-1\end{pmatrix}.\end{aligned}$$

（2）先将基 e_3,e_2,e_1 用基 e_1,e_2,e_3 线性表示

$$\begin{aligned}e_3&=0\times e_1+0\times e_2+1\times e_3,\\e_2&=0\times e_1+1\times e_2+0\times e_3,\\e_1&=1\times e_1+0\times e_2+0\times e_3.\end{aligned}$$

写出基 e_1,e_2,e_3 到基 e_3,e_2,e_1 的基变换公式

$$(e_3,e_2,e_1)=(e_1,e_2,e_3)\begin{pmatrix}0&0&1\\0&1&0\\1&0&0\end{pmatrix}=(e_1,e_2,e_3)P_1$$

得到，由基 e_1,e_2,e_3 到基 e_3,e_2,e_1 的过渡矩阵为

$$P_1=\begin{pmatrix}0&0&1\\0&1&0\\1&0&0\end{pmatrix}.$$

利用定理 6.5，求出 T 在基 e_3,e_2,e_1 下的矩阵

$$\begin{aligned}B_1=P_1^{-1}AP_1&=\begin{pmatrix}0&0&1\\0&1&0\\1&0&0\end{pmatrix}^{-1}\begin{pmatrix}0&2&1\\1&-4&0\\3&0&0\end{pmatrix}\begin{pmatrix}0&0&1\\0&1&0\\1&0&0\end{pmatrix}\\&=\begin{pmatrix}0&0&1\\0&1&0\\1&0&0\end{pmatrix}\begin{pmatrix}0&2&1\\1&-4&0\\3&0&0\end{pmatrix}\begin{pmatrix}0&0&1\\0&1&0\\1&0&0\end{pmatrix}\end{aligned}$$

$$=\begin{pmatrix}3&0&0\\1&-4&0\\0&2&1\end{pmatrix}\begin{pmatrix}0&0&1\\0&1&0\\1&0&0\end{pmatrix}=\begin{pmatrix}0&0&3\\0&-4&1\\1&2&0\end{pmatrix}.$$

习　题　6.5

1. 在线性空间 $\mathbf{R}^2$ 中定义的变换 T：$T(\boldsymbol{\alpha})=\begin{pmatrix}1&2\\3&4\end{pmatrix}\boldsymbol{\alpha}$，$\forall\boldsymbol{\alpha}=\begin{pmatrix}a_1\\a_2\end{pmatrix}\in\mathbf{R}^2$，求：

(1) T 在基 $\boldsymbol{e}_1=(1,0)^{\mathrm{T}}$，$\boldsymbol{e}_2=(0,1)^{\mathrm{T}}$ 下的矩阵；

(2) T 在基 $\boldsymbol{e}_1'=(1,1)^{\mathrm{T}}$，$\boldsymbol{e}_2'=(-1,0)^{\mathrm{T}}$ 下的矩阵.

2. 在线性空间 $\mathbf{R}^3$ 中定义的变换 T：$T(\boldsymbol{\alpha})=T\begin{pmatrix}a_1\\a_2\\a_3\end{pmatrix}=\begin{pmatrix}a_1\\a_2\\-a_3\end{pmatrix}$，$\forall\boldsymbol{\alpha}=\begin{pmatrix}a_1\\a_2\\a_3\end{pmatrix}\in\mathbf{R}^3$，求：

(1) T 在基 $\boldsymbol{e}_1=(1,0,0)^{\mathrm{T}}$，$\boldsymbol{e}_2=(0,1,0)^{\mathrm{T}}$，$\boldsymbol{e}_3=(0,0,1)^{\mathrm{T}}$ 下的矩阵；

(2) T 在基 $\boldsymbol{e}_1'=(1,1,1)^{\mathrm{T}}$，$\boldsymbol{e}_2'=(1,1,0)^{\mathrm{T}}$，$\boldsymbol{e}_3'=(1,0,0)^{\mathrm{T}}$ 下的矩阵.

3. 在线性空间 $\mathbf{R}^3$ 中定义的变换 T：$T(\boldsymbol{\alpha})=T\begin{pmatrix}a\\b\\c\end{pmatrix}=\begin{pmatrix}2b+c\\a-4b\\3a\end{pmatrix}$，$\forall\boldsymbol{\alpha}=\begin{pmatrix}a\\b\\c\end{pmatrix}\in\mathbf{R}^3$，求 T 在基 $\boldsymbol{e}_1=(1,0,0)^{\mathrm{T}}$，$\boldsymbol{e}_2=(0,1,0)^{\mathrm{T}}$，$\boldsymbol{e}_3=(0,0,1)^{\mathrm{T}}$ 下的矩阵.

4. 设 T 是 $\mathbf{R}^3$ 的一个线性变换，$\boldsymbol{e}_1=(1,0,0)^{\mathrm{T}}$，$\boldsymbol{e}_2=(1,1,0)^{\mathrm{T}}$，$\boldsymbol{e}_3=(1,1,1)^{\mathrm{T}}$ 是 $\mathbf{R}^3$ 的一个基，该基在 T 下的像为 $T(\boldsymbol{e}_1)=(1,-1,0)^{\mathrm{T}}$，$T(\boldsymbol{e}_2)=(-1,1,-2)^{\mathrm{T}}$，$T(\boldsymbol{e}_3)=(1,-1,2)^{\mathrm{T}}$，求：

(1) 线性变换 T 在基 $\boldsymbol{e}_1,\boldsymbol{e}_2,\boldsymbol{e}_3$ 下的矩阵；

(2) 将像 $T(\boldsymbol{e}_1)$，$T(\boldsymbol{e}_2)$，$T(\boldsymbol{e}_3)$ 用基 $\boldsymbol{e}_1,\boldsymbol{e}_2,\boldsymbol{e}_3$ 线性表示.

5. 在线性空间 $P[x]_3$ 中定义线性变换(微分变换)T：$T[p(x)]=\dfrac{\mathrm{d}p(x)}{\mathrm{d}x}$，$\forall p(x)\in P[x]_3$，已知 $\boldsymbol{e}_1=x^3$，$\boldsymbol{e}_2=x^2$，$\boldsymbol{e}_3=x$，$\boldsymbol{e}_4=1$ 是 $P[x]_3$ 的一个基，求 T 在基 $\boldsymbol{e}_1,\boldsymbol{e}_2,\boldsymbol{e}_3,\boldsymbol{e}_4$ 下的矩阵.

6. 在线性空间 $\mathbf{R}^n$ 上定义线性变换(数乘变换)T：$T(\boldsymbol{\alpha})=c\boldsymbol{\alpha}$，$\forall\boldsymbol{\alpha}\in\mathbf{R}^n$($c$ 为给定的实数)，求证：数乘变换 T 在 $\mathbf{R}^n$ 的任意一个基 $\boldsymbol{e}_1,\boldsymbol{e}_2,\cdots,\boldsymbol{e}_n$ 下的矩阵都是数量矩阵 $c\boldsymbol{E}_n$.

7. 设 V_3 的一个线性变换 T 在基 $\boldsymbol{e}_1,\boldsymbol{e}_2,\boldsymbol{e}_3$ 下的矩阵为 $\mathbf{A}=\begin{pmatrix}-1&-2&-2\\2&6&5\\0&0&-1\end{pmatrix}$，求 T 在基 $\boldsymbol{e}_1'=\boldsymbol{e}_1$，$\boldsymbol{e}_2'=-\boldsymbol{e}_1+\boldsymbol{e}_2$，$\boldsymbol{e}_3'=-\boldsymbol{e}_2+\boldsymbol{e}_3$ 下的矩阵.

8. 已知线性空间 $\mathbf{R}^3$ 中线性变换 T 在基 $\boldsymbol{e}_1=(1,1,1)^{\mathrm{T}}$，$\boldsymbol{e}_2=(1,1,0)^{\mathrm{T}}$，$\boldsymbol{e}_3=(1,0,0)^{\mathrm{T}}$ 下的矩阵 $\mathbf{A}=\begin{pmatrix}1&1&1\\1&1&0\\0&0&0\end{pmatrix}$，如果 $\boldsymbol{\alpha}\in V_n$ 在基 $\boldsymbol{e}_1,\boldsymbol{e}_2,\boldsymbol{e}_3$ 下的坐标为 $\boldsymbol{x}=(-1,2,3)^{\mathrm{T}}$，求其像 $T(\boldsymbol{\alpha})$ 在基 $\boldsymbol{e}_1,\boldsymbol{e}_2,\boldsymbol{e}_3$ 下的坐标.

总习题 6

(A)

1. 验证:2 维向量的全体构成的集合 $V=\{\boldsymbol{x}\mid\boldsymbol{x}=(x_1,x_2)^{\mathrm{T}},x_1,x_2\in\mathbf{R}\}$对于向量的加法及如下定义的数乘法 $k\circ\boldsymbol{x}=k\circ(x_1,x_2)^{\mathrm{T}}=(kx_1,0)^{\mathrm{T}}$ 不构成线性空间.

2. 闭区间$[a,b]$全体连续实函数组成的集合 $C[a,b]$,对于通常的函数的加法和数与函数的乘法,构成实数域 $\mathbf{R}$ 上的线性空间.求证:闭区间$[a,b]$上满足条件 $f(a)=f(b)$连续实函数组成的集合 $L=\{f(x)\mid f(x)\in C[a,b],f(a)=f(b)\}$构成 $C[a,b]$的一个子空间.

3. 求证:元素(向量)$\boldsymbol{\alpha}_1=(2,2,-1)^{\mathrm{T}},\boldsymbol{\alpha}_2=(2,-1,2)^{\mathrm{T}},\boldsymbol{\alpha}_3=(-1,2,2)^{\mathrm{T}}$ 是线性空间 $\mathbf{R}^3$(3 维向量空间)的一个基,并求 $\mathbf{R}^3$ 中元素(向量)$\boldsymbol{\beta}_1=(1,0,-4)^{\mathrm{T}},\boldsymbol{\beta}_2=(4,3,2)^{\mathrm{T}}$ 在这个基下的坐标.

4. 验证:主对角线上元素之和等于零的 2 阶矩阵的全体构成的集合 V,对于矩阵的加法和数乘法构成实数域 $\mathbf{R}$ 上的线性空间,求出 V 的一个基和维数,并求出 V 的元素 $\boldsymbol{A}=\begin{pmatrix}a & b\\ c & -a\end{pmatrix}$在该基下的坐标.

5. 求证:$\boldsymbol{E}_{11}=\begin{pmatrix}1 & 0\\ 0 & 0\end{pmatrix},\boldsymbol{E}_{12}=\begin{pmatrix}1 & 1\\ 0 & 0\end{pmatrix},\boldsymbol{E}_{21}=\begin{pmatrix}1 & 1\\ 1 & 0\end{pmatrix},\boldsymbol{E}_{22}=\begin{pmatrix}1 & 1\\ 1 & 1\end{pmatrix}$也是 $\mathbf{R}^{2\times2}$ 的一个基,并求 $\mathbf{R}^{2\times2}$ 中的元素 $\boldsymbol{A}=\begin{pmatrix}a_{11} & a_{12}\\ a_{21} & a_{22}\end{pmatrix}$在该基下的坐标.

6. 求证:$1,x-1,(x-1)^2,(x-1)^3$ 是 $P[x]_3$ 的一个基,$P[x]_3$ 中的元素 $p(x)$在该基下的坐标为$\left(p(1),p'(1),\dfrac{p''(1)}{2!},\dfrac{p'''(1)}{3!}\right)^{\mathrm{T}}$.

7. 证明:线性空间 V_n 中任何元素 $\boldsymbol{\alpha}$ 在同一个基 $\boldsymbol{e}_1,\boldsymbol{e}_2,\cdots,\boldsymbol{e}_n$ 下的坐标是唯一的.

8. 设 V 是数域 F 上的线性空间,$L=\left\{\boldsymbol{\alpha}\,\middle|\,\boldsymbol{\alpha}=\sum\limits_{i=1}^{s}k_i\boldsymbol{\alpha}_i,k_1,k_2,\cdots,k_s\in F\right\}$($s\geqslant1$,正整数)是由 V 中的一组元素 $\boldsymbol{\alpha}_1,\boldsymbol{\alpha}_2,\cdots,\boldsymbol{\alpha}_s$ 的线性组合构成的集合. 求证:L 构成 V 的一个子空间,并且该组元素的一个极大无关组就是子空间 L 的一个基.

9. 设 V_r 是 n 维线性空间 V_n 的一个子空间. 求证:V_n 中存在元素 $\boldsymbol{e}_{r+1},\boldsymbol{e}_{r+2},\cdots,\boldsymbol{e}_n$,可将 V_r 的一个基 $\boldsymbol{e}_1,\boldsymbol{e}_2,\cdots,\boldsymbol{e}_r$ 扩充成为 V_n 的一个基 $\boldsymbol{e}_1,\cdots,\boldsymbol{e}_r,\boldsymbol{e}_{r+1},\cdots,\boldsymbol{e}_n$($n>r\geqslant1$,正整数).

10. 设 $\boldsymbol{e}_1,\boldsymbol{e}_2,\boldsymbol{e}_3$ 是线性空间 $\mathbf{R}^3$ 中的一个基,已知

$$\begin{cases}\boldsymbol{e}_1'=\boldsymbol{e}_1+\boldsymbol{e}_2+\boldsymbol{e}_3,\\ \boldsymbol{e}_2'=\boldsymbol{e}_1-\boldsymbol{e}_3,\\ \boldsymbol{e}_3'=\boldsymbol{e}_1+\boldsymbol{e}_3,\end{cases}\qquad\begin{cases}\boldsymbol{e}_1''=\boldsymbol{e}_1+2\boldsymbol{e}_2+\boldsymbol{e}_3,\\ \boldsymbol{e}_2''=2\boldsymbol{e}_1+3\boldsymbol{e}_2+4\boldsymbol{e}_3,\\ \boldsymbol{e}_3''=3\boldsymbol{e}_1+4\boldsymbol{e}_2+3\boldsymbol{e}_3.\end{cases}$$

(1) 验证 $\boldsymbol{e}_1',\boldsymbol{e}_2',\boldsymbol{e}_3'$与 $\boldsymbol{e}_1'',\boldsymbol{e}_2'',\boldsymbol{e}_3''$都是线性空间 $\mathbf{R}^3$ 的基;

(2) 求由基 $\boldsymbol{e}_1',\boldsymbol{e}_2',\boldsymbol{e}_3'$到基 $\boldsymbol{e}_1'',\boldsymbol{e}_2'',\boldsymbol{e}_3''$的基变换公式与过渡矩阵;

(3) 求 $\mathbf{R}^3$ 的元素 $\boldsymbol{\alpha}$ 在基 $\boldsymbol{e}_1',\boldsymbol{e}_2',\boldsymbol{e}_3'$下的坐标为 $\boldsymbol{x}'=(x_1',x_2',x_3')^{\mathrm{T}}$,在基 $\boldsymbol{e}''_1,\boldsymbol{e}_2'',\boldsymbol{e}_3''$下的坐标为 $\boldsymbol{x}''=(x_1'',x_2'',x_3'')^{\mathrm{T}}$,写出坐标变换公式.

11. 已知 $\mathbf{R}^3$ 中的两个基分别为:(Ⅰ)$\boldsymbol{e}_1=(1,-2,1)^{\mathrm{T}}$,$\boldsymbol{e}_2=(0,1,1)^{\mathrm{T}}$,$\boldsymbol{e}_3=(3,2,1)^{\mathrm{T}}$ 和(Ⅱ)$\boldsymbol{e}_1',\boldsymbol{e}_2',\boldsymbol{e}_3'$,如果 $\mathbf{R}^3$ 中的元素 $\boldsymbol{\alpha}$ 在基(Ⅰ)与基(Ⅱ)下的坐标分别为 $\boldsymbol{x}=(x_1,x_2,x_3)^{\mathrm{T}}$ 和 $\boldsymbol{x}'=(x_1',x_2',x_3')^{\mathrm{T}}$ 满足:$x_1'=x_1-x_2-x_3$,$x_2'=-x_1+x_2$,$x_3'=x_1+2x_3$. (1)求由基 $\boldsymbol{e}_1',\boldsymbol{e}_2',\boldsymbol{e}_3'$ 到基 $\boldsymbol{e}_1,\boldsymbol{e}_2,\boldsymbol{e}_3$ 的过渡矩阵;(2)求基 $\boldsymbol{e}_1',\boldsymbol{e}_2',\boldsymbol{e}_3'$.

12. 设 T 是线性空间 V 的一个线性变换,证明:

(1) T 的值域(或像集)$T(V)=\{T(\boldsymbol{\alpha})\mid,\boldsymbol{\alpha}\in V\}$是线性空间 V 的子空间;

(2) T 的核(或零空间)$N(T)=\{\boldsymbol{\alpha}\mid T(\boldsymbol{\alpha})=\mathbf{0},\boldsymbol{\alpha}\in V\}$也是线性空间 V 的子空间.

13. (1) 证明:在线性空间 $\mathbf{R}^{2\times2}$ 中定义的变换 T:$T(\mathbf{A})=\mathbf{A}+\mathbf{A}^{\mathrm{T}}$,$\forall\,\mathbf{A}\in\mathbf{R}^{2\times2}$ 是线性变换;

(2) 设 $\boldsymbol{B}$ 是 $\mathbf{R}^{2\times2}$ 中任一满足 $\boldsymbol{B}=\boldsymbol{B}^{\mathrm{T}}$ 的矩阵,求 $\mathbf{R}^{2\times2}$ 中的矩阵 $\mathbf{A}$ 使得 $T(\mathbf{A})=\boldsymbol{B}$;

(3) 证明:T 的值域(或像集)是 $\mathbf{R}^{2\times2}$ 中满足 $\boldsymbol{B}=\boldsymbol{B}^{\mathrm{T}}$ 的 $\boldsymbol{B}$ 的集合;

(4) 若 $\mathbf{A}=\begin{pmatrix}a&b\\c&d\end{pmatrix}\in\mathbf{R}^{2\times2}$,求 T 的核(或零空间).

14. 在线性空间 $P[x]_n$ 中定义线性变换(微分变换)T:

$$T[p(x)]=\frac{\mathrm{d}p(x)}{\mathrm{d}x},\quad \forall\,p(x)\in P[x]_n.$$

已知 $\boldsymbol{e}_1=1,\boldsymbol{e}_2=x,\boldsymbol{e}_3=x^2,\cdots,\boldsymbol{e}_n=x^{n-1}$是 $P[x]_n$ 的一个基,求 T 在基 $\boldsymbol{e}_1,\boldsymbol{e}_2,\cdots,\boldsymbol{e}_n$ 下的矩阵.

15. 已知 n 维线性空间 V_n 的一个基 $\boldsymbol{e}_1,\boldsymbol{e}_2,\cdots,\boldsymbol{e}_n$,在 V_n 上定义线性变换 T:

$$\begin{cases}T(\boldsymbol{e}_i)=\boldsymbol{e}_i, & i=1,2,\cdots,r,\\ T(\boldsymbol{e}_i)=\mathbf{0}, & i=r+1,r+2,\cdots,n,\end{cases}$$

求证:T 在基 $\boldsymbol{e}_1,\boldsymbol{e}_2,\cdots,\boldsymbol{e}_n$ 下的矩阵为 $\boldsymbol{A}=\begin{pmatrix}\boldsymbol{E}_r&\\&\boldsymbol{O}_{n-r}\end{pmatrix}$.

16. 设 T 是 $\mathbf{R}^n$ 中的线性变换,$\boldsymbol{e}_1,\boldsymbol{e}_2,\cdots,\boldsymbol{e}_n$ 是 $\mathbf{R}^n$ 的一个基,且

$$T(\boldsymbol{e}_1)=\boldsymbol{e}_1+\boldsymbol{e}_2,\quad T(\boldsymbol{e}_2)=\boldsymbol{e}_2+\boldsymbol{e}_3,\quad \cdots,\quad T(\boldsymbol{e}_{n-1})=\boldsymbol{e}_{n-1}+\boldsymbol{e}_n,\quad T(\boldsymbol{e}_n)=\boldsymbol{e}_n+\boldsymbol{e}_1,$$

如果 $\boldsymbol{\alpha}\in V_n$ 在基 $\boldsymbol{e}_1,\boldsymbol{e}_2,\cdots,\boldsymbol{e}_n$ 下的坐标为 $\boldsymbol{x}=(1,2,\cdots,n)^{\mathrm{T}}$,求其像 $T(\boldsymbol{\alpha})$在基 $\boldsymbol{x}=(x_1,x_2,\cdots,x_n)^{\mathrm{T}}$ 下的坐标.

(B)

一、单项选择题

1. 以下集合中,对于所指定的运算构成实数域 $\mathbf{R}$ 上的线性空间的是(　　).

(A) 所有 n 阶实对称矩阵构成的集合,对矩阵的加法和数乘法(n 为正整数);

(B) n 阶可逆矩阵的全体构成的集合,对矩阵的加法和数乘法(n 为正整数);

(C) 微分方程 $y''+3y'-3y=2$ 的全部解构成的集合,对于函数的加法和数与函数的乘法;

(D) 非齐次线性方程组 $\boldsymbol{AX}=\boldsymbol{B}(\boldsymbol{B}\neq\boldsymbol{O})$的全体解向量组成的集合,对于向量的加法和数乘运算.

2. 下列集合均为线性空间 $\mathbf{R}^3$ 的子集,构成线性空间 $\mathbf{R}^3$ 的子空间的是(　　).

(A) 形如$(a,b,a+2)^{\mathrm{T}}$ 的向量的全体;　　(B) 形如$(a,b,c)^{\mathrm{T}}$ 的向量的全体($c\geqslant0$);

(C) 形如$(a,b,b^2)^{\mathrm{T}}$ 的向量的全体;　　(D) 形如$(a,b,0)^{\mathrm{T}}$ 的向量的全体.

3. 下列集合均为线性空间 $\mathbf{R}^{2\times2}$ 的子集,不构成线性空间 $\mathbf{R}^{2\times2}$ 的子空间的是(　　).

(A) 形如$\begin{pmatrix} a & b \\ c & 0 \end{pmatrix}$的矩阵的全体;　　(B) 形如$\begin{pmatrix} 2a & b \\ c & 0 \end{pmatrix}$的矩阵的全体;

(C) 形如$\begin{pmatrix} a & b \\ c & 1 \end{pmatrix}$的矩阵的全体;　　(D) 由零矩阵$\begin{pmatrix} 0 & 0 \\ 0 & 0 \end{pmatrix}$组成的集合.

4. 下列结论中,正确的是(　　).

(A) 零元素 $\mathbf{0}$ 构成的子集$\{\mathbf{0}\}$不是线性空间 V 的子空间;

(B) 设 L 是线性空间是 V 的一个非空子集,若零元素 $\mathbf{0}$ 不在 L 中,则 L 不是 V 的子空间;

(C) 所有 n 阶行列式构成的集合,对数的加法和数乘法(n 为正整数)成实数域 $\mathbf{R}$ 上的线性空间;

(D) 所有与向量$(0,0,1)$不平行(即,分量不成比例)的向量构成的集合,对向量的加法和数乘法成实数域 $\mathbf{R}$ 上的线性空间.

5. 在 U 是线性空间 V 的一个子空间,且 U 与 V 的维数相等,则(　　).

(A) $U\subset V$;　　(B) $U\supset V$;　　(C) $U=V$;　　(D) $U\neq V$.

6. 线性空间 $\mathbf{R}^4$ 的子空间$\{(x_1,x_2,x_3,x_4)^{\mathrm{T}}\mid x_2-2x_3=0.2x_2-3x_3+x_4=0\}$的维数为(　　).

(A) 1;　　(B) 2;　　(C) 3;　　(D) 4.

7. 对下列变换 T,为线性变换的是(　　).

(A) $T(\boldsymbol{\alpha})=T\begin{pmatrix} a \\ b \end{pmatrix}=\begin{pmatrix} ab \\ a-b \end{pmatrix}, \forall \boldsymbol{\alpha}=\begin{pmatrix} a \\ b \end{pmatrix}\in\mathbf{R}^2$;

(B) $T(\boldsymbol{\alpha})=T\begin{pmatrix} a \\ b \\ c \end{pmatrix}=\begin{pmatrix} a+b \\ 2c \\ a \end{pmatrix}, \forall \boldsymbol{\alpha}=\begin{pmatrix} a \\ b \\ c \end{pmatrix}\in\mathbf{R}^3$;

(C) $T(\boldsymbol{\alpha})=T\begin{pmatrix} a \\ b \end{pmatrix}=\begin{pmatrix} a^2 \\ a-b \end{pmatrix}, \forall \boldsymbol{\alpha}=\begin{pmatrix} a \\ b \end{pmatrix}\in\mathbf{R}^2$;

(D) $T(\boldsymbol{\alpha})=T\begin{pmatrix} a \\ b \\ c \end{pmatrix}=\begin{pmatrix} a+1 \\ a+b \\ c \end{pmatrix}, \forall \boldsymbol{\alpha}=\begin{pmatrix} a \\ b \\ c \end{pmatrix}\in\mathbf{R}^3$.

8. 对下列变换 T,不是线性变换的为(　　).

(A) $T(\boldsymbol{\alpha})=T\begin{pmatrix} a \\ b \\ c \end{pmatrix}=\begin{pmatrix} 2a+c \\ a-4b \\ 3a \end{pmatrix}, \forall \boldsymbol{\alpha}=\begin{pmatrix} a \\ b \\ c \end{pmatrix}\in\mathbf{R}^3$;

(B) $T(\boldsymbol{\alpha})=T\begin{pmatrix} a \\ b \\ c \end{pmatrix}=\begin{pmatrix} a \\ b \\ 0 \end{pmatrix}, \forall \boldsymbol{\alpha}=\begin{pmatrix} a \\ b \\ c \end{pmatrix}\in\mathbf{R}^3$;

(C) $T(\boldsymbol{\alpha})=\begin{pmatrix} 1 & 0 & 0 \\ 0 & 1 & 0 \\ 0 & 0 & 0 \end{pmatrix}\boldsymbol{\alpha}, \forall \boldsymbol{\alpha}\in\mathbf{R}^3$;

(D) $T(\boldsymbol{\alpha})=T\begin{pmatrix}a\\b\\c\end{pmatrix}=\begin{pmatrix}1\\abc\\1\end{pmatrix}, \forall \boldsymbol{\alpha}=\begin{pmatrix}a\\b\\c\end{pmatrix}\in\mathbf{R}^3$.

9. 设 V 是数域 F 上的线性空间，若 T 是 V 的线性变换，则有下述结论中正确的是(　　).

(A) 若 V 中任意元素 $\boldsymbol{\alpha}_1,\boldsymbol{\alpha}_2,\cdots,\boldsymbol{\alpha}_r$ 线性相关，则 $T(\boldsymbol{\alpha}_1),T(\boldsymbol{\alpha}_2),\cdots,T(\boldsymbol{\alpha}_r)$ 也线性相关；

(B) 若 V 中任意元素 $T(\boldsymbol{\alpha}_1),T(\boldsymbol{\alpha}_2),\cdots,T(\boldsymbol{\alpha}_r)$ 线性相关，则 $\boldsymbol{\alpha}_1,\boldsymbol{\alpha}_2,\cdots,\boldsymbol{\alpha}_r$ 也线性相关；

(C) 若 V 中任意元素 $\boldsymbol{\alpha}_1,\boldsymbol{\alpha}_2,\cdots,\boldsymbol{\alpha}_r$ 线性无关，则 $T(\boldsymbol{\alpha}_1),T(\boldsymbol{\alpha}_2),\cdots,T(\boldsymbol{\alpha}_r)$ 也线性无关；

(D) 若 V 中任意元素 $T(\boldsymbol{\alpha}_1),T(\boldsymbol{\alpha}_2),\cdots,T(\boldsymbol{\alpha}_r)$ 线性相关，则 $\boldsymbol{\alpha}_1,\boldsymbol{\alpha}_2,\cdots,\boldsymbol{\alpha}_r$ 线性无关.

10. 在线性空间 $\mathbf{R}^3$ 中定义的线性变换 T：$T(\boldsymbol{\alpha})=T\begin{pmatrix}a_1\\a_2\\a_3\end{pmatrix}=\begin{pmatrix}a_1\\a_2\\0\end{pmatrix}, \forall \boldsymbol{\alpha}=\begin{pmatrix}a_1\\a_2\\a_3\end{pmatrix}\in\mathbf{R}^3$，则 T 在基 $\boldsymbol{e}_1=(1,0,0)^{\mathrm{T}},\boldsymbol{e}_2=(0,1,0)^{\mathrm{T}},\boldsymbol{e}_3=(1,1,1)^{\mathrm{T}}$ 下的矩阵为(　　).

(A) $\begin{pmatrix}1&0&0\\0&1&0\\0&0&0\end{pmatrix}$；　(B) $\begin{pmatrix}1&1&1\\1&1&0\\0&0&0\end{pmatrix}$；　(C) $\begin{pmatrix}1&0&1\\0&1&1\\0&0&0\end{pmatrix}$；　(D) $\begin{pmatrix}1&0&1\\0&1&1\\0&0&1\end{pmatrix}$.

二、填空题

1. 已知与矩阵 $\mathbf{A}=\begin{pmatrix}0&1&-1&0\\0&-2&2&0\end{pmatrix}$ 的行向量正交的向量的集合 V 对向量的加法和数乘法构成一个线性空间，则 V 的维数为________.

2. 在基 $\boldsymbol{e}_1=(1,2,3)^{\mathrm{T}},\boldsymbol{e}_2=(2,3,1)^{\mathrm{T}},\boldsymbol{e}_3=(3,1,2)^{\mathrm{T}}\in\mathbf{R}^3$ 下，坐标为 $(0,1,2)^{\mathrm{T}}$ 的元素 $\boldsymbol{\alpha}=$________.

3. 设 $\boldsymbol{e}_1=(1,1,0)^{\mathrm{T}},\boldsymbol{e}_2=(0,1,1)^{\mathrm{T}},\boldsymbol{e}_3=(-1,2,1)^{\mathrm{T}}$ 是 $\mathbf{R}^3$ 的一个基，且元素 $\boldsymbol{\alpha}=(a,0,0)^{\mathrm{T}}\in\mathbf{R}^3$ 在该基下的坐标为 $(1,1,-1)^{\mathrm{T}}$，则 $a=$________.

4. $\mathbf{R}^3$ 中元素 $\boldsymbol{\alpha}=(a_1,a_2,a_3)^{\mathrm{T}}$ 在基 $\boldsymbol{e}_1=(1,1,1)^{\mathrm{T}},\boldsymbol{e}_2=(0,1,1)^{\mathrm{T}},\boldsymbol{e}_3=(0,0,1)^{\mathrm{T}}$ 下的坐标为______.

5. 已知 $\mathbf{R}^3$ 中的两个基分别为：(Ⅰ) $\boldsymbol{e}_1,\boldsymbol{e}_2,\boldsymbol{e}_3$ 和 (Ⅱ) $\boldsymbol{e}_1'=\boldsymbol{e}_1+\boldsymbol{e}_2+\boldsymbol{e}_3,\boldsymbol{e}_2'=\boldsymbol{e}_1+\boldsymbol{e}_3,\boldsymbol{e}_3'=\boldsymbol{e}_3$，则在基(Ⅰ)与基(Ⅱ)下有相同坐标的元素为________.

6. 已知由所有二阶实上三角矩阵对矩阵的加法和数乘法构成的线性空间 V，且 V 中的两个基为 $\boldsymbol{e}_1=\begin{pmatrix}1&0\\0&0\end{pmatrix},\boldsymbol{e}_2=\begin{pmatrix}0&0\\0&1\end{pmatrix},\boldsymbol{e}_3=\begin{pmatrix}0&1\\1&0\end{pmatrix}$ 与 $\boldsymbol{e}_1'=\begin{pmatrix}1&0\\0&1\end{pmatrix},\boldsymbol{e}_2'=\begin{pmatrix}1&1\\1&0\end{pmatrix},\boldsymbol{e}_3'=\begin{pmatrix}0&1\\1&1\end{pmatrix}$，则由基 $\boldsymbol{e}_1,\boldsymbol{e}_2,\boldsymbol{e}_3$ 到基 $\boldsymbol{e}_1',\boldsymbol{e}_2',\boldsymbol{e}_3'$ 的过渡矩阵为________.

7. 已知线性空间 $\mathbf{R}^{2\times 2}$ 中的两个基：$\boldsymbol{e}_1=\begin{pmatrix}1&0\\0&0\end{pmatrix},\boldsymbol{e}_2=\begin{pmatrix}0&1\\0&0\end{pmatrix},\boldsymbol{e}_3=\begin{pmatrix}0&0\\1&0\end{pmatrix},\boldsymbol{e}_4=\begin{pmatrix}0&0\\0&1\end{pmatrix}$ 与 $\boldsymbol{e}_1'=\begin{pmatrix}3&1\\-1&1\end{pmatrix},\boldsymbol{e}_2'=\begin{pmatrix}1&3\\1&1\end{pmatrix},\boldsymbol{e}_3'=\begin{pmatrix}3&0\\-2&1\end{pmatrix},\boldsymbol{e}_4'=\begin{pmatrix}1&1\\0&2\end{pmatrix}$，则由基 $\boldsymbol{e}_1,\boldsymbol{e}_2,\boldsymbol{e}_3,\boldsymbol{e}_4$ 到基 $\boldsymbol{e}_1',\boldsymbol{e}_2',\boldsymbol{e}_3',\boldsymbol{e}_4'$ 的过渡矩阵为________.

8. 给定二阶矩阵 $\mathbf{A}=\begin{pmatrix}0&-1\\1&0\end{pmatrix}$，则 $\mathbf{R}^2$ 中的线性变换 T：$T(\boldsymbol{\alpha})=\mathbf{A}\boldsymbol{\alpha}, \forall \boldsymbol{\alpha}=\begin{pmatrix}x\\y\end{pmatrix}\in\mathbf{R}^2$，将椭

圆$\dfrac{x^2}{a^2}+\dfrac{y^2}{b^2}=1$变为________.

9. 在线性空间 $P[x]_3=\{p(x)\mid p(x)=a_3x^3+a_2x^2+a_1x+a_0, a_3, a_2, a_1, a_0\in\mathbf{R}\}$中定义的线性变换(微分变换)$T$：$T[p(x)]=\dfrac{\mathrm{d}p(x)}{\mathrm{d}x}, \forall p(x)\in P[x]_3$ 在基 $1, x, x^2$ 下的矩阵为________.

10. 设 $\mathbf{R}^3$ 的一个线性变换 T 在基 $\boldsymbol{e}_1, \boldsymbol{e}_2, \boldsymbol{e}_3$ 下的矩阵为 $\mathbf{A}=\begin{pmatrix}1&2&3\\4&5&6\\7&8&9\end{pmatrix}$，则 T 在基 $\boldsymbol{e}_1, \boldsymbol{e}_3, \boldsymbol{e}_2$ 下的矩阵为________.

习题解答 6　　　　考研真题解析 6

第 7 章　应 用 案 例

7.1　投入产出模型

投入产出模型是一种研究一个经济系统各部门之间“投入”与“产出”关系的线性模型，它是 20 世纪 30 年代由美国经济学家 Wassily Leontief 建立起来的. 1949 年他用含 500 个变量的 500 个线性方程组成的方程组来描述美国经济，这项工作的成果使他于 1973 年获得诺贝尔经济学奖，他的成就和获奖成为各国科学界用线性代数建立工程和经济模型的强大动力，也推动了线性代数的迅速发展.

在一个经济系统中，每个部门作为生产者，要为该系统内各个部门(包括本部门)进行生产提供一定产品，又要满足系统外部对该产品的需求，即为“产出”. 另一方面，每个部门为了生产其产品，必然又是消耗者，要消耗本部门和该系统内部其他部门所生产的产品，如原材料、设备、能源、人力等，即为“投入”，而且需要获得合理的利润. 这些物资各方面的消耗和新创造的价值，等于它的总产值，这就是投入与产出的总的平衡关系.

7.1.1　模型的构建

表 7-1 是某个经济系统中 n 个部门的投入产出平衡表.

表 7-1　投入产出平衡表

部门间流量 部门 / 部门		消耗部门				最终产品				总产品
		1	2	⋯	n	消费	积累	⋯	合计	
生产部门	1	x_{11}	x_{12}	⋯	x_{1n}				y_1	x_1
	2	x_{21}	x_{22}	⋯	x_{2n}				y_2	x_2
	⋮									
	n	x_{n1}	x_{n2}	⋯	x_{nn}				y_n	x_n
新创造价值	劳动报酬	v_1	v_2	⋯	v_n					
	纯收入	m_1	m_2	⋯	m_n					
	合计	z_1	z_2	⋯	z_n					
总产品价值		x_1	x_2	⋯	x_n					

表 7-1 左上角部分由 n 个部门组成，每个部门既是生产部门，又是消耗部门. 量 x_{ij} 表示第 j 部门所消耗第 i 部门的产品，称为部门间的流量，它可按实物量计

算，也可用价值量计算，这里采用价值量计算方法. 这一部分是投入产出平衡表的最基本的部分.

表中右上角部分每一行反映了某一部门从总产品中扣除补偿生产消耗后的余量，即不参加本期生产周转的最终产品的分配情况. 其中 $y_1, y_2, \cdots, y_n$ 分别表示第1，第2，…，第 n 生产部门的最终产品，而 $x_1, x_2, \cdots, x_n$ 分别表示第1，第2，…，第 n 生产部门的总产品，也就是对应的消耗部门总产品价值.

表中左下角部分，每一列表示该部门创造的价值(也称净价值)，第 i 个部门新创造的价值为 z_i，包括劳动报酬 v_i 和纯收入 m_i.

表中右下角部分反映国民收入的再分配，比较复杂，在此我们暂不讨论.

从表 7-1 的每一行来看，某一部门分配给其他各部门的生产消耗的产品，加上该部门的最终产品的价值，应等于它的总产品，即

$$x_i = \sum_{j=1}^{n} x_{ij} + y_i, \quad i = 1, 2, \cdots, n. \tag{7.1.1}$$

这个方程组称为产品分配平衡方程组. (7.1.1)式中，$\sum_{j=1}^{n} x_{ij}$ 为第 i 部门分配给各部门生产消耗的产品总和.

从表 7-1 的每一列来看，每一消耗部门消耗其他各部门的生产消耗的产品，加上该部门新创造的价值等于它的总产品的价值，即

$$x_i = \sum_{j=1}^{n} x_{ij} + z_j, \quad j = 1, 2, \cdots, n, \tag{7.1.2}$$

这个方程组称为消耗平衡方程组.

由(7.1.1)式和(7.1.2)式可得

$$\sum_{j=1}^{n} y_j = \sum_{j=1}^{n} z_j,$$

即各部门最终产品的总和等于各部门新创造价值的总和.

第 j 部门生产单位产品直接消耗第 i 部门的产品量，称为第 j 部门对第 i 部门的**直接消耗系数**，以 a_{ij} 表示，即

$$a_{ij} = \frac{x_{ij}}{x_j} \quad (i, j = 1, 2, \cdots, n).$$

换言之，a_{ij} 也就是第 j 部门生产单位产品需要第 i 部门直接分配给第 j 部门的产品量.

各部门间的直接消耗系数构成的 n 阶矩阵

$$\mathbf{A} = \begin{pmatrix} a_{11} & a_{12} & \cdots & a_{1n} \\ a_{21} & a_{22} & \cdots & a_{2n} \\ \vdots & \vdots & & \vdots \\ a_{n1} & a_{n2} & \cdots & a_{nn} \end{pmatrix}$$

称为**直接消耗系数矩阵**.

直接消耗系数 $a_{ij}(i,j=1,2,\cdots,n)$ 具有下列性质：

(1) $0\leqslant a_{ij}<1(i,j=1,2,\cdots,n)$；

(2) $\sum\limits_{i=1}^{n}|a_{ij}|<1\ (i,j=1,2,\cdots,n)$.

利用直接消耗系数矩阵 $\boldsymbol{A}$，产品分配平衡方程组和消耗平衡方程组可以写成矩阵形式.

将 $x_{ij}=a_{ij}x_j$ 代入产品分配平衡方程组(7.1.1)，得

$$x_i=\sum_{j=1}^{n}a_{ij}x_j+y_i,\quad i=1,2,\cdots,n. \tag{7.1.3}$$

记 $\boldsymbol{x}=(x_1,x_2,\cdots,x_n)^{\mathrm{T}}$，$\boldsymbol{y}=(y_1,y_2,\cdots,y_n)^{\mathrm{T}}$，则(7.1.3)可写成

$$\boldsymbol{x}=\boldsymbol{A}\boldsymbol{x}+\boldsymbol{y}\quad 或\quad (\boldsymbol{E}-\boldsymbol{A})\boldsymbol{x}=\boldsymbol{y}. \tag{7.1.4}$$

将 $x_{ij}=a_{ij}x_j$ 代入消耗平衡方程组(7.1.2)，得

$$x_j=\sum_{i=1}^{n}a_{ij}x_j+z_j,\quad j=1,2,\cdots,n. \tag{7.1.5}$$

记 $\boldsymbol{D}=\mathrm{diag}\left(\sum\limits_{i=1}^{n}a_{i1},\sum\limits_{i=1}^{n}a_{i2},\cdots,\sum\limits_{i=1}^{n}a_{in}\right)$，$\boldsymbol{z}=(z_1,z_2,\cdots,z_n)^{\mathrm{T}}$，则(7.1.5)可写成

$$\boldsymbol{x}=\boldsymbol{D}\boldsymbol{x}+\boldsymbol{z}\quad 或\quad (\boldsymbol{E}-\boldsymbol{D})\boldsymbol{x}=\boldsymbol{z}. \tag{7.1.6}$$

可以证明，$\boldsymbol{E}-\boldsymbol{A}$ 和 $\boldsymbol{E}-\boldsymbol{D}$ 可逆.

7.1.2　模型的求解和应用

利用投入产出数学模型进行经济分析时，首先要根据该经济系统报告期的数据求出直接消耗系数矩阵 $\boldsymbol{A}$，并假设在未来计划期内直接消耗系数 $a_{ij}(i,j=1,2,\cdots,n)$ 不发生变化，可由方程组(7.1.4)和(7.1.6)求得平衡方程组的解

$$\boldsymbol{x}=(\boldsymbol{E}-\boldsymbol{A})^{-1}\boldsymbol{y}\quad 或\quad \boldsymbol{x}=(\boldsymbol{E}-\boldsymbol{D})^{-1}\boldsymbol{z}.$$

根据最终产品情况，通过投入产出模型可求出该系统内各部门的总产值，从而制定出合理的生产计划.

例　设有一个经济系统包括三个部门，在某一个生产周期内各部门的直接消耗系数及最终产品分别为

$$\boldsymbol{A}=\begin{pmatrix}0.25 & 0.1 & 0.1\\ 0.2 & 0.2 & 0.1\\ 0.1 & 0.1 & 0.2\end{pmatrix},\quad \boldsymbol{y}=\begin{pmatrix}245\\ 90\\ 175\end{pmatrix}.$$

求各部门的总产量及部门间的流量.

解　由已知条件，得

$$E-A=\begin{pmatrix}0.75 & -0.1 & -0.1\\ -0.2 & 0.8 & -0.1\\ -0.1 & -0.1 & 0.8\end{pmatrix},$$

因此

$$(E-A)^{-1}=\frac{10}{891}\begin{pmatrix}126 & 18 & 18\\ 34 & 118 & 19\\ 20 & 17 & 116\end{pmatrix},$$

所以

$$x=(E-A)^{-1}y=\frac{10}{891}\begin{pmatrix}126 & 18 & 18\\ 34 & 118 & 19\\ 20 & 17 & 116\end{pmatrix}\begin{pmatrix}245\\ 90\\ 175\end{pmatrix}=\begin{pmatrix}400\\ 250\\ 300\end{pmatrix},$$

即得第 1,2,3 部门的总产量分别为 400,250,300.

由 $x_{ij}=a_{ij}x_j(i,j=1,2,3)$,按 $x_1=400,x_2=250,x_3=300$,可得各部门间的流量(表 7-2).

表 7-2

部门间流量 消耗部门 / 生产部	1	2	3	y	x
1	100	25	30	245	400
2	80	50	30	90	250
3	40	25	60	175	300

7.2 森林管理模型

森林中的树木每年要有一批被砍伐出售.为了使这片森林不被耗尽而且每年都有所收获,每砍伐一棵树,应该就地补充种植一棵幼苗,使森林树木的总数保持不变.被出售的树木,其价值取决于树木的高度.最初森林中的树木有着不同的高度,我们希望能找到一个合适的砍伐方案,在保持稳定收获的情况下,使得被砍伐的树木取得最大的经济价值.

7.2.1 模型的构建

由于被出售的树木,其价值取决于树木的高度.所以我们把森林中的树木按高度分成 n 级,第 k 级的树木高度在 $h_{k-1}\sim h_k$,其经济价值为 p_k,$k=1,2,\cdots,n$.第 1 级是幼苗,其经济价值为 0,即 $p_1=0$.显然有 $p_1<p_2<\cdots<p_n$.

记 $x_k(t)$为每 t 年森林中第 k 级树木的数量.设每年对森林中的树木砍伐一

次，且为了维持每年的收获稳定，只能砍伐部分树木，留下的树木与补种的幼苗，经过一年的生长期后，应该与上一次砍伐前的高度状态相同，也即与初始状态相同. 设 y_k 是每次收获时所砍伐的第 k 级树木的棵数.

若森林中树木的总数为 s，则 s 是一个固定值，有

$$x_1(t)+x_2(t)+\cdots+x_n(t)=s. \tag{7.2.1}$$

在一个生长期（即两次砍伐之间），假设树木至多只能生长一个高度级，即第 k 级中的树木可能进入更高的一个高度级，也可能因某种原因停留在原来的那一级. 并假设每棵幼苗都可以生长到被收获，不会出现死亡的情况.

假设经过一年的生长期，第 k 级树木生长到第 $k+1$ 级树木的比例是 g_k，于是仍留在原来那级的比例为 $1-g_k$.

设

$$\boldsymbol{G}=\begin{pmatrix}1-g_1 & 0 & 0 & \cdots & 0 & 0\\ g_1 & 1-g_2 & 0 & \cdots & 0 & 0\\ 0 & g_2 & 1-g_3 & \cdots & 0 & 0\\ \vdots & \vdots & \vdots & & \vdots & \vdots\\ 0 & 0 & 0 & \cdots & 1-g_{n-1} & 0\\ 0 & 0 & 0 & \cdots & g_{n-1} & 1\end{pmatrix},\quad \boldsymbol{x}=\begin{pmatrix}x_1(t)\\ x_2(t)\\ x_3(t)\\ \vdots\\ x_{n-1}(t)\\ x_n(t)\end{pmatrix},$$

$\boldsymbol{G}$ 和 $\boldsymbol{x}$ 分别称作生长矩阵和高度姿态向量. $\boldsymbol{Gx}$ 表示经过一个生长周期后树木高度的分布. 又因 y_k 是每次收获时所砍伐的第 k 级树木的棵数，而补种的棵数等于砍伐总数，因而有

$$\begin{aligned}&y_1+y_2+\cdots+y_n=g_1x_1,\\ &y_2=g_1x_1-g_2x_2,\\ &y_3=g_2x_2-g_3x_3,\\ &\cdots\cdots\\ &y_{n-1}=g_{n-2}x_{n-2}-g_{n-1}x_{n-1},\\ &y_n=g_{n-1}x_{n-1},\end{aligned} \tag{7.2.2}$$

因而有

$$g_1x_1\geqslant g_2x_2\geqslant\cdots\geqslant g_{n-1}x_{n-1}\geqslant 0.$$

每次砍伐树木的总经济价值为

$$\begin{aligned}f&=p_1y_1+p_2y_2+\cdots+p_ny_n\\ &=(p_2-p_1)g_1x_1+(p_3-p_2)g_2x_2+\cdots+(p_n-p_{n-1})g_{n-1}x_{n-1}\\ &=\sum_{k=1}^{n-1}(p_{k+1}-p_k)g_kx_k.\end{aligned}$$

为了达到在收获保持稳定收获的情况下，被砍伐的树木取得最大的经济价值这一

目的，于是有

$$\begin{cases}\max f=\sum_{k=1}^{n-1}(p_{k+1}-p_k)g_k x_k,\\ x_1+x_2+\cdots+x_n=s,\\ g_1x_1\geqslant g_2x_2\geqslant\cdots\geqslant g_{n-1}x_{n-1}\geqslant 0,\\ x_k\geqslant 0,k=1,2,\cdots,n.\end{cases}$$

该问题从数学上看是一个线性规划问题，利用线性规划的理论与方法可以求出砍伐某一级高度的树木而不砍伐其余树木时，就可得到最大收益. 我们可用下面方法求解.

7.2.2 模型的求解和应用

设被砍伐的树木为第 k 级，则有

$$x_k=0,\quad x_{k+1}=0,\quad \cdots,\quad x_n=0,$$
$$y_k>0,\quad y_j=0\quad (j\neq k,j=1,2,\cdots,n).$$

由上式及方程组(7.2.2)得

$$\begin{aligned}&y_k=g_1x_1,\\ &g_1x_1=g_2x_2,\\ &\cdots\cdots\\ &g_{n-2}x_{n-2}=g_{n-1}x_{n-1},\\ &y_k=g_{k-1}x_{k-1}.\end{aligned}\tag{7.2.3}$$

因而有

$$x_2=\frac{g_1}{g_2}x_1,\quad x_3=\frac{g_1}{g_3}x_1,\quad \cdots,\quad x_{k-1}=\frac{g_1}{g_{k-1}}x_1.\tag{7.2.4}$$

将(7.2.4)代入(7.2.1)得

$$x_1=\frac{s}{1+\dfrac{g_1}{g_2}+\dfrac{g_1}{g_3}+\cdots+\dfrac{g_1}{g_{k-1}}}.$$

所以得总经济价值为

$$f_k=p_ky_k=p_kg_1x_1=\frac{p_ks}{\dfrac{1}{g_1}+\dfrac{1}{g_2}+\cdots+\dfrac{1}{g_{k-1}}}.\tag{7.2.5}$$

当森林中树木的各种参数确定后，利用(7.2.5)式，对 $k=2,3,\cdots,n$ 求出相应的 f_k 值，再比较出最大的值，就可以求出 k 值，即得到最优方案.

例 已知森林具有 6 年的生长期，$g_1=0.28$，$g_2=0.32$，$g_3=0.25$，$g_4=0.23$，$g_5=0.37$，$p_2=50$ 元，$p_3=100$ 元，$p_4=150$ 元，$p_5=200$ 元，$p_6=250$ 元 . 求出对其

进行最优砍伐的方案.

解 设 s 为森林中所能生长的树木的总数.将数据代入(7.2.5)式,得

$$f_2=14.0s,\quad f_3=14.7s,\quad f_4=13.9s,\quad f_5=13.2s,\quad f_6=14.0s.$$

比较这 5 个值,其中 f_3 最大,故全部收获第 3 级的树木收获最大.

7.3 汽车保险模型

保险公司在某地区为吸引优质客户,在汽车保险中对客户实行分级制度,即将客户分为 0,1,2,3 四个等级,新参加保险的客户设为 0 级.0,1,2 级的客户若一年中未发生索赔,则在下一年续保时上升一级;若发生事故索赔,则在下一年续保时,2,3 级的下降两级,其余的均定为 0 级.0 级客户需支付全额保险费,而对 1,2,3 级的客户分别支付全额保险费的 75%,60%和 50%.如何根据当地的事故率、汽车修理费用和医疗费用及死亡赔付等数据,确定合理的保险费额?当情况发生变化时,如当立法规定不许酒后开车,司机和乘客必须系安全带等法规后,死亡人数和医疗费用均有不同程度的下降,应如何调整保险费?这是保险公司和公众都十分关心的问题.本节将建立这一问题的数学模型.

7.3.1 模型的构建

1. 假设和记号

我们考察一段时间,如 5 年的情况,并假设在此期间各级客户中的事故率、死亡率和退保率均无变化,同时忽略通货膨胀的影响,假设保险费、医疗费、修理费等在这段时间内均无变化.采用以下记号:

α_k——k 级客户的事故率;

w_k——k 级客户的退保率;

δ_k——k 级客户遇事故的死亡率;

$x_{k,j}$——第 j 年,k 级参保人数;

$N_{k,j}$——第 j 年,新加入 k 级人数;

R_k——k 级中每辆车的修理费;

M_k——k 级中事故幸存司机的平均医疗费;

D_k——k 级平均死亡赔偿;

$C_{k,j}$——j 年 k 级的赔付费;

P——基本保险费额;

b_k——k 级中保险费的折扣率;

q——退保退费的平均比率;

η——受到保险费的平均比率；

$I_{k,j}$——j 年 k 级的保险费收入.

2. 各级客户人数模型

根据保险制度的规定，我们可以建立各级客户人数的数学模型. 例如，第 $j+1$ 年 0 级客户的人数等于新参保人数加上从 j 年的 1，2 级中因事故降下来的人数，减去当年本级的死亡人数；1 级客户的人数等于新进入本级的人数，加上 0 级升入本级的人数(扣除退保的)和从 3 级因事故降入本级的人数……于是有

$$\begin{aligned}
x_{0,j+1} &= N_{0,j+1} + \alpha_0(1-\delta_0)x_{0,j} + \alpha_1(1-\delta_1)x_{1,j} + \alpha_2(1-\delta_2)x_{2,j},\\
x_{1,j+1} &= N_{1,j+1} + (1-\alpha_0-w_0)x_{0,j} + \alpha_3(1-\delta_3)x_{3,j},\\
x_{2,j+1} &= N_{2,j+1} + (1-\alpha_1-w_1)x_{1,j},\\
x_{3,j+1} &= N_{3,j+1} + (1-\alpha_2-w_2)x_{2,j} + (1-\alpha_3-w_3)x_{3,j},
\end{aligned}$$

其矩阵形式为

$$\begin{pmatrix} x_{0,j+1}\\ x_{1,j+1}\\ x_{2,j+1}\\ x_{3,j+1}\end{pmatrix} = \begin{pmatrix} N_{0,j+1}\\ N_{1,j+1}\\ N_{2,j+1}\\ N_{3,j+1}\end{pmatrix} + \begin{pmatrix} \alpha_0(1-\delta_0) & \alpha_1(1-\delta_1) & \alpha_2(1-\delta_2) & 0\\ 1-\alpha_0-w_0 & 0 & 0 & \alpha_3(1-\delta_3)\\ 0 & 1-\alpha_1-w_1 & 0 & 0\\ 0 & 0 & 1-\alpha_2-w_2 & 1-\alpha_3-w_3 \end{pmatrix} \begin{pmatrix} x_{0,j}\\ x_{1,j}\\ x_{2,j}\\ x_{3,j}\end{pmatrix},$$

若记

$$\boldsymbol{x}_t = \begin{pmatrix} x_{0,t}\\ x_{1,t}\\ x_{2,t}\\ x_{3,t}\end{pmatrix}, \quad \boldsymbol{N}_t = \begin{pmatrix} N_{0,t}\\ N_{1,t}\\ N_{2,t}\\ N_{3,t}\end{pmatrix},$$

$$\boldsymbol{T} = \begin{pmatrix} \alpha_0(1-\delta_0) & \alpha_1(1-\delta_1) & \alpha_2(1-\delta_2) & 0\\ 1-\alpha_0-w_0 & 0 & 0 & \alpha_3(1-\delta_3)\\ 0 & 1-\alpha_1-w_1 & 0 & 0\\ 0 & 0 & 1-\alpha_2-w_2 & 1-\alpha_3-w_3 \end{pmatrix},$$

则矩阵形式简写为

$$\boldsymbol{x}_{j+1} = \boldsymbol{N}_{j+1} + \boldsymbol{T}\boldsymbol{x}_j.$$

3. 费用模型

若考察保险赔付支出，它包括汽车修理费、医疗费和死亡理赔，因此有

$$C_{k,j} = \alpha_k(R_k + (1-\delta_k)M_k + \delta_k D_k)x_{k,j},$$

令

$$v_{kk} = \alpha_k(R_k + (1-\delta_k)M_k + \delta_k D_k),$$

则有

$$C_{k,j} = v_{kk} x_{k,j} \quad (k = 0,1,2,3).$$

用 $\boldsymbol{V}$ 表示对角元为 v_{kk} 的对角阵，上式可简写为

$$\boldsymbol{C}_j = \boldsymbol{V}\boldsymbol{x}_j.$$

j 年理赔总支出可用 $(1,1,1,1)\boldsymbol{C}_j$ 来计算.

类似地，我们可以计算 j 年 k 级的保费收入

$$I_{k,j} = (1-b_k)(1-(1-q)(w_k + \alpha_k \delta_k))\eta x_{k,j} P,$$

其矩阵形式为

$$\boldsymbol{I}_j = \boldsymbol{P}\boldsymbol{U}\boldsymbol{x}_j,$$

其中 $\boldsymbol{U}$ 是对角阵. 同样 j 年保险费总收入为 $(1,1,1,1)\boldsymbol{I}_j$.

7.3.2 模型的求解和应用

利用建立的模型，只要给出当年各等级的参保人数和模型中各个参数之值就可递推得到今后若干年的各级参保人数并计算出相应得赔偿金额，并进一步计算出保险公司的盈亏.

例如，某省保险公司在某年提供的数据如表 7-3 和表 7-4 所示.

表 7-3

等 级	续保人数	新参保数	年底退出人数	总 数
0	1280708	384620	18264	1665328
1	1764897	1	28240	1764898
2	1154461	0	13857	1154461
3	8760058	0	324414	8760058
基本保费：775 元				
总收入(百万元)：6182；返回(百万元)：70；支出(百万元)：149				
赔付(百万元)：6093；亏损(百万元)：130				

表 7-4

等 级	索赔次数	驾驶员死亡数	平均修理支出/元	平均医疗费/元	平均支出/元
0	582756	11652	1020	1526	3195
1	582463	23315	1223	1231	3886
2	115857	2992	947	823	2941
3	700827	7013	805	814	2321
总修理费(百万元)：1981；总医疗费(百万元)：2218					
总死亡赔付(百万元)：1984；总理赔费用(百万元)：6093					

根据以上数据可得模型中的各参数：$\alpha_0 \approx 0.35$，$\alpha_1 \approx 0.33$，$\alpha_2 \approx 0.10$，$\alpha_3 \approx 0.008$；$w_0 \approx 0.004$，$w_1 \approx 0.0028$，$w_2 \approx 0.004$，$w_3 \approx 0.036$；$\delta_0 \approx 0.02$，$\delta_1 \approx 0.04$，

$\delta_2 \approx 0.02, \delta_3 \approx 0.01$; $x_{0,0} = 1665328$, $x_{1,0} = 1764898$, $x_{2,0} = 1154461$, $x_{3,0} = 8760058$; $N_{0,0} = 384620$, $N_{1,0} = 1$, 其余 $N_{k,j} = 0$; $R_0 \approx 1025$, $R_1 \approx 1225$, $R_2 \approx 950$, $R_3 \approx 800$; $D_0 \approx 34000$, $D_1 \approx 37000$, $D_2 \approx 60000$, $D_3 \approx 700000$; $M_0 \approx 1225$, $M_1 \approx 1225$, $M_2 \approx 825$, $M_3 \approx 825$; $q \approx 0.44$, $\eta \approx 0.99$, $F = 149000000$.

模型中基本保费分别按 775 元和 780 元,可得未来五年保险公司盈利如表 7-5 所示.

表 7-5

赢利/百万元 年数 保费/元	0	1	2	3	4	5
775	−130	−114	−89	−80	−73	−69
780	−90	−75	−50	−41	−34	−30

要达到不亏本,基本保费约应提高至 785 元.

如果立法规定使用安全带,据统计驾驶者事故死亡率可下降 20%,而医疗费可下降 20%～40%. 按基本保费 775 元和 770 元和医疗下降 20%和 40%分别用上述模型的计算获得今年和未来五年保险公司的盈利如表 7-6 所示.

表 7-6

赢利/百万元 年数 保费/元	0	1	2	3	4	5	医疗费下降
775	1059	1066	1080	1080	1090	1094	20%
770	1019	1027	1041	1046	1050	1054	
775	1057	1513	1525	1531	1536	1540	40%
770	1467	1474	1486	1492	1496	1500	

由表 7-6 可见,基本保费增加 5 元,年收益增加 40000000 元. 因此,若规定使用安全带的法规生效,基本保费可从 785 元下降 150～200 元,保险公司仍保持收支平衡.

7.4 满意度测量模型

随着"以人为本"教学和管理观念的不断深化,学生对学校、员工对所从事工作的满意程度等越来越受到大家的关注. 但学生对学校、员工对工作满意度应该从哪几个方面进行测量? 如何测量? 应用因子分析建模方法探寻影响满意的成因和结果是目前满意度研究的方法之一.

在教育、社会、经济等领域的研究中往往需要对反映事物(研究对象)的多个变量进行大量的观察,收集大量的数据以便进行分析. 我们需要在这众多的指标中,找出少数几个综合指标，来反映原来指标所反映的信息，分析存在于各变量中的各类信息，使之简化. 代表各类信息的综合指标称为因子. 因子分析就是用少数几个因子来描述许多指标或因素之间的联系，以较少的几个因子反映原资料的大部分信息的统计方法.

7.4.1 模型的构建

假定有 n 个样本，每个样本共有 p 个变量，构成一个 $n\times p$ 矩阵

$$\boldsymbol{X}=\begin{pmatrix} x_{11} & x_{12} & \cdots & x_{1p} \\ x_{21} & x_{22} & \cdots & x_{2p} \\ \vdots & \vdots & & \vdots \\ x_{n1} & x_{n2} & \cdots & x_{np} \end{pmatrix}.$$

当 p 较大时，在 p 维空间中考察问题比较麻烦. 为了克服这一困难，就需要进行降维处理，即用较少的几个综合指标代替原来较多的变量指标，而且使这些较少的综合指标既能尽量多地反映原来较多变量指标所反映的信息，同时它们之间又是彼此独立的.

定义　记 $x_1,x_2,\cdots,x_p$ 为原变量指标，$z_1,z_2,\cdots,z_m(m\leqslant p)$ 为新变量，且满足如下条件

$$\begin{cases} z_1=l_{11}x_1+l_{12}x_2+\cdots+l_{1p}x_p, \\ z_2=l_{21}x_1+l_{22}x_2+\cdots+l_{2p}x_p, \\ \qquad\cdots\cdots \\ z_m=l_{m1}x_1+l_{m2}x_2+\cdots+l_{mp}x_p. \end{cases}$$

如果存在系数 l_{ij}，使得

(1) z_i 与 $z_j(i\neq j;i,j=1,2,\cdots,m)$ 相互独立.

(2) z_1 是 $x_1,x_2,\cdots,x_p$ 的一切线性组合中方差最大者，z_2 是与 z_1 不相关的 $x_1,x_2,\cdots,x_p$ 的所有线性组合中方差最大者；以此类推，z_m 是与 $z_1,z_2,\cdots,z_{m-1}$ 都不相关的 $x_1,x_2,\cdots,x_p$ 的所有线性组合中方差最大者. 则新变量指标 $z_1,z_2,\cdots,z_m$ 分别称为原变量指标 $x_1,x_2,\cdots,x_p$ 的第一，第二，⋯，第 m 主成分. 由于 $z_1,z_2,\cdots,z_m$ 是原变量指标的线性组合，因此 $z_1,z_2,\cdots,z_m$ 可以反映原始变量的信息，而且 $z_1,z_2,\cdots,z_m$ 反映的信息量可以用各变量方差的值来表示；由于 $z_1,z_2,\cdots,z_m$ 方差值递减，因此它们所反映的信息量递减，如果可以用较少的 z 反映 x 的绝大部分信息(85%以上)，则可以用较少的指标来反映原始多数指标的信息.

可以看出，主成分分析的实质就是确定原来变量 $x_j(j=1,2,\cdots,p)$ 在诸主成分 $z_i(i=1,2,\cdots,m)$ 上的荷载 $l_{ij}(i=1,2,\cdots,m;j=1,2,\cdots,p)$. 从数学上可以证明，它们分别是相关矩阵的 m 个较大的特征值所对应的特征向量.

7.4.2 模型的求解

1. 计算相关系数矩阵

$$\boldsymbol{R}=\begin{pmatrix} r_{11} & r_{12} & \cdots & r_{1p} \\ r_{21} & r_{22} & \cdots & r_{2p} \\ \vdots & \vdots & & \vdots \\ r_{p1} & r_{p2} & \cdots & r_{pp} \end{pmatrix},$$

其中 $r_{ij}(i,j=1,2,\cdots,p)$为原变量 x_i 与 x_j 的相关系数,$r_{ij}=r_{ji}$,其计算公式为

$$r_{ij}=\frac{\sum_{k=1}^{n}(x_{ki}-\overline{x}_i)(x_{kj}-\overline{x}_j)}{\sqrt{\sum_{k=1}^{n}(x_{ki}-\overline{x}_i)^2\sum_{k=1}^{n}(x_{kj}-\overline{x}_j)^2}}.$$

2. 计算特征值与特征向量

(1) 解特征方程$|\lambda\boldsymbol{E}-\boldsymbol{R}|=0$,常用雅可比(Jacobi)法求出特征值,并使其按大小顺序排列,即

$$\lambda_1\geqslant\lambda_2\geqslant\cdots\geqslant\lambda_p\geqslant 0.$$

(2) 分别求出对应于特征值 λ_i 的特征向量 $\boldsymbol{e}_i(i=1,2,\cdots,p)$,要求 $\|\boldsymbol{e}_i\|=1$,即 $\sum\limits_{j=1}^{p}e_{ij}^2=1$,其中 e_{ij} 表示向量 $\boldsymbol{e}_i$ 的第 j 个分量.

(3) 计算主成分贡献率及累计贡献率.

贡献率:

$$\frac{\lambda_i}{\sum\limits_{k=1}^{p}\lambda_k}\quad(i=1,2,\cdots,p).$$

累计贡献率:

$$\frac{\sum\limits_{k=1}^{i}\lambda_k}{\sum\limits_{k=1}^{p}\lambda_k}\quad(i=1,2,\cdots,p).$$

一般取累计贡献率达 85% ~ 95%的特征值 $\lambda_1,\lambda_2,\cdots,\lambda_m$ 所对应的第一,第二,…,第 $m(m\leqslant p)$个主成分.

(4) 计算主成分载荷

$$l_{ij}=p(z_i,x_j)=\sqrt{\lambda_i}\boldsymbol{e}_{ij}\quad(i,j=1,2,\cdots,p).$$

通过上式可以计算出对原始变量进行变换的线性矩阵.

(5) 各主成分的得分

$$
\boldsymbol{Z}=\begin{pmatrix} z_{11} & z_{12} & \cdots & z_{1m} \\ z_{21} & z_{22} & \cdots & z_{2m} \\ \vdots & \vdots & & \vdots \\ z_{n1} & z_{n2} & \cdots & z_{nm} \end{pmatrix}.
$$

利用该矩阵可以看出各新变量反映各原始变量的情况，从而对新变量进行命名，并且，利用该矩阵可以计算出新变量的取值.

7.4.3　模型的应用

2009 年，某大学进行了学生满意度的调查，调查采用问卷形式. 问卷根据工作描述量表(5 分量表，即非常满意、满意、一般、不满意、非常不满意，并对应评分 5，4，3，2，1 分)进行设计，即分别测量学生对学校环境风气、教学基础设施、教师职业素质、个人发展、学生管理机制、教学课程管理、后勤服务、课外活动、职工服务意识九个方面的满意度，并且每个方面设计 5 个问题，从不同角度进行提问. 此次调查共发放问卷 300 份，经过检查有效问卷为 289 份. 利用统计软件 SPSS，经过因子分析(方差累计贡献率取 85%以上)，得到以下 3 个主成分：第一个因子为“职工服务因子”，它反映了学生在评价学校时职工服务和后勤服务的重要性. 第二个因子为“软件因子”，反映了学校软资源建设的重要性，学校的两个要素是学生与教师，学生接受知识的根本是教师，教师教学素养的好坏从很大程度上影响了学生学习效果的好坏；良好的学习环境和学习风气直接地影响着学生的学习效果和学习动力；个人的发展是学生在学校学习的最终目的，尤其是大学生就业形势严峻的今天，高校不得不更加重视学生的个人发展能力. 第三个因子“硬件因子”，这反映了学校硬件建设的重要性，毕竟硬件是一个学校的基础，也是学生学习的基础，所以学校硬件资源的水平影响了学生对学校的满意程度. 计算出各因子的贡献率，并把各因子贡献率作为因子的权重(表 7-7).

表 7-7

因　子	方差贡献率	累计方差贡献率
职工服务因子	32.42%	32.42%
软件因子	29.57%	61.99%
硬件因子	25.41%	87.40%

表 7-7 只是给出了各因子的贡献率及累计贡献率，至于各因子的得分(满意度数值)则可以根据因子得分矩阵求得. 在进行学生满意度调查后，该学校根据学生在各方面的满意度状况结合学校实际情况制订了有效的整改措施.

因子分析模型是统计中非常实用的模型，它经过对原始信息的“浓缩”，可以用较少的因子反映原始信息，因而因子分析在诸多问题中得以应用，如客户满意度调查、人口调查等.

参 考 文 献

陈殿友，等.2009.线性代数.2版.北京：高等教育出版社
洪毅.2004.经济数学模型.2版.广州：华南理工大学出版社
胡显佑.2008.线性代数.北京：高等教育出版社
居余马，等.2002.线性代数.2版.北京：清华大学出版社
刘三阳，等.2009.线性代数.2版.北京：高等教育出版社
卢刚.2004.线性代数.2版.北京：高等教育出版社
谭永基，等.2006.经济管理数学模型案例教程.北京：高等教育出版社
同济大学应用数学系.2003.线性代数.4版.北京：高等教育出版社
王萼芳.2007.线性代数.北京：清华大学出版社
吴赣昌.2009.线性代数.3版.北京：中国人民大学出版社
杨纶标.1999.线性代数.广州：华南理工大学出版社
赵树嫄.2008.线性代数.4版.北京：中国人民大学出版社
周义仓，赫孝良.1999.数学建模实验.西安：西安交通大学出版社

部分习题答案

第 1 章

习 题 1.1

1. (1) -2； (2) $\sin x\cos x-1$； (3) a^2-b^2； (4) x^2-2.
2. (1) 18； (2) 0； (3) $(a-b)(b-c)(c-a)$； (4) $-2(x^3+y^3)$.
3. $k=1$ 或 $k=3$.
4. $|a|<2$.
5. $x_1=-1, x_2=3$.

习 题 1.2

1. (1) 4； (2) 7； (3) $\dfrac{n(n-1)}{2}$.
2. (1) 正； (2) 负； (3)负.
3. $-a_{11}a_{23}a_{32}a_{44}$ 和 $a_{11}a_{23}a_{34}a_{42}$.
4. $k=1, l=5$.
7. (1) $(-1)^{\frac{n(n-1)}{2}}\cdot n!$； (2) 1.

习 题 1.3

1. (1) 0； (2) 0； (3) -8； (4) $4a-1$.
3. (1) 1； (2) 40； (3) -9.
4. (1) $[a+(n-1)b](a-b)^{n-1}$； (2) $n!$； (3) $b_1b_2\cdots b_n$； (4) $a_1a_2\cdots a_n\left(a_0-\sum_{i=1}^{n}\dfrac{1}{a_i}\right)$.
5. (1) $x=\pm1, x=\pm2$； (2) $x=0, x=\pm2$； (3) $x_1=0, x_2=1, \cdots, x_{n-2}=n-3, x_{n-1}=n-2$.

习 题 1.4

1. 0,29.
2. -9.
3. (1) 203； (2) $3(a_1+a_2+a_4)$.
4. (1) 190； (2) 0； (3) -246.
5. (1) $a^n+(-1)^{n+1}b^n$； (2) -92； (3) $(-1)^{n+1}x^{n-2}$.
6. $x=0$ 或 $y=0$.

习 题 1.5

1. (1) $x_1=\dfrac{1}{5}, x_2=\dfrac{1}{5}$； (2) $x_1=1, x_2=2, x_3=3$； (3) $x_1=3, x_2=-4, x_3=-1, x_4=1$.

2. (1) 有非零解；(2) 只有零解.
3. $\lambda=1$ 或 $\lambda=-2$.
4. $k\neq 2$.

总 习 题 1

(A)

1. $(-1)^{\frac{(n-1)(n-2)}{2}}\cdot n!$.
2. (1) $(n+2)\cdot 2^{n-1}$；(2) $\left(x+\sum\limits_{i=1}^{n}a_i\right)\prod\limits_{i=1}^{n}(x-a_i)$.
4. -1.
5. (1) $(a+b+c+d)(a-b-c+d)(a+b-c-d)(a-b+c-d)$；
   (2) $abcd+ab+ad+cd+1$；
   (3) $(-1)^{\frac{n(n-1)}{2}}\cdot\dfrac{n^n+n^{n-1}}{2}$.
6. (1) $3^{n+1}-2^{n+1}$；(2) $\cos n\alpha$.
8. 0.
9. $A_{41}+A_{42}=12, A_{43}+A_{44}=-9$.
10. $x_1=\dfrac{4}{5}, x_2=\dfrac{9}{10}, x_3=\dfrac{1}{2}, x_4=\dfrac{3}{10}$.
11. $f'(x)$在$(1,2),(2,3),\cdots,(n-1,n)$各区间内有且仅有一个零点.

(B)

一、单项选择题

1. (C)；2. (D)；3. (C)；4. (B)；5. (C)；6. (D)；7. (C)；8. (A)；9. (A)；10. (C)；11. (C)；12. (D)；13. (D)；14. (D).

二、填空题

1. 5,奇.
2. $i=3, j=6$.
3. $a_{14}a_{23}a_{31}a_{42}$.
4. 0.
5. 0.
6. 2.
7. $(-1)^{n-1}M$.
8. $\begin{vmatrix} a_{12} & a_{13} & a_{14} \\ a_{22} & a_{23} & a_{24} \\ a_{42} & a_{43} & a_{44} \end{vmatrix}, -\begin{vmatrix} a_{11} & a_{12} & a_{14} \\ a_{31} & a_{32} & a_{34} \\ a_{41} & a_{42} & a_{44} \end{vmatrix}$.
9. 0.
10. 1.

第 2 章

习 题 2.1

1. (1) ×； (2) ×； (3) √.

2. (1) 一行一列； (2) $\boldsymbol{AB}=\boldsymbol{BA}$.

4. $\boldsymbol{A}-\boldsymbol{B}=\begin{pmatrix}-1 & 2\\ 2 & -4\end{pmatrix}$；$\boldsymbol{AB}=\begin{pmatrix}0 & 0\\ 0 & 0\end{pmatrix}$；$\boldsymbol{BA}=\begin{pmatrix}10 & 5\\ -20 & -10\end{pmatrix}$；$\boldsymbol{A}^2=\begin{pmatrix}0 & 0\\ 0 & 0\end{pmatrix}$.

5. (1) $\begin{pmatrix}0 & -2\\ -7 & -3\end{pmatrix}$； (2) $\begin{pmatrix}4 & 6\\ 7 & -1\end{pmatrix}$； (3) 14； (4) 15； (5) $\begin{pmatrix}1 & 2 & 3\\ 2 & 4 & 6\\ 3 & 6 & 9\end{pmatrix}$； (6) $\begin{pmatrix}-6 & 29\\ 5 & 32\end{pmatrix}$.

7. (1) $\sum_{j=1}^{n} a_{kj}a_{lj}$； (2) $\sum_{i=1}^{n} a_{ik}a_{il}$.

8. $\begin{pmatrix}3 & 2\\ 4 & 1\end{pmatrix}$.

10. 8.

习 题 2.2

1. (1) √； (2) ×； (3) ×.

2. (1) $\boldsymbol{A}$可逆； (2) $\boldsymbol{AB},\boldsymbol{A}^{\mathrm{T}}\boldsymbol{B},\boldsymbol{A}^*\boldsymbol{B}^*$； (3) $\frac{1}{|\boldsymbol{A}|}\boldsymbol{A}^*,\frac{1}{|\boldsymbol{A}|}\boldsymbol{A}$.

3. (1) $\begin{pmatrix}d & -b\\ -c & a\end{pmatrix}$； (2) $\frac{1}{9}\begin{pmatrix}1 & 2 & 2\\ 2 & 1 & -2\\ 2 & -2 & 1\end{pmatrix}$； (3) $\begin{pmatrix}\frac{1}{a_1} & & \\ & \frac{1}{a_2} & \\ & & \frac{1}{a_3}\end{pmatrix}$.

4. $\boldsymbol{A}^{-1}=\frac{1}{2}(3\boldsymbol{E}-\boldsymbol{A})$.

5. -16.

6. (1) $\begin{pmatrix}-17 & -28\\ -4 & -6\end{pmatrix}$； (2) $\begin{pmatrix}-9 & -52 & 21\\ 5 & 29 & -12\\ 13 & 74 & -29\end{pmatrix}$.

7. $\begin{pmatrix}6 & 0 & 0\\ 0 & 2 & 0\\ 0 & 0 & 1\end{pmatrix}$.

习 题 2.3

1. (1) 4； (2) 6.

2. (1) $\begin{pmatrix} \boldsymbol{O} & \boldsymbol{B}^{-1} \\ \boldsymbol{A}^{-1} & \boldsymbol{O} \end{pmatrix}$; (2) $\begin{pmatrix} 0 & 0 & 0 & \cdots & 0 & \frac{1}{a_n} \\ \frac{1}{a_1} & 0 & 0 & \cdots & 0 & 0 \\ 0 & \frac{1}{a_2} & 0 & \cdots & 0 & 0 \\ \vdots & \vdots & \vdots & & \vdots & \vdots \\ 0 & 0 & 0 & \frac{1}{a_{n-2}} & 0 & 0 \\ 0 & 0 & 0 & \cdots & \frac{1}{a_{n-1}} & 0 \end{pmatrix}$;

(3) $\begin{pmatrix} 1 & -2 & 0 & 0 \\ -2 & 5 & 0 & 0 \\ 0 & 0 & 2 & -3 \\ 0 & 0 & -5 & 8 \end{pmatrix}$; (4) $\frac{1}{24}\begin{pmatrix} 24 & 0 & 0 & 0 \\ -12 & 12 & 0 & 0 \\ -12 & -4 & 8 & 0 \\ 3 & -5 & -2 & 6 \end{pmatrix}$.

3. (1) $\begin{pmatrix} 1 & 2 & 5 & 2 \\ 0 & 1 & 2 & -4 \\ 0 & 0 & -4 & 3 \\ 0 & 0 & 0 & -9 \end{pmatrix}$; (2) $\begin{pmatrix} 2 & 2 & 4 & 1 \\ 0 & 2 & 2 & 0 \\ 0 & 0 & 0 & 4 \\ 0 & 0 & 0 & 0 \end{pmatrix}$.

4. 10^{16}.

习　题　2.4

1. (1) ×； (2) √； (3) √； (4) ×； (5) √.

2. (1) (C)； (2) (A).

3. (1) $\begin{pmatrix} 1 & 0 & 0 \\ 0 & 1 & 0 \\ 0 & 0 & 1 \end{pmatrix}$; (2) $\begin{pmatrix} 1 & 0 & 0 & 0 & 0 \\ 0 & 1 & 0 & 0 & 0 \\ 0 & 0 & 1 & 0 & 0 \\ 0 & 0 & 0 & 0 & 0 \end{pmatrix}$.

4. (1) $\begin{pmatrix} 1 & -4 & -3 \\ 1 & -5 & -3 \\ -1 & 6 & 4 \end{pmatrix}$; (2) $\begin{pmatrix} 1 & -2 & 0 & 0 \\ -2 & 5 & 0 & 0 \\ 0 & 0 & \frac{1}{3} & \frac{2}{3} \\ 0 & 0 & -\frac{1}{3} & \frac{1}{3} \end{pmatrix}$.

5. $\begin{pmatrix} 10 & 2 \\ -15 & -3 \\ 12 & 4 \end{pmatrix}$.

习　题　2.5

1. (1) ×； (2) √； (3) √.

2. $r(\boldsymbol{A})=2$.

3. (1) 4； (2) 3； (3) 4； (4) 3.

4. $\lambda=1$.

总习题 2

(A)

1. $3\boldsymbol{AB}-\boldsymbol{C}=\begin{pmatrix}-5 & -1 & 23\\ 2 & -3 & 20\end{pmatrix}$.

2. $\boldsymbol{X}=\begin{pmatrix}2 & -2\\ -2 & 2\end{pmatrix}$.

3. (1) 22； (2) $\begin{pmatrix}6 & 0 & 12\\ 7 & 0 & 14\\ 8 & 0 & 16\end{pmatrix}$； (3) $\begin{pmatrix}\lambda_1 a_{11} & \lambda_1 a_{12}\\ \lambda_2 a_{21} & \lambda_2 a_{22}\\ \lambda_3 a_{31} & \lambda_3 a_{32}\end{pmatrix}$； (4) $\begin{pmatrix}1\\ 10\\ 0\\ -2\end{pmatrix}$； (5) 11.

4. (1) $\begin{pmatrix}a & b\\ 0 & a\end{pmatrix}$($a,b$ 为任意常数)； (2) $\begin{pmatrix}a & b & c\\ 0 & a & b\\ 0 & 0 & a\end{pmatrix}$($a,b,c$ 为任意常数).

5. (1) $\begin{pmatrix}1 & 3n\\ 0 & 1\end{pmatrix}$； (2) $\begin{pmatrix}\lambda^n & n\lambda^{n-1} & \dfrac{n(n-1)}{2}\lambda^{n-2}\\ 0 & \lambda^n & n\lambda^{n-1}\\ 0 & 0 & \lambda^n\end{pmatrix}$.

7. (1) $\begin{pmatrix}-6 & 0\\ 0 & -6\end{pmatrix}$； (2) $\begin{pmatrix}7 & 1 & 3\\ 8 & 2 & 3\\ -2 & 1 & 0\end{pmatrix}$.

8. (1) 可逆，$\boldsymbol{A}^{-1}=\begin{pmatrix}-5 & 2\\ 3 & -1\end{pmatrix}$； (2) 可逆，$\boldsymbol{A}^{-1}=\begin{pmatrix}1 & -4 & -3\\ 1 & -5 & -3\\ -1 & 6 & 4\end{pmatrix}$；

(3) 不可逆； (4) 可逆，$\boldsymbol{A}^{-1}=\begin{pmatrix}1 & 0 & 0\\ -\dfrac{1}{2} & \dfrac{1}{2} & 0\\ 0 & -\dfrac{1}{3} & \dfrac{1}{3}\end{pmatrix}$.

9. (1) $(-1)^n 2^{2n-1}$； (2) $\dfrac{1}{2}\boldsymbol{A}$.

10. (1) $\begin{pmatrix}2 & -23\\ 0 & 8\end{pmatrix}$； (2) $\dfrac{1}{6}\begin{pmatrix}6 & 2\\ -6 & -1\\ -18 & -5\end{pmatrix}$.

11. $\boldsymbol{A}^{-1}=\dfrac{1}{2}(\boldsymbol{A}-3\boldsymbol{E})$，$(\boldsymbol{A}-4\boldsymbol{E})^{-1}=-\dfrac{1}{2}(\boldsymbol{A}+\boldsymbol{E})$.

13. (1) $AB=\begin{pmatrix}3&-2&5\\-2&1&3\\7&-3&9\\-5&4&-1\end{pmatrix}$； (2) $AB=\begin{pmatrix}9&0&0\\0&9&0\\0&0&9\end{pmatrix}$.

14. (1) $A^{-1}=\begin{pmatrix}A_{11}^{-1}&O\\O&A_{22}^{-1}\end{pmatrix}$，其中 $A_{11}^{-1}=\begin{pmatrix}1&-1\\-1&2\end{pmatrix}$，$A_{22}^{-1}=\begin{pmatrix}3&-5\\-1&2\end{pmatrix}$；

(2) $A^{-1}=\begin{pmatrix}A_{11}^{-1}&-A_{11}^{-1}A_{12}A_{22}^{-1}\\O&A_{22}^{-1}\end{pmatrix}$，其中 $A_{11}^{-1}=\begin{pmatrix}3&9&4\\-2&-5&-2\\-2&-7&-3\end{pmatrix}$，

$A_{22}^{-1}=\frac{1}{2}$，$-A_{11}^{-1}A_{12}A_{22}^{-1}=\begin{pmatrix}-5\\ \frac{5}{2}\\ 4\end{pmatrix}$；

(3) $A^{-1}=\begin{pmatrix}O&A_{21}^{-1}\\A_{12}^{-1}&O\end{pmatrix}$，其中 $A_{12}^{-1}=\begin{pmatrix}-1&1\\2&-1\end{pmatrix}$，$A_{21}^{-1}=\begin{pmatrix}-5&3\\2&-1\end{pmatrix}$.

15. (1) $\begin{pmatrix}1&0&0&0\\-2&1&0&0\\1&-2&1&0\\0&1&-2&1\end{pmatrix}$； (2) $\begin{pmatrix}1&-1&0\\-2&3&-4\\-2&3&-3\end{pmatrix}$；

(3) $\begin{pmatrix}0&0&0&1\\0&0&1&-1\\0&1&-1&0\\1&-1&0&0\end{pmatrix}$； (4) $\begin{pmatrix}1&1&-2&-4\\0&1&0&-1\\-1&-1&3&6\\2&1&-6&-10\end{pmatrix}$.

16. $X=\begin{pmatrix}3&-1\\2&0\\1&-1\end{pmatrix}$.

17. (1) $r(A)=3$； (2) $r(A)=2$； (3) $r(A)=3$.

18. $AB^{-1}=\begin{pmatrix}0&0&1\\0&1&0\\1&0&0\end{pmatrix}$.

(B)

一、单项选择题

1. (C)； 2. (C)； 3. (A)； 4. (C)； 5. (A)； 6. (B)； 7. (D)； 8. (D)； 9. (A)； 10. (B)； 11. (D)； 12. (D)； 13. (D)； 14. (C)； 15. (B).

二、填空题

1. $AB=BA$.

2. $AB, AB^{-1}, kA(k\neq0), A^{T}B, A^{*}B^{*}$.

3. $\begin{pmatrix} & & & \frac{1}{a_n} \\ & & \frac{1}{a_{n-1}} & \\ & \iddots & & \\ \frac{1}{a_1} & & & \end{pmatrix}$.

4. 0.

5. $-\frac{1}{2}(\boldsymbol{A}-2\boldsymbol{E})$.

6. -9.

7. $a=1$,　$r(\boldsymbol{A})=2$.

8. $\frac{-2^{2n-1}}{3}$.

9. $4\boldsymbol{A}$ 或 $4\begin{pmatrix} 0 & 2 & -1 \\ 0 & -5 & 3 \\ \frac{1}{2} & 0 & 0 \end{pmatrix}$.

10. -1.

11. $\begin{pmatrix} 2 & 0 & 0 \\ 0 & -4 & 0 \\ 0 & 0 & 2 \end{pmatrix}$.

12. 16.

第 3 章

习 题 3.1

1. (1) 无解； (2) $\begin{cases} x_1=1, \\ x_2=2, \\ x_3=1; \end{cases}$ (3) $\begin{cases} x_1=-\frac{1}{2}c_1+\frac{1}{2}c_2+\frac{1}{2}, \\ x_2=c_1, \\ x_3=c_2, \\ x_4=0 \end{cases}$ (c_1, c_2 为任意常数)；

(4) $\begin{cases} x=\frac{1}{2}+c_1, \\ y=c_1, \\ z=\frac{1}{2}+c_2, \\ w=c_2 \end{cases}$ (c_1, c_2 为任意常数).

2. (1) $\begin{cases} x_1=-\dfrac{3}{2}c_1-c_2, \\ x_2=\dfrac{7}{2}c_1-2c_2, \\ x_3=c_1, \\ x_4=c_2 \end{cases}$ (c_1,c_2 为任意常数)； (2) 零解；

(3) $\begin{cases} x_1=\dfrac{1}{2}c_1+c_2, \\ x_2=\dfrac{1}{2}c_1, \\ x_3=c_1, \\ x_4=c_2 \end{cases}$ (c_1,c_2 为任意常数)； (4) $\begin{cases} x_1=-2c_1+c_2, \\ x_2=c_1, \\ x_3=0, \\ x_4=c_2 \end{cases}$ (c_1,c_2 为任意常数).

3. 当 $a\neq1$ 且 $b\neq0$ 时，方程组有唯一解；当 $b=0$ 或 $a=1$ 且 $b\neq\dfrac{1}{2}$ 时无解；当 $a=1$ 且 $b=\dfrac{1}{2}$ 时，

有无穷多解：$\begin{cases} x_1=2-c, \\ x_2=2, \\ x_3=c \end{cases}$ (c 为任意常数).

4. 当 $k=-3$ 时，方程组有非零解：$\begin{cases} x_1=-c, \\ x_2=c, \\ x_3=c \end{cases}$ (c 为非零常数).

5. (1)$k=1$； (2) $|\boldsymbol{B}|=0$.

习　题　3.2

1. (1) $(5,4,2,1)^{\mathrm{T}}$； (2) $\left(-\dfrac{5}{2},1,\dfrac{7}{2},-8\right)^{\mathrm{T}}$.

2. $(1,2,3)^{\mathrm{T}}$.

3. $k=5,t=-4,m=-1$.

4. (1) $\boldsymbol{\beta}=2\boldsymbol{\alpha}_1+0\boldsymbol{\alpha}_2-\boldsymbol{\alpha}_3$； (2) 不能表示； (3) $\boldsymbol{\beta}=\dfrac{1}{2}\boldsymbol{\alpha}_1+\dfrac{1}{2}\boldsymbol{\alpha}_2+0\boldsymbol{\alpha}_3$.

5. $k=15$.

6. (1) $t=-3$； (2) $t\neq-3$ 且 $t\neq0$； (3) $t=0$.

7. (1) 等价； (2) 不等价.

8. $k=1$.

习　题　3.3

1. (1) 相关； (2) 无关； (3) 无关； (4) 相关.

2. $k=2$ 或 $k=-1$.

3. (1) 相关； (2) 无关.

4. $lm\neq1$.

5. $\boldsymbol{\beta}=-\dfrac{k_1}{k_1+k_2}\boldsymbol{\alpha}_1-\dfrac{k_2}{k_1+k_2}\boldsymbol{\alpha}_2,k_1,k_2\in\mathbf{R},k_1+k_2\neq0$.

习　题　3.4

1. (1) $r=2$;　(2) $r=3$;　(3) $r=2$;　(4) $r=4$.

2. (1) 秩为 2,一个极大无关组为 $\boldsymbol{\alpha}_1,\boldsymbol{\alpha}_2$,且 $\boldsymbol{\alpha}_3=\frac{1}{2}\boldsymbol{\alpha}_1+\boldsymbol{\alpha}_2$,$\boldsymbol{\alpha}_4=\boldsymbol{\alpha}_1+\boldsymbol{\alpha}_2$;

   (2) 秩为 3,一个极大无关组为 $\boldsymbol{\alpha}_1,\boldsymbol{\alpha}_2,\boldsymbol{\alpha}_4$,且 $\boldsymbol{\alpha}_3=-\boldsymbol{\alpha}_1-\boldsymbol{\alpha}_2$,$\boldsymbol{\alpha}_5=4\boldsymbol{\alpha}_1+3\boldsymbol{\alpha}_2-3\boldsymbol{\alpha}_4$.

3. (1) 秩为 2,一个极大无关组为 $\boldsymbol{\alpha}_1,\boldsymbol{\alpha}_2$,且 $\boldsymbol{\alpha}_3=-4\boldsymbol{\alpha}_1+2\boldsymbol{\alpha}_2$,$\boldsymbol{\alpha}_4=-3\boldsymbol{\alpha}_1+\boldsymbol{\alpha}_2$;

   (2) 秩为 3,一个极大无关组为 $\boldsymbol{\alpha}_1,\boldsymbol{\alpha}_2,\boldsymbol{\alpha}_3$,且 $\boldsymbol{\alpha}_4=\frac{1}{3}\boldsymbol{\alpha}_1+\frac{1}{3}\boldsymbol{\alpha}_2+\frac{2}{3}\boldsymbol{\alpha}_3$;

   (3) 秩为 3,一个极大无关组为 $\boldsymbol{\alpha}_1,\boldsymbol{\alpha}_2,\boldsymbol{\alpha}_4$,且 $\boldsymbol{\alpha}_3=\boldsymbol{\alpha}_1+\boldsymbol{\alpha}_2$,$\boldsymbol{\alpha}_5=\boldsymbol{\alpha}_1+2\boldsymbol{\alpha}_2+\boldsymbol{\alpha}_4$.

4. 秩为 3.

5. $a=2,b=5$.

6. $k=15,t=5$.

习　题　3.5

1. (1) $c_1\begin{pmatrix}\frac{1}{2}\\ \frac{1}{2}\\ 1\\ 0\end{pmatrix}+c_2\begin{pmatrix}1\\0\\0\\1\end{pmatrix}$ (c_1,c_2 为任意常数);　(2) $c\begin{pmatrix}0\\0\\0\\1\\1\end{pmatrix}$ (c 为任意常数).

3. $\boldsymbol{B}=\begin{pmatrix}-1&-2&0\\1&0&0\\0&1&0\end{pmatrix}$.

4. $\begin{cases}2x_1-3x_2+x_4=0,\\x_1-3x_3+2x_4=0.\end{cases}$

5. (1) 是;　(2) 不是.

6. (1) $c_1\begin{pmatrix}-\frac{3}{7}\\ \frac{2}{7}\\ 1\\ 0\end{pmatrix}+c_2\begin{pmatrix}-\frac{13}{7}\\ \frac{4}{7}\\ 0\\ 1\end{pmatrix}+\begin{pmatrix}\frac{13}{7}\\ -\frac{4}{7}\\ 0\\ 0\end{pmatrix}$ (c_1,c_2 为任意常数);

   (2) $c_1\begin{pmatrix}1\\1\\0\\0\end{pmatrix}+c_2\begin{pmatrix}1\\0\\2\\1\end{pmatrix}+\begin{pmatrix}\frac{1}{2}\\ 0\\ \frac{1}{2}\\ 0\end{pmatrix}$ (c_1,c_2 为任意常数);

(3) $c_1\begin{pmatrix}-\frac{1}{2}\\-\frac{1}{2}\\1\\0\\0\end{pmatrix}+c_2\begin{pmatrix}0\\-1\\0\\1\\0\end{pmatrix}+c_3\begin{pmatrix}2\\-3\\0\\0\\1\end{pmatrix}+\begin{pmatrix}-\frac{9}{2}\\\frac{23}{2}\\0\\0\\0\end{pmatrix}$ (c_1,c_2,c_3 为任意常数)；

(4) $c_1\begin{pmatrix}4\\1\\0\\0\end{pmatrix}+c_2\begin{pmatrix}-2\\0\\1\\0\end{pmatrix}+c_3\begin{pmatrix}5\\0\\0\\1\end{pmatrix}+\begin{pmatrix}6\\0\\0\\0\end{pmatrix}$ (c_1,c_2,c_3 为任意常数).

7. $k=1$, $c_1\begin{pmatrix}3\\1\\5\\0\end{pmatrix}+c_2\begin{pmatrix}-3\\0\\-5\\1\end{pmatrix}+\begin{pmatrix}1\\0\\1\\0\end{pmatrix}$ (c_1,c_2 为任意常数).

8. $\frac{1}{3}\begin{pmatrix}0\\3\\2\end{pmatrix}+c\begin{pmatrix}-3\\1\\1\end{pmatrix}$ (c 为任意常数).

总 习 题 3

(A)

1. (1) $\begin{cases}x_1=1,\\x_2=-1,\\x_3=2;\end{cases}$ (2) 无解； (3) $\begin{cases}x_1=2c-4,\\x_2=3c-6,\\x_3=c\end{cases}$ (c 为任意常数)；

(4) $\begin{cases}x_1=\frac{4}{3}+c_1+\frac{1}{3}c_2+c_3,\\x_2=c_1,\\x_3=\frac{1}{3}+\frac{4}{3}c_2-c_3,\\x_4=c_2,\\x_5=c_3\end{cases}$ (c_1,c_2,c_3 为任意常数).

2. (1) $\begin{cases}x_1=-\frac{1}{2}c_1-\frac{3}{2}c_2,\\x_2=\frac{1}{2}c_1+\frac{1}{2}c_2,\\x_3=c_1,\\x_4=c_2\end{cases}$ (c_1,c_2 为任意常数)； (2) 仅有零解；

(3) $\begin{cases} x_1 = -c_1 + c_2, \\ x_2 = c_1, \\ x_3 = -2c_2, \\ x_4 = c_2 \end{cases}$ (c_1, c_2 为任意常数).

3. 当 $k=-\dfrac{4}{5}$ 时,方程组无解;当 $k\neq-\dfrac{4}{5}$ 且 $k\neq1$ 时,方程组有唯一解;当 $k=1$ 时,方程组有无穷多解:$x_1=-c-1, x_2=c, x_3=1$(c 为任意常数).

4. 当 $a=1, b\neq3$ 时,方程组无解;当 $a\neq1$, b 为任意数时,方程组有唯一解;当 $a=1, b=3$ 时,方程组有无穷多解:$\begin{cases} x_1 = -2c_1 + c_2, \\ x_2 = 1 + c_1 - 2c_2, \\ x_3 = c_1, \\ x_4 = c_2 \end{cases}$ (c_1, c_2 为任意常数).

5. 当 $t=1$ 时,解为 $c_1\begin{pmatrix} -1 \\ 1 \\ 0 \end{pmatrix} + c_2\begin{pmatrix} -1 \\ 0 \\ 1 \end{pmatrix}$ (c_1, c_2 为任意常数);当 $t=-2$ 时,解为 $c\begin{pmatrix} 1 \\ 1 \\ 1 \end{pmatrix}$ (c 为任意常数).

6. (1) $\boldsymbol{\beta}=-11\boldsymbol{\alpha}_1+14\boldsymbol{\alpha}_2+9\boldsymbol{\alpha}_3$; (2) $\boldsymbol{\beta}=(-3c+2)\boldsymbol{\alpha}_1+(2c-1)\boldsymbol{\alpha}_2+c\boldsymbol{\alpha}_3$ (c 为任意常数); (3) 不可以表示.

7. (1) $a=-1, b\neq0$; (2) $a\neq-1$, $\boldsymbol{\beta}=-\dfrac{2b}{a+1}\boldsymbol{\alpha}_1+\dfrac{a+b+1}{a+1}\boldsymbol{\alpha}_2+\dfrac{b}{a+1}\boldsymbol{\alpha}_3+0\boldsymbol{\alpha}_4$.

10. (1) 无关; (2) 无关; (3) 无关; (4) 相关.

11. $k=3$ 或 $k=-2$.

13. 当 $k_1\neq1$ 且 $k_2\neq0$ 时,线性无关;当 $k_1=1$ 或 $k_2=0$ 时,线性相关.

16. -17.

18. (1) 秩为 2,一个极大无关组为:$\boldsymbol{\alpha}_1, \boldsymbol{\alpha}_2$,且 $\boldsymbol{\alpha}_3=-3\boldsymbol{\alpha}_1+2\boldsymbol{\alpha}_2$;

(2) 秩为 3,一个极大无关组为:$\boldsymbol{\alpha}_1, \boldsymbol{\alpha}_2, \boldsymbol{\alpha}_2$,且 $\boldsymbol{\alpha}_4=\boldsymbol{\alpha}_1+3\boldsymbol{\alpha}_2-\boldsymbol{\alpha}_3, \boldsymbol{\alpha}_5=-\boldsymbol{\alpha}_2+\boldsymbol{\alpha}_3$.

22. (1) $c_1\begin{pmatrix} 2 \\ 1 \\ 0 \\ 0 \end{pmatrix} + c_2\begin{pmatrix} 2 \\ 0 \\ -5 \\ 7 \end{pmatrix}$ (c_1, c_2 为任意常数);

(2) $c_1\begin{pmatrix} 0 \\ 1 \\ 1 \\ 0 \\ 0 \end{pmatrix} + c_2\begin{pmatrix} 0 \\ 1 \\ 0 \\ 1 \\ 0 \end{pmatrix} + c_3\begin{pmatrix} 1 \\ -5 \\ 0 \\ 0 \\ 3 \end{pmatrix}$ (c_1, c_2, c_3 为任意常数).

23. (1) $\begin{pmatrix} 1 \\ -1 \\ 0 \\ 0 \end{pmatrix} + c_1\begin{pmatrix} 2 \\ 0 \\ 1 \\ 0 \end{pmatrix} + c_2\begin{pmatrix} -3 \\ -1 \\ 0 \\ 1 \end{pmatrix}$ (c_1, c_2 为任意常数);

(2) $\begin{pmatrix}3\\-8\\0\\6\end{pmatrix}+c\begin{pmatrix}-1\\2\\1\\0\end{pmatrix}$($c$ 为任意常数).

24. $t=4$, $\begin{pmatrix}0\\4\\0\end{pmatrix}+c\begin{pmatrix}-3\\-1\\1\end{pmatrix}$($c$ 为任意常数).

25. $\begin{pmatrix}0\\1\\0\end{pmatrix}+c\begin{pmatrix}3\\-1\\-2\end{pmatrix}$($c$ 为任意常数).

26. (1) 基础解系为$(0,0,1,0)^T,(-1,1,0,1)^T$;

(2) 有非零公共解:$c(-1,1,1,1)^T$(c 为任意非零常数).

(B)

一、单项选择题

1. (B); 2. (B); 3. (A); 4. (B); 5. (C); 6. (D); 7. (B); 8. (B); 9. (D); 10. (A); 11. (B); 12. (A); 13. (C); 14. (A); 15. (D).

二、填空题

1. $a=-1,b=-1,c=1$.

2. -3.

3. $\frac{7}{4}$.

4. $\frac{m}{n}=\frac{2}{3}$.

5. $k\neq 1$.

6. 0.

7. $\boldsymbol{O}$.

8. $t=5,t\neq 5$.

9. $k=7$.

10. n.

11. 1.

12. 线性无关的解向量.

13. $a=-2,b=-1$.

14. 4.

15. 1.

第 4 章

习　题　4.1

3. $e_1=\dfrac{\beta_1}{\|\beta_1\|}=\dfrac{1}{2}\begin{pmatrix}1\\1\\1\\1\end{pmatrix},e_2=\dfrac{\beta_2}{\|\beta_2\|}=\dfrac{1}{2}\begin{pmatrix}1\\1\\-1\\-1\end{pmatrix},e_3=\dfrac{\beta_3}{\|\beta_3\|}=\dfrac{1}{2}\begin{pmatrix}-1\\1\\-1\\1\end{pmatrix},e_4=\dfrac{\beta_4}{\|\beta_4\|}=\dfrac{1}{2}\begin{pmatrix}1\\-1\\-1\\1\end{pmatrix}$.

则 e_1,e_2,e_3,e_4 为 $\mathbf{R}^4$ 的一个标准正交基.

5. (1) $e_1=\dfrac{\beta_1}{\|\beta_1\|}=\dfrac{1}{\sqrt{6}}\begin{pmatrix}1\\2\\-1\end{pmatrix},e_2=\dfrac{\beta_2}{\|\beta_2\|}=\dfrac{1}{\sqrt{3}}\begin{pmatrix}-1\\1\\1\end{pmatrix},e_3=\dfrac{\beta_3}{\|\beta_3\|}=\dfrac{1}{\sqrt{2}}\begin{pmatrix}1\\0\\1\end{pmatrix}$;

(2) $e_1=\dfrac{\beta_1}{\|\beta_1\|}=\dfrac{1}{\sqrt{2}}\begin{pmatrix}1\\1\\0\end{pmatrix},e_2=\dfrac{\beta_2}{\|\beta_2\|}=\dfrac{1}{\sqrt{6}}\begin{pmatrix}1\\-1\\2\end{pmatrix},e_3=\dfrac{\beta_3}{\|\beta_3\|}=\dfrac{1}{\sqrt{3}}\begin{pmatrix}-1\\1\\1\end{pmatrix}$.

6. (1),(3)是； (2) 不是.

习　题　4.2

1. (1) $\lambda_1=7,\lambda_2=-2$. 属于 $\lambda_1=7$ 的特征值向量为 $k(1,1)^{\mathrm{T}}(k\neq0)$，属于 $\lambda_2=-2$ 的特征值向量为 $l(4,-5)^{\mathrm{T}}(l\neq0)$.

(2) $\lambda_1=-1,\lambda_2=9,\lambda_3=0$. 属于 $\lambda_1=-1$ 的特征值向量为 $k_1(-1,1,0)^{\mathrm{T}}(k_1\neq0)$；属于 $\lambda_2=9$ 的特征值向量为 $k_2(1,1,2)^{\mathrm{T}}(k_2\neq0)$；属于 $\lambda_3=0$ 的特征值向量为 $k_3(1,1,-1)^{\mathrm{T}}(k_3\neq0)$.

(3) $\lambda_1=\lambda_2=-1,\lambda_3=8$. 属于 $\lambda_1=\lambda_2=-1$ 的特征值向量为 $k_1(1,-2,0)^{\mathrm{T}}+k_2(0,-2,1)^{\mathrm{T}}$ (k_1,k_2 不同时为零)；属于 $\lambda_3=8$ 的特征值向量为 $k_3(2,1,2)^{\mathrm{T}}(k_3\neq0)$.

2. $a=1,\lambda_2=\lambda_3=2$.

3. (1) 105； (2) 36； (3) 11.

4. 0,36,0.

5. $\begin{cases}\lambda_0=1,\\k=-2\end{cases}$ 或 $\begin{cases}\lambda_0=\dfrac{1}{4},\\k=1.\end{cases}$

7. $\mathbf{A}^*$ 的特征值为 $\lambda_1^*=\lambda_2^*=\dfrac{|\mathbf{A}|}{\lambda_1}=2,\lambda_3^*=\dfrac{|\mathbf{A}|}{\lambda_3}=1$，属于 $\lambda_1^*=\lambda_2^*=2$ 的全部特征向量为 $k_1(1,-1,1)^{\mathrm{T}}(k_1\neq0)$；属于 $\lambda_3^*=1$ 的全部特征向量为 $k_2(0,0,1)^{\mathrm{T}}(k_2\neq0)$.

8. $x=10,y=-9,\lambda=4,\lambda_0=\dfrac{1}{4}$.

习　题　4.3

3. $x+y=0$.

4. (1) 可以； (2) 不可以.

5. $\boldsymbol{A}^m=\begin{pmatrix}1&0&0\\1-3^m&-1+2\cdot 3^m&1-3^m\\1-3^m&-2+2\cdot 3^m&2-3^m\end{pmatrix}$.

6. (1) $x=0,y=-2$; (2) $\boldsymbol{P}=\begin{pmatrix}0&0&1\\-2&1&0\\1&1&-1\end{pmatrix}$.

7. $|\boldsymbol{B}+4\boldsymbol{E}|=15,r(\boldsymbol{B}+\boldsymbol{E})=2$.

8. $|\boldsymbol{A}+\boldsymbol{E}|=1\times2\times(-2)=-4$.

9. $\boldsymbol{A}$ 和 $\boldsymbol{A}^{\mathrm{T}}$ 都与对角矩阵 $\boldsymbol{\Lambda}=\begin{pmatrix}1&0&0\\0&4&0\\0&0&6\end{pmatrix}$ 相似,由相似矩阵的传递性知,$\boldsymbol{A}$ 与 $\boldsymbol{A}^{\mathrm{T}}$ 相似.

10. $a=-1$.

习 题 4.4

1. $\boldsymbol{A}=\dfrac{1}{6}\begin{pmatrix}5&-2&-1\\-2&2&-2\\-1&-2&5\end{pmatrix}$.

2. $\boldsymbol{Q}=(\boldsymbol{\eta}_1,\boldsymbol{\eta}_2,\boldsymbol{\eta}_3)=\begin{pmatrix}\frac{1}{\sqrt{2}}&\frac{1}{\sqrt{6}}&\frac{1}{\sqrt{3}}\\-\frac{1}{\sqrt{2}}&\frac{1}{\sqrt{6}}&\frac{1}{\sqrt{3}}\\0&\frac{-2}{\sqrt{6}}&\frac{1}{\sqrt{3}}\end{pmatrix}$,则 $\boldsymbol{Q}^{-1}\boldsymbol{A}\boldsymbol{Q}=\boldsymbol{Q}^{\mathrm{T}}\boldsymbol{A}\boldsymbol{Q}=\begin{pmatrix}-1&0&0\\0&-1&0\\0&0&5\end{pmatrix}$.

3. $\boldsymbol{Q}=\begin{pmatrix}\frac{1}{\sqrt{2}}&0&\frac{1}{\sqrt{2}}\\0&1&0\\-\frac{1}{\sqrt{2}}&0&\frac{1}{\sqrt{2}}\end{pmatrix}$,$\boldsymbol{A}^{10}=\begin{pmatrix}2^9&0&2^9\\0&2^{10}&0\\2^9&0&2^9\end{pmatrix}$.

4. $\boldsymbol{A}=\begin{pmatrix}1&0&0\\0&0&-1\\0&-1&0\end{pmatrix}$.

5. $\boldsymbol{A}=\begin{pmatrix}0&-1&1\\-1&0&1\\1&1&0\end{pmatrix}$.

6. (1) $\boldsymbol{Q}=\begin{pmatrix}\frac{2}{3}&\frac{2}{3}&\frac{1}{3}\\-\frac{2}{3}&\frac{1}{3}&\frac{2}{3}\\\frac{1}{3}&-\frac{2}{3}&\frac{2}{3}\end{pmatrix}$,$\boldsymbol{\Lambda}=\begin{pmatrix}4&0&0\\0&1&0\\0&0&-2\end{pmatrix}$;

(2) $\boldsymbol{Q}=\begin{pmatrix} \frac{2}{\sqrt{5}} & -\frac{2}{3\sqrt{5}} & \frac{1}{3} \\ 0 & \frac{5}{3\sqrt{5}} & \frac{2}{3} \\ \frac{1}{\sqrt{5}} & \frac{4}{3\sqrt{5}} & -\frac{2}{3} \end{pmatrix}, \boldsymbol{\Lambda}=\begin{pmatrix} 1 & 0 & 0 \\ 0 & 1 & 0 \\ 0 & 0 & 10 \end{pmatrix}$.

总习题 4

(A)

4. $\boldsymbol{\alpha}_2=\begin{pmatrix} 1 \\ 0 \\ -1 \end{pmatrix}, \boldsymbol{\alpha}_3=\frac{1}{2}\begin{pmatrix} -1 \\ 1 \\ -1 \end{pmatrix}$.

5. (1) $\lambda_1=4, \boldsymbol{p}_1=\begin{pmatrix} 1 \\ 1 \\ 1 \end{pmatrix}, \lambda_2=\lambda_3=1, \boldsymbol{p}_2=\begin{pmatrix} -1 \\ 1 \\ 0 \end{pmatrix}, \boldsymbol{p}_3=\begin{pmatrix} -1 \\ 0 \\ 1 \end{pmatrix}$,可对角化;

(2) $\lambda_1=-4, \boldsymbol{p}_1=\begin{pmatrix} 1 \\ -2 \\ 3 \end{pmatrix}, \lambda_2=\lambda_3=2, \boldsymbol{p}_2=\begin{pmatrix} -2 \\ 1 \\ 0 \end{pmatrix}, \boldsymbol{p}_3=\begin{pmatrix} -1 \\ 0 \\ 1 \end{pmatrix}$,可对角化;

(3) $\lambda_1=3, \boldsymbol{p}_1=\begin{pmatrix} 0 \\ 0 \\ 1 \end{pmatrix}, \lambda_2=\lambda_3=-1, \boldsymbol{p}_2=\begin{pmatrix} 4 \\ 8 \\ -1 \end{pmatrix}$,不可以对角化.

7. (1) $a=b=0$; (2) $\boldsymbol{P}=\begin{pmatrix} -1 & 0 & 1 \\ 0 & 1 & 0 \\ 1 & 0 & 1 \end{pmatrix}$.

8. $\boldsymbol{B}$ 的特征值为$-4,-6,-12$,$\boldsymbol{B}\sim\boldsymbol{\Lambda}=\begin{pmatrix} -4 & 0 & 0 \\ 0 & -6 & 0 \\ 0 & 0 & -12 \end{pmatrix}$.

9. $\boldsymbol{A}^m=\begin{pmatrix} 2-(-2)^m & 2-2(-2)^m & 0 \\ 1+(-2)^m & -1+2(-2)^m & 0 \\ -1+(-2)^m & -2+2(-2)^m & 1 \end{pmatrix}$.

10. $k=-10$.

11. $\boldsymbol{Q}=\begin{pmatrix} 0 & 1 & 0 \\ -\frac{1}{\sqrt{2}} & 0 & \frac{1}{\sqrt{2}} \\ \frac{1}{\sqrt{2}} & 0 & \frac{1}{\sqrt{2}} \end{pmatrix}, \boldsymbol{Q}^{\mathrm{T}}\boldsymbol{A}\boldsymbol{Q}=\begin{pmatrix} 1 & 0 & 0 \\ 0 & 2 & 0 \\ 0 & 0 & 5 \end{pmatrix}$.

(B)

一、单项选择题

1. (D); 2. (B); 3. (D); 4. (C); 5. (D); 6. (C); 7. (B); 8. (C); 9. (C); 10. (A).

二、填空题

1. $-\frac{3}{2},1,0$.

2. $3,\frac{3}{4},\frac{1}{3}$.

3. $0,0,\cdots,0,n$.

4. $\frac{|\mathbf{A}|^2}{\lambda^2}+1$.

5. -288.

6. 充分必要.

7. 1.

8. $\begin{pmatrix}0&0&0\\0&0&0\\0&0&0\end{pmatrix}$.

9. $k(1,0,1)^{\mathrm{T}},k\neq 0$.

10. $1,n-r,n-r$.

第 5 章

习 题 5.1

1. (1) $f(x_1,x_2,x_3)=(x_1,x_2,x_3)\begin{pmatrix}1&1&1\\1&-2&3\\1&3&5\end{pmatrix}\begin{pmatrix}x_1\\x_2\\x_3\end{pmatrix}$;

(2) $f(x_1,x_2,x_3,x_4)=(x_1,x_2,x_3,x_4)\begin{pmatrix}0&\frac{1}{2}&0&\frac{1}{2}\\\frac{1}{2}&0&\frac{1}{2}&0\\0&\frac{1}{2}&0&\frac{1}{2}\\\frac{1}{2}&0&\frac{1}{2}&0\end{pmatrix}\begin{pmatrix}x_1\\x_2\\x_3\\x_4\end{pmatrix}$;

(3) $f(x_1,x_2,x_3,x_4)=(x_1,x_2,x_3,x_4)\begin{pmatrix}6 & \frac{3}{2} & -1 & \frac{5}{2}\\ \frac{3}{2} & 2 & 0 & -\frac{1}{2}\\ -1 & 0 & 0 & 0\\ \frac{5}{2} & -\frac{1}{2} & 0 & 0\end{pmatrix}\begin{pmatrix}x_1\\x_2\\x_3\\x_4\end{pmatrix}$.

2. $\begin{pmatrix}a_1^2 & a_1a_2 & a_1a_3\\ a_2a_1 & a_2^2 & a_2a_3\\ a_3a_1 & a_3a_2 & a_3^2\end{pmatrix}$.

3. $t=\frac{7}{8}$.

习　题　5.2

1. $a=-1,b=0$; $\begin{pmatrix}\frac{1}{\sqrt{2}} & 0 & \frac{1}{\sqrt{2}}\\ 0 & 1 & 0\\ \frac{-1}{\sqrt{2}} & 0 & \frac{1}{\sqrt{2}}\end{pmatrix}$.

2. $f(x_1,x_2,x_3)=-y_1^2+y_2^2-12y_3^2$, $\begin{cases}x_1=y_2-2y_3,\\ x_2=-y_1+y_2-2y_3,\\ x_3=y_3.\end{cases}$

3. (1) $f(x)=y_1^2-\frac{1}{4}y_2^2-y_3^2+\frac{5}{4}y_4^2$, $\boldsymbol{X}=\boldsymbol{C}\boldsymbol{Y},\boldsymbol{C}=\begin{pmatrix}1 & -\frac{1}{2} & -1 & \frac{1}{2}\\ 1 & \frac{1}{2} & -1 & \frac{1}{2}\\ 0 & 0 & 1 & -\frac{3}{2}\\ 0 & 0 & 0 & 1\end{pmatrix}$;

(2) $f(x)=2y_1^2-\frac{25}{8}y_2^2+\frac{32}{25}y_3^2$, $\boldsymbol{X}=\boldsymbol{C}\boldsymbol{Y},\boldsymbol{C}=\begin{pmatrix}1 & -\frac{5}{4} & \frac{4}{5}\\ 0 & 1 & -\frac{16}{25}\\ 0 & 0 & 1\end{pmatrix}$.

4. $f=y_1^2+y_2^2-2y_3^2$,规范形为 $f=z_1^2+z_2^2-z_3^2$.

习　题　5.3

1. (1) 负定二次型；(2) 正定二次型；(3) 正定二次型.

2. (1) $-\frac{\sqrt{14}}{2}<t<\frac{\sqrt{14}}{2}$；(2) 不论 t 取何值,二次型 f 都不会是正定的.

3. $k>2$.

总 习 题 5

(A)

1. (1) $\begin{pmatrix}2&0&2\\0&-1&-1\\2&-1&0\end{pmatrix}$； (2) $\begin{pmatrix}0&1&1&1\\1&0&0&0\\1&0&0&1\\1&0&1&0\end{pmatrix}$.

2. (1) $x_1^2+2x_3^2-x_1x_2+x_1x_3-4x_2x_3$；

(2) $-x_2^2+x_4^2+x_1x_2-2x_1x_3+x_2x_3+x_2x_4+x_3x_4$.

3. (1) $C=\begin{pmatrix}1&0&0\\0&\frac{1}{\sqrt2}&-\frac{1}{\sqrt2}\\0&\frac{1}{\sqrt2}&\frac{1}{\sqrt2}\end{pmatrix}$，通过 $X=CY$，化为标准形 $2y_1^2+5y_2^2+y_3^2$；

(2) $C=\begin{pmatrix}\frac{1}{\sqrt2}&-\frac12&-\frac12\\0&-\frac{1}{\sqrt2}&\frac{1}{\sqrt2}\\\frac{1}{\sqrt2}&\frac12&\frac12\end{pmatrix}$，通过 $X=CY$，化为标准形 $\sqrt2\,y_2^2-\sqrt2\,y_3^2$；

(3) $C=\begin{pmatrix}\frac23&\frac13&\frac23\\-\frac13&-\frac23&\frac23\\-\frac23&\frac23&\frac13\end{pmatrix}$，通过 $X=CY$，化为标准形 $2y_1^2+5y_2^2-y_3^2$.

4. (1) $y_1^2+y_2^2-y_3^2$； (2) $2z_1^2-2z_2^2$； (3) $-4z_1^2+4z_2^2+z_3^2$.

5. (1) $f(x_1,x_2,x_3)=y_1^2+y_2^2$；

(2) $f(x_1,x_2,x_3)=y_1^2-4y_2^2+4y_3^2$；

(3) $f(x_1,x_2,x_3)=2y_1^2-12y_2^2-\frac12 y_3^2$.

6. $c=3$. 标准形 $4y_2^2+9y_3^2$.

7. $a=2$，$\begin{pmatrix}\frac{1}{\sqrt2}&\frac{1}{\sqrt3}&\frac{1}{\sqrt6}\\0&-\frac{1}{\sqrt3}&\frac{2}{\sqrt6}\\-\frac{1}{\sqrt2}&\frac{1}{\sqrt3}&\frac{1}{\sqrt6}\end{pmatrix}$.

8. (1)正定； (2) 不是正定； (3) 不是正定.

9. (1) 不论 t 取何值,此二次型都不是正定的； (2) $-\frac{4}{5}<t<0$； (3) $-\sqrt{2}<t<\sqrt{2}$.

(B)

一、单项选择题

1. (C)； 2. (C)； 3. (B)； 4. (D)； 5. (A)； 6. (B)； 7. (D)； 8. (D)； 9. (A)； 10. (C).

二、填空题

1. $\begin{pmatrix} 0 & -2 & 1 \\ -2 & 0 & 1 \\ 1 & 1 & 0 \end{pmatrix}$.

2. $f(x_1,x_2,x_3)=(x_1,x_2,x_3)\begin{pmatrix} 1 & 1 & 0 \\ 1 & 2 & 2 \\ 0 & 2 & 4 \end{pmatrix}\begin{pmatrix} x_1 \\ x_2 \\ x_3 \end{pmatrix}$.

3. 正定二次型.

4. $2x_1^2-2x_1x_2+6x_1x_3+8x_2x_3-x_3^2$.

5. $y_1^2+2y_2^2+5y_3^2$.

6. >0.

7. <0.

8. 2.

9. 1.

10. $k>0$ 或 $k<-2$.

第 6 章

习 题 6.1

1. 提示:逐条验证集合 $P[x]_n$ 满足定义 6.1 的每一个条件.

2. 提示:只需指出集合 $Q[x]_n$ 不满足定义 6.1 的某一条件即可.

6. 提示:由定义 6.1.

7. 提示:由定义 6.1 及性质 2 和性质 3.

8. 提示:利用 6.1 节例 6 结论.

9. 提示:利用定理 6.1.

习 题 6.2

1. $(a-b,b-c,c)^{\mathrm{T}}$.

2. (1) $\left(0,\frac{1}{2},\frac{1}{2}\right)^{\mathrm{T}}$； (2) $\left(-\frac{7}{4},-\frac{1}{2},\frac{5}{4}\right)^{\mathrm{T}}$.

3. (1) $\boldsymbol{E}_{11}=\begin{pmatrix}1&0\\0&0\end{pmatrix},\boldsymbol{E}_{12}=\begin{pmatrix}0&1\\0&0\end{pmatrix},\boldsymbol{E}_{21}=\begin{pmatrix}0&0\\1&0\end{pmatrix},\boldsymbol{E}_{22}=\begin{pmatrix}0&0\\0&1\end{pmatrix},\dim\mathbf{R}^{2\times2}=4$；

(2) $(a_{11},a_{12},a_{21},a_{22})^{\mathrm{T}}$.

6. $\boldsymbol{e}_1=(1,-1,1,0)^{\mathrm{T}},\boldsymbol{e}_2=(-3,1,0,1)^{\mathrm{T}}$ 是一个基，$\dim V=2$，$\boldsymbol{\alpha}$ 在基 $\boldsymbol{e}_1,\boldsymbol{e}_2$ 下的坐标为 $(a,b)^{\mathrm{T}}$.

习 题 6.3

1. (1) 基变换公式 $(\boldsymbol{e}_1',\boldsymbol{e}_2')=(\boldsymbol{e}_1,\boldsymbol{e}_2)\boldsymbol{A}$，过渡矩阵 $\boldsymbol{A}=\begin{pmatrix}2&-1\\1&3\end{pmatrix}$；

(2) 基变换公式 $(\boldsymbol{e}_1,\boldsymbol{e}_2)=(\boldsymbol{e}_1',\boldsymbol{e}_2')\boldsymbol{A}^{-1}$，过渡矩阵 $\boldsymbol{A}^{-1}=\frac{1}{7}\begin{pmatrix}3&1\\-1&2\end{pmatrix}$；

(3) $\boldsymbol{\alpha}$ 在旧基 $\boldsymbol{e}_1,\boldsymbol{e}_2$ 下的坐标 $\boldsymbol{x}=(7,21)^{\mathrm{T}}$，在新基 $\boldsymbol{e}_1',\boldsymbol{e}_2'$ 下的坐标为 $\boldsymbol{x}'=(6,2)^{\mathrm{T}}$.

2. (2) $\begin{pmatrix}1&1&1\\1&-1&0\\-2&-1&1\end{pmatrix}$； (3) $\boldsymbol{x}'=(1,2,3)^{\mathrm{T}}$.

3. (1) $\begin{pmatrix}1&-2&5\\0&1&-4\\0&0&1\end{pmatrix}$； (2) $\boldsymbol{e}_1=2-x^2,\boldsymbol{e}_2=-3+3x+4x^2,\boldsymbol{e}_3=4-11x-12x^2$；

(3) $p(x)$ 在基 $\boldsymbol{e}_1,\boldsymbol{e}_2,\boldsymbol{e}_3$ 下的坐标为 $(-9,-13,-4)^{\mathrm{T}}$，在基 $\boldsymbol{e}_1',\boldsymbol{e}_2',\boldsymbol{e}_3'$ 下的坐标为 $\boldsymbol{x}'=(-3,3,-4)^{\mathrm{T}}$.

4. $(-1,-1,-3,6)^{\mathrm{T}}$.

习 题 6.4

1. (1) 是； (2) 不是； (3) 当 $\boldsymbol{\beta}=\boldsymbol{0}$ 时，是；当 $\boldsymbol{\beta}\neq\boldsymbol{0}$ 时，不是； (4) 是.

2. (1) 像与源关于轴对称(像是由源关于 x 轴的镜面反射)；

(2) 像是由源向 y 轴投影得到；

(3) 像与源关于直线 $y=x$ 对称(像是由源关于直线 $y=x$ 的镜面反射)；

(4) 像与源相等(所作的线性变换是恒等变换或单位变换).

7. 提示：逐条验证变换 T 满足定义 6.5 的条件(i)，(ii).

习 题 6.5

1. (1) $\begin{pmatrix}1&2\\3&4\end{pmatrix}$； (2) $\begin{pmatrix}7&-3\\4&-2\end{pmatrix}$.

2. (1) $\begin{pmatrix}1&0&0\\0&1&0\\0&0&-1\end{pmatrix}$； (2) $\begin{pmatrix}-1&0&0\\2&1&0\\0&0&1\end{pmatrix}$.

3. $\begin{pmatrix}0&2&1\\1&-4&0\\3&0&0\end{pmatrix}$.

4. (1) $\begin{pmatrix} 2 & -2 & 2 \\ -1 & 3 & -3 \\ 0 & -2 & 2 \end{pmatrix}$;

(2) $T(\boldsymbol{e}_1)=2\boldsymbol{e}_1-\boldsymbol{e}_2, T(\boldsymbol{e}_2)=-2\boldsymbol{e}_1+3\boldsymbol{e}_2-2\boldsymbol{e}_3, T(\boldsymbol{e}_3)=2\boldsymbol{e}_1-3\boldsymbol{e}_2+2\boldsymbol{e}_3$.

5. $\begin{pmatrix} 0 & 0 & 0 & 0 \\ 3 & 0 & 0 & 0 \\ 0 & 2 & 0 & 0 \\ 0 & 0 & 1 & 0 \end{pmatrix}$.

7. $\begin{pmatrix} 1 & 3 & -2 \\ 2 & 4 & -2 \\ 0 & 0 & -1 \end{pmatrix}$.

8. $\boldsymbol{x}=(4,1,0)^{\mathrm{T}}$.

总 习 题 6

(A)

1. 提示:只需指出集合 V 不满足定义 6.1 的某一条件即可.

2. 提示:由定理 6.1.

3. $\boldsymbol{\beta}_1, \boldsymbol{\beta}_2$ 在这个基下的坐标分别为 $\left(\frac{2}{3},-\frac{2}{3},-1\right)^{\mathrm{T}}, \left(\frac{4}{3},1,\frac{2}{3}\right)^{\mathrm{T}}$.

4. $\begin{pmatrix} 1 & 0 \\ 0 & -1 \end{pmatrix}, \begin{pmatrix} 0 & 1 \\ 0 & 0 \end{pmatrix}, \begin{pmatrix} 0 & 0 \\ 1 & 0 \end{pmatrix}$; $\dim V=3$; $(a,b,c)^{\mathrm{T}}$.

5. $(a_{11}-a_{12}, a_{12}-a_{21}, a_{21}-a_{22}, a_{22})^{\mathrm{T}}$.

9. 提示:对 $n-r$ 采用数学归纳法.

10. (2) $\begin{pmatrix} 2 & 3 & 4 \\ 0 & -1 & 0 \\ -1 & 0 & -1 \end{pmatrix}$;　(3) $x''=\frac{1}{2}\begin{pmatrix} -1 & -3 & -4 \\ 0 & -2 & 0 \\ 1 & 3 & 2 \end{pmatrix}x'$.

11. (1) $\begin{pmatrix} 2 & 2 & 1 \\ 2 & 3 & 1 \\ -1 & -1 & 0 \end{pmatrix}$;　(2) $\boldsymbol{e}_1'=(-1,-4,3)^{\mathrm{T}}, \boldsymbol{e}_2'=(-1,-3,4)^{\mathrm{T}}, \boldsymbol{e}_3'=(1,-1,2)^{\mathrm{T}}$.

13. (2) 设 $\boldsymbol{B}$ 是 $\mathbf{R}^{2\times 2}$ 中任一满足 $\boldsymbol{B}=\boldsymbol{B}^{\mathrm{T}}$ 的矩阵,取 $\boldsymbol{A}=\frac{1}{2}\boldsymbol{B}$,则 $T(\boldsymbol{A})=\boldsymbol{B}$;

(4) $\left\{\begin{pmatrix} 0 & b \\ -b & 0 \end{pmatrix} \middle| b\in\mathbf{R}\right\}$.

14. $\begin{pmatrix} 0 & 1 & 0 & \cdots & 0 \\ 0 & 0 & 2 & \cdots & 0 \\ \vdots & \vdots & \vdots & & \vdots \\ 0 & 0 & 0 & \cdots & n-1 \\ 0 & 0 & 0 & \cdots & 0 \end{pmatrix}$.

16. $(n+1,3,5,\cdots,2n-3,2n-1)^{\mathrm{T}}$.

(B)

一、单项选择题

1. (A); 2. (D); 3. (C); 4. (B); 5. (C); 6. (B); 7. (B); 8. (D); 9. (A); 10. (C).

二、填空题

1. 3.
2. $(8,5,5)^{\mathrm{T}}$.
3. 2.
4. $(a_1,a_2-a_1,a_3-a_2)^{\mathrm{T}}$.
5. $c(0,0,1)^{\mathrm{T}}$(c 为任意常数).
6. $\begin{pmatrix}1&1&0\\1&0&1\\0&1&1\end{pmatrix}$.
7. $\begin{pmatrix}3&1&3&1\\1&3&0&1\\-1&1&-2&0\\1&1&1&2\end{pmatrix}$.
8. $\dfrac{(x')^2}{b^2}+\dfrac{(y')^2}{a^2}=1$(记 $T(\boldsymbol{\alpha})=\begin{pmatrix}x'\\y'\end{pmatrix}$).
9. $\begin{pmatrix}0&1&0&0\\0&0&2&0\\0&0&0&3\\0&0&0&0\end{pmatrix}$.
10. $\begin{pmatrix}1&3&2\\7&9&8\\4&6&5\end{pmatrix}$.